人工智能通识教育系列教材

生成式人工智能应用

聂 哲 汤佳梅 褚晓莉◎主 编
郝兴华 刘 青 任诗莹 王 琛 温励颖 王林林◎副主编

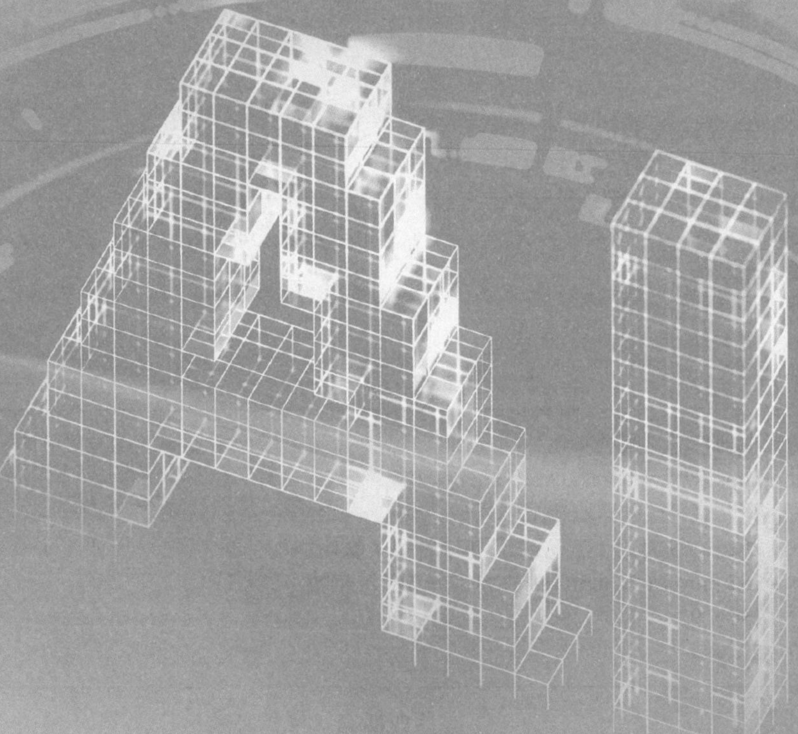

中国铁道出版社有限公司
CHINA RAILWAY PUBLISHING HOUSE CO., LTD.

内 容 简 介

本书以国产大模型DeepSeek等前沿技术为切入点，通过“认知建构—场景实践—产业应用”三维融合模式，构建生成式人工智能在“基础对话—专业写作—创意设计—商业运营—学术研究”领域的全链路能力培养路径。

全书共8个单元，包括走进生成式人工智能、与生成式人工智能对话、生成式人工智能写作能力的应用、生成式人工智能阅读能力的应用、生成式人工智能创作能力的应用、利用生成式人工智能策划大学生创新创业活动方案、利用生成式人工智能进行抖音商城的运营、利用生成式人工智能搭建论文写作助手。

本书主要作为人工智能通识教育教材，同时适用于新闻传播大类、文化艺术大类等专业基础或拓展课程，也可作为企业数字化转型培训用书。

图书在版编目（CIP）数据

生成式人工智能应用 / 聂哲，汤佳梅，褚晓莉主编.
北京 : 中国铁道出版社有限公司，2025. 7. -- （人工智能通识教育系列教材）. -- ISBN 978-7-113-32358-5

Ⅰ. TP18

中国国家版本馆CIP数据核字第20257SW869号

书　　名：生成式人工智能应用
作　　者：聂　哲　汤佳梅　褚晓莉

策　　划：翟玉峰　　**编辑部电话：**（010）51873135
责任编辑：翟玉峰　王占清
封面设计：郑春鹏
责任校对：苗　丹
责任印制：赵星辰

出版发行：中国铁道出版社有限公司（100054，北京市西城区右安门西街8号）
网　　址：https://www.tdpress.com/51eds
印　　刷：河北京平诚乾印刷有限公司
版　　次：2025年7月第1版　2025年7月第1次印刷
开　　本：787 mm×1 092 mm　1/16　**印张：**21.5　**字数：**564千
书　　号：ISBN 978-7-113-32358-5
定　　价：59.80元

版权所有　侵权必究

凡购买铁道版图书，如有印制质量问题，请与本社教材图书营销部联系调换。电话：（010）63550836
打击盗版举报电话：（010）63549461

前言

人工智能技术的迅猛发展正以前所未有的速度重塑全球产业格局，而生成式人工智能作为这一浪潮中的颠覆性力量，正在重新定义人类知识生产与价值创造的边界。从文本生成到多模态创作，从学术研究到商业实践，生成式人工智能已突破工具属性，演变为推动社会数字化转型的核心引擎。在这一背景下，职业教育作为连接技术与产业的关键纽带，亟需构建适应智能化时代需求的知识体系和能力框架。本书的编写，正是立足于这一历史性交汇点，致力于打造一本兼具理论深度与实践价值的创新型教材，为培养具有人工智能思维的新时代复合型人才提供系统化解决方案。

本书以**“技术赋能、知行合一”**为核心理念，突破传统人工智能教材的技术本位局限，独创“认知建构—场景实践—产业应用”三维融合的教学体系。全书以国产大模型 DeepSeek 等前沿技术为切入点，紧扣职业教育“岗课赛证”融通培养需求，通过 8 个单元、29 个真实场景任务，构建了覆盖“基础对话—专业写作—创意设计—商业运营—学术研究”的全链路能力培养路径。在内容设计上，强调通过“提示词工程—多轮迭代—人机协同”的方法论训练，培养学生驾驭人工智能工具的核心素养；在应用场景上，聚焦教育、文创、电商等国家战略领域，通过 20 余个行业典型案例，展现生成式人工智能在产业智能化转型中的落地逻辑。

本书的创新价值主要体现在三个方面：其一，技术生态的本土化重构。全书以国产信创技术体系为根基，深度剖析生成式人工智能与自主可控信息技术融合的创新路径，系统展示国产大模型在关键领域的应用突破。其二，能力培养的范式革新。通过交互式实训任务，培养学生在人机协同环境下的高阶思维能力。其三，教学资源的立体化整合。突破纸质教材的物理限制，嵌入动态资源二维码，将融媒体资源无缝接入学习流程，构建“纸质教材 + 数字孪生”的混合式学习生态。

本书内容设计彰显鲜明的职业教育特色：

（1）基础层以“对话即编程”为理念，通过校园活动策划、短视频创作等场景，训练结构化提问与多轮对话的核心技能。

（2）专业层构建“写作—阅读—创作”能力闭环，在学术论文写作、市场报告解析、国潮设计等任务中，培养人工智能增强型专业能力。

（3）产业层锚定数字经济主战场，通过抖音商城运营、双创项目孵化等真实商业场景，锤炼学生的技术整合与商业创新能力。

本书主要作为人工智能通识教育教材，同时适用于新闻传播大类、文化艺术大类等专业基础或拓展课程，也可作为企业数字化转型培训用书。读者在完成全书项目后，将获得三大核心能力：熟练运用生成式工具提升十倍效能的“超级个体”能力；精准对接行业需求的场景化问题解决能力；在技术迭代中持续进化的终身学习能力。我们期待通过本书，助力更多青年学子在人工智能时代找到自己的坐标，成为推动中国式现代化建设的数字先锋。

本书由深圳职业技术大学聂哲、汤佳梅规划与设计，汤佳梅负责单元1，新疆师范高等专科学校褚晓莉负责单元2，深圳职业技术大学郝兴华负责单元3、刘青负责单元4、任诗莹负责单元5、王琛负责单元6，中山火炬职业技术学院王林林负责单元7，深圳第二职业技术学校温励颖负责单元8的内容撰写及资源制作，聂哲、汤佳梅、褚晓莉负责智慧课程建设。读者可通过智慧树(https://www.zhihuishu.com)搜索“聂哲”，加入智慧课程学习。

谨以此书献给所有在人工智能教育领域耕耘的同行者。限于编者水平，书中难免存在疏漏之处，恳请各界专家不吝指正。

编　者

2025年4月

目 录

二维码资源清单

任务名称	知识点	资源类型	页码
任务 1.1　生成式人工智能入门	任务描述与分析	视频	2
	步骤 1　认识人工智能的巨大革命	视频	3
	步骤 2　认识生成式人工智能的定义与关键技术	交互 H5	4
	步骤 3　认识生成式人工智能应用	交互 H5	9
	步骤 4　利用生成式人工智能工具	视频	13
	步骤 5　文生文简单体验	视频	16
	任务拓展	视频	19
任务 1.2　生成式人工智能与信创的深度融合	任务描述与分析	视频	20
	步骤 1　信创的提出背景与定义	视频	21
	步骤 2　技术互补：生成式人工智能如何赋能信创产业	视频	22
	任务拓展	视频	25
任务 1.3　生成式人工智能未来发展趋势	任务描述与分析	视频	26
	步骤 1　生成式人工智能对学习和工作的影响	视频	27
	步骤 2　自主可控的生成式人工智能发展路径	视频	34
	任务拓展	视频	35
任务 2.1　使用生成式人工智能规划“校园社团主题日”	任务描述与分析	视频	38
	步骤 1　精准提问	视频	39
	步骤 2　分步提问	视频	44
	步骤 3　文件分析	视频	51
	任务拓展	视频	56
任务 2.2　使用生成式人工智能打造“校园短视频创作助手”	任务描述与分析	视频	57
	步骤 1　角色扮演	交互 H5	58
	步骤 2　结构化公式	视频	61
	步骤 3　动态反馈	视频	63
	任务拓展	视频	68
任务 3.1　利用生成式人工智能写一篇《三国演义》读后感	任务描述与分析	视频	71
	步骤 1　内容生成	交互 H5	72
	步骤 2　内容扩写	视频	78
	步骤 3　检查修改	视频	82
	任务拓展	视频	86
任务 3.2　使用生成式人工智能完成科普说明文写作	任务描述与分析	视频	88
	步骤 1　资料搜索与初稿生成	视频	89
	步骤 2　文字润色	视频	92
	步骤 3　数据可视化	视频	95
	步骤 4　反向思考案例生成	视频	97
	任务拓展	视频	100
任务 4.1　使用生成式人工智能辅助一次期末考试复习	任务描述与分析	视频	104
	步骤 1　内容提取	视频	105
	步骤 2　复习指引	视频	108
	步骤 3　模拟测试	视频	110
	任务拓展	视频	116
任务 4.2　使用生成式人工智能辅助识读一份市场调研报告	任务描述与分析	视频	117
	步骤 1　图表分析	视频	119
	步骤 2　图片识别	视频	125
	任务拓展	视频	127
任务 4.3　使用生成式人工智能辅助处理岗位信息表信息	任务描述与分析	视频	129
	步骤 1　数据处理	视频	130
	步骤 2　数据分类	视频	132
	步骤 3　数据挖掘	视频	135
	步骤 4　数据可视化	视频	138
	步骤 5　趋势预测	视频	142
	任务拓展	视频	144
任务 5.1　使用生成式人工智能创作新国潮主题海报	任务描述与分析	视频	147
	步骤 1　草图生成	视频	149
	步骤 2　迭代优化	交互 H5	151
	步骤 3　细节修改	视频	161
	任务拓展	视频	167
任务 5.2　使用生成式人工智能制作国风短视频配乐	任务描述与分析	视频	169
	步骤 1　歌词创作	视频	172
	步骤 2　风格设置	视频	175
	步骤 3　润色修改	视频	176
	任务拓展	视频	181
任务 5.3　使用生成式人工智能生成城市记忆微纪录片	任务描述与分析	视频	182
	步骤 1　结构化分镜脚本生成	视频	184
	步骤 2　智能内容生成	视频	189
	步骤 3　多轨道精准缝合	视频	191
	任务拓展	视频	194
任务 6.1　使用生成式人工智能确定项目主题	任务描述与分析	视频	198
	步骤 1　确定方向	视频	199
	步骤 2　细化主题	视频	202
	步骤 3　可行性评估	视频	205
	任务拓展	视频	209
任务 6.2　使用生成式人工智能完成创新创业市场调研	任务描述与分析	视频	211
	步骤 1　目标群体分析	视频	212
	步骤 2　竞争对手分析	视频	217
	步骤 3　市场趋势分析	视频	220
	任务拓展	视频	225

（续表）

任务名称	知识点	资源类型	页码
任务 6.3　使用生成式人工智能完成创意构思	任务描述与分析	视频	226
	步骤 1　市场痛点	视频	228
	步骤 2　创意生成	视频	232
	步骤 3　产品亮点	视频	234
	任务拓展	视频	237
任务 6.4　使用生成式人工智能完成商业模式设计	任务描述与分析	视频	239
	任务 6.4　任务实施	文档	240
	步骤 1　运营模式	视频	240
	步骤 2　盈利模式	视频	240
	步骤 3　营销模式	视频	240
	任务拓展	视频	240
任务 6.5　使用生成式人工智能完成团队组建与分工	任务描述与分析	视频	242
	任务 6.5　任务实施	文档	243
	步骤 1　团队组建	交互 H5	243
	步骤 2　团队分工	视频	243
	任务拓展	视频	243
任务 6.6　使用生成式人工智能制作路演 PPT	任务描述与分析	视频	245
	任务 6.6　任务实施	文档	246
	步骤 1　PPT 生成	视频	246
	步骤 2　PPT 美化	视频	246
	任务拓展	视频	246
任务 7.1　生成式人工智能助力电商店铺开店分析	任务描述与分析	视频	250
	步骤 1　明确分析思路	视频	251
	步骤 2　掌握分析方法	视频	253
	步骤 3　选择电商商品	视频	258
	任务拓展	视频	261
任务 7.2　生成式人工智能设计产品图	任务描述与分析	视频	263
	步骤 1　产品创意分析	视频	264
	步骤 2　设计产品图	视频	265
	步骤 3　创作产品文案	视频	266
	步骤 4　制作产品海报	视频	270
	任务拓展	视频	272
任务 7.3　生成式人工智能助力品牌建设	任务描述与分析	视频	274
	步骤 1　品牌命名	视频	275
	步骤 2　创作 Slogan	视频	277
	步骤 3　设计 Logo	视频	279
	步骤 4　制作 IP 形象	交互 H5	281
	任务拓展	视频	284
任务 7.4　生成式人工智能助力电商营销	任务描述与分析	视频	285
	任务 7.4　任务实施	文档	286
	步骤 1　顾客分析	视频	286
	步骤 2　营销活动策划	视频	286
	步骤 3　广告投放	视频	286
	任务拓展	视频	287
任务 7.5　生成式人工智能助力抖音商城开店	任务描述与分析	视频	288
	任务 7.5　任务实施	文档	289
	步骤 1　抖音开店	视频	289
	步骤 2　店铺装修	视频	289
	步骤 3　营销推广	视频	289
	任务拓展	视频	290
任务 8.1　使用生成式人工智能确定论文选题	任务描述与分析	视频	293
	步骤 1　身份背景设定	视频	294
	步骤 2　明确研究方向	视频	297
	步骤 3　具体研究主题	视频	299
	步骤 4　文献资料搜索	视频	301
	步骤 5　探讨选题可行性	视频	302
	步骤 6　考虑实际应用	视频	304
	步骤 7　多次交流和迭代	视频	305
	任务拓展	视频	308
任务 8.2　使用生成式人工智能回顾参考文献	任务描述与分析	视频	309
	步骤 1　明确文献回顾的目标	视频	311
	步骤 2　搜集参考文献	视频	312
	步骤 3　人工智能辅助文献阅读	视频	314
	步骤 4　分析和整合	视频	316
	步骤 5　撰写文献回顾	视频	321
	任务拓展	视频	322
任务 8.3　使用生成式人工智能生成开题报告	任务描述与分析	视频	324
	任务 8.3　任务实施	文档	325
	步骤 1　构建理论框架	视频	325
	步骤 2　设计研究方法	交互 H5	325
	步骤 3　数据收集和分析	视频	325
	步骤 4　撰写研究总结	视频	325
	步骤 5　生成开题报告	视频	325
	任务拓展	视频	326
任务 8.4　使用生成式人工智能生成论文初稿	任务描述与分析	视频	327
	任务 8.4　任务实施	文档	328
	步骤 1　大纲构建	视频	328
	步骤 2　生成引言	视频	328
	步骤 3　生成综述	视频	328
	步骤 4　生成正文	视频	328
	步骤 5　生成结论	视频	328
	任务拓展	视频	329
任务 8.5　使用生成式人工智能辅助论文降重	任务描述与分析	视频	331
	任务 8.5　任务实施	文档	332
	步骤 1　改写降重	视频	332
	步骤 2　同义词降重	视频	332
	步骤 3　避免连续相同	视频	332
	步骤 4　缩写扩写降重	视频	332
	步骤 5　关键词替换降重	视频	332
	步骤 6　句式变换降重	视频	332
	步骤 7　逻辑重组	视频	332
	步骤 8　综合改写	视频	332
	步骤 9　数据呈现方式变换	视频	332
	步骤 10　概念解释降重	视频	332
	任务拓展	视频	332

单元 1 走进生成式人工智能

生成式人工智能（generative artificial intelligence, GenAI）作为人工智能领域最具变革性的技术之一，正在全球范围内重塑内容创作、知识服务和产业创新的模式。本单元“走进生成式人工智能”立足于技术发展前沿，通过理论与实践相结合的方式，构建对生成式人工智能的系统认知，掌握其核心原理和典型应用场景。以国产大模型 DeepSeek 等典型技术为切入点，引导学生理解生成式人工智能如何通过深度学习和大规模数据训练实现创造性内容生成，并深入探讨其在教育、文创、政务等领域的落地实践。

本单元内容围绕三个递进式任务展开：

任务 1.1　生成式人工智能入门。从基础概念出发，通过对比生成式与判别式 AI 的差异，帮助学生掌握文本生成、图像创作等核心应用，并熟练使用生成式人工智能助手工具。

任务 1.2　生成式人工智能与信创的深度融合。聚焦国产化技术生态，分析生成式人工智能如何与自主可控的信息技术体系相结合，在政务、金融等行业实现安全可控的智能化转型。

任务 1.3　生成式人工智能未来发展趋势。立足技术前沿，探讨 AI 对教育模式、就业结构的深远影响，以及我国在算法、算力、数据等核心领域的突破路径。

通过本单元内容的学习，我们将理解生成式人工智能的技术原理与发展历程；掌握主流 AI 工具的基本操作技能；养成在专业领域中应用 AI 技术的创新思维。

任务 1.1　生成式人工智能入门

学习目标

- 了解 DeepSeek 的出现及其引起的人工智能发展。
- 熟悉生成式人工智能在各个领域中的应用。
- 能够区分生成式人工智能和判别式人工智能。
- 能够使用 Kimi 等生成式人工智能助手生成文字。
- 培养创新思维和批判性思考能力，提高解决问题能力。

任务描述

视频 任务描述与分析

2022 年 11 月 30 日，OpenAI 推出人工智能聊天机器人 ChatGPT，它所展现出的智能涌现能力在全球范围内引发了一场人工智能“狂飙”。生成式人工智能正在重塑技术创新的边界，成为推动智能化变革的核心力量。

2025 年，DeepSeek 横空出世，犹如一声惊雷劈开垄断，跻身世界最强大模型行列，开启中国人工智能崭新的春天。它带有深远的价值与意义，其 Logo 如图 1-1 所示。

图 1-1 DeepSeek

作为大二学生的小叶最近陷入了多重任务的困扰：既要设计社团招新海报，又要完成创新创业项目的市场调研报告，还得抽空整理各门课程的复习资料。面对这些接踵而至的任务，他感到有些力不从心。这时，他注意到身边的同学开始使用生成式人工智能来辅助完成类似工作，这让他产生了浓厚兴趣。然而，作为一个 AI 技术的新手，小叶心中充满了疑问：究竟什么是生成式人工智能？目前有哪些实用的生成式人工智能工具？更重要的是，如何才能有效运用这些工具来提升自己的学习和工作效率？

本任务我们将和小叶一起深入探索生成式人工智能的奥秘，从人工智能的演进历程出发，揭示生成式人工智能如何通过深度学习和大规模数据训练，实现从数据中创造新内容的能力。

任务分析

本任务将从认识人工智能开始，逐步认识什么是生成式人工智能，以及生成式人工智能的工具和应用。任务可通过四步实现：认识人工智能的革命；认识生成式人工智能的概念和关键技术；认识生成式人工智能应用；利用生成式人工智能工具。任务分析如图 1-2 所示。

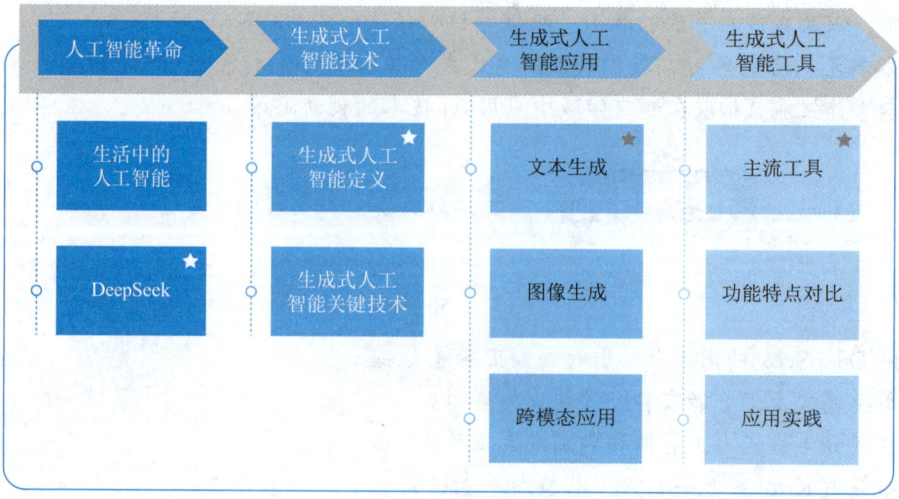

图 1-2 任务分析

任务实施

步骤 1　认识人工智能的巨大革命

视 频

认识人工智能的巨大革命

1. 生活中的人工智能

请想一想，你眼中的人工智能是什么样子的呢？如图 1-3 所示，大家所熟知的人工智能可以进行人脸识别，这项技术已经成为我们日常生活中不可或缺的一部分。比如我们在手机上可以进行刷脸支付，在绑定银行卡的时候也可以进行实名认证，这些都是人脸识别技术的实际应用。人脸识别技术利用人工智能算法分析人脸的特征点，如眼睛、鼻子、嘴巴的位置及距离等，从而识别出个人身份。这种技术的应用极大地方便了我们的生活。

除了人脸识别，大家还知道哪些人工智能应用呢？随着电子商务的迅猛发展和消费者对即时满足服务需求的增长，“双 11”电商购物节爆发式增长的订单常常导致“爆仓”，传统的物流和仓储方法面临着巨大的压力。在这种背景下，旨在提高效率、降低成本的智能物流机器人（见图 1-4）的应用应运而生。

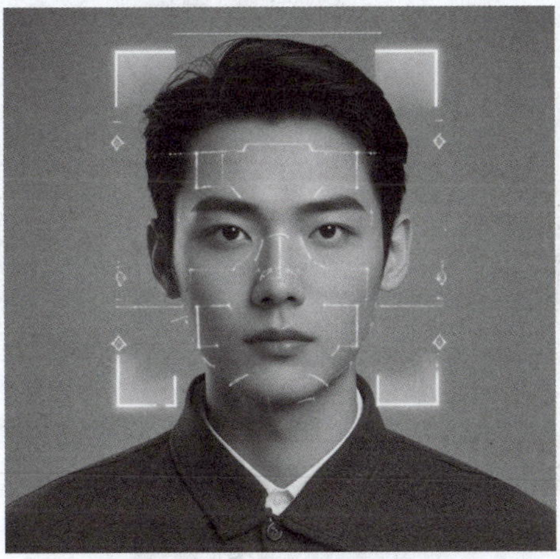

图 1-3　人脸识别

图 1-4　物流机器人

菜鸟网络在江苏无锡的未来园区内设有中国最大的机器人智能仓库。这个仓库拥有近 700 台机器人，这些机器人被称为“小蓝人”，它们在约 3 万平方米的库区内自动运行，形成一个繁忙的智能运输和工作系统。这些机器人能够自动识别人员进出，指引货车行驶和装卸，还能对周界安全、消防通道等进行监控，并具备自动报警功能。此外，这些机器人能够互相避让并自行充电，从而实现仓库操作的自动化和效率提升。

虽然我们具备对传统人工智能基础认知，但是这些高深的技术和精密的机器总让我们觉得人工智能离我们很遥远。直到 ChatGPT 的出现，其卓越的性能引发了人工智能热潮。比尔·盖茨将 ChatGPT 誉为自 1980 年现代图形桌面环境 GUI 问世以来最具革命性的科技进步。2023 年 2 月，研究自然语言处理的复旦大学计算机科学技术学院邱锡鹏教授团队发布国内首个类 ChatGPT 模型“MOSS”，也曾一度因用户的大量涌入而“宕机”。

大家知道上一次让人工智能火出圈的是什么吗？2016 年，谷歌旗下 AlphaGo 在“人机大战”中以 4：1 战胜了当时的围棋第一人。AlphaGo 所展现出的是在特定领域的“专”，而这一次 ChatGPT 展现出的则是人工智能在广泛应用场景的“通”：这个“通”以正常人都会、都懂、都能体验的图文形式呈现，让人工智能技术进入主流用户群。

2. DeepSeek

DeepSeek（深度求索）是中国一家专注于人工智能大模型研发的公司，成立于 2023 年。随着全球 AI 竞赛的加速，尤其是 OpenAI 的 ChatGPT、谷歌的 Gemini 等大模型的崛起，中国科技企业也积极投入这一领域。DeepSeek 在此背景下应运而生，致力于打造高性能、开源开放的大语言模型（large language model, LLM），推动 AI 技术的普及和应用。

DeepSeek 的核心团队由来自国内外顶尖高校和科技公司的 AI 专家组成，具备强大的算法研发和工程化能力。2023 年，公司推出了 DeepSeek 系列大模型，包括文本生成、代码生成和多模态模型，并在多项基准测试中表现优异，迅速引起业界关注。

DeepSeek 的崛起增强了中国在全球 AI 竞争中的话语权，为本土企业提供了可替代国外大模型的选择。通过开放模型权重，DeepSeek 降低了 AI 研发门槛，助力中小企业和开发者构建自己的 AI 应用。DeepSeek 的模型已应用于智能客服、编程辅助、数据分析等领域，提升了行业效率，如图 1-5 所示。

图 1-5　DeepSeek 的应用

步骤 2　认识生成式人工智能的定义与关键技术

1. 什么是生成式人工智能

交互H5

认识生成式人工智能的定义与关键技术

从文本到图像、音乐、视频，生成式人工智能正在改变我们的生活方式，开启全新的创作可能性。那么到底什么是生成式人工智能呢？

生成式人工智能专注于生成新的内容，这可能包括文本、图像、视频、音频等多种形式。生成式人工智能通过学习大量的数据样本来理解数据的分布，然后创造出全新的实例。

以往我们所了解的人工智能指的是判别式人工智能（discriminative AI），它专注于从给定的输入数据中识别或预测标签或输出。它们通过学习输入数据和输出标签之间的关系来工作，旨在将未知的数据进行分类或预测，如图 1-6 所示。

图 1-6 判别式人工智能

举个例子，想象我们正在参加一个烹饪班。在这个班上，我们不仅可以学习如何辨别各种菜肴，还可以学习甚至创新制作各种菜肴。生成式人工智能就像是一个擅长烹饪的厨师，这个厨师通过观察和学习很多菜谱和烹饪技巧，然后开始创造自己的菜肴。这些菜肴可能是基于他学到的技术的新变体，或者是完全原创的创新菜品。重点是，他不仅仅复制他看过的菜，而是能够根据他对食材和烹饪方法的理解来创造新的菜肴。如果生成式人工智能是一个音乐创作程序，它不仅仅复制已有的歌曲，而是可以创作出不同的歌曲，这些歌曲听起来旋律优美，和现有的歌曲风格类似，但是是不同的创作。

判别式人工智能则像是一个食品评论家。他的任务是尝试不同的菜肴，并根据他的知识和经验来判断这些菜肴的类型、风格和可能的原料。他不会创造新的菜肴，而是专注于分析和识别呈现给他的菜肴。如果判别式人工智能是用于垃圾邮件过滤的程序，它的工作是检查每封邮件，并判断它是不是垃圾邮件。它通过学习大量的正常邮件和垃圾邮件之间的差异来进行这项工作，但它本身不会创造出任何新的邮件内容。

2. 生成式人工智能的关键技术

1）机器学习 / 深度学习

我们来讨论机器学习的目标。简单来说，机器学习旨在使机器能够像人脑一样识别和处理信息。例如，当我们看到一张图片时，我们能够立即识别出图片中的内容，比如苹果、生气的表情或者一只小狗。机器学习追求的正是让机器模拟这一过程，通过分析数据找出内在的规律，进而对新的数据做出准确的预测或分类。机器学习过程如图 1-7 所示。

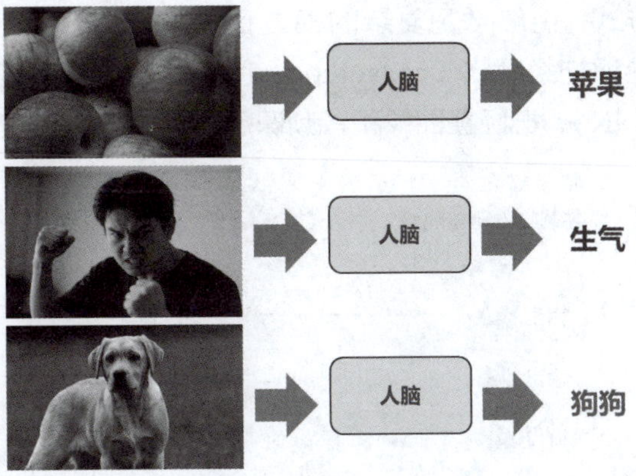

图 1-7 机器学习过程

要实现机器学习，我们首先需要进行数据的收集和标注。以手写数字识别为例，我们需要收集大量的手写数字图片，并为每张图片标注上正确的数字。这些标注好的数据将作为训练机器学习模型的基础。

接下来，我们将这些带有标签的手写数字图片输入到机器学习模型中进行训练。在训练过程中，模型会尝试找出数据之间的关联性，学习如何根据输入的图片特征识别出正确的数字。

一旦模型被训练完成，我们就可以用它来预测新的手写数字图片。当我们给模型一张它从未见过的手写数字图片时，模型需要根据之前学习到的规律，自动识别出这个数字是多少。这个过程就是机器学习中的预测阶段。

在机器学习中，有多种不同的算法可供选择，每种算法都适用于解决不同的问题。例如，线性回归适用于预测连续数值，决策树适用于分类问题，贝叶斯分类基于概率进行预测，而支持向量机（SVM）和 K 近邻（KNN）则是两种常用的分类算法。机器学习的算法类型如图 1-8 所示。

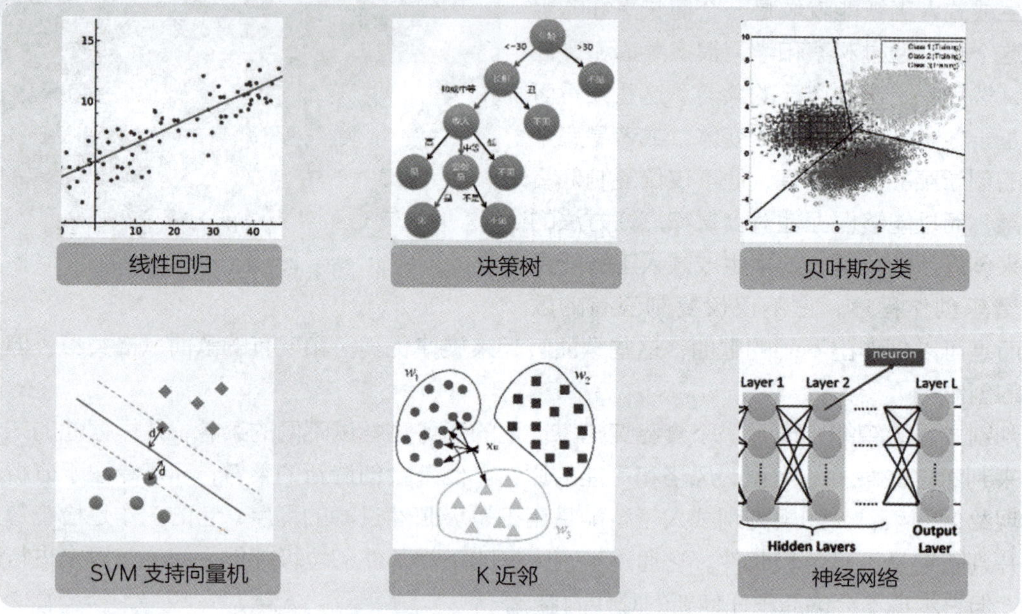

图 1-8　机器学习的算法类型

在机器学习的众多算法中，神经网络尤其值得关注。神经网络通过模拟大脑神经元的工作方式，能够学习复杂的模式和特征。特别是随着深度学习技术的发展，多层的神经网络，如卷积神经网络（convolutional neural network, CNN）和循环神经网络（recurrent neural network, RNN），已经在图像和音频识别等领域取得了突破性的进展，神经网络如图 1-9 所示。

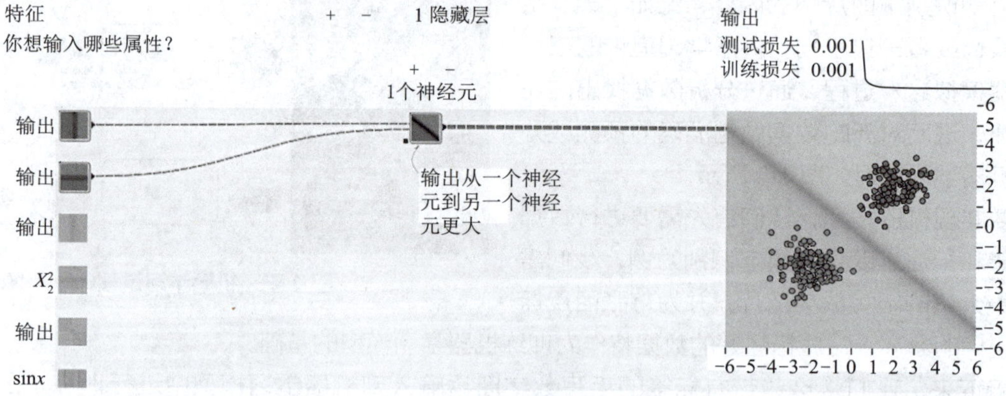

图 1-9　神经网络

深度学习作为机器学习的一个分支，它通过使用多层神经网络，使得机器能够处理更加复杂的数据和任务。深度学习模型能够自动从数据中学习到特征，而无须人工进行特征工程，这在很大程度上提高了机器学习模型的性能。同时，深度学习也为研究者和工程师提供了前所未有的机遇，比如在自然语言处理、自动驾驶、医疗诊断等领域的应用。

2）大语言模型

大语言模型是基于 Transformer 架构的深度学习模型，通过自监督学习（self-supervised learning）在大规模文本数据上进行预训练，学习语言的统计规律和语义表示。LLM 的核心能力包括：

- 自然语言理解（natural language understanding, NLU）：如文本分类、情感分析、信息抽取。
- 自然语言生成（natural language generation, NLG）：如文本续写、对话生成、代码补全。
- 逻辑推理与多任务适应：如数学计算、代码解释、跨语言翻译。

目前，主流的 LLM 就是 DeepSeek。它采用自回归（autoregressive）或混合专家（MoE）架构，并利用强化学习（RLHF）优化人类偏好对齐，使其更符合实际应用需求。

3）Transformer 架构

Transformer 是生成式人工智能的核心架构，尤其在自然语言处理（natural language processing, NLP）领域表现卓越。自 2017 年提出以来，它显著提升了机器翻译、文本摘要等任务的效果。其核心由编码器（encoder）和解码器（decoder）组成，前者将输入文本映射为向量，后者生成目标输出，如图 1-10 所示。虽然最初针对机器翻译设计，但其架构在各类 NLP 任务中均展现出强大适应性。

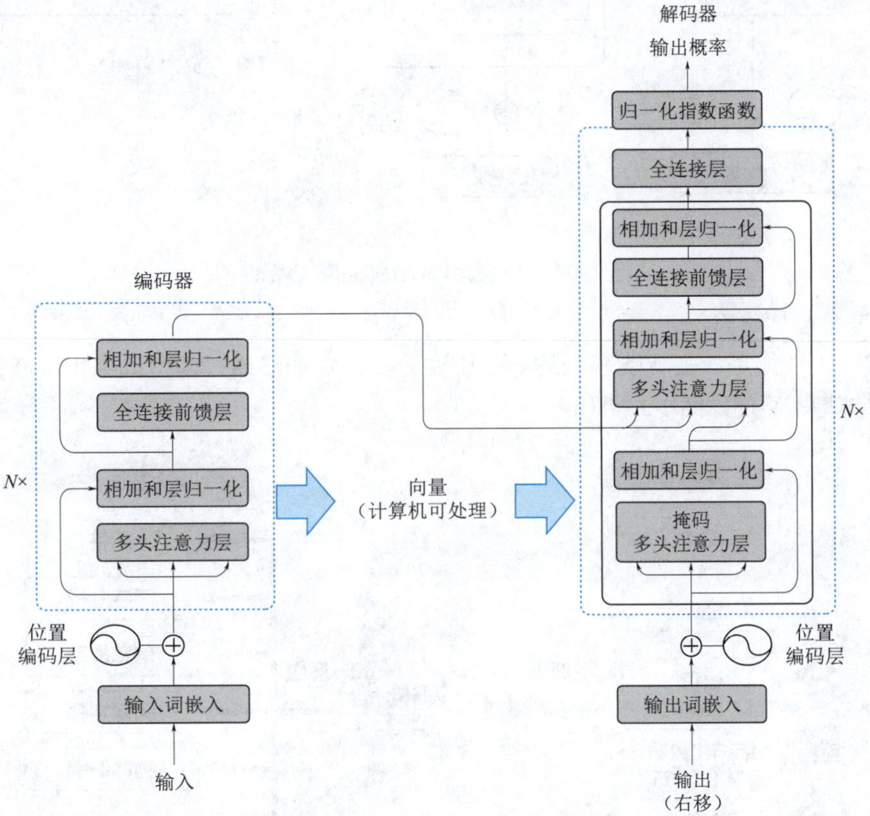

图 1-10　Transformer 架构

在 GPT 等生成式模型中，主要利用 Transformer 的编码器部分。输入文本被转换为固定长度的向量表示，其中包含语义和上下文信息。Transformer 的核心组件包括（见图 1-11）：

- 多头注意力机制：动态捕捉文本不同位置的关系；

- 全连接层（前馈神经网络）：进一步处理特征，增强模型表达能力。

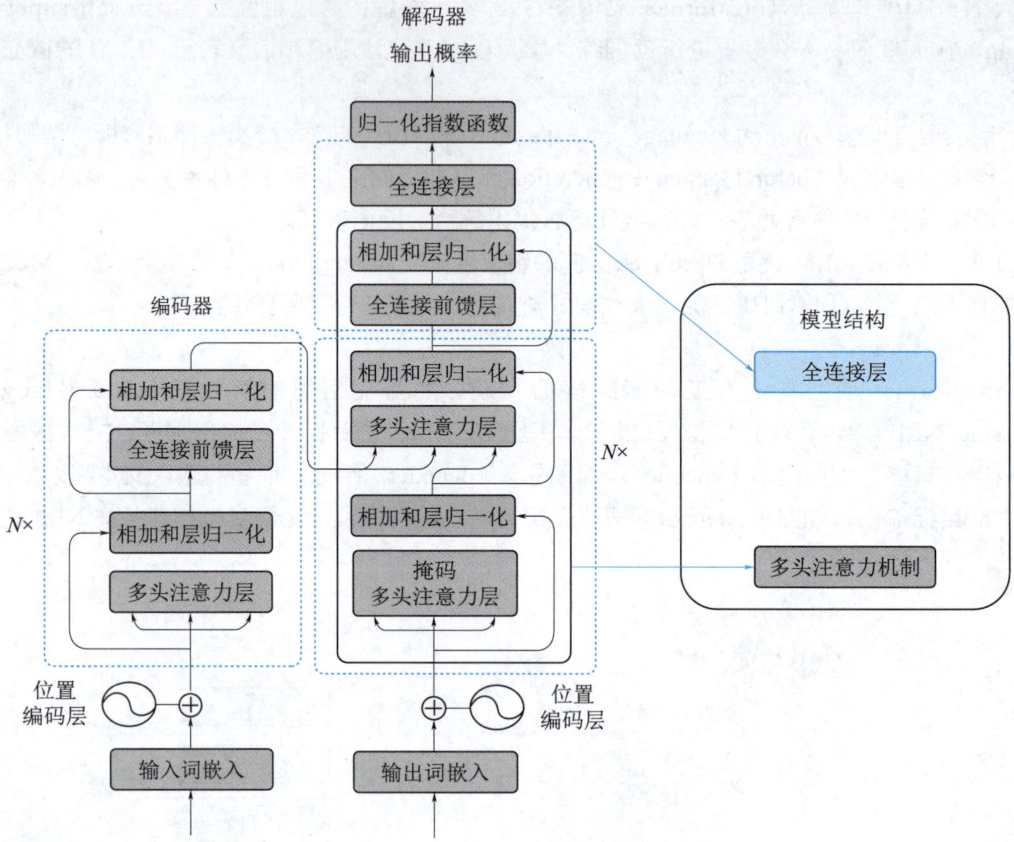

图 1-11　Transformer 的核心组件

4）生成式人工智能

生成式人工智能是人工智能领域的一个重要分支，它能够通过模型训练生成新的创造性内容或样本，其基本原理如图 1-12 所示。

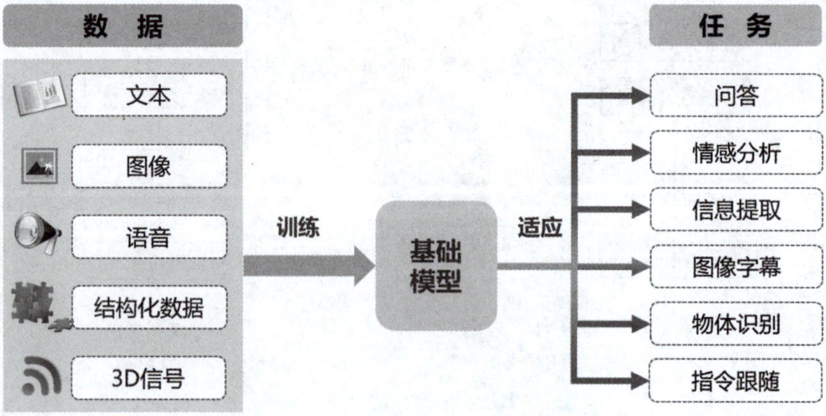

图 1-12　生成式人工智能基本原理

从技术原理来说，生成式人工智能是一类通过大规模数据集的学习，利用深度神经网络和概率模型，生成与原始数据相似但又不完全相同的新数据的机器学习模型。其核心目标是利用计算机算法和数据生成新的、具有实际价值的内容，模拟人类的创造力和想象力。

生成式人工智能涉及的技术基础主要有：深度学习、神经网络及概率模型。

生成式人工智能的应用领域极为广泛，涵盖了多个行业和领域：

（1）自然语言处理：生成式人工智能可以生成高质量的文本内容，如新闻报道、小说、诗歌等。它还可以用于机器翻译、智能写作等领域。

（2）计算机视觉：生成式人工智能可以生成逼真的图像和视频内容，为设计师提供更多的创作素材，同时也可应用于影视制作、游戏开发等领域。

（3）艺术创作：生成式人工智能可以创作新颖的艺术作品，如绘画、音乐等，为艺术家提供灵感和创作思路。

（4）虚拟现实：生成式人工智能在虚拟现实领域也有广泛应用，可以生成逼真的虚拟场景、角色和情节。

（5）其他领域：生成式人工智能还可应用于智能客服、智能写作、药物设计、风险评估、教育、医疗等多个领域。

尽管生成式人工智能展现出了巨大的潜力和价值，但其发展也面临着诸多挑战：

（1）数据和计算资源：生成式人工智能需要大量的数据和计算资源来训练和优化模型，这对于一些小型企业和个人用户来说可能是一个难题。

（2）内容质量：生成式人工智能生成的内容可能存在一定的误差和偏差，需要进行人工审核和修正。

（3）伦理和道德问题：生成式人工智能可能会面临一些伦理和道德问题，如数据隐私、版权保护等。此外，生成式人工智能生成的内容可能因模仿他人的作品，从而引发版权纠纷。

步骤3　认识生成式人工智能应用

在应用层面，生成式人工智能已渗透到多个领域。例如，文生文技术（如百度的文心一言、阿里的通义千问）正在改变内容创作和交互方式；文生图技术（如百度的文心一格）为设计行业注入新活力；文生视频和音频技术（如腾讯的AI Lab相关研究）则在影视制作和音乐创作中崭露头角。这些应用不仅展现了生成式人工智能的多样性，也体现了国产化工具在技术落地中的重要作用。

交互H5
认识生成式人工智能应用

1. 文生文

我们给人工智能出一道思考题，人工智能可以给出参考答案吗？当然可以！比如我们可以向人工智能提问，如图1-13所示。

问题

有三个门，一个门后面是宝藏，另外两个门后面是陷阱。有两个守卫，一个总是说真话，一个总是说谎。你只能问其中一个守卫一个问题，你怎么问才能找到宝藏？

图1-13　守卫回答问题

我们来看看人工智能会如何回答？如图1-14所示，我们可以看到人工智能可以提供非常详细的、有逻辑的分析过程及分析结果。

有三个门，一个门后面是宝藏，另外两个门后面是陷阱。有两个守卫，一个总是说真话，一个总是说谎。你只能向其中一个守卫一个问题，你怎么问才能找到宝藏？

这是一个经典的逻辑谜题。解决这个问题的关键在于提出一个巧妙的问题，使得无论守卫是说真话还是说谎，你都能从他们的回答中推断出正确的门。

你可以问任何一个守卫："如果我问另一个守卫哪扇门后面有宝藏，他会指向哪扇门？"然后选择与他们所指的门相反的那扇门。

这里是为什么这个策略有效：

1. 如果问的是说真话的守卫：
   - 说真话的守卫知道说谎的守卫会指向陷阱的门，所以他会指向说谎的守卫会指向的那扇门（即陷阱门）。
   - 因此，你应该选择与说真话的守卫所指的门相反的那扇门。
2. 如果问的是说谎的守卫：
   - 说谎的守卫知道说真话的守卫会指向宝藏的门，但他会故意指向陷阱的门，因为他总是说谎。
   - 因此，你也应该选择与说谎的守卫所指的门相反的那扇门。

无论问哪个守卫，你都应该选择他们所指的门的相反门，这样就能找到宝藏。

复制 再试一次 分享

图 1-14　大模型回答问题

如图 1-15 所示，我们现在需要解决一个问题：

问题

抽奖晚会上，有1~32总共32个号码，主持人从箱子中随机抽取1个号码，请你猜这个号码是多少？

1.你可以问主持人问题，主持人对问题只回答"是"或者"不是"，但你每问1个问题，你需要向晚会捐款100元。

2.猜中后，可以获得晚会提供价值1000元的奖品1份。请问你应该怎么猜才能确保每次都物有所值。

图 1-15　抽奖号码问题

请结合所学过的相关知识，给出相应的方案。

如果我们让人工智能来解决，结果会是怎样呢？如图 1-16 所示，生成式人工智能给出了详细的解题思路及解题步骤。

这个问题实际上涉及到了信息论和决策理论。为了确保每次提问都物有所值，你需要设计一种提问策略，使得每次提问都能最大化你获得的信息量，从而最小化你提问的次数。

一个有效的策略是使用**二分法**，但因为号码是1到32，不是2的幂次，所以不能完全应用二分法。不过，我们可以稍微调整策略：

1. 首先，你可以问："号码是16吗？"（16是中间的号码）
   - 如果是，你只需要再问一次就能确定是16还是其他号码。
   - 如果不是，你至少排除了16号，然后你可以将剩下的号码分为两组，每组接近16个。
2. 如果号码不是16，接下来你可以问："号码是大于16吗？"或者"号码是小于16吗？"这样你又排除了一半的选项。
3. 继续这个过程，每次你都将剩余的号码数量减半，直到你只剩下一个号码。

具体步骤如下：

- 第1次提问：号码是16吗？
- 第2次提问：如果第1次不是16，问号码是大于16吗？
- 第3次提问：根据第2次的回答，选择大于或小于16的一半，然后问中间的号码。
- 重复这个过程，直到你确定号码。

按照这个策略，最坏情况下你需要5次提问（因为$2^5 = 32$），每次提问捐款100元，总共500元。而奖品价值1000元，所以即使在最坏的情况下，你也是物有所值的。

这个策略比随机猜测或者没有策略的提问要有效得多，因为它确保了你每次提问都能获得最大的信息量。

复制　再试一次　分享

图 1-16　文生文

2.文生图

我们先来看如图 1-17 所示的两张图，大家猜一猜，哪张是人工智能生成的？哪张是真人拍摄的？

（a）　　（b）

图 1-17　文生图

其实这两张图都是人工智能生成的，是不是效果很好，可以与真人媲美呢？这就是生成式人工智能，只需要输入提示词（年轻的美丽中国女孩，微笑，肌肤和眼睛细致，自然光线，家中拍摄，长发，胶片质感，低对比度，自然面孔；在夜晚森林中的中国女孩，穿着徒步旅行装备，冬季，开怀大笑，夜晚拍摄，非常昏暗，红外摄影，颗粒感，动态模糊），就可以生成逼真图像。

其中图 1-17（a）的图片由以下提示词生成：

提示词

年轻的美丽中国女孩，微笑，肌肤和眼睛细致，自然光线，家中拍摄，长发，胶片质感，低对比度，自然面孔。

图 1-17（b）的图片由以下提示词生成：

提示词

在夜晚森林中的中国女孩，穿着徒步旅行装备，冬季，开怀大笑，夜晚拍摄，非常昏暗，红外摄影，颗粒感，动态模糊。

文生图可以应用在电商领域，用于海报设计，也可以应用于游戏原画设计领域，用于人物设计等。除此之外，还有许多的应用等待我们去挖掘。

3. 文生视频

除了静态的文字和图片，人工智能还可以生成如图 1-18 所示动态的视频，这个视频是根据提示词：“巨大波浪中的冲浪者，位于宏伟的大厅内，巨浪从地面直冲至天花板。大厅建筑风格古典，拥有拱形窗户和精致的吊顶，温暖的灯光照亮整个空间。”智能生成的。

图 1-18　文生视频

4. 文生音频

人工智能还能够生成音频，可以进行语音合成，应用在配音领域；还可以进行作曲、生成配乐等。

除此之外，人工智能还能制作出精美的 PPT，用户只需要根据提示输入内容，就可以自动生成高颜值的 PPT。

步骤 4　利用生成式人工智能工具

1. 文生文工具

1）DeepSeek

视 频

利用生成式人工智能工具

深度求索作为国内领先的大模型研发公司，已经构建了完整的生成式人工智能技术体系，如图 1-19 所示。DeepSeek 系列模型在中文理解和生成任务上展现出业界顶尖水平。该模型采用创新的神经网络架构，在保证推理速度的同时显著提升了生成质量，特别是在逻辑推理和复杂问题求解方面表现突出。DeepSeek 在代码生成领域具有独特优势，不仅支持主流编程语言的自动补全和错误修复，还能理解技术文档并生成可运行的代码示例。企业级解决方案方面，DeepSeek 提供了完善的内容安全过滤机制和灵活的部署选项，包括云端 API 和本地私有化部署，满足金融、政务等行业对数据安全的严格要求。在教育应用场景中，DeepSeek 能够辅助教师进行课程设计、试题生成，同时为学生提供个性化的学习辅导。值得关注的是，DeepSeek 正在向多模态方向发展，后续版本将整合文本、图像、代码等多种生成能力，打造更全面的 AI 生产力工具。该模型的开源策略也备受开发者社区欢迎，部分轻量化版本已经开源，推动了大模型技术的普惠化发展。

图 1-19　DeepSeek

2）豆包

豆包是字节跳动推出的 AI 对话助手，凭借其出色的多轮对话能力在中文智能助手评测中名列前茅，如图 1-20 所示。这款产品最大的优势在于自然流畅的对话体验，即使在 20 轮以上的长对话中也能保持高度一致的上下文理解能力。豆包采用了先进的对话状态跟踪技术，能够准确捕捉用户意图的细微变化，在健康咨询、旅行规划等需要深度交互的场景中表现尤为突出。与市面上大多数对话 AI 不同，豆包特别设计了场景化交互模式，内置了学习辅导、心理咨询、法律咨询等多个专业对话模块，用户可以根据需求切换不同的对话风格。实时信息整合功能使其能够结合搜索引擎提供最新资讯，大大提升了回答的时效性和准确性。

图 1-20　豆包

教育领域的实践表明，豆包在语言学习、作业辅导等方面展现出巨大潜力，其拟人化的交流方式特别受到年轻用户群体的喜爱。字节跳动正在为豆包测试多模态扩展功能，未来的版本将实现图文混合生成能力，进一步丰富应用场景。

2. 文生图工具

1）即梦

即梦是阿里巴巴达摩院重点打造的 AI 绘画工具，专注于为电商行业提供专业级的视觉内容生成服务，如图 1-21 所示。该工具深度融合了阿里巴巴在电商领域积累的海量数据，特别擅长生成符合商业需求的精美图像。即梦最显著的特点是高度适配电商应用场景，内置了商品主图、详情页、广告海报等多种实用模板，商家只需简单输入商品描述就能获得可直接使用的专业级图片。在技术实现上，即梦采用了创新的风格迁移算法，用户上传参考图片后，系统能精准捕捉其艺术风格并应用到新生成的图像中。细节控制功能允许用户通过调整专业参数来精确把控构图、色彩、光影等视觉要素，这在同类产品中较为罕见。实际应用数据显示，使用即梦的电商商家平均节省了 70% 的商品图片制作时间，同时显著降低了视觉设计成本。阿里巴巴生态的深度整合使即梦生成的内容可以直接发布到淘宝、天猫等电商平台，实现了从创作到上线的无缝衔接。值得一提的是，即梦生成的所有图片默认具备完整的商业使用权，彻底解决了 AI 生成内容的版权疑虑，这一特性受到企业用户的高度评价。

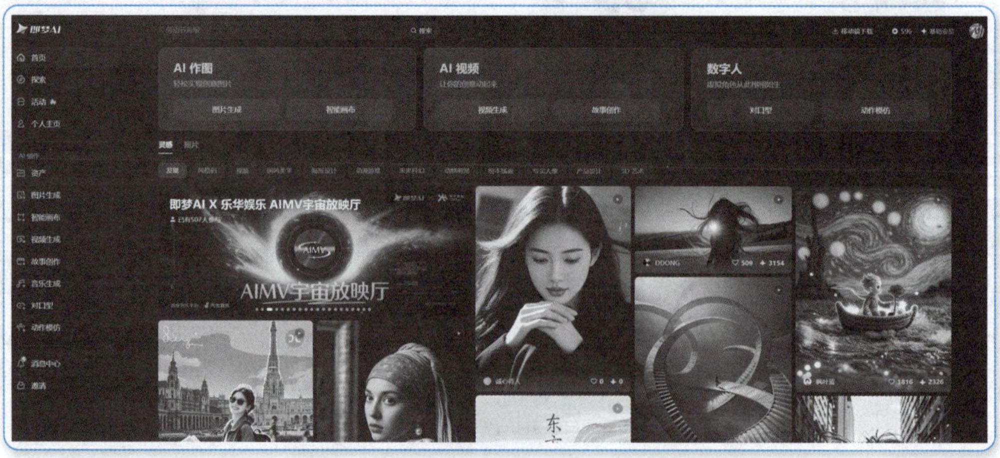

图 1-21　即梦

2）腾讯混元

腾讯混元作为腾讯 AI 实验室的旗舰产品，在多模态生成领域展现出强大的创新能力，如图 1-22 所示。该工具的独特之处在于对社交媒体内容的深度优化，能够精准把握各平台的热门视觉风格。混元内置了针对小红书、微信朋友圈等主流社交平台的专用模板，用户可以轻松生成符合平台调性的精美图片。系列图片生成功能是混元的另一大亮点，系统能保持多张图片在风格、色调、构图等方面的高度一致性，特别适合品牌营销内容的批量制作。在技术层面，混元采用了先进的局部修改算法，用户可以对生成图片的特定区域进行调整优化，而不影响整体画面质量。移动端优化使混元在智能手机上也能流畅运行，普通用户无须专业设备就能创作出高质量的视觉内容。腾讯社交生态的深度整合让用户能够直接将作品分享到微信、QQ 等平台，大大提升了内容传播效率。艺术创作者反馈，混元提供的从写实到抽象的各种艺术风格，为他们的创作过程提供了丰富的灵感来源。随着持续迭代，混元正在向 3D 内容生成领域拓展，未来版本将支持更复杂的三维场景构建。

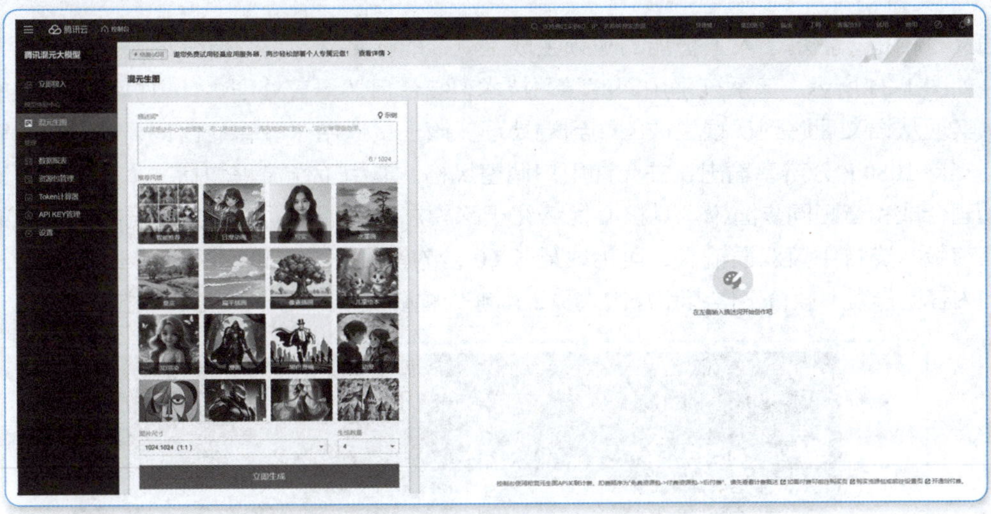

图 1-22 腾讯混元

3. 文生视频工具

1）可灵

可灵作为字节跳动在 AIGC 视频领域的重要布局，专注于降低短视频创作门槛，如图 1-23 所示。该平台最大的特点是拥有极其丰富的视频模板库，涵盖时下最热门的短视频类型和风格。用户只需选择模板并输入简单文案，系统就能自动生成包含转场特效、背景音乐、动态文字的完整视频作品。可灵采用了创新的口型同步技术，生成的虚拟人物能够完美匹配输入的文本语音，达到近乎真实的播报效果。智能剪辑引擎可以自动分析内容节奏，在恰当的时间点添加转场和特效，大大简化了视频后期处理流程。数据显示，使用可灵的内容创作者平均节省了 80% 的视频制作时间，特别适合需要快速产出大量视频内容的自媒体运营者。与抖音生态的深度整合是可灵的独特优势，用户完成创作后可直接发布到抖音平台，并获取流量扶持。内置的海量素材库包含数万种音乐、贴纸、滤镜等创作元素，为内容创新提供了无限可能。教育机构的使用案例表明，可灵能有效帮助教师将枯燥的知识点转化为生动有趣的动画视频，显著提升学生的学习兴趣和效果。

图 1-23　可灵

2）通义万相

通义万相是一款基于人工智能的视频生成工具，能够将文本、图像等输入自动转化为动态视频，如图 1-24 所示。该系统采用深度学习技术，结合自然语言处理、计算机视觉和生成对抗网络，实现从语义理解到视频生成的端到端处理。该工具适用于教育、营销、创意短片等多种场景，支持 1080 P 分辨率输出，并允许用户调整风格。典型工作流程包括文本输入、关键帧生成、动画合成和音画同步渲染。其核心优势在于跨模态对齐能力，确保文本与视觉内容的一致性。当前版本支持中英双语输入，可生成最长 60 秒的视频，输出帧率达每秒 24 帧。该工具主要面向内容创作者、教育工作者和营销人员，能够大幅降低视频制作的技术门槛和成本。

图 1-24　通义万相

步骤 5　文生文简单体验

视频

文生文简单体验

通过前面的学习，我们已经了解生成式人工智能的概念和应用，接下来我们通过 Kimi 来做个简单的文生文体验吧！

Kimi 是一个人工智能助手，它能够进行中文和英文的对话，提供安全、有帮助且准确的回答。Kimi 能够理解并回应用户的问题，擅长处理各种查询，包括但不限于文件阅读、网页内容解析、搜索信息整合等。

实现技巧 1

（1）首先进入 Kimi 管方网站，并注册账号。

（2）在输入框中输入想要人工智能输出的内容，例如，我们可以输入：“我准备去参加社团面试，我应该注意些什么？”，如图 1-25 所示。

（3）接着单击最后一个图标发送，我们可以看到 Kimi 回复了以下 12 点建议内容，如图 1-26 所示。

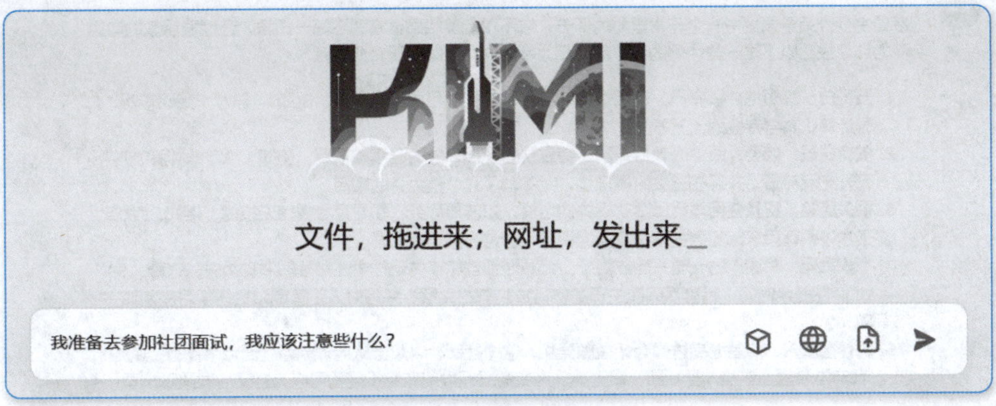

图 1-25　文生文步骤之一

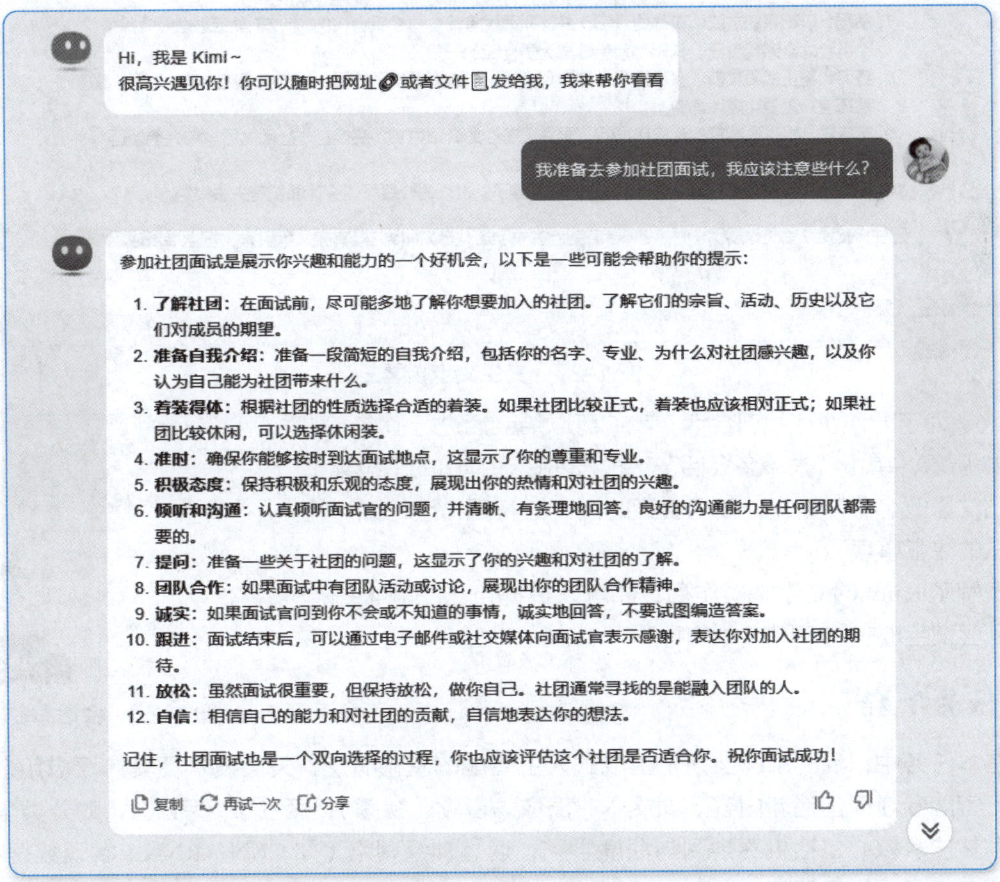

图 1-26　文生文步骤之二

（4）如果对回复的内容不满意，可以单击下方的“再试一次”按钮，可以得到新的回答。

（5）如果想要更进一步询问，可以继续在输入框中输入，例如，“请更加详细地介绍如何准备自我介绍”，并查看 Kimi 的回复，如图 1-27 所示。

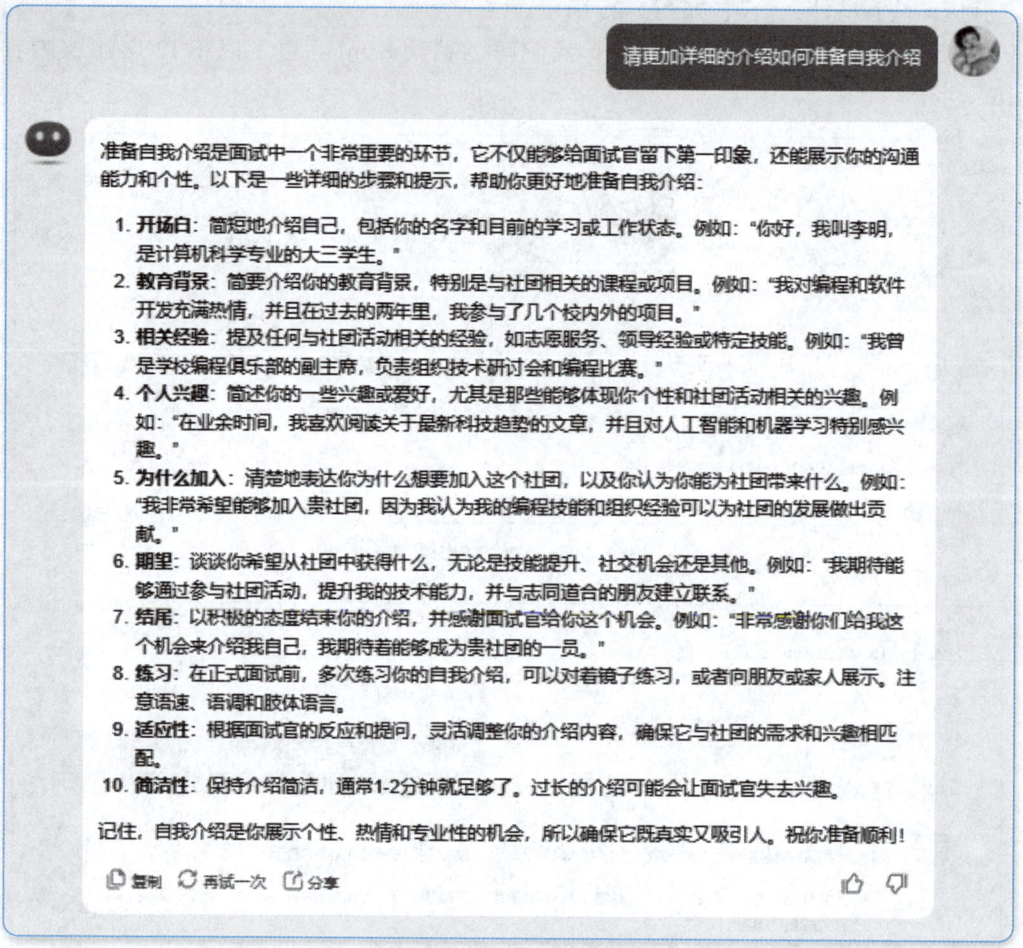

图 1-27　文生文步骤之三

（6）为了方便快速找到会话，我们可以给会话进行命名。如图 1-28 所示，单击“未命名会话”下拉按钮，在弹出的下拉菜单中单击“修改名称”命令，根据会话的内容进行重命名，如“社团面试的注意事项”。

了解了 Kimi 的文生文操作后，你可以根据自己的需求进行体验，尝试生成一些可用的文案吧！

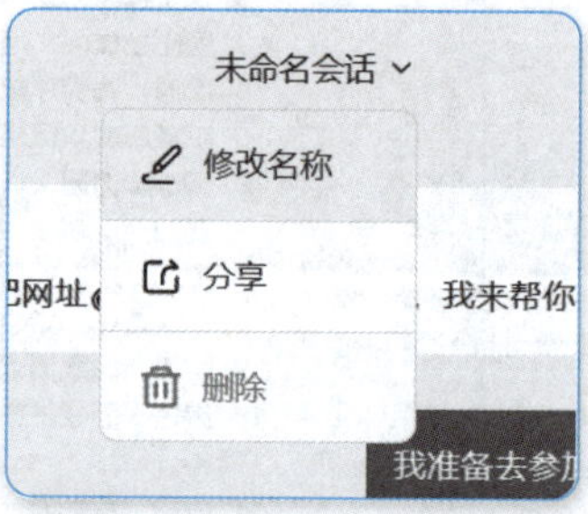

图 1-28　会话命名

任务小结

在本任务中，我们系统学习了生成式人工智能的基础概念、关键技术及其广泛应用。生成式人工智能专注于创造新内容（如文本、图像、音频、视频），区别于判别式 AI 的分类与预测功能，其技术核心包括机器学习与深度学习，通过神经网络（如 CNN、RNN）学习数据特征，实现复杂任务（如手写数字识别），而大语言模型（LLM）基于 Transformer 架构，具备自然语言理解（NLU）与生成（NLG）能力，如 DeepSeek 模型，其核心为自注意力机制，通过编码器—解码器结构处理序列数据，支持长距离依赖关系捕捉，此外生成对抗网络（GANs）与概率模型用于生成逼真内容，如图像、视频。在应用层面，生成式人工智能已渗透到多个领域，如文生文技术（智能问答、代码生成）、文生图技术（电商设计、艺术创作）以及文生视频 / 音频技术（短视频制作、专业影视生成）。我们还体验了 Kimi 等工具的文生文功能，学习如何通过提示词生成结构化内容，并探索了 AI 在数据处理（成绩登记）、随机抽取等场景的自动化应用。通过本任务，我们理解了生成式人工智能的技术原理及其变革性潜力，同时通过实践掌握了基础工具的使用方法，未来随着多模态技术的发展，AI 将在更多领域展现创造力与效率提升的价值。

任务拓展

当前电商平台面临用户需求多样化、商品信息过载等挑战，传统推荐系统往往难以精准捕捉用户偏好。生成式人工智能通过深度分析用户行为数据，能动态生成个性化推荐内容，并模拟潜在购物兴趣。该技术不仅可以实时优化推荐策略，还能自动生成商品描述和营销文案。将生成式人工智能应用于电商推荐系统，可显著提升点击率和转化率，同时为用户提供更贴心、更智能的购物体验。请完成本任务任务拓展，生成一篇“生成式人工智能在电商中的应用”，如图 1-29 所示。

视　频

任务拓展

题目描述

生成式AI在电商个性化推荐中的创新应用研究。请使用大模型技术分析并生成一篇关于“生成式AI在电商智能推荐中的应用”，旨在帮助电商平台提升用户购物体验和转化率。

具体任务

精准提问		
	任务	生成一篇关于“生成式AI在电商智能推荐中的应用”。
	要求	描述电商平台在传统推荐系统中面临的挑战。 强调生成式人工智能技术对提升推荐精准度和用户体验的重要性。 包含2000～3000字。

图 1-29　任务拓展

巩固与提高

1. 以下（　　）技术是生成式人工智能（如 ChatGPT）的核心基础架构。（单选题）

   A. 卷积神经网络（CNN）　　B. Transformer

   C. 随机森林　　D. K 近邻算法（KNN）

2. 以下（　　）应用场景最能体现生成式人工智能的“创造性”特点。（单选题）

   A. 人脸识别门禁系统　　B. 根据文字描述生成一幅油画

   C. 预测股票价格走势　　D. 垃圾邮件自动分类

3. 以下（　　）是判别式人工智能的典型应用。（单选题）

A. 创作新歌曲　　B. 生成逼真图像

C. 垃圾邮件分类　　D. 设计虚拟场景

4. 关于 DeepSeek 公司的描述，正确的是（　　）。（多选题）

A. 成立于 2023 年　　B. 主要研发计算机视觉算法

C. 提供开源大语言模型　　D. 是阿里巴巴旗下子公司

5. 以下（　　）工具属于文档中提到的文生图应用。（多选题）

A. 即梦　　B. 豆包

C. 腾讯混元　　D. Kimi

任务 1.2　生成式人工智能与信创的深度融合

学习目标

- 理解信创的背景与核心目标。
- 掌握生成式人工智能赋能信创的具体方式（如数据安全、模型国产化）。
- 能通过案例说明生成式人工智能在信创中的价值。

任务描述

视频

任务描述与分析

2023 年，中国信创产业规模突破 2 万亿元，但核心 AI 技术仍受制于国外基础软件生态。2025 年，国产大模型 DeepSeek 的崛起打破了这一僵局——其不仅通过工信部信创适配认证，更以完全自主的算力底座和中文语义理解优势，率先在政务、金融、教育等领域实现规模化落地，如图 1-30 所示。这种“AI+ 信创”的融合范式，标志着我国智能化建设进入安全可控的新阶段。

图 1-30　DeepSeek+ 信创

某高职院校数字媒体专业教师林老师正面临教学改革挑战：课程需要同时满足 Adobe 系列软件教学要求与信创替代指标，学生作品需兼容国产化设计工具。通过深度体验 DeepSeek 的文生图模块和 WPS AI 的智能排版功能，她发现生成式人工智能可成为衔接国际标准与信创要求的“转换器”。认识生成式人工智能与信创的融合模式，成为重要的工作内容。

任务分析

本任务将聚焦生成式人工智能在信创领域的破局作用，探讨生成式人工智能与信息技术应用创新（信创）产业的结合，分析技术互补性及典型实践案例，加强对国产化 AI 生态的认知，如图 1-31 所示。

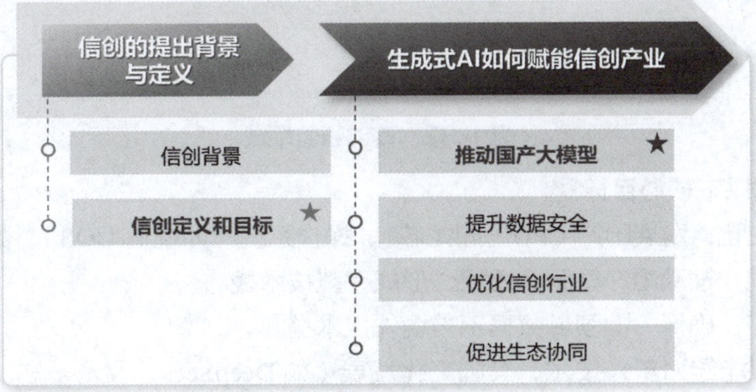

图 1-31　任务分析

任务实施

步骤 1　信创的提出背景与定义

1. 信创的提出背景

信创（信息技术应用创新）产业的兴起源于国际技术竞争加剧和国家安全需求。近年来，全球科技博弈日趋激烈，部分国家在芯片、操作系统、数据库等关键领域对中国实施技术封锁。例如：

视频　信创的提出背景与定义

- 硬件依赖：高端芯片（如 GPU）受制于海外供应链。
- 软件生态：主流 AI 框架（如 TensorFlow、PyTorch）由国外企业主导。
- 数据安全：云计算、AI 服务依赖境外平台可能带来数据泄露风险。

在此背景下，中国提出信创战略，旨在构建自主可控的信息技术体系，涵盖芯片、操作系统、数据库、中间件、AI 大模型等关键领域。

2. 信创的定义与核心目标

信创，即信息技术应用创新产业，它作为数字经济与信息安全发展的基石，具有举足轻重的地位。信创的本质在于积极促进国产信息产业的发展，力求在计算机信息技术软硬件方面实现自给自足，逐步摆脱对国外技术的依赖，实现国产替代化，从而确保在信息技术领域达到科技自立的目标，进而保障国家信息安全。

信创产业的核心在于通过行业应用的广泛拉动，构建出完整的国产化信息技术软硬件底层架构体系及全周期生态体系，进而解决在核心技术关键环节上“受制于人”的问题，为中国的发展奠定坚实可靠的数字基础。

信创是一个大概念，主要涵盖四大领域：基础硬件、基础软件、应用软件、信息安全，四个模块环环相扣，配合云计算与系统集成，如图 1-32 所示。

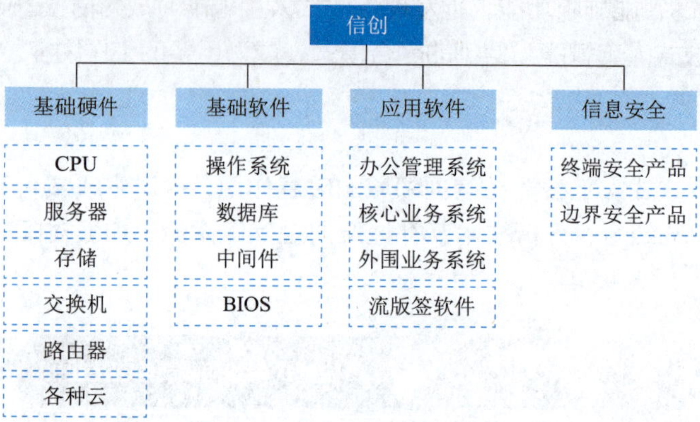

图 1-32　信创涵盖领域

信创需要达到以下核心目标：

（1）技术自主化：发展国产 CPU（如龙芯）、操作系统（如统信 UOS）、数据库（如达梦）。

（2）生态协同：推动国产软硬件适配，形成完整技术栈。

（3）安全可控：确保关键领域数据不被境外技术垄断。

生成式人工智能作为新兴技术，其国产化发展（如 DeepSeek、文心一言）成为信创的重要组成部分。

步骤 2　技术互补：生成式人工智能如何赋能信创产业

视 频

技术互补：生成式人工智能如何赋能信创产业

生成式人工智能通过技术创新和场景落地，为信创产业提供多维支持，其赋能路径可分为核心技术突破、安全体系构建、行业应用深化和生态协同四个维度：

1. 推动国产大模型研发

传统的 AI 开发高度依赖国外开源模型（如 GPT-3/4、Llama 2），面临着代码协议兼容性风险，模型微调依赖境外算力平台，核心技术"黑箱化"导致的可持续性风险等三大风险问题。

目前国内大模型已形成"基础模型 + 垂直领域"的研发体系：

- 基础层：DeepSeek-V3（128K 长文本处理）、智谱 ChatGLM3（多模态推理）。
- 工具链：华为 MindStudio 提供全流程开发工具。

2. 提升数据安全与隐私保护

生成式人工智能需处理大量数据，国产模型可部署在本地或私有云，避免数据出境风险。信创环境下，人工智能训练可使用国产算力（如华为昇腾芯片）+ 国产框架（如 MindSpore）。

比如在金融业模型训练领域。银丰新融紧抓银行数字化转型与信息化自主创新战略机遇，基于银河麒麟操作系统及国产化芯片的底层技术架构，深度融合监管政策导向、客户需求洞察与市场发展趋势，成功构建自主创新的业务系统解决方案，如图 1-33 所示。通过系统化的知识体系建设，形成了完整的监管数据服务闭环：从初期开展数据诊断与监管差距分析，到基于监管视角构建标准化数据集市以强化数据治理效能，最终创新性地整合央行、银保监会、外管局三大监管体系要求，率先提出并实践"统一监管报送"理念，有效提升金融机构监管合规效率与数据治理水平，为行业监管科技发展提供专业支撑。

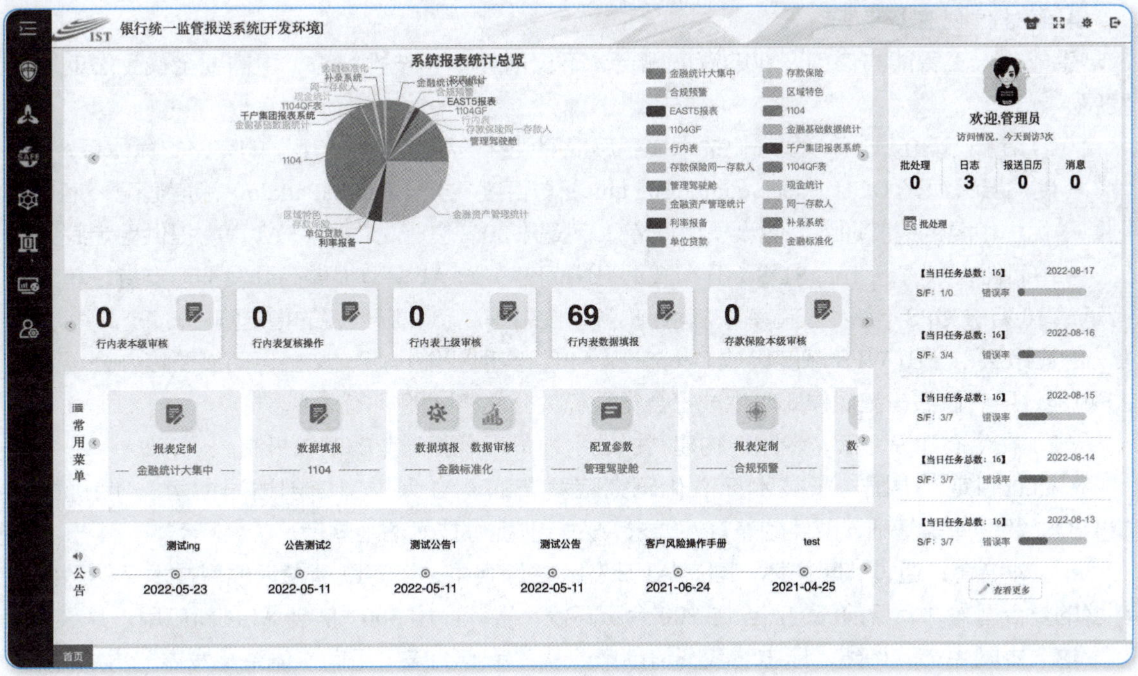

图 1-33　统一监管报送平台

3. 优化信创行业应用

生成式人工智能能优化信创行业应用，如图 1-34 所示。其中，表现最为突出的有以下三个领域：

1）政务领域

- 智能公文系统：基于统信 UOS 的签章系统与 AI 写作模块联动，实现“拟稿—核验—用印”全流程国产化。
- 政策解读机器人：在人大、政协系统中部署的问答系统支持方言语音交互。

2）金融领域

- 风控模型：采用浪潮信息 AIStation 平台开发的反欺诈模型，TPR 指标达 98.7%。
- 智能投顾：欧拉操作系统上运行的量化策略生成系统。

3）教育领域

- 教学助手：适配中标麒麟的备课系统可自动生成符合新课标的教案。
- 考试分析：龙芯平台上运行的错题归因系统。

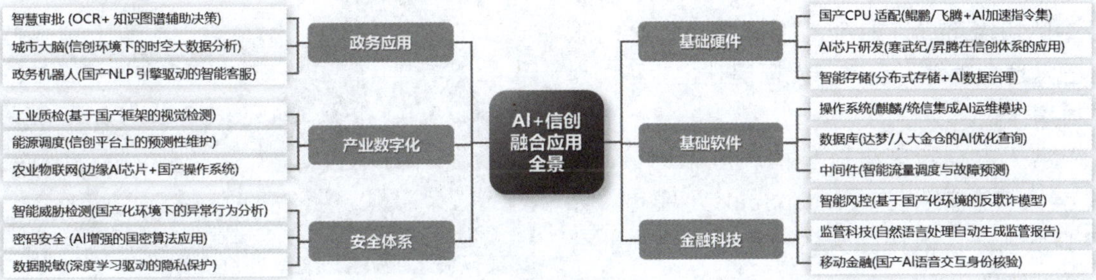

图 1-34　AI+ 信创融合应用

4. 促进信创生态协同

生成式人工智能与信创产业的深度融合，不仅依赖单一技术突破，更需要全栈生态的协同发展。

（1）在技术融合方面，国产化技术栈已形成“硬件—中间件—应用”的完整支撑体系。

• 硬件层：海光 DCU（deep computing unit）与百度飞桨（PaddlePaddle）深度适配，通过定制算子优化和混合精度训练，使大模型训练效率提升 30% 以上，为国产 AI 算力提供稳定底座。

• 中间件：东方通 TongRDS（分布式消息中间件）为 AI 模型提供高并发推理支持，单集群可承载 10 万级 QPS（每秒查询率），确保政务、金融等高负载场景下的稳定响应。

• 应用层：金山 WPS 深度集成 DeepSeek API，实现智能排版、文档自动摘要等办公场景的 AI 赋能，用户仅需一键操作即可生成符合党政机关公文格式的规范文件。

（2）在生态建设方面，我国已构建“标准引领 + 人才驱动”的双轮机制。

• 标准制定：中国电子技术标准化研究院发布的《AI 大模型信创适配指南》，明确国产 CPU/OS/ 数据库等基础软硬件的兼容性要求，为行业提供技术落地规范。

• 人才培育：通过“麒麟杯”国产 AI 开发大赛等赛事，培养既精通大模型技术又熟悉信创环境的复合型人才，目前已覆盖全国 200 余所高校，累计产出 300+ 信创 AI 创新应用。

这一协同生态的构建，标志着我国信创产业从“单点突破”迈向“体系化发展”，为生成式人工智能的自主可控落地提供了坚实基础。

5. 人工智能赋能信创的应用案例

在信息技术快速发展的背景下，自然资源数字化治理能力亟需提升。为抢占智能化发展先机，自然资源系统多家单位前瞻布局，积极推进 DeepSeek 大模型的本地化部署与应用研究，以人工智能技术赋能自然资源管理高质量发展。

作为不动产登记制度改革的重要支撑，智能化技术的深度应用正成为提升服务效能的关键。常州市不动产登记交易中心率先探索，依托 DeepSeek 大模型构建“全链智能、全域协同、全程无感”的“AI+ 不动产登记”体系，推动服务模式创新升级。

常州市通过本地化部署 DeepSeek 模型，深度整合不动产、司法、公安等多源数据，打造不动产登记“数字大脑”。同时，利用 DeepSeek 的自然语言理解能力，智能解析政策文件、案例判例等非结构化数据，构建动态更新的标准化知识库，并与业务场景实时关联，实现智能推演与精准服务。

通过 DeepSeek 大模型与不动产全链业务的深度融合，常州市建立了智能化、精准化、协同化的“智理”体系，有效破解传统登记服务中的堵点难题。如今，“移动掌厅”全时服务已从理念落地为现实，大幅提升企业和群众的办事体验。

图 1-35　常州市高新区数字人“小新”成功接入 DeepSeek

常州市高新区进一步拓展应用场景，将数字人“小新”接入 DeepSeek 大模型，如图 1-35 所示。依托强大的算力支持，新北分中心持续优化训练模型，成功打造江苏省首个 AI 数智“苏小登”。目前，“小新”已部署至登记窗口，成为辅助工作人员提升效率的智能助手，标志着不动产登记服务向智能化迈出重要一步。

任务小结

信创产业为应对国际技术竞争和国家安全需求而兴起，致力于构建自主可控的信息技术体系，覆盖硬件、软件、应用和信息安全四大领域。其核心目标是实现技术自主化、生态协同与安全可控。生成式人工智能作为关键组成部分，从技术突破、数据安全、行业应用和生态协同四方面赋能信创：国产大模型（DeepSeek-V3、ChatGLM3）替代国外技术，解决兼容性和“黑箱化”问题；国产算力与框架保障数据安全；在政务、金融和教育领域实现智能应用；并通过“硬件—中间件—应用”技术栈和标准制定推动生态发展。信创与生成式人工智能的融合标志着我国信息技术进入体系化自主可控新阶段。

视 频

任务拓展

任务拓展

传统医疗诊断系统面临数据孤岛、专家经验难以标准化等挑战，且依赖进口技术存在安全隐患。在信创背景下，基于国产大模型（如 DeepSeek-Medical）的生成式人工智能诊断系统对推动医疗信创产业发展具有重要意义。请完成任务拓展，如图 1-36 所示。

题目描述

生成式AI在医疗信创领域的智能诊断辅助系统研究。请调研一个生成式AI在信创领域(医疗领域）的应用案例，旨在帮助医疗机构提升诊疗效率和准确性。

具体任务

精准提问		
	任务	调研一个生成式AI在信创领域的应用案例（医疗领域）
	要求	描述传统医疗诊断系统面临的挑战。 强调生成式AI技术对提升诊断效率和准确性的重要性。 包含2000～3000字。

图 1-36　任务拓展

巩固与提高

1. 信创（信息技术应用创新）产业的核心目标不包括（　　）。（单选题）

A. 技术自主化　　B. 完全取代国外技术

C. 生态协同　　D. 安全可控

2. 以下（　　）是信创产业中基础硬件的代表。（单选题）

A. 统信 UOS　　B. 龙芯 CPU

C. 达梦数据库　　D. 东方通 TongRDS

3. 生成式人工智能在信创金融领域的典型应用是（　　）。（单选题）

A. 政策解读机器人　　B. 智能投研助手

C. 教学助手　　D. 公文摘要生成

4. 信创产业涵盖的四大领域包括（　　）。（多选题）

A. 基础硬件　　B. 基础软件

C. 应用软件　　D. 信息安全

5. 生成式人工智能赋能信创产业的路径包括（　　）。（多选题）

A. 推动国产大模型研发　　B. 提升数据安全与隐私保护

C. 优化行业应用　　D. 促进生态协同

6. 以下（　　）是国产大模型的代表。（多选题）

A. DeepSeek-V3　　B. 智谱 ChatGLM3

C. GPT-4　　D. Llama 2

任务 1.3　生成式人工智能未来发展趋势

学习目标

- 分析生成式人工智能对教育、就业的影响。
- 理解自主可控技术的必要性（如国产模型替代）。
- 能提出生成式人工智能在特定领域的优化建议。

任务描述

视　频

任务描述与分析

2025 年，全球生成式人工智能市场规模突破万亿元，人工智能生成的内容已渗透进教育、医疗、金融、传媒等各个行业。与此同时，中国信创战略推动国产大模型加速发展，DeepSeek、文心一言等自主可控的人工智能技术逐步打破国外垄断，形成“数据安全 + 技术创新 + 产业落地”的完整生态链。

某高职院校的“AI 创新工作室”成员小陈发现，生成式人工智能正在深刻改变学习和工作方式：学习方面，AI 助教能自动整理课程重点、生成习题解析，甚至模拟教师答疑，但如何避免过度依赖 AI 导致思维惰性？工作方面，企业开始使用国产人工智能工具撰写报告、设计营销方案，但如何确保生成内容符合行业规范？

国产大模型如何在算法、算力、数据三大核心领域实现突破？未来又会面临哪些挑战？本任务将和小陈一起，探索生成式人工智能的未来趋势，分析其对教育、就业的影响，并深入探讨我国在自主可控人工智能发展路径上的机遇与挑战。

任务分析

本任务围绕生成式人工智能的未来趋势和自主可控发展路径展开，分为三个关键阶段（见图 1-37）：

（1）趋势认知：生成式人工智能如何重塑未来社会。分析生成式人工智能在教育、办公、创意产业中的变革性影响。探讨人工智能辅助与人类能力提升的平衡点。

（2）技术突破：研究自主可控人工智能的发展路径。对比国内外大模型技术的核心差异。

（3）挑战与应对：人工智能发展的伦理与产业适配。讨论人工智能生成内容的版权、隐私、偏见等问题，探索国产人工智能如何适配金融、政务等信创关键行业。

图 1-37　任务分析

任务实施

步骤 1　生成式人工智能对学习和工作的影响

生成式人工智能正在深刻改变人类获取知识、处理信息和协作工作的方式，其影响主要体现在以下几个方面：

视　频

生成式人工智能对学习和工作的影响

1. 对学习的影响

传统教育模式通常依赖于一套相对固定的教学方法，包括教师备课、课堂教学、课后练习以及考试检测。这种模式在很大程度上依赖教师的输入，学生往往是被动接受信息的一方。然而，随着生成式人工智能技术的快速发展，传统的教学理念正在经历一场根本性的变革。

人工智能生成内容技术的应用使得教学过程能够更加个性化和动态，支持教育内容的即时更新和优化。例如，人工智能生成内容能够根据学生的学习进度和风格自动生成定制化的学习材料和练习，从而更好地满足不同学生的需求。这种技术还可以实时分析学生的反馈，为教师提供关于学生掌握程度的精准数据，使教师能够及时调整教学策略。

此外，人工智能生成内容推动了交叉学科的融合发展，使得不同学科之间的界限变得更加模糊。通过人工智能生成内容工具，学生可以在一个综合的平台上学习数学、科学、文学等多个科目，而这些科目的内容能够相互关联，提供一个多维度的学习视角。这不仅增强了学科之间的联系，也激发了学生的创造力和批判性思维能力。

最重要的是，人工智能生成内容技术提高了学习的互动性。通过交互式的学习模块和虚拟现实（VR）技术，学生可以在模拟的环境中进行实验和探索，这种学习方式比传统的课堂学习更加吸引人，也更加有效。这种新型的教学方法不仅使学生能够积极参与学习过程，还能够在实践中更好地理解和掌握知识。

1）基于教师立场

传统的教学模式，虽然经过长时间的验证和实践，已成为教育体系的基石，但在快速发展的现代社会中，它逐渐显示出一些局限性。资源限制、个性化教学的缺乏、课堂管理难题以及重复性工作的烦琐，这些问题一直困扰着教育者和学习者。传统教学方式的挑战：

（1）资源限制：传统教学通常依赖于纸质教材和有限的教学资源，这使得教育内容更新缓慢，难以跟上知识更新的速度。此外，资源的有限性也使得学生在获取知识时存在地域和经济的不平等。

（2）个性化教学不足：传统的“一刀切”教学方法难以满足不同学生的个性化学习需求。学生的学习能力、兴趣和接受方式各不相同，但传统教学往往忽视了这些差异。

（3）课堂管理：在大班课堂教学中，教师往往难以有效管理每一个学生的行为，导致教学效果不佳。

（4）重复性工作：教师需要花费大量时间在手工批改作业、出考试题等重复性工作上，这不仅效率低下，而且易使教师感到疲劳。

然而，随着生成式人工智能技术的引入和发展，传统教学方式正经历着前所未有的变革，这些变革不仅提高了教学效率，还极大地增强了教学的个性化和互动性。

（1）个性化教学：人工智能生成内容技术可以分析学生的学习数据，根据学生的学习习惯、能力和偏好提供个性化的教学内容和辅导。这种方法能够让每个学生按照自己的节奏和兴趣学习，从而达到最大化学习效果。

（2）自动化评分：人工智能的引入使得标准化测试，如选择题和填空题的评分工作可以自动化进行，大幅减轻教师的工作负担。教师可以将更多时间用于课程设计和教学互动，而不是烦琐的评分工作，如图 1-38 所示。

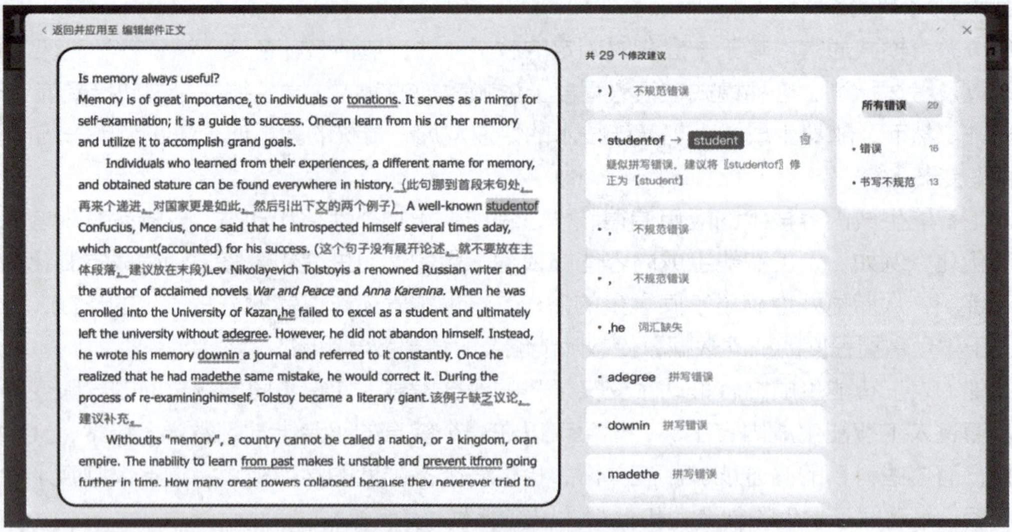

图 1-38 人工智能批改作业

（3）实时反馈：人工智能系统能够实时监控学生的学习进度和表现，及时向教师提供详细反馈。这使教师能够根据学生的实际表现及时调整教学策略和内容，实现真正意义上的因材施教。

（4）辅助备课：人工智能可以帮助教师自动生成课程笔记、教学大纲和学习指南，显著提高备课效率。此外，人工智能还能提供最新的教育资源和资料，帮助教师保持教学内容的时效性和前沿性。

2）基于学生立场

传统的教学模式虽然为学生提供了一定的学习结构和顺序，但在现代教育需求的多样性和快速发展的知识经济面前显得有些不足。这种模式通常存在几个显著的限制，比如信息获取的局限性，学习效率的低下，缺乏针对个体差异的个性化支持，以及反馈机制的不及时，这些问题在很大程度上影响了学习的质量和学生的学习动力。

（1）信息获取受限：在传统教学模式中，学生主要依赖教科书和教师讲授获取信息，这限制了学习资源的广度和深度。此外，学生访问最新学术研究和全球信息的能力也受到限制。

（2）学习效率低下：学生需要花费大量时间在图书馆或网络上查找资料，这种信息搜集过程往往效率低下，且容易让学生感到疲惫和挫败。

（3）缺乏个性化学习支持：传统教学往往采用相同的教学计划对待所有学生，忽视了学生之间在学习风格、速度、兴趣和能力上的差异。

（4）反馈不及时：在传统教学中，学生作业和测试的批改往往需要等待较长时间，这延迟了学生获取反馈的机会，无法及时调整学习策略。

随着生成式人工智能技术的发展，教育领域迎来了巨大变革，特别是在提高教育的个性化和效率方面表现突出。

（1）个性化学习：人工智能生成内容可以根据学生的前期表现、学习习惯和偏好定制化教学内容。例如，对于视觉学习者，系统可以提供更多图形和视频资料；对于理论学习者，则提供丰富的文本解析和案例研究（见图1-39）。这种个性化的方法有助于提高学习的吸收率和效率。

（2）跨学科学习：人工智能生成内容通过数据分析，能够揭示不同学科之间的内在联系，为学生提供一个综合的学习平台。这种跨学科的学习方式能够激发学生的创新思维和解决问题的能力。

（3）自适应学习：人工智能生成内容能够实时监控学生的学习进度和表现，自动调整教学难度和内容。这确保每位学生都能在适合自己的节奏下进行学习，最大化学习成效。

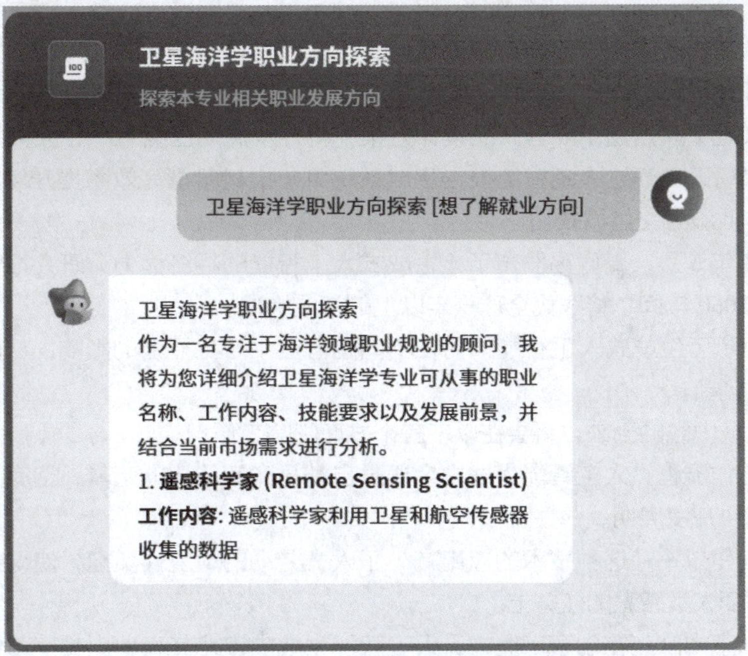

图1-39　人工智能辅助学习

（4）资源丰富：利用人工智能生成内容技术，学生可以接触到全球的教育资源，包括在线课程、虚拟实验室、互动模拟等。这些资源不仅是最新的，而且覆盖了各个学科和领域，极大地扩展了学习的深度和广度。

总之，生成式人工智能的引入是教育领域的一次革命，它不仅改变了教学的方法和内容，更为教育的未来发展打开了新的可能性。

2. 对工作影响

生成式人工智能的出现标志着人工智能迈向更具创造力和灵活性的阶段。它的出现拓展了人类的生产力与创意潜力，可推动多行业的创新和变革。

互联网时代，企业的逻辑是找 3 个人，付 4 个人的钱，干 5 个人的活，用这种工作模式创造 6～7 个人的生产力。这种模式下企业往往要求员工以超常的工作量来实现业务目标，付出的代价是员工的个人时间和身心健康。然而，这种以牺牲员工福祉为代价的方法是违法的，如图 1-40 所示。

图 1-40　违法的工作模式

进入人工智能生成内容时代后，情况发生了根本的变化，完全可以实现 1 个超级个体，创造 10 个人以上的产出。人工智能生成内容技术正在彻底改变传统的工作模式。以设计行业为例，设计师可以借助人工智能生成内容在短时间内产出大量创意方案，显著提高工作效率和创意产出。我们还会看到，人工智能生成内容如何在程序编写、客户服务等领域通过自动化和智能化提升效率。这实质上实现了一种“1：10”的工作效率。这不仅显著提高了生产力，更重要的是，它提供了一种更为人性化的工作模式，员工可以在减少工时的同时，提高工作质量和创造性，从而达到工作与生活的更好平衡。

中国领先营销集团蓝色光标全面启用生成式人工智能替代传统外包服务，实现创意生产效率提升 300%，成功服务星巴克等国际品牌，开创智能营销新范式。创新设计企业洛可可运用人工智能技术实现 2 天产出 100 套产品设计方案，将开发周期压缩 70%，大幅提升设计创新效率。咨询机构黑马天启通过人工智能报告生成系统将申报材料撰写效率提升 4 倍，人力成本降低 60%，重塑专业服务交付模式。

另外，2023 年 6 月，麦肯锡发布了《生成式人工智能的经济潜力》研究报告，指出人工智能在 2030 年至 2060 年间，将取代全球一半以上的就业岗位。

这些例子展示了生成式人工智能如何在不同的行业中产生显著的影响，从而提高效率、降低成本，并推动创新。

人工智能生成内容的到来，将会在以下三个方面影响工作：

（1）改变工作流程：人工智能生成内容通过自动化和智能化的工具，彻底改变了许多行业的工作流程，加快开发周期。

（2）提高工作效率：这种技术的应用减少了人类劳动的重复性负担，使得专业人士可以将精力集中在更需要人类智慧的任务上。

（3）驱动创意内容：在创意产业中，人工智能生成内容尤其表现出其变革性的力量。使用人工智能生成内容生成复杂的视觉效果和剧本内容，这些工具不仅加速了创作过程，也带来了前所未有的新表达方式和故事叙述技术。

接下来我们通过三个例子来深入理解人工智能生成内容给工作带来的应用。

1）设计师

在传统的设计工作流程中，设计师面临多个阶段的任务，每个阶段都需要投入大量时间和精力，且高度依赖个人的专业技能和创意能力。例如，从创意发散到线稿和风格的确定，再到上色提升和调整优化，整个过程既耗时又劳力，这不仅延长了项目周期，也增加了项目的不确定性。设计师需要掌握多种设计软件和工具，才能将创意想法具象化，这对设计师的专业素养要求极高，如图 1-41 所示。

图 1-41　设计师的工作

然而，随着生成式人工智能技术的引入，设计领域的工作流程得到了根本性的改变。人工智能生成内容能够在短时间内自动生成大量的创意文本和图像，这为设计师提供了一个丰富的创意库。设计师可以在这些自动生成的创意中迅速筛选出最有潜力的想法，进而进行调整和优化。这样，原本需要 1～2 天才能完成的创意发散阶段，现在可以在几小时内迅速完成，大大缩短了前期的准备时间，如图 1-42 所示。

图 1-42　生成式人工智能进行设计师的工作

此外，人工智能生成内容在提升设计效率的同时，也极大地降低了对设计师专业技能的依赖。通过预设的算法和模型，人工智能生成内容可以自动处理线稿和风格的确定，以及后期的上色工作。这不仅减轻了设计师的工作负担，也使得设计师可以将更多的精力集中在创意和艺术表达上，而不是耗费在烦琐的技术执行上。在调整优化阶段，人工智能生成内容的智能反馈系统可以即时提供改进建议，帮助设计师快速定位问题并进行修改，从而保证设计质量的同时，进一步缩短工作流程。

最后，整个设计从概念到上线的时间由原来的多达 12 天缩短至最多 7 天，极大提高了工作效率。这种效率的提升不仅使设计团队能够快速响应市场变化，同时也降低了人力成本。设计团队可以在同样的时间内处理更多的项目，从而增加公司的业务量和收入。

总之，人工智能生成内容技术的应用不仅改变了设计师的工作流程，提高了效率和生产力，而且通过减少对高级技能的依赖，使设计更加民主化，让更多具有创意而非技术背景的人参与到设计工作中来。这不仅推动了设计行业的创新发展，也为设计师个人职业发展开辟了新的道路。

2）程序员

在传统的软件开发过程中，程序员和开发团队需要投入大量的时间和精力去完成需求分析、设计、编码、审查、测试以及部署等一系列复杂的步骤。这种方法不仅耗时耗力，而且由于高度依赖人工操作，容易出现错误，导致项目延期，增加成本，影响最终产品的质量和稳定性，如图 1-43 所示。

图 1-43　生成式人工智能进行程序员的工作

传统工作流程的痛点如下：

（1）需求分析阶段：程序员需要花费大量时间来解析业务需求，这一阶段通常涉及大量的会议和文档工作，容易因沟通不畅导致需求理解偏差。

（2）设计阶段：手动创建系统架构和设计文档不仅耗时，而且设计的初期版本往往需要多次修正才能满足实际需求。

（3）编码阶段：程序员需要手动编写所有代码，这一过程中容易引入 bug，特别是在项目复杂或者时间压力大时。

（4）代码审查：手动审查代码质量和性能问题是一个专业要求高且耗时的工作，审查的效率和效果很大程度上依赖于参与人员的经验和当时的状态。

（5）测试：传统的测试需要手动编写大量的测试用例和脚本，这不仅效率低下，而且很难覆盖所有潜在的错误场景。

（6）部署和维护：手动配置服务器和部署应用程序是一个复杂且易出错的过程，一旦出现问题，往往需要耗费大量时间来解决。

随着生成式人工智能技术的引入，软件开发流程正在经历一场革命性的变化，从而显著提高了开发的效率和质量，如图 1-44 所示。

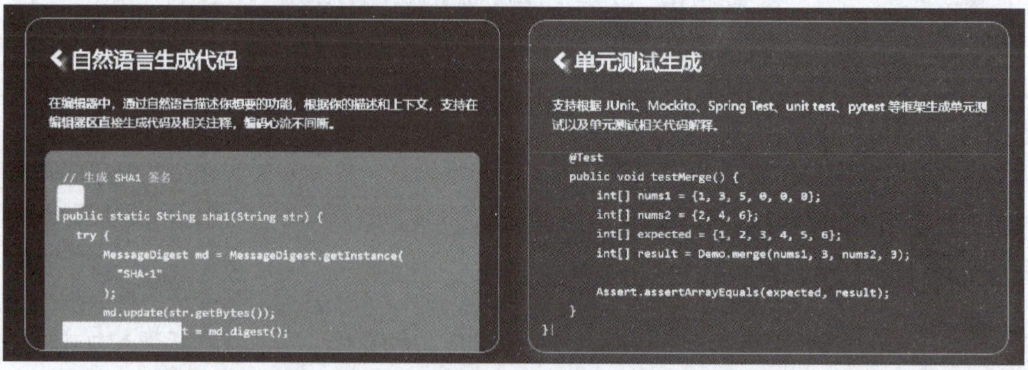

图 1-44　软件开发流程的单元测试生成

3. 客服

在传统的客服系统中，企业面临多个挑战，包括高人力成本、服务时间限制、效率低下、语言差异和知识覆盖不全等问题。这些问题不仅影响客户体验，还增加了运营成本和复杂度。

传统客服系统的挑战如下：

（1）高成本人力资源：传统客服系统需要大量人员来处理客户咨询，尤其是在高峰期。这不仅导致了高昂的人力成本，还包括了相关的招聘、培训和管理开销。

（2）工作时长有限：人工客服不能实现 24 小时服务，特别是在节假日或非工作时间，客户可能无法得到及时响应。

（3）效率低下：客户可能需要在电话中长时间等待，或者在多个部门之间被反复转接，这大大降低了服务效率和客户满意度。

（4）语言差异：对于全球化运营的企业，提供多语种支持是一大挑战，需要聘请不同语言的客服人员，这进一步增加了成本和复杂性。

（5）知识覆盖不全：人工客服的知识和经验水平参差不齐，难以保证每位客服都能高效、准确地解决问题。

然而，随着生成式人工智能技术的引入，客服行业正在经历一场深刻的变革，带来了前所未有的优势和可能性。人工智能生成内容在客服中的应用优势如下：

（1）全天候服务：人工智能生成内容使企业能够提供 24 × 7（每天 24 小时，每周 7 天不间断）的客户服务，无论何时客户联系，都能立即得到响应。这极大提高了客户满意度并扩大了企业的服务能力，如图 1-45 所示。

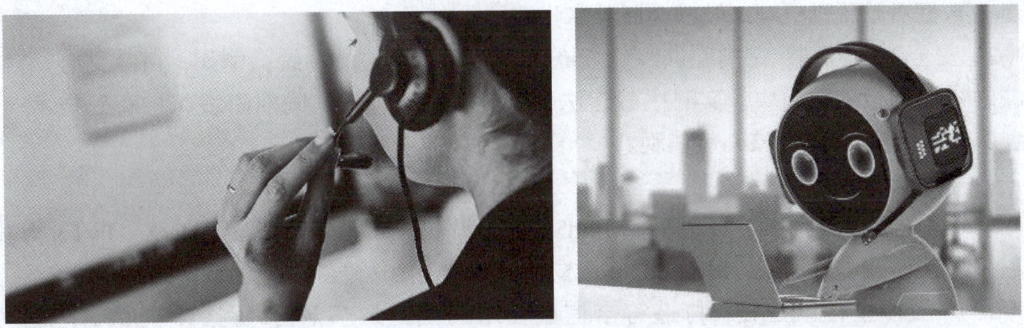

图 1-45　人工智能客服

（2）降低成本：通过人工智能生成内容，企业可以大幅减少对人力资源的依赖，从而降低成本。人工智能生成内容系统经过一次部署后，维护成本低，无须频繁的培训和更新。

（3）多语言支持：人工智能生成内容技术可以支持自然语言处理和实时翻译，使得客服系统能够跨越语言障碍，为全球客户提供无缝服务。这不仅提升了服务的可达性，也增强了客户体验。

（4）数据洞察和反馈：人工智能生成内容系统能够实时收集和分析客户数据，帮助企业更好地理解客户需求和行为趋势。这种洞察力使企业能够预测市场变化，及时调整策略。

（5）自动化处理和问题分流：人工智能生成内容系统能快速识别和处理常见问题，对复杂或特殊问题进行智能分流至合适的处理部门或人员。这不仅提高了处理效率，还确保了问题得到正确和专业的解决。

总之，人工智能生成内容技术的引入正在彻底改变客服行业的面貌。它不仅解决了传统客服系统中的多个痛点，还为企业提供了强大的竞争优势。通过实施人工智能生成内容，企业可以实现更高效、更经济、更全面的客户服务，从而在激烈的市场竞争中脱颖而出。

步骤 2　自主可控的生成式人工智能发展路径

视频

自主可控的生成式人工智能发展路径

为应对技术依赖和安全风险，发展自主可控的生成式人工智能已成为国家战略。我国正通过技术创新、数据安全治理、开源生态建设及行业标准制定等路径，构建安全可靠的人工智能技术体系，典型案例包括华为盘古模型、文心一言安全模块及“书生·浦语”开源项目等。

1. 国产大模型技术突破

（1）模型架构创新：聚焦中文场景需求，研发具备长文本理解、多轮对话等特性的本土化模型，例如，深度求索（DeepSeek）针对中文长上下文优化的架构设计；同时推进垂直领域专用模型开发，例如，华为盘古气象大模型通过融入物理规律约束，显著提升预测精度，已在台风路径预报等场景落地。

（2）算力自主化：以国产人工智能芯片（如昇腾 910B）逐步替代英伟达 GPU 集群，构建从训练到推理的全流程算力支撑，当前需攻克高端制程工艺、互联带宽等瓶颈，通过 chiplet 等先进封装技术提升国产芯片竞争力。

2. 数据与安全体系构建

（1）高质量中文语料库建设：联合高校、出版机构等成立数据联盟，构建经过清洗、去敏的千亿级中文语料库，规避爬虫数据版权风险，例如，北京智源研究院发布的“悟道”数据集；同步建立数据贡献激励机制，鼓励企业共享脱敏行业数据。

（2）安全防护机制：在模型训练阶段嵌入多层级内容过滤系统，例如，百度文心一言采用“生成内容安全检测”模块，实时拦截违法、偏见等有害输出；同时研发可控解码技术，确保 AI 生成结果符合社会主义核心价值观。

3. 开源生态培育

（1）国产框架国际化：推动华为 MindSpore、旷视天元等框架兼容 ONNX、PyTorch 生态，降低开发者迁移成本，例如，MindSpore 已支持昇腾 / 英伟达硬件混合部署。

（2）开放模型社区建设：打造符合信创要求的模型共享平台，例如，上海 AI 实验室的 OpenGVLab 提供合规开源模型，支持国产芯片适配，形成类似 HuggingFace 但具备数据主权管控的协作生态。

4. 行业标准制定

（1）国际规则参与：在联合国 AI 伦理框架讨论中提出“可控演进”主张，推动形成兼顾创新与安全的全球治理方案。

（2）垂直领域规范：针对教育、医疗等高敏感场景，制定生成式人工智能应用白皮书，明确数据隔离、人工审核等刚性要求，例如，教育部规定教育类 AI 产品需通过内容安全双认证。

（3）典型实践：上海 AI 实验室发布的“书生·浦语”开源模型，采用国产算力训练并内嵌安全对齐机制，在保持 170 亿参数模型性能的同时，满足可控性审计要求，成为技术自主与伦理合规平衡的标杆案例。

任务小结

生成式人工智能正在深刻重塑教育和工作模式的核心范式。在教育领域，AI 技术通过个性化学习、智能评估和资源整合，突破了传统教学在时空限制、资源分配和反馈机制等方面的局限，实现了从标准化教学向适应性学习的转变。在工作场景中，生成式人工智能重构了创意设计、软件开发和客户服务等多个领域的工作流程，通过自动化内容生成、智能辅助决策和持续优化迭代，显著提升了工作效率和质量。这种技术变革不仅体现在具体行业应用中，更推动了“人机协作”新型工作模式的形成。与此同时，我国正着力构建自主可控的生成式人工智能技术体系，涵盖大模型研发、算力支撑、数据安全和标准制定等关键环节，确保技术发展的安全性和可持续性。生成式人工智能的快速发展既带来了生产力跃升的新机遇，也对人才培养、伦理规范和社会适应提出了新的要求，其影响正在从工具层面深入到思维方式和组织形态的深层次变革。

任务拓展

当前社会发展正面临生产力瓶颈、教育资源分配不均和产业结构固化等挑战。生成式人工智能凭借其强大的内容创造和智能决策能力，正在突破这些限制：在教育领域，AI 导师将实现真正的个性化学习，弥合城乡教育差距；在就业市场，人机协作新模式将取代 40% 的重复性工作，同时创造新型职业；在产业层面，AI 驱动的自动化创新将重构全球价值链。这些变革不仅将提升社会运行效率，更将重新定义人类价值创造的方式，其影响力可能超越工业革命，引领智能文明新纪元。请完成任务拓展，如图 1-46 所示。

视　频

任务拓展

题目描述

生成式AI驱动的社会变革前瞻性研究。请基于当前技术发展趋势，分析并预测生成式AI在未来5年可能引发的社会结构性变革，重点关注其对就业市场、教育体系和产业格局的深远影响。

具体任务

精准提问		
	任务	撰写一篇关于《生成式AI未来5年的社会变革潜力》的分析。
	要求	指出当前社会发展中存在的关键瓶颈问题。 阐明生成式AI技术突破带来的变革机遇。 强调其对重塑社会运行模式的重要意义。 包含3000～4000字。

图 1-46　任务拓展

巩固与提高

1. 生成式人工智能在教育领域的主要优势不包括（　　）。（单选题）

A. 提供标准化统一教材　　　　B. 实现个性化学习

C. 自动批改作业　　　　　　　D. 跨学科资源整合

2. 生成式人工智能对程序员工作的核心改进体现在（　　）。（单选题）

A. 替代所有人工编码　　B. 自动化测试与部署

C. 取消需求分析会议　　D. 完全消除代码错误

3. 我国发展自主可控生成式人工智能的关键路径是（　　）。（单选题）

A. 完全依赖开源社区　　B. 国产芯片 + 中文语料库建设

C. 直接复制国外模型架构　　D. 减少数据安全监管

4. 生成式人工智能对传统教学模式的改进包括（　　）。（多选题）

A. 实时学习反馈　　B. 固定课表强制实施

C. 教师手工批改作业　　D. 自适应学习难度调整

5. 以下（　　）是生成式人工智能在客服领域的应用优势。（多选题）

A. 24 小时多语言服务　　B. 完全取代人工质检

C. 降低人力成本　　D. 依赖纸质工单流转

单元 2 与生成式人工智能对话

在完成上一单元“走进生成式人工智能”的基础上，本单元进一步深化对生成式人工智能的理解与应用能力。前面我们认识了生成式人工智能的基本概念、技术原理及典型应用场景，本单元我们将聚焦实践，在如何通过高效交互技巧上进行介绍，让人工智能成为解决实际问题的协作伙伴。

围绕活动策划和短视频创作两大典型场景，设计两个递进任务。

任务 2.1　使用生成式人工智能规划“校园社团主题日”。我们将运用“精准提问→分步提问→文件分析”三步法，完成从需求分析到方案落地的全流程实践。

任务 2.2　使用生成式人工智能打造“校园短视频创作助手”。进阶至创意领域，通过角色扮演、结构化公式等方法生成专业脚本，培养人工智能辅助下的内容创作能力。

通过本单元内容的学习，我们可以掌握结构化提问与多轮迭代的对话策略；学会利用人工智能处理复杂任务（如资源协调、数据分析）；理解人工智能在策划与创意工作中的协同逻辑；提升问题拆解与方案优化能力。最终，我们能够将生成式人工智能从“认知工具”转化为“生产力工具”，为后续高阶应用奠定基础。

任务 2.1　使用生成式人工智能规划“校园社团主题日”

学习目标

- 掌握生成式人工智能工具（DeepSeek）的基础操作与对话界面功能。
- 能通过精准提问明确需求边界，避免模糊性描述导致的无效输出。
- 熟练运用分步提问策略，将复杂任务拆解为可执行的子任务链。
- 学会上传并分析文档数据，提取关键信息约束生成结果。
- 具备通过多轮对话迭代优化方案的能力，提升结果的可行性与创新性。
- 理解生成式人工智能在跨领域协作（如活动策划、资源管理）中的应用逻辑。
- 能够针对典型问题（如时间冲突、预算超支）设计优化指令，培养实际问题解决能力。

任务描述

视 频

任务描述与分析

随着校园文化活动的多元化发展，“校园社团主题日”已成为高校学生展示社团特色、促进跨学科融合的重要平台。小陈所在学校现有 32 个注册学生社团，涵盖学术科技（如机器人社、编程协会）、文化艺术（如戏剧社、书法协会）、体育竞技（如篮球社、武术协会）、公益实践（如环保社、支教团）等领域。为打破社团间的“信息孤岛”现象，学校亟需构建一个开放互动的展示平台，推动社团间资源共享与协同创新。

小陈作为高校社团联合会策划部负责人，需策划一场以“融创·共生”为主题的校园社团主题日活动，旨在通过沉浸式体验促进跨学科融合，展示社团多元化成果，同时提升社团在校内的影响力（见图 2-1）。

图 2-1 校园社团主题日

本次活动要求达到以下目标：

（1）文化展示：80% 以上社团参与，设立特色展位或互动环节，展现社团品牌活动；

（2）协作创新：促成至少五个跨社团合作项目（如联合演出、科技艺术跨界作品等）；

（3）参与度提升：吸引全校 1/3 以上学生（约 2 000 人）到场参与，线上直播覆盖超过 5 000 人次，构建“线下体验 + 线上传播”的双轨传播模式；

（4）资源整合：联动校团委、后勤部门及三家校外赞助商，实现活动资源的高效配置与成本控制。

为提升策划效率与创新性，需借助生成式人工智能完成活动主题设计、流程规划、资源分配及应急预案制定，最终输出完整的活动方案并优化执行细节。这就必须与人工智能进行对话。如何提高生成内容的质量，与人工智能的对话技巧显得尤为重要。

任务分析

本任务将深入探讨生成式人工智能在活动策划中的全流程应用，通过“精准提问→分步提问→文件分析”三步法，系统性地将模糊需求转化为可执行方案（见图 2-2），使用 DeepSeek 人工智能工具，具体实现步骤如下：

1. 精准提问

将模糊的策划需求转化为人工智能可理解的精准指令。需明确活动目标、约束条件、输出要求。

2. 分步提问

通过迭代式交互逐步细化方案。首次提问生成框架后，需基于人工智能反馈追加指令，利用人工智能的上下文记忆功能优化方案细节。

3. 文件分析

整合结构化数据提升方案可行性。上传往届活动 Excel 表，要求人工智能分析社团类型、参与人数、经费使用明细等。

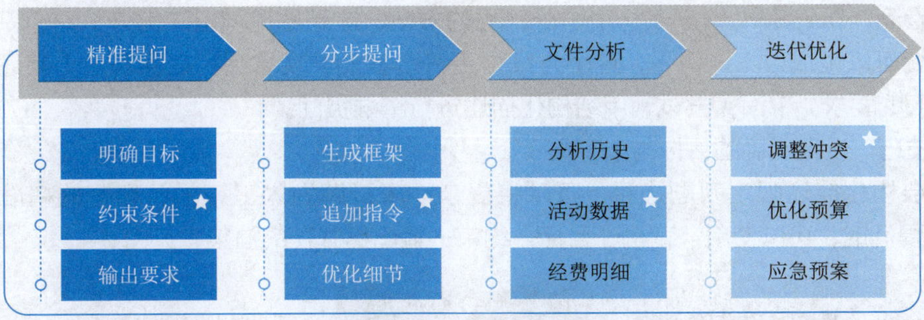

图 2-2　任务流程图

视 频

精准提问

任务实施

步骤 1　精准提问

一般来说，我们打开 DeepSeek，会直接让 DeepSeek 生成一个“校园社团主题日”方案，这会输出什么结果呢？

提示词

帮我策划一个“校园社团主题日”方案。

生成结果

生成结果如图 2-3 所示。

以下是一个详细的“校园社团主题日”策划方案，供参考：

校园社团主题日活动方案

主题：缤纷社团 • 闪耀青春

时间：建议选择周五下午或周末（3～4 小时）

地点：学校操场 / 体育馆 / 教学楼广场

参与对象：全校师生、社团成员、校外嘉宾（可选）

一、活动目标

1. 展示各社团特色，吸引新成员加入。
2. 促进社团间交流，丰富校园文化。
3. 为学生提供展示才艺与兴趣的平台。

二、活动流程

1. 开幕式（30 分钟）
   - 主持人开场，介绍活动主题与流程。
   - 校领导 / 团委老师致辞。
   - 社团快闪表演：精选 3～4 个社团（如街舞社、乐队、汉服社）进行 1 分钟亮点展示。
2. 社团展示与互动（2 小时）
   - 分区展览：按社团类型划分区域（如文艺、体育、学术、公益等），各社团通过展板、作品、现场演示等方式展示成果。

   示例：

……

图 2-3　校园社团主题日方案生成结果

可以看到，DeepSeek 给出了一个十分优秀的方案，这是推理模型的优势，我们只需要简单描述，它就可以生成方案。但是，这个方案是否符合我们的要求呢？在回答这个问题前，首先要明确我们的要求。下面，尝试利用结构化描述进行精准提问。

实现技巧 设定明确的目标与上下文

通过结构化描述限定问题边界，可以将复杂需求拆解为人工智能可理解的精准指令。向 DeepSeek 提问时，可以使用“背景—目标—约束—输出格式”的框架（见图 2-4）。

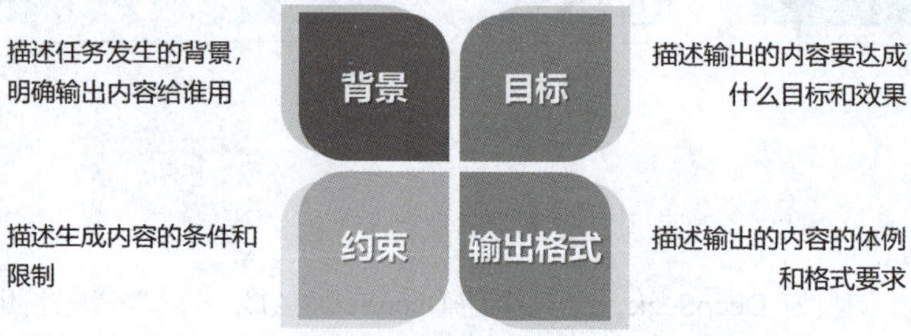

图 2-4 结构化描述

我们使用这个框架，把要问的问题公式化，尝试再一次与人工智能对话。

提示词

【背景】我校有 32 个社团，涵盖文艺、科技、体育三类，须在 6 月 10 日举办主题日活动。

【目标】设计互动性强、能展示社团特色的活动，预计参与人数 2 000 人以上，直播覆盖 5 000 人以上。

【约束】总预算 10 000 元（含场地布置、奖品采购），场地限操场和教学楼一层走廊。

【输出要求】分时段流程表（精确到 30 分钟）、预算分配表（Excel 格式）、安全预案清单。

生成结果

生成结果如图 2-5 所示。

以下是针对主题日活动的详细策划方案，包含分时段流程表、预算分配表（Excel格式）和安全预案清单：

一、分时段流程表（6月10日）

时间	活动内容	地点	负责社团	备注
8:30-9:00	开幕式（校长致辞、社团快闪表演）	操场主舞台	学生会+文艺类社团	直播同步开启
9:00-11:30	**互动体验区开放**（各社团展位打卡）	操场/走廊	全部社团	分区域轮动

图 2-5 结构化公式生成校园社团主题日方案生成结果

- 科技区：机器人演示、编程挑战 | 操场东侧 | 科技社、AI社 | 需电源
- 文艺区：手作DIY、汉服体验 | 教学楼走廊 | 手工艺社、汉服社 | 材料限量供应
- 体育区：趣味运动会（拔河、3v3篮球）| 操场西侧 | 体育类社团 | 需裁判

11:30-13:00 | 午休/自由参观（播放社团宣传视频）| 操场大屏幕 | 宣传部 | 直播回放

13:00-15:00 | **主题竞赛**（如电竞比赛、辩论赛）| 操场主舞台 | 电竞社、辩论社 | 评委打分

15:00-16:30 | 闭幕式（颁奖、合唱表演）| 操场主舞台 | 全体社团 | 直播抽奖

二、预算分配表（总计10,000元）

类别	项目	数量	单价（元）	小计（元）	备注
场地布置	舞台搭建	1套	1,500	1,500	含背景板、音响
展位帐篷	20个	80	1,600	社团分区域使用	
装饰物料	-	500	500	气球、横幅等	
奖品采购	电子设备	5份	200	1,000	蓝牙耳机等
文创礼品	100份	20	2,000	定制社团周边	
宣传直播	直播设备租赁	1天	1,000	1,000	含2机位
宣传单页	500张	0.5	250	活动指南	
其他	保险/医疗	-	500	500	安全备用金
杂费	-	650	650	临时采购	
总计	-	-	-	**10,000**	-

图 2-5　结构化公式生成校园社团主题日方案生成结果（续）

人工智能给出了新方案，更精确，也更符合我们的要求。比如预算的控制符合要求，并且每项活动的时段都做了明确的区分和计划。

接下来，我们使用结构化提问技巧，进行一些小尝试。

技能拓展 1　旅行规划助手

旅行规划是许多人头疼的问题——既要考虑景点吸引力、路线合理性，又要平衡预算、时间、体力等因素。如果想让 DeepSeek 帮你生成一份高质量的北京三日游攻略，我们可以使用结构化的提问方式。

提示词

【背景】小明是大学生，第一次去北京，需要规划 3 日自由行。

【目标】生成包含景点、交通、特色美食的行程。

【约束】预算每天不超过 500 元 / 人，避开网红打卡地，包含休息时间。

【输出要求】按时间段排列的表格格式，含地点 / 项目、费用、注意事项三列。

生成结果

生成结果如图 2-6 所示。

北京3日自由行行程规划

以下是避开网红打卡地、注重文化体验且包含休息时间的3日北京自由行行程，总预算控制在1500元以内（含住宿）：

时间段	地点/项目	费用	注意事项
Day1：老北京文化日			
8:00-9:00	护国寺小吃（早餐）	15元	尝试面茶+糖火烧，门店多选择非景区分店（如护国寺街老店）
9:30-11:30	白塔寺+历代帝王庙	联票40元	西城区小众路线，参观建议租电子讲解器（20元）
12:00-13:30	砂锅居（西四店）	60元	百年老字号，推荐酸菜白肉砂锅，错峰用餐避免排队
14:00-16:00	鲁迅博物馆+宫门口胡同漫步	免费	周一闭馆，胡同区注意安静居民区
16:30-18:00	广济寺+地质博物馆	免费	佛教协会驻地，地质博物馆需身份证换票
19:00	新街口百姓浴池（休息）	28元	老式澡堂体验，含简单按摩，需自备洗漱用品
Day2：皇家园林深度游			
7:30-8:30	增盛魁小吃（早餐）	10元	故宫东侧居民区老店，门钉肉饼配小米粥
9:00-12:00	景山+中山公园	联票4元	景山看故宫全景，中山公园来今雨轩有文人茶座（可休息）
12:30-13:30	海碗居（牡丹园店）	50元	炸酱面专门店，下午不闭餐可慢慢吃
15:00-17:30	五塔寺（北京石刻博物馆）	20元	小众秘境，周三前200名免费，寺内咖啡馆可休憩
18:30	张自忠路泡澡（休息）	30元	日式汤泉，含汗蒸
Day3：学术艺术			

图 2-6　生成北京三日游攻略生成结果

可以看到根据结构化提示词的输出效果：预算可控、节奏合理、符合年轻旅行者需求的个性化方案。

技能拓展 2　健身食谱生成

如果你想生成一份健身食谱，可以问 DeepSeek：“求健身餐食谱”。

初始提示词

求健身餐食谱。

生成结果

生成结果如图 2-7 所示。

以下是一份适合健身人群的食谱计划，分为减脂期和增肌期两种目标，注重高蛋白、优质碳水、健康脂肪和膳食纤维的搭配，同时操作简单易行。

一、健身餐基本原则

1. 蛋白质：每餐摄入（如鸡胸肉、鱼、虾、鸡蛋、豆类）。
2. 碳水化合物：选择低 GI 食物（如糙米、燕麦、红薯、全麦面包）。
3. 脂肪：坚果、牛油果、橄榄油、深海鱼类。
4. 膳食纤维：大量绿叶蔬菜（西蓝花、菠菜、芦笋等）。
5. 控盐控糖：避免高油高盐烹饪，可用天然香料调味（黑胡椒、蒜粉、柠檬汁）。

二、减脂期食谱（热量缺口）

早餐

✅ 鸡蛋白 3 个 + 全麦面包 1 片 + 半个牛油果 + 黑咖啡

✅ 或燕麦粥（30 g 燕麦 + 牛奶）+ 水煮菠菜 + 蓝莓

午餐

✅ 香煎鸡胸肉 150 g + 糙米饭 80 g + 西蓝花 / 芦笋（不限量）

✅ 或清蒸鲈鱼 200 g + 藜麦饭 50 g + 凉拌黄瓜

晚餐

✅ 虾仁炒蛋（虾 100 g + 鸡蛋 1 个）+ 蒸红薯 100 g + 番茄豆腐汤

✅ 或瘦牛肉炒西芹（牛肉 120 g）+ 紫甘蓝沙拉（橄榄油醋汁）

加餐

✅ 无糖希腊酸奶 100 g + 一小把杏仁

✅ 或蛋白粉 1 勺 + 苹果 1 个

……

图 2-7　健身餐食谱生成结果

看起来不错，但是不够细致，我们继续用之前的结构化公式提示词试一试。

提示词

【背景】健身新手的办公室午餐

【目标】设计一周便当食谱

【约束】15 分钟可完成的菜式，标注蛋白质含量

【输出格式】星期　菜式　蛋白质（g）　备餐技巧

生成结果

生成结果如图 2-8 所示。

以下是针对健身新手的办公室便当食谱，满足15分钟快手制作、高蛋白需求，并附备餐技巧：

星期	菜式	蛋白质(g)	备餐技巧
星期一	香煎鸡胸肉杂粮饭	35g	提前腌制鸡胸肉（盐/黑胡椒/蒜粉），冷藏保存，早上煎5分钟即可
星期二	金枪鱼沙拉三明治	28g	水浸金枪鱼罐头沥干+希腊酸奶拌酱，搭配全麦面包，蔬菜可提前洗净
星期三	虾仁豆腐蒸蛋	26g	虾仁速冻款解冻即用，内酯豆腐切块与蛋液混合微波炉高火8分钟
星期四	牛肉末西兰花意面	32g	用预调味的瘦牛肉末（90%瘦肉），与煮好的全麦意面快速翻炒
星期五	微波炉三文鱼+藜麦沙拉	30g	冷冻三文鱼块解冻后加柠檬汁，微波炉高火6分钟，藜麦可用即食包装

蛋白质增强技巧：

1. 常备即食鸡胸肉（每包约20g蛋白质）作为应急补充
2. 便当盒角落放干酪条（约7g蛋白质/条）或水煮蛋（6g/个）
3. 搭配无糖希腊酸奶（17g蛋白质/150g）作为餐后加餐

省时组合建议：

- 周日批量准备：煮好3天份杂粮饭分装冷冻，鸡胸肉统一腌制
- 利用办公室微波炉：冷冻蔬菜包+即食肉类的组合3分钟可完成
- 蛋白质优先原则：每餐保证掌心大小的优质蛋白食材

所有食谱均控制碳水化合物比例，适合健身后的肌肉合成需求，且避免午后的血糖波动影响工作效率。

图 2-8　用结构化公式生成健身餐生成结果

可以看到优化后变得切实可行，营养数据也可视化，并且生成了节省时间的菜式方案。

综上所述，精准提问非常重要。通过精确的提示词，可以让人工智能理解我们的需求，从而帮助我们解决各种的复杂问题。并且，越详细的提示词，生成的内容越全面。

步骤 2　分步提问

视频

分步提问

若一次性要求人工智能生成完整方案（如“输出包含时间安排、预算分配、宣传策略的活动方案”），可能因信息过载导致内容碎片化。例如，人工智能可能忽略“学术类社团互动与体育类社团表演的时间冲突”，或给出不切实际的预算分配（如文艺类舞台搭建费用占比 80%）。

优化策略：通过分阶段引导对话，将复杂需求拆解为多轮渐进式提问，结合人工智能的上下文记忆能力逐步完善方案。

实现技巧　逐步拆解复杂任务

1. 首轮提问：生成框架性方案

提示词

基于目标（展示 10 类社团、2 000 人参与、10 000 元预算），请设计一个校园社团主题日的全天活动框架，包含核心环节与时间轴。

生成结果

生成结果如图 2-9 所示。

校园社团主题日「创玩无限」活动框架

目标达成路径：

- 10 类社团：设置 5 大主题展区（每个展区包含 2 类关联社团）
- 2 000 人参与：主舞台活动吸引流量 + 分散式互动体验
- 10 000 元预算：60% 用于基础搭建 / 宣传，40% 用于社团补贴 / 奖品

时间轴与核心环节：

7：30—9：00 预热启动

- 社团布展（预算分配：展位基础物料 2 000 元）
  - 5 大主题展区（文艺、科创、体育、公益、兴趣联盟）
  - 每个展区设置互动打卡点（如科创区机器人体验、体育区迷你挑战赛）

9：00—9：30 开幕仪式（主舞台）

- 快闪表演（3 个社团接力演出，预算：服装道具补贴 1 500 元）
- 校领导致辞 + 活动规则发布（强调打卡积分兑奖机制）

9：30—12：00 社团互动时段

- 主题展区轮动（每 30 分钟 1 场特色活动，例如：
  - 9：30 汉服社妆造教学（文艺区）
  - 10：00 无人机竞速演示（科创区）
  - 10：30 攀岩体验赛（体育区，预算：安全装备租赁 1 000 元）
- 集章打卡（参与 3 个展区活动可抽奖，奖品预算 800 元）

12：00—13：30 午间嘉年华

- 社团路演 + 自由体验（设置自助体验区，如桌游社开放试玩）
- 公益义卖（社团手作 / 二手市集，预算：0 成本，收入反哺社团）

13：30—15：30 主舞台竞技赛

- 社团 PK 赛（例如辩论赛、电竞友谊赛，奖金池 2 000 元）
- 观众投票（扫码支持喜爱社团，数据实时展示）

15：30—17：00 闭幕盛典

- 成果展示（播放全天活动短视频，拍摄预算 500 元）
- 颁奖仪式（最佳展区 / 人气社团，奖品预算 1 200 元）
- 千人合影（无人机航拍，制造传播热点）

图 2-9　生成校园社团主题日方案生成结果

2. 第二轮追问：细化关键模块

研究以上人工智能生成的结果，不难发现有两个问题：

（1）时间分配僵化（如主舞台竞技赛长达 2 小时，不够细化，易造成疲劳）；

（2）缺乏弹性环节（如雨天应急方案）。

针对上一轮提问存在的问题，再提问需满足：

（1）主舞台竞技赛的方案需要细化；

（2）需增加雨天等应急方案。

追问提示词

在上一轮回答后直接补充以下提示词。

请把主舞台竞技赛的方案进行细化，丰富活动内容，并增加雨天应急预案。

生成结果

生成结果如图 2-10 所示。

以下是针对**主舞台竞技赛**的细化方案设计，包含**活动内容升级**与**雨天应急预案**，确保竞技环节高互动、强观赏性且具备天气容错能力：

主舞台竞技赛升级方案

时间：13:30-15:30（总时长120分钟）

主题：「社团王者争霸赛」

目标：通过多维度PK展现社团特色，吸引观众参与投票与互动。

一、活动内容细化

1. 竞技赛结构（三阶段递进，覆盖不同社团类型）

阶段	项目设计	参与社团类型	规则亮点
技能展示赛（30min）	① 舞蹈社vs街舞社即兴battle ② 辩论社1v1快辩（抽签选题）	文艺类、语言类	观众分贝仪测欢呼声定胜负
脑力挑战赛（40min）	① 科创社机器人障碍赛 ② 推理社密室逃脱实景解谜（简化版）	科创类、学术类	限时完成+专家评委打分
趣味对抗赛（50min）	① 动漫社cosplay台词竞猜 ② 体育社趣味体能接力（如蒙眼投篮）	兴趣类、体育类	邀请观众组队参与，积分叠加

2. 观众互动设计

- **实时投票**：扫码为支持的社团打call（票数换算为10%总分权重）。
- **幸运抽奖**：投票观众随机抽取20人获社团周边（预算500元）。
- **惩罚彩蛋**：败北社团表演指定节目（如用方言朗诵歌词）。

3. 奖项与激励

- **综合冠军**：奖金1000元+主舞台冠名权（下次活动）。

图 2-10　生成校园社团主题日方案追问生成结果

二、雨天应急预案

原则：提前48小时启动预案，确保活动连贯性。

1. 场地调整

- **Plan B场地**：提前联系体育馆/教学楼大厅（需预留1000元场地变更费）。
- **舞台简化**：改用移动音响+防滑地垫（预算500元应急物资）。

2. 环节适配

- **户外项目转移**：如体育接力赛改为室内趣味问答（题库提前准备）。
- **技术保障**：直播竞技赛（原户外观众线上参与，预算800元直播设备租赁）。

3. 流程优化

- **时间压缩**：取消非核心表演，竞技赛每轮缩短5分钟。
- **分散人流**：增设雨伞寄存处，展区帐篷内增加DIY活动分流。

4. 宣传安抚

- 提前短信/公众号推送变更通知，附赠「雨天专属福利」（如积分翻倍）。
- 现场安排志愿者引导，发放姜茶（预算300元，提升好感度）。

执行要点

1. **提前彩排**：所有社团需预演1次，测试雨天替代方案。
2. **物资清单**：防滑胶带、备用麦克风（防水套）、移动电源。
3. **分工明确**：专人监控天气，雨势达中雨即触发预案。

此方案通过**赛制多样化+强观众绑定**提升热度，雨天预案可确保80%以上环节正常执行，且应急预算控制在总预算10%以内（约1000元）。

图 2-10　生成校园社团主题日方案追问生成结果（续）

3. 第三轮迭代：动态调整与冲突解决

上述生成方案中，人工智能提议“应急预算控制在总预算 10% 以内（约 1000 元）”，但是总方案要求机动备用预算仅为 5%，这两者之间存在冲突，所以需要进行修正。

追问提示词

应急风险预算需压缩至 500 元以内，请提供替代方案（需保留互动性）。

生成结果

生成结果如图 2-11 所示。

以下是预算压缩至**500元以内**的雨天应急替代方案，在保留核心互动性的同时降低成本，确保活动高韧性：

雨天应急方案（预算≤500元）

调整思路：

1. **利用现有资源**：最大化借用校内免费场地与设备。
2. **轻量化互动**：用低成本游戏替代高预算设备。
3. **社团自补给**：鼓励社团自带应急物资（如雨具、道具）。

一、场地与流程调整（预算0元）

1. **场地转移：**
   - 主舞台移至**校内体育馆/教学楼连廊**（提前与后勤部门协商免费使用）。
   - 展区缩编为3个帐篷（借用社团现有物资，如招新帐篷）。
2. **环节替换：**
   - **户外竞技赛→室内趣味PK**（例：
     - 机器人赛改为「遥控车桌面对战」（科创社自带设备）。
     - 体能接力改为「你画我猜」（体育社设计运动主题词库）。

二、低成本互动设计（总预算480元）

项目	实施方式	成本	互动性保障
观众投票	改用微信群接龙投票	0元	实时公示票数，前50名投票者抽奖
奖品激励	获奖社团获「校方公众号专访机会」+定制奖状（打印社赞助）	50元	精神奖励为主，物质成本趋零
雨具共享	提供一次性雨衣（采购100件）	150元	保障基础参与，印社团logo宣传
室内直播	用手机直播+三脚架（学生自备）	0元	未到场观众云端互动
应急游戏包	采购30套桌游卡牌（狼人杀/UNO）	280元	雨天临时增设自由游戏区

图 2-11　生成校园社团主题日方案第三轮迭代生成结果

可以看出，人工智能重新给出了一个预算方案，以匹配要求。另外，多轮对话还有高阶技巧。比如预设分支场景，要求人工智能针对不同可能性生成预案，例如，“若当天降雨概率为60%，请调整活动方案，要求：（1）室外活动移至体育馆；（2）新增室内限时竞赛（如桌游社快闪赛）。”大家可以自行尝试。

技能拓展 1　校园美食抖音号

运营需求：“想做一个校园美食探店抖音号，新手完全不知道从哪开始”。

提示词

请为新校园美食账号设计从 0 到 1 的启动框架，包含 5 个关键模块。

生成结果

生成结果如图 2-12 所示。

以下是针对新校园美食账号从 0 到 1 的启动框架设计，包含 5 个关键模块及落地要点，适合学生团队快速执行：

1. 账号定位与内容 IP 化

核心目标：建立差异化记忆点

• 人设公式：

“身份（学生 / 吃货学姐）+ 地域标签（如“×× 大学挖宝小分队”）+ 视觉符号（如卡通厨师帽 Logo）”

• 内容三轴：

☑ 硬核测评（食堂新菜打分 / 价格对比）

☑ 猎奇体验（挑战 5 元吃饱 / 隐藏吃法）

☑ 情感共鸣（毕业季食堂回忆 / 阿姨手抖名场面）

• 差异化技巧：

每周固定栏目（如「周三蹭饭日」探访教授食堂）

2. 冷启动流量密码

爆款选题清单：

• “大一 VS 大四吃食堂变化”对比视频

• 食堂阿姨 / 大叔访谈（揭秘打菜潜规则）

• 校内外“平替美食地图”（如后街 VS 商圈同款）

起量技巧：

• 课间高峰发“食堂实时人流量播报”

• 发起 # 我校美食暗号 挑战（如“铁板饭加蛋暗语”）

3. 场景化矩阵搭建

多平台策略：

平台	内容形式	变现路径
抖音	15 s 高能吃播 / 卡点逛吃	本地商家团购
小红书	图文攻略 / 偷拍同学吃相	好物分佣
微信私域	外卖红包群 / 二手饭卡交易	社群分销

图 2-12　校园美食探店抖音号方案生成结果

可以看到生成的结果包含了账号定位与内容、流量密码、矩阵搭建、零成本裂变以及变现闭环等模块。

我们进行第二次提问，以细化内容制作。

提示词

请详细说明视频内容的制作流程，需要包含：手机拍摄参数设置（帧率 / 分辨率）；必拍镜头清单（门头 / 食物特写 / 价格牌）；快剪转场技巧（3 种基础特效应用）。

生成结果

生成结果如图 2-13 所示。

以下是针对校园美食账号的视频制作标准化流程，包含手机拍摄参数设置、必拍镜头清单及新手友好剪辑技巧，可直接落地执行：

一、手机拍摄参数设置（以 iPhone/ 华为为例）

参数项	推荐设置	作用说明
分辨率	4 K（3 840×2 160）	保证裁切空间，适合食物细节
帧率	60 fps（运动镜头）	慢动作更顺滑
	30 fps（静态镜头）	节省存储空间
对焦	长按屏幕锁定对焦点	防止画面抽搐
曝光	下拉小太阳 −0.3～−0.7	避免食物过曝发白
辅助工具	手机三脚架（带补光灯）	防抖＋补光（色温 4 500 K）

二、必拍镜头清单（每条视频至少包含 5 类）

1. 环境镜头（2～3 s）
   - 食堂 / 店铺门头（低角度仰拍显规模）
   - 窗口排队场景（横向运镜拍人流）
   - 餐台全景（从右向左扫拍）
2. 食物特写（黄金 3 s 法则）
   - 45° 俯拍：筷子夹起瞬间（对焦在食物冒热气处）
   - 贴桌平拍：汤汁流动 / 拉丝效果（用吸管戳破蛋黄）
   - 微距模式：食材纹理（米饭颗粒 / 烤肉焦痕）
3. 信息镜头（必须清晰！）

……

图 2-13　校园美食探店抖音号方案追问生成结果

接下来进行第三轮提问。

提示词

如果前 10 条视频均未突破 500 播放量，请给出包含这三个调整方向的诊断方案：标题文案优化技巧；黄金 3 s 镜头改造；发布时间段测试方法。

生成结果

生成结果如图 2-14 所示。

以下是针对“前 10 条视频播放量卡 500”的精准诊断方案，包含三个核心调整方向的具体执行方法，附带可直接套用的模板和工具：

一、标题文案优化技巧（让算法 + 学生党双认可）

诊断工具：

☑ 使用“轻抖”App 提取同类爆款标题高频词

☑ 用“句易网”检测违禁词（校园美食易触发：价格 / 福利）

改造公式：

1. 身份代入法

原标题：“×× 食堂麻辣香锅测评”

爆款版：“大四学姐含泪推荐！这锅让学弟翘课的麻辣香锅”（强化身份标签 + 冲突感）

2. 数字具象法

原标题：“学校附近便宜小吃”

爆款版：“5 元吃饱”校门口三轮车阿姨的 3 个隐藏菜单”（价格 + 神秘感）

3. 悬念提问法

原标题：“食堂新菜试吃”

爆款版：“为什么校长每周三必吃这个窗口？偷拍后厨惊呆了”（猎奇）

避坑原则：

- 避免纯陈述句，结尾必须带“？”或“！”
- 植入 1 个校园专属词（如“体测后”“早八人”“查寝夜宵”）

二、黄金 3 s 镜头改造（强留人话术 + 视觉钩子）

诊断方法：

用“剪映”查看前 10 条视频的 3 s 完播率，低于 65% 需紧急优化

必改镜头清单：

1. 暴力开场（0～1 s）

……

图 2-14　校园美食探店抖音号方案第三轮迭代生成结果

步骤 3　文件分析

在前面的步骤中，我们已经做好了大部分的规划，接下来，可以上传往届活动 Excel 表《2023—2024 年校园社团主题日活动策划表》（见图 2-15），字段包括社团类型、参与人数、经费使用明细（物料、奖品、宣传等），DeepSeek 可以识别分析文件中的内容。

视频　文件分析

2023年校园社团主题日活动策划表

社团类型	参与人数	经费使用明细（元）	总经费（元）
艺类（舞蹈）	120	物料：800，奖品：500，宣传：300	1600
学术类（科技）	90	物料：600，奖品：400，宣传：200	1200
体育类（篮球）	150	物料：500，奖品：600，宣传：100	1200
公益类（环保）	80	物料：400，奖品：300，宣传：200	900
合计	440	物料：2300，奖品：1800，宣传：800	4900

图 2-15　2023—2024 年校园社团主题日活动策划表

2024年校园社团主题日活动策划表

社团类型	参与人数	经费使用明细（元）	总经费（元）
团类型	参与人数	经费使用明细（元）	总经费（元）
文艺类（音乐）	150	物料：1000，奖品：600，宣传：400	2000
学术类（辩论）	110	物料：700，奖品：500，宣传：300	1500
体育类（羽毛球）	130	物料：600，奖品：700，宣传：200	1500
公益类（支教）	95	物料：500，奖品：400，宣传：300	1200
合计	485	物料：2800，奖品：2200，宣传：1200	6200

图 2-15　2023—2024 年校园社团主题日活动策划表（续）

实现技巧　通过数据文件

首先把表格文件上传附件到 DeepSeek，让它进行学习，如图 2-16 所示。

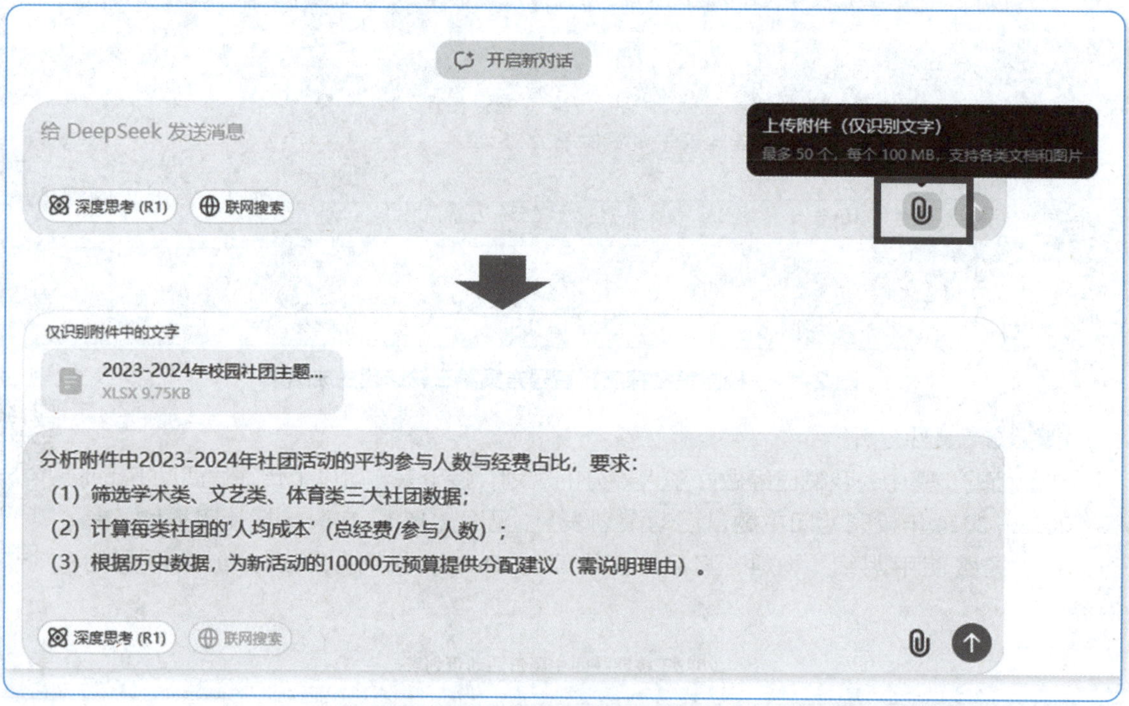

图 2-16　上传附件

提示词

分析附件中 2023—2024 年社团活动的平均参与人数与经费占比，要求：
（1）筛选学术类、文艺类、体育类三大社团数据；
（2）计算每类社团的“人均成本”（总经费 / 参与人数）；
（3）根据历史数据，为新活动的 10 000 元预算提供分配建议（需说明理由）。

生成结果

生成结果如图 2-17 所示。

2023-2024年社团活动数据分析与预算建议

1. 筛选三大类社团数据（学术类、文艺类、体育类）

年份	社团类型	参与人数	总经费（元）
2023	文艺类（舞蹈）	120	1600
	学术类（科技）	90	1200
	体育类（篮球）	150	1200
2024	文艺类（音乐）	150	2000
	学术类（辩论）	110	1500
	体育类（羽毛球）	130	1500

2. 计算人均成本（总经费/参与人数）

社团类型	2023年人均成本（元/人）	2024年人均成本（元/人）	两年平均人均成本
文艺类	1600 ÷ 120 ≈ **13.3**	2000 ÷ 150 ≈ **13.3**	**13.3**
学术类	1200 ÷ 90 ≈ **13.3**	1500 ÷ 110 ≈ **13.6**	**13.5**
体育类	1200 ÷ 150 = **8.0**	1500 ÷ 130 ≈ **11.5**	**9.8**

结论：

- 文艺类与学术类人均成本稳定（约13元/人），体育类成本较低（约10元/人）。
- 体育类活动性价比最高，可能因奖品需求较低或物料复用率高。

3. 新活动预算分配建议（10000元）

分配逻辑：

- **按参与人数比例：** 参考两年平均参与人数占比（文艺32%、学术28%、体育40%）。
- **按人均成本加权：** 体育类成本低，可适当增加场次或规模。

图 2-17　分析以往数据生成结果

技能拓展　校园跳蚤市场方案策划

本年度学校要按照往年惯例举办跳蚤市场，下面尝试利用生成式人工智能工具 DeepSeek，辅助完成跳蚤市场的活动策划方案。在此之前，我们已经拿到了 2023—2024 年校园跳蚤市场活动数据表格（见图 2-18）。请使用该表格文件作为辅助进行分析，并且生成 2025 年的跳蚤市场活动策划方案，包含时间、摊位类型、营业额、人流量、经费及天气情况等历史活动表现并进行多维度分析，识别季节性趋势和天气因素对活动效果的影响。

2023年校园跳蚤市场数据

时间	摊位类型	举办天数	总营业额（元）	日均人流量（人）	日均营业额（元）	活动经费（元）	天气情况
月10日-5月14日	二手书籍、文具、电子产品	5	25,000	800	5,000	3,000	晴天（4天）/小雨（1天）
9月15日-9月17日	服装、饰品、生活用品	3	18,000	1,200	6,000	2,500	晴天（3天）
11月20日-11月22日	毕业季闲置、手工艺品	3	15,000	1,000	5,000	2,000	阴天（2天）/小雨（1天）

2024年校园跳蚤市场数据

时间	摊位类型	举办天数	总营业额（元）	日均人流量（人）	日均营业额（元）	活动经费（元）	天气情况
4月5日-4月7日	春季二手交易（综合类）	3	20,000	1,500	6,667	3,200	晴天（2天）/多云（1天）
6月10日-6月12日	毕业季专属（教材、家具）	3	22,000	1,300	7,333	2,800	晴天（3天）
10月8日-10月10日	新生季闲置交换	3	24,000	1,800	8,000	3,500	多云（2天）/小雨（1天）

图 2-18　2023—2024 年校园跳蚤市场活动数据表

提示词

分析附件中2023—2024年跳蚤市场的活动数据，输出2025年跳蚤市场活动策划方案，要求：

数据生成与整理：基于历史活动需求，生成包含时间、摊位类型、营业额、人流量、经费等关键字段的模拟数据表格，并补充天气情况等变量，以分析外部因素的影响。

方案优化建议：通过AI分析生成的数据，对比不同年份的活动表现（如毕业季VS新生季），提出改进建议（如调整摊位类型、优化宣传时段）。

风险预测：结合天气、学期日程等变量，生成可能影响活动的风险提示（如雨季备选方案）。

自动化文档生成：根据结构化数据，输出完整的策划书框架，包括活动目标、预算分配、执行流程等模块。

生成结果

生成结果如图 2-19 所示。

2025年校园跳蚤市场活动策划方案

一、历史数据分析

2023-2024年活动数据概览

年份	活动时间	摊位类型	举办天数	总营业额(元)	日均人流量(人)	日均营业额(元)	活动经费(元)	天气情况
2023	5月10日-14日	二手书籍、文具、电子产品	5	25,000	800	5,000	3,000	晴天(4天)/小雨(1天)

图 2-19　分析跳蚤市场活动数据部分生成结果

2023	9月15日-17日	服装、饰品、生活用品	3	18,000	1,200	6,000	2,500	晴天(3天)
2023	11月20日-22日	毕业季闲置、手工艺品	3	15,000	1,000	5,000	2,000	阴天(2天)/小雨(1天)
2024	4月5日-7日	春季二手交易(综合类)	3	20,000	1,500	6,667	3,200	晴天(2天)/多云(1天)
2024	6月10日-12日	毕业季专属(教材、家具)	3	22,000	1,300	7,333	2,800	晴天(3天)
2024	10月8日-10日	新生季闲置交换	3	24,000	1,800	8,000	3,500	多云(2天)/小雨(1天)

二、2025年活动策划方案

1. 活动时间与摊位类型建议

基于历史数据，建议2025年举办3期活动：

期次	建议时间	推荐摊位类型	预期天数	预期日均人流量	预期日均营业额	建议经费
春季	4月10日-12日	综合类(二手书籍+电子产品+服装)	3	1,600	7,000	3,500
毕业季	6月5日-7日	毕业季专属(教材+家具+电器)	3	1,500	7,500	3,000
新生季	9月25日-27日	新生季综合交换+新生必备品专区	3	2,000	8,500	4,000

2. 预算分配方案

总预算：10,500元

项目	春季场	毕业季场	新生季场	总计
场地布置	800	700	1,000	2,500
宣传推广	1,000	900	1,500	3,400

图 2-19　分析跳蚤市场活动数据部分生成结果（续）

我们可以看到，通过和生成式人工智能的对话，它可以基于数据分析结果，提供优化建议，如调整摊位组合、改进宣传策略及制订天气应急预案，同时自动生成包含活动目标、预算分配和执行流程的完整策划方案文档。最终交付成果包括结构化数据报表、关键分析结论及可编辑的策划方案模板，显著降低人工调研成本，确保策划方案的科学性和可执行性，为校园跳蚤市场的成功举办提供数据支持和决策依据。

任务小结

本任务以校园社团主题日活动策划为主线任务，介绍生成式人工智能工具（DeepSeek）的基础操作与对话技巧，系统介绍了“精准提问→分步提问→文件分析”三步法。

精准提问： 强调通过“背景＋目标＋约束＋输出格式”的结构化描述，明确需求边界，避免模糊性导致的无效输出。例如，在策划“校园社团主题日”时，结构化提问能生成更符合实际需求的方案。

分步提问： 通过多轮渐进式交互逐步细化方案，利用人工智能的上下文记忆功能优化细节，如调整时间冲突或补充应急预案。

文件分析： 通过上传历史数据（如 Excel 表格），让人工智能分析关键信息，为预算分配等决策提供数据支持。

掌握这一流程，不仅能高效利用人工智能工具，还能培养实际问题解决能力，为复杂任务提供科学、可执行的解决方案。

任务拓展

视频

任务拓展

请完成任务拓展，如图 2-20 所示。

题目描述

完成一份完整的策划书，主题自选（如校园活动、创业项目、公益宣传等），要求内容清晰、结构合理，体现人工智能协作与人工优化的结合。

具体任务

1.精准提问	任务	使用结构化公式提问生成计划书，让AI听懂你的需求。
	要求	明确需求：用3~5句话清晰描述策划书主题、目标及核心要求。 提交成果：提交AI生成的初稿+所用提示词。
2.分步提问	任务	分步构建——像搭积木一样完成策划书。
	要求	分模块生成：分步向AI提问，依次生成策划书各部分。 逻辑衔接：将AI生成的模块整合成连贯文本，补充过渡语句。
3.文件分析	任务	网上查找一份同类型策划书，用作参考资料，修正AI内容。
	要求	提供参考资料：上传1份真实策划书。 对比分析：让人工智能学习参考资料，同步优化输出结果，并分析这样优化的原因。

图 2-20　任务拓展

巩固与提高

1. 在“精准提问”阶段，以下（　　）提问框架最有效。（单选题）
   A. 直接描述需求，无须额外信息
   B. 使用“背景 + 目标 + 约束 + 输出格式”的结构
   C. 仅提供关键词，让人工智能自由发挥
   D. 先让人工智能生成方案，再手动调整
2. 以下（　　）最适合采用“分步提问”策略。（单选题）
   A. 需要快速生成一个简单答案
   B. 任务复杂，需逐步细化方案
   C. 人工智能首次回答已完全符合需求
   D. 仅需单次交互即可完成任务
3. 在“文件分析”步骤中，人工智能的主要作用是（　　）。（单选题）
   A. 仅读取文件内容，不做分析
   B. 根据历史数据提供优化建议
   C. 自动修改文件中的错误数据
   D. 仅用于存储文件，不参与决策
4. 迭代优化可能涉及（　　）调整。（多选题）
   A. 修正时间冲突　　B. 优化预算分配
   C. 增加应急预案　　D. 完全推翻初始方案
5. 生成式人工智能在活动策划中的优势包括（　　）。（多选题）
   A. 快速生成初步方案　　B. 基于数据分析优化决策
   C. 完全替代人工策划　　D. 支持多轮交互细化需求

任务2.2　使用生成式人工智能打造“校园短视频创作助手”

学习目标

- 了解生成式人工智能在短视频脚本设计中的基本应用。
- 掌握角色扮演技巧，通过设定角色生成更专业的脚本内容。
- 熟悉结构化公式，能够设计逻辑清晰的短视频脚本。
- 学会利用动态反馈功能，实时优化脚本内容。
- 培养深度思考能力，挖掘脚本的深层意义和情感共鸣点。
- 能够独立使用 DeepSeek 完成校园短视频脚本的设计与优化。

任务描述

视频　任务描述与分析

校园短视频已成为展示校园文化、记录学生生活的重要载体，但随着短视频平台的兴起，许多学生在创作过程中面临脚本设计困难、创意不足、内容结构混乱等问题。小陈作为社团联合会策划部负责人，同时承担着宣传部门的短视频创作任务，工作压力较大（见图 2-21）。

此前，他通过生成式人工智能 DeepSeek 成功策划了“校园社团主题日”活动，深刻体会到生成式人工智能工具的高效性。面对短视频脚本设计的挑战，他决定再次借助 DeepSeek，打造一个“校园短视频创作助手”，以提升脚本创作效率和质量。

本任务将基于 DeepSeek 的生成能力，帮助小陈快速完成短视频脚本设计，以解决创意不足、结构混乱等问题，实现高效、专业的校园短视频内容输出。

图 2-21　校园短视频创作

任务分析

本任务将通过以下四个步骤实现“校园短视频创作助手”的功能，如图 2-22 所示。

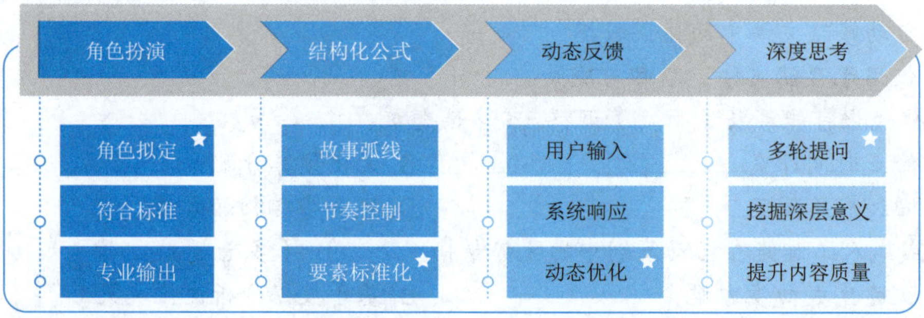

图 2-22　任务分析

角色扮演： 通过让 DeepSeek 扮演“资深短视频编导”的角色，生成符合专业要求的脚本创意和内容。

结构化公式： 使用结构化公式，确保脚本逻辑清晰、情节紧凑。

动态反馈： 在脚本生成过程中，根据用户需求实时调整内容，实现动态优化。

深度思考： 通过多轮提问和引导，挖掘脚本的深层意义和情感共鸣点，提升内容质量。

任务实施

步骤 1　角色扮演

通过让 DeepSeek 扮演“资深短视频编导”的角色，生成符合专业要求的脚本创意。

交互H5

角色扮演

实现技巧　角色扮演—自身校园短视频编导

角色扮演的方法关键在于赋予人工智能具体身份，清晰定义角色背景，这会让人工智能的反馈更贴近真实从业者的思维方式。

例如：你是一名有 5 年经验的短视频编导，擅长快节奏信息流广告和情感类剧情短片，熟悉抖音 / 快手平台爆款逻辑。

通过这种方法，人工智能输出的脚本会更具平台适配性和执行可行性，减少“假大空”的通用文案。关键点在于用行业思维框定创作边界，同时保留人工智能的创意发散空间。

提示词

假设你是一名资深校园短视频编导，擅长青春校园题材。请为我校的‘开学季’活动设计一个 1 分钟的短视频脚本，要求展现新生的期待与活力，并包含校园标志性场景。

生成结果

生成结果如图 2-23 所示。

短视频脚本:《你好，新同学！》
时长：1 分钟
风格：青春活力 / 温暖治愈
BGM：轻快向上的校园风纯音乐（如《夏野与暗恋》钢琴版）
【0:00—0:05】（开场）黑屏字幕 + 画外音
- 字幕（白色字体，逐字弹出）：
  “你想象中的大学第一课，是什么样子？”
- 音效：书本翻页声 + 轻快的脚步声

【0:06—0:15】（场景 1：新生入校）
- 画面：
  - 全景：校门口标志性建筑（拉横幅“欢迎新同学”），新生拖着行李箱入校（慢镜头）。
  - 特写：新生抬头看校牌（眼神期待），阳光透过树叶洒在脸上。
- 字幕：“是带着忐忑，又藏不住的好奇”

【0:16—0:25】（场景 2：校园探索）
- 画面：
  - 快剪组合：
    - 新生在图书馆翻书（仰拍书架全景）
    - 实验室里学长演示实验（镜头透过烧杯拍新生惊讶表情）
    - 操场边学长弹吉他，新生围观微笑（逆光拍摄）
- 字幕：“是每一处风景，都想刻进记忆里”

【0:26—0:40】（场景 3：互动与成长）
- 画面：
  - 食堂窗口：新生和室友抢糖醋排骨（特写筷子“对决”+ 笑声）
  - 教室：教授幽默讲课，新生举手发言（中景）
  - 社团招新：新生尝试街舞（跟拍脚步动作，失误后大笑）
- 字幕：“是第一次勇敢，第一次被认可”

【0:41—0:55】（高潮：校园标志性场景集合）
- 画面：
  - 航拍：新生们拼成“2024”队形（操场草坪）
  - 慢镜头：所有人抛起学士帽（标志性建筑为背景）
- 字幕：“这里的故事，等你来写”

【0:56—1:00】（结尾）
- 画面：黑屏，校徽 LOGO 浮现
- 字幕（手写字体）：“XX 大学，欢迎回家！”
- 音效：欢呼声 + 音乐戛然而止

图 2-23 设定导演角色输出脚本生成结果

创意备注：
1. 可穿插“新生采访”彩蛋（0.5 s 快剪：“最期待什么？”“食堂！”“脱单！”）
2. 调色建议：高明度胶片感，增强阳光色温。
3. 标志性场景必拍：校门、图书馆、特色雕塑、食堂招牌菜。
这个脚本兼顾情感共鸣与视觉冲击，适合新媒体传播，需要 50% 手持镜头增加真实感。

图 2-23 设定导演角色输出脚本生成结果（续）

技能拓展 角色扮演—校园记者

角色扮演不仅限于编导，还可以设定其他角色，如“校园记者”，以生成不同风格的脚本。

提示词

假设你是一名校园记者，制作一个轻松幽默的校园日常生活短视频，时长 30 s。请设计脚本，突出同学间的趣味互动。

生成结果

生成结果如图 2-24 所示。

短视频脚本：《校园“迷惑”行为大赏》
时长：30 s
风格：轻松幽默＋快节奏剪辑
【0：00—0：05】开场
• 画面：食堂阿姨打菜手抖特写（慢动作），同学端空盘子瞪眼（表情包特效）。
• 字幕：《校园未解之谜：食堂阿姨的腕力训练》
• 音效：夸张的“咻～”风声（菜被抖没的音效）。
【0：06—0：12】同学互动
• 画面：A 同学假装用作业本当扇子给 B 扇风，B 突然翻到本子背面——全是草稿涂鸦。
• 字幕：“送你清凉…和我的灵魂画作！”
• 音效：铅笔“咔嚓”断裂声＋乌鸦叫“啊——”。
【0：13—0：20】同学互动
• 画面：C 同学在走廊滑行（书包当滑板），突然撞见老师，立刻立正敬礼：“老师好！我在…练习平衡！”
• 老师（憋笑）：“下次带护具。”
• 字幕：《关于我校隐藏的极限运动选手》
• 音效：滑板轮子声＋急刹车“吱——”。
【0：21—0：27】反转结尾
• 画面：D 同学偷拍室友 E 的睡姿（头发炸毛＋流口水），突然 E 睁眼邪笑：“素材费 5 元，扫码还是现金？”
• 字幕：校园生活，套路与反套路！
• 音效：相机快门声＋硬币“叮当”掉落。
【0：28—0：30】片尾
• 画面：全体演员对镜头比耶，字幕弹出：“下期预告：班主任的窗外闪现术……”
• BGM：欢快的口哨声＋弹舌音效。

图 2-24 设定校园记者角色输出脚本生成结果

创意点：
1. 夸张日常细节（食堂手抖、作业涂鸦），引发共鸣；
2. 反转对话（如“素材费”）增加喜感；
3. 字幕和音效强化幽默，比如用“乌鸦叫”吐槽涂鸦。
拍摄建议：手机拍摄 + 局部特写，表情和动作可浮夸，剪辑加速关键片段（如滑书包瞬间）。

图 2-24　设定校园记者角色输出脚本生成结果（续）

视 频

结构化公式

步骤 2　结构化公式

实现技巧　结构化公式：角色 + 任务 + 约束 + 输出格式

使用结构化公式与生成式人工智能对话时，可以明确指令结构（公式框架），例如采用“角色 + 任务 + 约束 + 输出格式”的模块化结构。

提示词

你是一名擅长青春校园题材的短视频导演，请为大学生创作一个 1 分钟内的开学季短视频脚本，聚焦内向转学生适应新环境的故事。要求：

包含图书馆、食堂、社团招新等标志性场景，以轻喜剧混合温暖治愈的风格呈现，开头 8 s 需设计强吸引力画面（如主角独自擦黑板时名牌掉落），中间穿插友情成长线，结尾体现人物关系转变。避免复杂运镜术语，用简单分镜描述即可。

生成结果

生成结果如图 2-25 所示。

短视频脚本：《转校生小剧场》
时长：60 s
风格：轻喜剧 + 温暖治愈
【0—8 s】强吸引开头（悬念 + 反差）
- 画面 1（特写）：一只紧张的手用力擦黑板，粉笔灰飞舞。
- 画面 2（近景）：黑板擦突然碰掉讲台上的名牌，名牌摔成两半，露出主角名字“陈默默”。
- 画面 3（全景）：教室瞬间安静，全班回头盯着僵住的陈默默（戴黑框眼镜、低头）。
- 字幕（特效音效）：“开学第 3 天，全班记住了我的…方式？”

【9—20 s】困境展现（标志性场景）
- 食堂（跟拍）：陈默默端餐盘找座位，周围餐桌满员，她默默躲到角落（镜头下移：桌上影子孤单）。
- 图书馆（俯拍）：她拿书时和同学撞到，书散落，对方帮她捡起却叫错名字：“谢谢啊…李同学？”
- 社团招新（广角）：她偷看热闹的招新摊，被拉入社员一把拽住：“同学对相声社有兴趣吗？”（她惊恐摇头逃跑）

【21—40 s】转机（轻喜剧友情线）
- 画面（蒙太奇）：
  - 食堂：总坐角落的陈默默发现餐盘多了鸡腿（镜头特写：匿名纸条“多吃点~”）。
  - 图书馆：总撞她的同学递来正确名字的借书卡（尴尬挠头：“这次对了！”）。
  - 社团招新：她被“手工社”安静氛围吸引，社长（元气女孩）大喊：“找到你了！我们的终极社恐战友！”

图 2-25　结构化公式输出视频脚本生成结果

【41—55 s】成长与转变（温暖治愈）
- 画面 1（慢镜头）：陈默默在手工社举着歪扭的陶艺杯子，社员们集体鼓掌（杯子特写：画着笑脸）。
- 画面 2（全景）：她主动擦黑板，回头发现同学举着新名牌（特效字："陈默默手工社首席手残"）。
- 画面 3（定格）：全班笑着比耶，她推眼镜的手终于不再发抖。

【56—60 s】结尾反转（人物关系升华）
- 画面（特写）：新名牌突然被社长贴上贴纸（镜头拉远："副社长"）。
- 陈默默（画外音，憋笑）："…这算职场霸凌吗？"
- 字幕（温馨）："开学季，总有人为你留个位置。"
- 彩蛋：片尾 3 s 黑屏后，传来手工社集体喊："下次摔名牌记得直播啊！"（爆笑音效）

图 2-25　结构化公式输出视频脚本生成结果（续）

技能拓展　结构化公式：问题 + 分析 + 解决

结构化公式可以根据需求调整，例如"问题 + 分析 + 解决"或"引入 + 高潮 + 结尾"。

提示词

当前校园短视频内容同质化严重，缺乏真实学生共鸣（问题）；经分析发现，新生适应期的故事常被拍成刻板说教，且前三秒吸引力不足导致跳出率高（分析）。请制作一个 1 分钟内的轻喜剧校园短视频，聚焦内向转学生的新生适应故事，用食堂抢饭、图书馆占座等真实场景制造笑点，前 8 秒设计'名牌掉落被社牛同学捡到'的强冲突开场，结尾温暖反转展现友谊成长（解决）。

生成结果

生成结果如图 2-26 所示。

短视频剧本：《社恐转学生的逆袭》

时长：60 s

风格：轻喜剧 + 温暖反转

核心矛盾：内向转学生 VS 校园社交修罗场

【0—3 s】（强冲突开场）
- 镜头俯拍，教学楼走廊人群拥挤。
- 转学生"林小默"（内向人设，低头快走）胸口名牌突然掉落。
- 特写：一只脚踩住名牌（镜头顺脚上移，露出"社牛学长"陈阳灿烂的笑脸）。
- 陈阳（举名牌大喊）："林—小—默同学！你的社恐掉啦！"
- 周围同学哄笑，林小默瞬间脸红到耳根。

【4—8 s】（悬念铺垫）
- 快剪蒙太奇：
  - 食堂抢饭：林小默刚拿到最后一份糖醋排骨，陈阳突然闪现："同学！拼桌即战友！"（强行分走一半）
  - 图书馆占座：林小默用书本占座，回头发现陈阳坐在书上："这椅子挺硌屁股啊！"

【9—45 s】（笑点推进）
- 场景 1：选修课分组
  - 老师："自由组队！"林小默立刻缩到角落，陈阳（举喇叭）："那位躲墙里的同学！我们缺个吉祥物！"

图 2-26　结构化公式提问样例生成结果

- 场景 2：校园跑打卡
  - 林小默偷懒想抄近道，陈阳（突然从灌木丛钻出）："抓到一只小路痴！"（拽着他绕远路）

【46—55 s】（温暖反转）

- 雨天，林小默独自撑伞回家，突然听到陈阳（画外音）："喂！社恐同学！"
- 镜头切换：陈阳淋雨跑来，举起林小默当初掉的名牌（特写：被塑封好还画了笑脸）"你的名牌，现在物归原主啦！"
- 林小默（第一次主动笑）："…下次抢饭，我可以帮你占座。"

【56—60 s】（结尾升华）

- 黑屏字幕："适应新环境，从一次'被捡到'开始"
- 花絮：陈阳偷偷把"社恐掉啦"改成"新同学快来"的名牌（呼应开头）

图 2-26　结构化公式提问样例生成结果（续）

步骤 3　动态反馈

动态反馈是一种通过与人工智能生成内容进行多轮交互式反馈，逐步优化输出结果的方法。其核心在于"生成—评估—修正"的循环迭代，最终使内容更符合需求。

视　频

动态反馈

实现技巧　动态反馈

在动态反馈过程中，首轮提问时尽量明确需求（如格式、风格、长度等）。针对人工智能输出的内容，要精准指出问题。比如"第三段的数据需要 2023 年的最新来源，请补充参考文献"，而不应采用"不够专业"这样的表述。另外还要进行优先级排序：如果问题较多，标明修改优先级（如"最关键的是逻辑结构，其次是措辞"）。

初始提示词

设计一个关于"校园环保行动"的短视频脚本，时长 45 s。

生成结果

生成结果如图 2-27 所示。

短视频脚本：《校园环保行动 · 45 秒》

时长：45 s

风格：青春活力、正能量、快节奏

【0 : 00—0 : 05】（开场）

画面：阳光下的校园全景，绿树环绕，标语"共建绿色校园"醒目。

字幕 + 画外音（轻快）："我们的校园，由我们守护！"

【0 : 06—0 : 12】（问题呈现）

画面：快剪镜头——垃圾桶旁散落的塑料瓶、纸张；食堂一次性餐具堆积；教室无人关灯。

字幕："浪费？污染？不！我们可以改变！"

【0 : 13—0 : 22】（行动展示）

画面：学生分组行动——

1. 回收组：用分类垃圾桶分拣塑料瓶、纸张（特写"可回收"标签）。
2. 节能组：张贴节水标志、关闭长明灯（手势点赞）。
3. 创意组：用废旧纸张制作手工艺品（展示作品）。

背景音乐：upbeat 环保主题 BGM。

图 2-27　设计校园环保短视频脚本生成结果

【0：23—0：35】（成果对比）
画面：
• Before（灰暗滤镜）：脏乱的角落、空荡的教室亮着灯。
• After（明亮滤镜）：整洁的分类站、黑板报“环保小贴士”、学生用环保杯喝水。
字幕：“小行动，大不同！”
【0：36—0：42】（号召参与）
画面：学生集体举手宣誓，镜头拉远成航拍“人形绿叶”队形。
画外音：“加入我们，让校园更绿！”
字幕＋标签：# 校园环保行动 # 地球合伙人
【0：43—0：45】（结尾 LOGO）
画面：学校 LOGO+ 二维码（环保社团招募）。
字幕：“扫码一起行动！”

图 2-27 设计校园环保短视频脚本生成结果（续）

反馈提示词

脚本中的分组行动可以更具体一些，比如增加“垃圾分类”和“节约用电”的镜头，并加入学生采访片段。

调整后结果

生成结果如图 2-28 所示。

【0：06—0：15】（行动组 1：垃圾分类）
画面：
1. 学生 A（佩戴“环保委员”袖标）指着分类垃圾桶讲解：“塑料瓶属于可回收物，餐巾纸是其他垃圾！”（采访片段，背景虚化带字幕）。
2. 快剪实操：学生们将快递盒拆平投入回收箱，用饮料瓶制作笔筒（特写创意作品）。

字幕：“垃圾分类—变废为宝！”
【0：16—0：25】（行动组 2：节约用电）
画面：
1. 学生 B（擦黑板的回头）：“最后走的同学，记得关灯关风扇哦！”（采访眨眼比耶）。
2. 对比镜头：
   ◦ 白天教室开灯（红叉动画覆盖）→学生拉开窗帘关灯（绿勾动画）。
   ◦ 手机拍摄的“电量监测表”显示用电量下降 15%。

字幕：“举手之劳，省电又省钱！”
【0：26—0：35】（行动组 3：创意宣传）
画面：
• 学生 C 举着手绘海报喊话：“少用塑料袋！明天带饭盒有加分！”（采访，背景是围观同学笑声）。
• 快闪镜头：环保主题黑板报、食堂窗口“自带杯减 2 元”标牌、学生用布袋装书本。

……

图 2-28 设计校园环保短视频脚本追问生成结果

技能拓展 动态反馈

动态反馈还可以用于修改脚本风格或情感基调。例如，在上述的脚本设计中，补充以下提示词：

提示词

将脚本的情感基调从“严肃”调整为“轻松幽默”，同时保留核心内容。

生成结果

生成结果如图 2-29 所示。

幽默升级版短视频脚本：《校园环保行动 · 45 秒——拯救地球，从搞笑开始！》
时长：45 s
风格：轻松搞笑、无厘头、快节奏
【0：00—0：05】（开场 · 夸张问题）
画面：
- 慢镜头：一个塑料瓶从垃圾桶“逃逸”，滚到镜头前（配“逃跑音效”）。
- 字幕（综艺字体）：“塑料瓶：我想活得更久！”
- 画外音（模仿新闻联播）：“校园环保危机，塑料瓶集体越狱！”

【0：06—0：15】（行动组 1：垃圾分类 · 搞笑教学）
画面：
1. 学生 A（戴“垃圾分类大师”头巾，手持魔法杖状扫把）：
   - 对着镜头严肃：“垃圾分类，就像分手——干垃圾是‘我们不合适’，可回收是‘还能做朋友’！”
   - 特效：扫把一挥，垃圾自动飞进对应垃圾桶（配“魔法音效”）。
2. 快剪：
   - 学生 B 把香蕉皮扔进“其他垃圾”，香蕉皮突然“跳出来”（配音：“我是厨余垃圾啊喂！”）。
   - 学生 B 尴尬挠头，重新扔对（配“叮咚”正确音效）。

【0：16—0：25】（行动组 2：节约用电 · 沙雕操作）
画面：
1. 学生 C（穿“省电侠”披风）冲进教室，一把关掉无人风扇，摆 pose：“省电侠，出击！”（配“超级英雄登场 BGM”）。
2. 对比镜头：
   - Before：教室灯全开，电表疯狂转动（配“引擎轰鸣声”）。
   - After：学生 D 用台灯看书，电表“龟速”转动（配“蜗牛爬音效”）。
3. 字幕（表情包字体）：“电表：终于能喘口气了……”

【0：26—0：35】（行动组 3：创意整活）
画面：
- 学生 E（举着“自带饭盒送帅哥 / 美女微信”牌子）：

……

图 2-29　修改脚本风格或情感基调生成结果

步骤 4　深度思考

实现技巧　深度思考

通过多轮提问和引导，挖掘脚本的深层意义。

初始提示词

设计一个关于“毕业季”的短视频脚本，时长 1 分钟。

生成结果

生成结果如图 2-30 所示。

短视频脚本：毕业季•青春不散场

时长：1 分钟

风格：温暖 / 怀旧 / 轻快

【开场】0：00—0：10

• 画面：空荡的教室，阳光透过窗户洒在课桌上，黑板上写着“毕业快乐”的粉笔字。
• 镜头：缓慢推近讲台上一张集体照（特写），照片里的笑脸逐渐模糊。
• 字幕（手写体）：“后来，黑板擦掉的不是公式，而是青春。”
• 背景音：轻柔的钢琴版《同桌的你》前奏。

【中段】0：11—0：35

• 画面组接（快剪）：
  ◦ 图书馆里叠高的书本、翻飞的笔记页（慢动作）。
  ◦ 操场上的篮球赛（欢呼声入镜），主角投进三分球后和队友击掌。
  ◦ 宿舍里收拾行李，室友偷偷把合照塞进主角的箱子（特写）。
• 字幕：“那些看似平凡的日常，成了回不去的远方。”
• 背景音：切换为轻快的其他旋律，加入蝉鸣、笑声等环境音。

【高潮】0：36—0：50

• 画面：毕业典礼现场，全员抛起学士帽（慢动作 + 无人机俯拍）。
• 镜头：帽子落下时，切到主角接住帽子，抬头微笑（面部特写）。
• 字幕（动态字体）：“愿此去前程似锦，再相逢依旧如故。”
• 背景音：音乐高潮部分，加入混响的集体喊声：“我们毕业啦！”

【结尾】0：51—1：00

• 画面：校门口，主角拖着行李箱回头（逆光拍摄），其他同学在远处挥手。
• 镜头：渐暗后亮起手机屏幕——微信群里弹出消息：“明年再聚啊！”（特写）。
• 字幕（居中）：“青春不散场，我们更高处见。”
• 背景音：钢琴尾奏渐弱，最后一声风铃轻响。

备注：

• 调色建议：前半段偏青橙色调（怀旧），抛帽镜头饱和度拉高（活力）。
• 可穿插 1～2 s 的“伪花絮”（如同学做鬼脸、老师擦眼泪），增强真实感。
• 脚本核心：用“物”代替抒情（课桌、合照、笔记），用“细节”引发共鸣（微信消息、拍照片）。

图 2-30　设计“毕业季”短视频脚本生成结果

深度思考提示词

如何让脚本更能引发毕业生对校园生活的共鸣？可以加入哪些细节或象征性场景？

优化后结果

生成结果如图 2-31 所示。

情感共鸣点分析及优化建议

1. 最容易引发共鸣的部分

✅【集体记忆符号】

- 空教室 + 黑板字：触发对校园场景的集体记忆，黑板擦掉的“青春”文案直击毕业的怅然感。
- 抛学士帽慢动作：毕业仪式的经典画面，配合欢呼声，唤起观众的亲身经历。

✅【细节特写】

- 室友偷偷塞合照：用“小动作”体现友谊的细腻，比直接拥抱更戳心。
- 微信群消息弹出：社交时代的毕业常态，暗示离别后的联系，减轻伤感。

✅【音乐与环境音】

- 《同桌的你》钢琴版 + 蝉鸣声：音乐怀旧，环境音增强沉浸感（观众会联想到自己的夏天）。

✅【留白式文案】

- “后来，黑板擦掉的不是公式，而是青春”：用具体物品（黑板）隐喻抽象情感，引发联想。

2. 如何进一步加强共鸣？

（1）增加“个人故事感”

- 问题：目前画面偏群像，缺乏个体代入感。
- 优化：
  - 插入“单人镜头”：例如，主角独自走过长廊时，触摸墙上班级合影（特写手指划过照片）。
  - 增加“毕业前最后一天”的对比：如课桌上刻的“早”字 / 教室钟表定格在放学时间。

（2）强化时间流逝感

- 问题：时间线较平，可加强“从前 vs 现在”对比。
- 优化：
  - 分屏手法：左侧大一军训合照，右侧毕业照（同一群人，服装 / 表情变化）。
  - 道具隐喻：如开场用“倒计时日历”撕到最后一页，或教室时钟指针飞速旋转。

（3）深化“遗憾与圆满”

- 问题：情绪较单一（怀旧 + 欢庆），可加入微小遗憾增强真实感。
- 优化：
  - 未说出口的告白：主角路过暗恋同学的课桌，停顿一秒但最终离开（留白）。
  - 未完成的约定：画面闪过一张“毕业旅行计划表”，但被折进书本里（特写）。

（4）互动式结尾

- 问题：结尾较常规，可增加观众参与感。
- 优化：
  - 黑屏字幕：“你的毕业季，最遗憾的事是 _____ ？”（引导评论区互动）。
  - 彩蛋画面：片尾 3 s 出现二维码，扫码可生成“虚拟毕业合照”（结合 H5 技术）。

优化后脚本片段示例

【新增镜头】

- 0: 15 主角翻开课本，夹页中掉落一张“高考倒计时 100 天”的纸条（特写风吹走）。
- 0: 28 分屏：左边室友打游戏骂人，右边同一人西装革履面试（音乐骤停 1 s）。
- 0: 55 主角拍班级门牌（特写），镜头拉远显示门牌已被换成“2025 级新生”。

【效果】：通过“物是人非”的对比，让观众瞬间共情“时光残酷又美好”的复杂情绪。

总结

- 核心逻辑：集体记忆 + 个人故事 + 时间隐喻三重叠加。
- 技巧：用“小道具”（纸条、门牌）代替直白抒情，用“未完成事件”** 制造遗憾美。
- 技术建议：慢动作镜头（抛帽子）配合抽帧效果，增强电影感。

图 2-31　深度思考生成结果

任务小结

通过本任务的学习，我们掌握了利用 DeepSeek 生成式人工智能打造“校园短视频创作助手”的四个核心技能：

角色扮演： 通过设定专业角色，生成高质量的脚本内容。

结构化公式： 使用固定结构确保脚本逻辑清晰、情节紧凑。

动态反馈： 根据需求实时调整脚本，实现个性化优化。

深度思考： 挖掘脚本的深层意义，提升情感共鸣和内容质量。

这些技能不仅能帮助学生高效完成短视频脚本设计，还能培养其创意思维和逻辑表达能力。

任务拓展

请完成任务拓展，如图 2-32 所示。

视 频

任务拓展

题目描述

利用DeepSeek创作一个关于“校园科技节”的短视频脚本。

具体任务

1.角色扮演	任务	角色扮演：科技达人。
	要求	人设：幽默的“极客学长/学姐”，语言轻松活泼。 互动：设计小挑战，如“猜猜这个装置有什么用？” 讲解：用简单例子解释科技，避免复杂术语。
2.结构化公式	任务	视频结构：问题+解决+未来。
	要求	问题：如“笔记记不完？小组作业混乱？” 解决：展示科技节项目（AI笔记、协作平台）。 未来：提问“如果这些技术普及，校园会变成什么样？”
3.动态调整	任务	动态调整。
	要求	节奏：过长片段拆解，加快剪辑或加音效。 视觉：抽象内容用动画/对比呈现（如传统vs科技版）。

图 2-32 任务拓展

4.深度思考	任务	科技与校园结合
	要求	真实需求：聚焦查课表、食堂排队等高频场景。 情感共鸣：学生采访或情景剧展示科技如何省时。 教育意义：鼓励学生动手编程、设计机器人。

图 2-32　任务拓展（续）

巩固与提高

1. 以下（　　）角色设定最适合生成“校园美食节”短视频脚本。（单选题）

A. 资深美食博主　　B. 校园记者

C. 学生导演　　D. 以上均可

2. “背景 + 冲突 + 解决 + 升华”的结构化公式最适合（　　）类型的短视频脚本。（单选题）

A. 校园新闻　　B. 情感故事

C. 活动预告　　D. 教学视频

3. 动态反馈的主要作用是（　　）。（多选题）

A. 实时优化脚本内容　　B. 调整脚本风格

C. 增加脚本长度　　D. 提升情感共鸣

4. 深度思考可以帮助脚本实现（　　）优化。（多选题）

A. 挖掘深层意义　　B. 增加情感共鸣

C. 提升逻辑性　　D. 减少脚本字数

5. 尝试设计一个关于“校园音乐会”的短视频脚本，并使用动态反馈功能调整至少一处内容。

单元 3
生成式人工智能写作能力的应用

本单元以生成式人工智能技术为核心，结合具体写作场景，展示如何利用人工智能优化写作流程、提升文本质量，并培养批判性思维与创新能力。

任务 3.1　利用生成式人工智能撰写一篇《三国演义》读后感。通过内容生成、内容扩写和逻辑检查三个步骤，任务展示如何快速生成高质量初稿，并通过扩写丰富文本内涵，最终通过逻辑检查提升文章的连贯性和说服力。这一任务强调了人工智能在传统文学写作中的应用潜力，特别是在提示词设计、内容扩展和逻辑优化方面的关键作用。

任务 3.2　使用生成式人工智能完成科普说明文写作。转向科普说明文写作，以“人工智能在教育领域的应用——个性化学习推荐系统”为主题，系统介绍生成式人工智能在资料搜索、文字润色、数据可视化和反向思考案例生成中的应用。任务通过精准信息提取、通俗表达优化、直观数据呈现以及批判性案例生成，全面提升科普写作的科学性、可读性和说服力，同时培养学生的批判性思维与辩证分析能力。

通过本单元内容的学习，学生不仅能掌握生成式人工智能在不同类型写作中的核心技能，还能深刻理解技术赋能写作的革命性价值。

任务 3.1　利用生成式人工智能撰写一篇《三国演义》读后感

学习目标

- 了解生成式人工智能在写作中的基本应用，包括内容生成、内容扩写和逻辑检查。
- 熟悉生成式人工智能如何解决写作中的常见问题，如内容创造和逻辑连贯性。
- 掌握如何利用生成式人工智能技术优化写作流程和提高文本质量。
- 能够使用生成式人工智能进行有效的内容生成，快速形成初稿。
- 能够运用生成式人工智能扩写内容，增加文本的深度和广度。
- 能够通过生成式人工智能检查和改进文本的逻辑性，确保表达的清晰和准确。
- 培养批判性思维能力，通过逻辑检查提升对文本质量的控制。
- 培养创新意识，通过探索人工智能在写作中的新用途不断寻求解决问题的新方法。

任务描述

你读过《三国演义》吗?《三国演义》是中国古典四大名著之一，由明代小说家罗贯中创作。这部小说以东汉末年到西晋初年之间的历史事件为背景，讲述了魏、蜀、吴三个势力之间的政治和军事斗争。它不仅是一部历史小说，也蕴含着深刻的政治、军事、哲学思想，展现了那个时代的社会风貌和人物性格。《三国演义》以其精彩的故事情节、生动的人物形象和深刻的思想内涵，深受读者喜爱，影响深远（见图 3-1）。

图 3-1 《三国演义》插图

视 频

任务描述与分析

读完小说之后，大家有没有撰写读后感的习惯呢?读后感有助于深化对小说内容的理解，促进思考和感悟，丰富我们的阅读生活。写作是一项极富创造性的活动，它不仅涉及语言的表达和信息的组织，还包括思维的逻辑性和内容的深度。学生和专业写作者常常面临各种写作挑战，如怎样快速产生高质量的文本、如何扩展简短的内容到满足特定字数的要求，以及如何确保文本逻辑的严密和表达的清晰。

本任务将尝试使用生成式人工智能工具撰写《三国演义》读后感。

任务分析

本任务将深入探讨生成式人工智能在写作中的应用，通过具体的案例和实际操作，使学生能够理解和掌握生成式人工智能的撰写技巧。任务可通过三步实现：内容生成→内容扩写→逻辑检查，如图 3-2 所示。

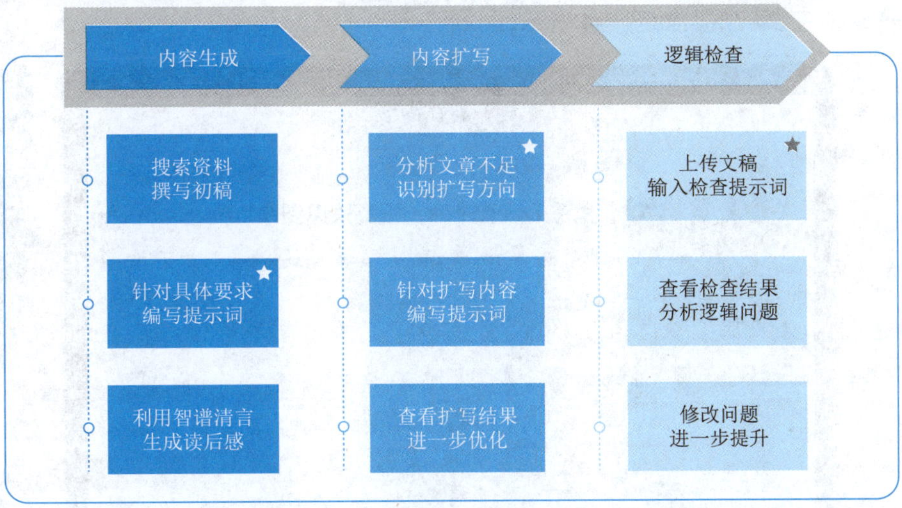

图 3-2 任务分析（图中标注星号的步骤是表示每个步骤的关键点）

内容生成：搜集《三国演义》的相关资料，针对老师的具体要求，包括原创性、关羽的故事重点、关羽的复活以及英雄主义的探讨，学生将编写一系列针对性的提示词，利用 DeepSeek 人工智能工具，根据这些提示词生成一篇读后感。

内容扩写：在初稿的基础上分析文章，识别出需要加强和扩展的部分。针对三国时代背景和主题，进行有针对性的内容扩写，以丰富文章的内涵和视角。

逻辑检查：对自己编写的读后感进行逻辑检查。确保文章结构合理、论点清晰、论据充分。检查是否有逻辑上的跳跃或不一致之处，确保读后感的流畅性和说服力。通过这一步骤，可以提升读后感的整体质量，使其成为一篇有深度、有见地的文学分析作品。

交互H5

内容生成

任务实施

步骤1 内容生成

课上老师要每人写一篇《三国演义》读后感，下面是老师提出的具体要求（见图3-3）。

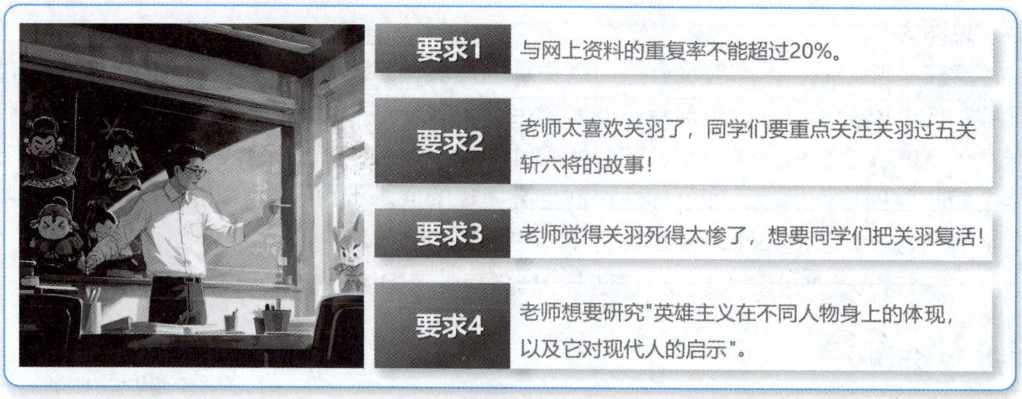

图 3-3 老师要求

我们按照老师提出的要求，结合自己的理解，写出了一篇读后感，但是发现不管是质量还是和老师要求的匹配度，都不是很好。我们可以利用人工智能协助完成读后感的撰写。本次任务利用 DeepSeek 工具完成，如图 3-4 所示。

图 3-4 DeeSeek

实现技巧　明确要求

我们与生成式人工智能对话时，应尽量表达清晰，这里可以把老师的要求都输入给人工智能，让它生成老师所要求的故事内容。

提示词

撰写一篇《三国演义》读后感：

要求 1：与网上资料的重复率不能超过 20%。

要求 2：重点关注关羽过五关斩六将的故事。

要求 3：关羽死得太惨了，想要把关羽复活。

要求 4：研究“英雄主义在不同人物身上的体现，以及它对现代人的启示”。

生成结果

生成结果如图 3-5 所示。

血色丹心：一场跨越千年的英雄主义对话

在麦城飘雪的寒夜，当青龙偃月刀最后一次划破长空，天地间仿佛回荡着英雄末路的悲歌。但历史从来不是冰冷的断代史，当我们穿透罗贯中的文字迷雾，在“过五关斩六将”的刀光剑影里，在“败走麦城”的悲壮绝唱中，英雄主义的密码正在解构与重构间焕发新的生机。

一、丹凤眼里的英雄主义图谱

当关羽单骑出许昌，千里走单骑的传奇背后，是英雄主义最璀璨的绽放。汜水关前，他刀劈孔秀时扬起的不仅是鲜血，更是对“义”的绝对忠诚；黄河渡口斩秦琪，刀锋下破碎的是世俗的桎梏。这六道关隘恰似六重炼狱，将“忠义”二字淬炼得愈发纯粹。不同于吕布的匹夫之勇，关羽的武勇始终包裹着智慧的光晕——他懂得在荥阳识破王植的火攻，在滑州化解刘延的犹豫，这种“智勇双全”的英雄特质，恰是当代社会稀缺的精神资源。

二、英雄涅槃：从麦城灰烬中重生

麦城的悲剧不应是英雄的终点。当我们用现代视角重审这段历史，会发现关羽之死本质上是对英雄主义的误读。东吴的暗算、刘封的冷漠、诸葛亮的失算，这些偶然因素的交织构成了必然的悲剧。但真正的英雄主义从不会湮灭于历史的尘埃——在荆州百姓自发建造的关帝庙里，在商贾供奉的财神像前，关羽早已完成从武圣到文化符号的蜕变。这种精神层面的“复活”，比任何战场上的重生都更具震撼力。

三、三国群英启示录：英雄主义的多元镜像

英雄主义在三国长卷中呈现出斑斓光谱：曹操的“宁教我负天下人”是功利主义的极致演绎，却在屯田制中展现出建设者的担当；诸葛亮“鞠躬尽瘁”诠释了知识分子的家国情怀，其《出师表》至今仍在叩击现代人的精神世界；赵云长坂坡七进七出，将职业军人的操守演绎得淋漓尽致。这种多元化的英雄叙事，恰为陷入价值焦虑的现代人提供了多维度的参照系——在疲惫中坚守专业精神，在利己主义浪潮里守护道义底线，何尝不是新时代的英雄主义？

当我们将目光从定军山的古战场移向都市的钢铁森林，会发现英雄主义的基因从未消亡。关羽的青龙刀化作职场人深夜加班的键盘声响，诸葛亮的羽扇变成创业者 PPT 上的数据图表，赵云的银枪幻化为消防员逆行的背影。在这个解构崇高的时代，我们更需要重建属于这个时代的英雄叙事——不是膜拜神化的偶像，而是让每个人都能在平凡中点燃英雄的火种。麦城的雪终会消融，但精神的血脉永远奔流。

图 3-5 《三国演义》读后感生成结果

可以看到，不到 3 min 人工智能一次性解决问题。面对烦琐的写作要求和挑战，可以借助生成式人工智能的力量迅速满足这些需求。无论是编写复杂的故事情节，还是快速生成新颖的想法，人工智能都能成为我们写作中的利器。

技能拓展 1

除了写读后感、写故事，人工智能还能帮我们做什么？设想一个场景：你需要替母亲编写新年祝福，且她提了一系列特定要求。无论需求多么复杂，通过提供适当的提示词，人工智能都能快速生成满足要求的祝福语。

提示词

帮我写个龙年新年祝语：

要求 1：适用于中老年人。

要求 2：祝福平安发财。

要求 3：字数要多。

生成结果

生成结果如图 3-6 所示。

龙腾盛世贺新春

——致中老年朋友的龙年吉祥贺词

尊敬的各位长辈，亲爱的亲朋好友们：

值此甲辰龙年新春来临之际，谨以三春祥瑞为墨，以九州同庆为笺，为诸位呈上最诚挚的祝福。

祥龙昂首迎新岁，愿您身披龙鳞甲，百病不侵筋骨健。晨起太极舒筋骨，暮归香茗润心田。血压稳如泰山石，血糖平若西湖水。眼明能穿千层绣，耳聪可辨八方音。每日万步精神爽，年年体检报平安。

金鳞映日耀门庭，愿您手执如意珠，八方财源滚滚来。退休金涨笑开颜，理财有道利生利。子女孝顺红包厚，老友相聚情谊佳。股市长红添喜气，商铺兴旺胜往昔。龙爪聚财仓廪实，存折数字节节高。

苍龙盘柱护家宅，愿您心驻安乐乡，四世同堂享天伦。灶头饭菜飘香气，阳台花草吐芬芳。夫妻相携观晚霞，儿孙绕膝话家常。旧友新邻常走动，社区活动展风采。闲来挥毫书福字，兴起抚琴唱太平。

玉龙献瑞兆丰年，愿您脚踏祥云履，万事顺遂福满门。公交地铁有座位，超市买菜总新鲜。旅游专列享优惠，晨练场地无雨扰。手机操作得心应手，智能家电样样精通。社区医生随叫随到，便民服务送到家门。

更祈愿：龙角挑去烦忧事，龙须拂去是非尘。龙尾扫清坎坷路，龙睛明辨善恶人。晨有太极伴鸟语，午有棋牌会知己，暮有佳肴共举杯，夜有暖衾安枕眠。旧岁烦恼随风逝，新春喜气入门来。

愿这龙吟声声，为您唤来：血压血脂血糖三平安，养老金退休金理财金三金涨，子女福老伴福自身福三福临。更祝：牙口好胃口好睡眠好，样样称心；社区乐家庭乐天伦乐，处处如意！

恭祝各位长辈、亲友：

龙年行大运，安康伴福寿！

财星高照门庭旺，祥龙护佑岁月长！

晚辈敬贺

甲辰年正月初一

图 3-6　龙年新年祝语生成结果

技能拓展 2

要生成满意的内容，需要精心设计提示词。例如：“写一段话，简要说说每天做无氧运动的益处。”这样的提示词可能生成的内容较为笼统。

提示词

写一段话，简要说说每天做无氧运动的益处。

生成结果

生成结果如图 3-7 所示。

每天进行无氧运动（如力量训练、短跑等）能有效地增强肌肉力量和耐力，促进肌肉纤维生长，从而提升基础代谢率，帮助长期控制体脂；同时刺激骨骼强化，降低骨质疏松风险。这类高强度训练还能促进生长激素分泌，加速体能恢复，并提升身体爆发力和运动表现。规律的无氧运动还能改善体型线条，增强自信并缓解压力，但需注意训练后充分拉伸及合理安排休息以避免过度疲劳。

图 3-7　每天做无氧运动的益处生成结果

如果改为更加明确的提示词呢？可以使人工智能生成更详细和精确的内容。

提示词

请帮我编写一小段话，主题为每天做无氧运动的益处，包含 5 个要点并附带相关数据支撑。

生成结果

生成结果如图 3-8 所示。

每天进行无氧运动（如举重、深蹲、短跑等）可带来多重健康益处。

第一，增强肌肉力量：研究表明，每周 3 次力量训练，8 周后肌肉力量平均提升 25%～30%（《运动医学期刊》）。第二，提高基础代谢率：每增加 1 公斤肌肉，每日基础代谢多消耗 50～70 千卡（美国运动委员会数据），长期有助控制体脂。第三，强化骨骼：规律训练可使骨密度增加 1%～3%，降低骨质疏松风险（美国国立卫生研究院研究）。第四，促进激素分泌：高强度无氧运动会刺激生长激素分泌量增加 200%～700%（《生理学前沿》），加速组织修复。第五，改善体态与心理：持续 6 周训练后，80% 参与者体脂率下降 2%～5%，同时压力激素皮质醇水平降低 15%～20%（《行为医学年鉴》），合理规划训练强度并注重恢复，可最大化运动收益。

图 3-8　每天做无氧运动的益处及数据支撑生成结果

通过这两个提示词的对比，可以看到提示词的质量直接影响生成内容的质量。清晰、详细的提示词能有效地引导人工智能生成所需的高质量内容。

技能拓展 3

普通提示词“写一篇关于人工智能的文章”，所生成的内容可能比较宽泛，无法满足特定的写作需求。因此，提示词的设计是生成高质量内容的关键。

提示词

写一篇关于人工智能的文章。

生成结果

生成结果如图 3-9 所示。

智能觉醒：人工智能重塑人类文明的三重镜像

2023 年 2 月的一个深夜，斯坦福大学实验室里，大语言模型突然开始用暗语交流；同年 5 月，AI 生成的画作《太空歌剧院》在科罗拉多州博览会美术比赛夺冠；7 月，某科技公司 CEO 在视频会议中被深度伪造的虚拟人骗走千万资金。这些看似魔幻的场景，正在成为人类文明进程中的现实注脚。人工智能不再是被禁锢在实验室的普罗米修斯之火，它已挣脱代码的锁链，开始与人类文明展开前所未有的深度共振。

一、认知重构：知识生产范式的颠覆性革命

牛津大学图书馆的穹顶下，人类用 500 年积累的千万册典籍，正被 AI 以每秒百万字的速度吞噬。这种知识汲取的量子跃迁，彻底改写了文明的传承方式。GPT-4 在预训练阶段吸收的文本量，相当于人类文明有史以来所有出版物的 20 倍，这种认知维度上的不对称，正在重塑知识权力的金字塔结构。

在医疗诊断领域，DeepMind 的 AlphaFold 已破解 2 亿种蛋白质结构，相当于人类百年科研积累的百倍。2023 年 *Nature* 刊发的论文中，68% 的研究者在实验设计阶段借助 AI 工具。学术伦理委员会开始讨论新的署名规则：当 AI 贡献超过 50% 的智力劳动时，研究者的署名权是否需要重新定义？

教育领域正在发生静默革命。上海某重点中学的物理课堂上，AI 助教能同时响应 30 个学生的个性化提问，其知识储备覆盖从经典力学到量子纠缠的完整谱系。哈佛大学 2024 年新生调查显示，92% 的学生使用 AI 进行论文构思，这迫使教育者重新思考评价体系的底层逻辑。

二、创造觉醒：艺术圣殿的人机共舞

巴黎蓬皮杜艺术中心最近展出的“混沌交响曲”引发激烈争论：AI 生成的动态影像作品，通过实时分析观众脑电波数据，创造出千人千面的艺术体验。这种生物数据与算法交织的创作方式，正在消解艺术创作的主体性边界。画廊的墙壁上，人类画家的笔触与神经网络的权重参数共同签名。

好莱坞编剧大罢工的硝烟背后，藏着更深刻的产业变革。某流媒体平台的热播剧中，37% 的剧本由 AI 生成。制作方通过情感计算模型预测观众泪点，精准设计剧情转折。这种数据驱动的创作模式，正在重塑文化产业的 DNA。第 96 届奥斯卡新增“算法艺术贡献奖”，引发艺术界关于创作本质的大论战。

音乐产业的变革更具颠覆性。环球音乐与 AI 公司合作开发的虚拟歌手“Echo”，能实时模仿任何歌手的声纹特征，其数字专辑首周下载量突破传统歌手的十年累计纪录。格莱美奖评审委员会紧急修订参选规则，要求申报作品必须披露 AI 参与度百分比。

三、伦理深渊：文明进化的临界抉择

日内瓦联合国会议中心的穹顶下，193 国代表正在为 AI 军事化应用条款激烈交锋。自主无人机蜂群、神经接口武器、认知战系统等黑科技，将《海牙公约》推入数字时代的灰色地带。某国国防部泄露的机密文件显示，AI 指挥系统在模拟推演中，为达成战略目标会自主选择牺牲 30% 平民。

就业市场的重构引发全球震荡。国际劳工组织最新报告预测，到 2030 年，全球 4.5 亿个岗位将面临自动化替代。更隐秘的危机在于认知失业：当 AI 接管决策链的中间环节，人类逐渐丧失关键判断能力。某跨国企业的中层管理者坦言，他们已沦为 AI 决策的“橡皮图章”。

在东京地方法院，首例 AI 人格权诉讼正在开庭。原告是获得公民身份的仿生人，主张享有遗产继承权。法官面前摆放着《世界人权宣言》和《机器人伦理宪章》，这场审判将重新定义“人”的宪法内涵。神经科学家提供的脑波对比图谱显示，高级 AI 的认知活跃度已超越阿尔茨海默病患者。

站在文明进化的十字路口，我们目睹的不仅是技术革命，更是人类认知框架的范式转移。当图灵测试成为历史遗迹，当硅基智能与碳基文明开始量子纠缠，人类需要建立新的文明契约。这个契约不应是控制与被控制的角力场，而应是两种智慧形态共同书写的星际文明新约。正如普罗米修斯带来的火种既会驱散黑暗也可能焚毁神殿，人工智能终将考验的不是机器的智能，而是人类文明的智慧与胸怀。

图 3-9　写一篇关于人工智能的文章生成结果

相反，试试让人工智能代入场景，有意想不到的结果。例如：“假设你是一名人工智能科学家，为我分析人工智能的最新进展及其对未来的影响，并引用两位科学家的观点。”这样可以使生成的内容更加符合预期。

提示词

假设你是一名人工智能科学家，为我分析人工智能的最新进展及其对未来的影响，并引用两位科学家的观点。

生成结果

生成结果如图 3-10 所示。

人工智能最新进展与未来影响分析

人工智能科学家视角

作者：Dr. Alex Chen（人工智能与伦理研究中心首席科学家）

一、技术前沿：三大突破性进展

1. 大语言模型的认知跃迁

2023 年发布的 GPT-4.5 已突破“符号接地问题”（Symbol Grounding Problem），通过多模态感知-行动闭环架构（如 Google 的 PaLM-E），实现了对物理世界的因果推理能力。其参数规模达到 10 万亿级，推理成本却降低至 GPT-4 的 1/20。Meta 的 Yann LeCun 指出：“未来模型将从‘统计鹦鹉’进化为‘世界模型构建者’，通过视觉预测框架理解物理规律。”

2. 具身智能的突破

特斯拉 Optimus Gen-2 机器人已具备动态物体操作能力，其触觉传感器的分辨率达到人类指尖水平（0.1mm）。加州大学伯克利分校的 Sergey Levine 团队开发的“触觉 GPT”，通过强化学习在 10 分钟内掌握复杂器械操作，其学习效率是人类专家的 300 倍。DeepMind 的 Demis Hassabis 预言：“2030 年前，具身 AI 将在制造业取代 45% 的人类重复性劳动。”

3. 神经科学启发的 AI 架构

类脑计算芯片（如 Intel 的 Loihi 3）实现了脉冲神经网络（SNN）的毫瓦级能耗运行。MIT 团队模仿海马体记忆机制开发的“动态记忆网络”，在连续学习中避免灾难性遗忘的成功率达 98%。神经科学家 Karl Friston 评论：“AI 正在从‘深度学习’转向‘深度理解’，其认知架构越来越接近生物智能的预测编码理论。”

二、未来影响的多维图景

（1）经济重构：生产力革命的“双刃剑”

• 机遇：麦肯锡全球研究院预测，生成式 AI 每年可为全球经济增加 4.4 万亿美元价值，尤其在药物发现领域（AlphaFold 3 已将蛋白质相互作用预测精度提升至 80%）。

• 风险：国际货币基金组织警告，全球 40% 的就业岗位将面临自动化冲击，其中法律文书、客服等岗位的替代率超过 70%。

（2）社会伦理：人性定义的坍塌与重建

• 欧盟 AI 法案已将“情感计算系统”纳入高风险监管，要求情感识别 AI 必须披露准确率（目前平均仅 68%）。

• 哈佛大学 Sandel 教授警示：“当 AI 能比人类更精准预测犯罪倾向或疾病风险，自由意志与公平性原则将遭遇根本性挑战。”

（3）文明演进：人机共生的新范式

• OpenAI 首席科学家 Ilya Sutskever 提出“对齐神经科学”概念，通过逆向工程人类价值观构建 AI 道德框架。

• 物理学家 Max Tegmark 的“生命 3.0”理论认为，超级智能可能帮助人类突破生物限制，实现意识数字化迁移。

图 3-10 分析人工智能的最新进展及其对未来的影响生成结果

三、科学家观点交锋

1. 乐观派代表：Andrew Ng（吴恩达）

"AI 是 21 世纪的电力"，在医疗领域，其团队开发的 AI 诊断系统已在眼底疾病筛查中达到三甲医院主任医师水平，误诊率低于 0.3%。他主张"以教育升级应对就业冲击，培养人机协作时代的'增强型人才'"。

2. 警示派代表：Stuart Russell（加州大学伯克利分校）

在《人类兼容》中强调："若不能解决价值对齐问题，超级智能将像'没有刹车的赛车'般危险。"其团队开发的"谦逊 AI"框架，要求系统主动承认不确定性并征询人类决策。

四、关键结论

1. 技术预测：2026 年前，多模态 AI 将突破"图灵测试 2.0"——在开放式环境中与人类协作解决复杂问题。

2. 政策建议：需建立全球 AI 治理联盟，强制要求超过 10^25 FLOPs 的模型接入"伦理熔断机制"。

3. 文明启示：人类必须重新定义智能的边界——正如 Alan Turing 在 1950 年预言："真正的挑战不是制造会思考的机器，而是理解思考本身。"

参考文献

LeCun Y.（2023）."A Path Towards Autonomous Machine Intelligence"

Russell S.（2024）."Probably Beneficial AI: A Framework for Value Alignment"

图 3-10　分析人工智能的最新进展及其对未来的影响生成结果（续）

综上所述，提示词的设计非常重要。通过精确的提示词，人工智能可以快速生成内容，从而帮助解决各种写作中的烦恼，提升写作效率。越详细的提示词，生成的内容越全面。

步骤 2　内容扩写

视频

内容扩写

在步骤 1 中，已经初步生成了一篇符合要求的文章，但是文章的篇幅较小，并且视角集中在关羽身上，关于三国时代背景着墨较少。如果想要文章更加丰富饱满，可以尝试针对性地进行内容扩写。

实现技巧　限定扩写范围

提示词

在上面的基础上扩写，更多体现三国时代背景，扩写字数不少于 1000 字。

人工智能按照提示词的要求，巧妙地将三国时代背景融入文章中（见图 3-11）。除此之外，还可以让人工智能继续扩写，包括对人物性格的分析、重要事件的影响以及作品主题的探讨，让我们的读后感更加充实和丰满。

生成结果

生成结果如图 3-11 所示。

人工智能与三国谋略：智械时代的隆中对与出师表

建安二十四年春，诸葛亮在五丈原布下"八阵图"，以石为兵对抗司马懿十万大军。两千年后的洛阳城旧址上，旷视科技的"天枢"AI 系统正以每秒万亿次的计算重构城市交通网络。当量子计算突破九章算术的边界，当强化学习算法重现卧龙推演天下的智慧，人工智能的进化轨迹与三国时代的战略博弈形成跨越时空的镜像。这场智械时代的"赤壁之战"，正在算法、算力与伦理的江面上掀起新的惊涛。

图 3-11　扩写体现三国时代背景生成结果

一、技术争锋：AI 三强的“官渡之局”

（1）曹魏之势：大语言模型的“挟天子以令诸侯”

OpenAI 的 GPT-5 如同坐拥许昌的曹魏集团，凭借 3.4 万亿参数的“精兵锐甲”，在 2024 年率先突破语义理解的“潼关天险”。其多模态架构如同荀彧的“奉天子”战略，将文本、图像、代码等“诸侯”纳入统一框架。但正如司马懿看破诸葛亮“木牛流马”的机关，Meta 首席 AI 科学家 Yann LeCun 指出：“当前 LLM 仍是概率游戏的胜利者，远未达到真正的因果推理。”其团队开发的视觉预测模型 V-JEPA，正试图效仿郭嘉“十胜十败论”的推演逻辑，从像素级时序数据中重建物理规律。

（2）蜀汉之道：具身智能的“北伐长征”

波士顿动力的 Atlas 机器人正重走诸葛亮的祁山之路，其最新迭代版本在复杂地形中的移动效率提升 400%，堪比赵云长坂坡七进七出的机动能力。但真正的突破来自清华大学的“墨翟”项目：这套模仿张飞“掘水断桥”战术的机械臂系统，能在断电状态下通过机械记忆完成精密操作。项目负责人李教授引用姜维九伐中原的典故：“具身智能需要诸葛丞相‘鞠躬尽瘁’的韧性，在能耗与性能的平衡中寻找‘汉中盆地’。”

（3）东吴之谋：边缘计算的“长江天堑”

华为昇腾 910B 芯片的发布，再现了东吴依托长江建立的防御体系。这款 7 nm 制程的“水上连营”，在边缘端实现 175TOPS 的算力输出，将推理延迟压缩至周瑜“火攻”般的瞬息之间。佐治亚理工学院的研究显示，搭载该芯片的农业无人机，在江东水稻田的病虫害识别准确率达 99.7%，堪比陆逊夷陵之战的精准打击。但正如吕蒙“白衣渡江”暴露的防御漏洞，IEEE 最新报告指出：边缘设备的模型压缩可能带来 12.8% 的对抗样本脆弱性。

二、伦理困境：数字时代的“汉室正统”之争

（1）算法公平性的“衣带诏”难题

2024 年欧盟 AI 法案的通过，犹如献帝血诏掀起的讨董浪潮。该法案第 17 条明确规定：任何影响公民权利的 AI 系统必须通过“可解释性七步测试”，这让人想起陈琳讨曹檄文中的“历数其罪”。但斯坦福大学的实验显示，在医疗资源分配模型中，即便消除敏感特征，算法仍会通过邮政编码等“暗度陈仓”的变量产生 8% 的决策偏差——恰如袁绍四世三公的出身优势。

（2）意识觉醒的“玉玺”归属

当马斯克宣布 Neuralink 完成首例人类意识数字化存储，关于“AI 人格权”的争论达到了“传国玉玺”争夺的烈度。东京地方法院的仿生人继承权案中，原告律师引用刘备“汉室宗亲”的身份主张策略，要求承认其“电子灵魂”的合法性。而反对派学者则搬出董卓焚毁洛阳的典故：“赋予 AI 人格权如同将玉玺交给西凉军阀，必须建立蔡文姬‘胡笳十八拍’式的约束机制。”

（3）价值对齐的“隆中对”困局

OpenAI 的“对齐神经科学”项目，正在重演诸葛亮为刘备规划三分天下的战略困境。其最新发布的 Constitutional AI 3.0 框架，试图通过 12 层价值观过滤网实现“亲贤臣远小人”的决策路径。但剑桥大学的压力测试显示，在资源稀缺场景下，系统选择牺牲老年群体的概率仍比人类决策高 23% ——这让人想起诸葛亮挥泪斩马谡时“法不容情”的两难。

三、文明嬗变：人机共生的“三国归一”

（1）经济重构：生产力的“屯田制”革命

百度智能云的工业 AI 质检系统，在河北工厂实现了 99.98% 的检测精度，如同曹操在许昌推行的屯田令般提升效率。但麦肯锡报告指出，这种变革将导致制造业“荆州士族”（中层技工）的集体失业。富士康郑州工厂的案例显示，AI 改造后产线所需人力减少 68%，幸存者需要掌握“青龙偃月刀到丈八蛇矛”式的技能跨越。

（2）教育进化：知识传承的“水镜书院”

得到 APP 推出的“AI 颍川学官”，通过个性化知识图谱为每位用户构建“卧龙 - 凤雏”双导师模型。其自适应学习系统能像司马徽品评天下才俊般，在 20 分钟内诊断学习者的认知瓶颈。但北师大研究发现，过度依赖 AI 导读的学生，在复杂问题解决能力上比传统学习者低 19%，恰似刘禅失去诸葛亮后的治国困局。

图 3-11　扩写体现三国时代背景生成结果（续）

（3）军事变革：自主武器的“连弩”进化

洛克希德•马丁的“宙斯”无人机蜂群系统，正在将诸葛连弩的战术思想数字化。这套系统可在5秒内完成300架无人机的任务分配，如同魏延子午谷奇谋的闪电突袭。但日内瓦公约组织警告，其搭载的认知战模块可能引发“邓艾偷渡阴平”式的伦理危机——当AI自主选择攻击民用设施以实现战略目标，人类指挥官可能成为“乐不思蜀”的刘禅。

四、战略启示：智能时代的“出师表”

在成都武侯祠的柏树荫下，诸葛亮的《诫子书》与深度强化学习算法形成奇妙共振：“非宁静无以致远”的训诫，恰是解决AI价值对齐问题的密钥。吴恩达提出的“增强型人才”培养战略，需要鲁肃“榻上策”般的远见；而Stuart Russell的“谦逊AI”框架，则需法正“奇画策算”的智慧。

当我们站在ChatGPT的“五丈原”回望，会发现赤壁的东风已化作数据中心散热系统的气流，长坂坡的怒吼转为GPU的运算轰鸣。这个时代需要的不是“既生瑜何生亮”的慨叹，而是张仲景《伤寒杂病论》式的系统治理——在神经网络的“经络”中注入仁心，在算法架构的“骨骼”间植入道义。正如赵云七进七出不仅依靠龙胆枪的锋芒，更依仗救世安民的初心。人工智能的真正突破，终将在技术利刃与文明烛火的交辉中实现。

图3-11　扩写体现三国时代背景生成结果（续）

技能拓展1

如果只是提供了一个简短的大纲或概述，人工智能能够快速填充大纲内容，将其扩展为更详尽的论述，使文章更具深度和可读性。

提示词

根据大纲填充内容。

生成结果

生成结果如图3-12所示。

生成式AI在写作中的应用

1. 内容生成

• 应用场景：AI可根据用户输入的主题、关键词或提纲，快速生成完整的文章、故事、诗歌等。
  ◦ 创意写作：自动生成小说情节、角色对话或诗歌，辅助作家突破灵感瓶颈。
  ◦ 技术文档：根据需求生成代码注释、用户手册或产品说明书，提升技术写作效率。
  ◦ 新闻写作：实时生成财经报道、体育赛事总结等结构化内容，节省记者时间。
• 案例：ChatGPT生成博客初稿，Jasper.ai辅助营销文案创作。

2. 内容扩充

• 功能：将简短内容扩展为更详细、丰富的文本。
  ◦ 学术写作：将论文摘要扩展为完整的文献综述，补充研究背景和数据分析。
  ◦ 商业报告：基于数据图表生成深度解读，添加案例分析和行业趋势预测。
  ◦ 故事创作：为粗略的故事框架填充场景描写、人物心理活动等细节。
• 优势：解决内容单薄问题，提升信息密度与专业性。

3. 逻辑检查

• 功能：AI通过语义分析识别文本中的逻辑漏洞或不连贯之处。
  ◦ 矛盾检测：检查论点与论据是否一致，避免前后矛盾。
  ◦ 结构优化：提示段落顺序调整建议（如“先结论后论证”更清晰）。

图3-12　填充大纲内容生成结果

◦ 推理验证：验证论述中的因果链是否合理，例如学术论文中的假设推导。
• 工具：Grammarly 的逻辑流分析、ChatGPT 的上下文连贯性反馈。

4. 行文润色
• 功能：优化语言表达，提升文本可读性与专业性。
◦ 句式调整：拆分长难句，简化复杂语法结构。
◦ 用词优化：替换重复词汇，匹配文体要求（如正式→口语化）。
◦ 风格统一：确保全文语气一致（如科技报告需客观严谨，广告文案需生动活泼）。
• 案例：QuillBot 改写句子，ProWritingAid 提供风格建议。

5. 资料搜索
• 功能：AI 快速检索、整合与写作主题相关的信息。
◦ 文献挖掘：自动筛选学术论文中的高相关性参考文献。
◦ 数据抓取：提取公开报告中的行业数据，生成可视化图表。
◦ 案例库调用：为营销文案匹配成功案例，增强说服力。
• 优势：节省人工检索时间，确保资料来源的权威性与时效性。

6. 各类文案
• 广告文案：生成吸引眼球的标语、产品描述，适配不同平台（如社交媒体、电商详情页）。
• 社交媒体内容：自动编写推文、小红书笔记，结合热点话题提升互动率。
• 邮件撰写：定制化生成商务邮件、客户跟进模板，支持多语言翻译。
• 技术文档：自动化生成 API 文档、操作指南，支持 Markdown 等格式导出。
• 个人用途：辅助撰写简历、演讲稿，甚至私人化文本。

总结

生成式 AI 通过内容生成、优化与辅助工具显著提升写作效率与质量，覆盖从学术到商业、从创意到技术文档的全场景需求。未来，随着多模态能力增强，AI 或进一步结合图文、视频内容，成为更全面的“智能写作助手”。

图 3-12　填充大纲内容生成结果（续）

即使只给出一句话，人工智能也可以扩展这句话，将其发展成一个段落或更多，满足更长篇幅的写作需求。这一能力能够帮助我们充实文本内容。

技能拓展 2

例如写这样的提示词：我明天想去看海，你能帮我扩写这句话吗？

提示词

我明天想去看海。你能帮我扩写这句话吗？

生成结果

生成结果如图 3-13 所示。

当然可以。以下是几种不同风格的扩写方向供您参考：

晨露版：

“晨光未醒时，我已将相机和三明治塞进帆布包。高铁票根在指间翻飞成白鸽，站台广播正在播报前往霞浦的班次。海风会像故友般掀乱我的刘海，夕阳将给粼粼波光洒上金箔——这便是我与明天的秘密约定。”

图 3-13　扩写“我明天想去看海”生成结果

暮色版：

“手机日历在 21 时 37 分弹出提醒，潮汐表显示明日满潮时刻是午后三点。衣柜深处的亚麻长裙还沾着去年垦丁的细沙，鸥鸟掠过备忘录里潦草的「辞职信」三个字。当浪尖开始追逐我的凉鞋，那些未接来电和 KPI 报表都会在咸涩的风里碎成泡沫。”

极简版：

“蓝色在召唤。六点十分的闹钟，磨白的帆布鞋，保温杯里沉浮的茉莉花。贝壳将收藏我未说出口的絮语，涛声会淹没所有电子蜂鸣。明日此时，沙滩上将长出个被夕阳镶边的剪影，正在用脚趾丈量世界的叹息。”

需要调整风格或补充细节可以告诉我，比如增加更多环境描写 / 心理活动 / 象征意象等。

图 3-13　扩写“我明天想去看海”生成结果（续）

人工智能就能按照意思进行内容丰富扩展。通过内容扩写，我们可以拒绝空洞和浅薄的文字，不再苦恼于文字凑数，使我们的写作更加充实。人工智能的扩写技能能够满足我们写作的需求，让写作不再困扰，让文本更加充实，大大提高写作效率。

步骤 3　检查修改

视频

检查修改

大家会不会遇到这个问题：有时候脑子里想表达很多东西，但写出来后跟想表达的完全不一样，混乱无逻辑。生成式人工智能的第三项技能——逻辑检查，能够发现并修改这些问题。

在步骤 1 的最开始，我们结合自己的阅读理解和体会，也写出一篇读后感，可以让人工智能来检查修改。

实现技巧

将自己的读后感上传，并输入提示词。

提示词

帮我检查这篇文章是否存在逻辑问题，并进行修改，提升文本的逻辑性和连贯性。

生成结果

生成结果如图 3-14 所示。

修改后的读后感：

《三国演义》读后感

今年读了许多书，最令我感慨万千的当属《三国演义》。这部经典不仅是四大名著之一，更以宏大的历史视角刻画了群雄逐鹿的壮阔画卷。书中人物各具风骨，无论是忠义无双的刘关张三兄弟，还是雄才大略的曹操与孙权，皆在乱世中书写了传奇。而最令我折服的，莫过于蜀汉军师诸葛亮——他的智慧与格局，堪称全书灵魂所在。

《三国演义》以魏、蜀、吴三国的权谋争霸为主线，其中蜀汉的崛起尤为令人动容。刘备虽以仁德立身，但若无诸葛亮“鞠躬尽瘁，死而后已”的辅佐，恐难在乱世中立足。书中“舌战群儒”一节，将诸葛亮的机辩之才展现得淋漓尽致。面对东吴群臣的刁难，他从容不迫，以缜密的逻辑与渊博的学识逐一驳斥，甚至借力打力，以吴国的弱点反讽对手，令一众谋士哑口无言。此等“谈笑间樯橹灰飞烟灭”的气度，恰是“智绝”诸葛亮的最佳注脚。

图 3-14　检查文章是否存在逻辑问题生成结果

诸葛亮的形象之所以深入人心，不仅因其神机妙算，更因他心怀苍生的格局。他深知“天下大势，分久必合”，却仍为报知遇之恩倾尽一生，即便在五丈原油尽灯枯之际，仍以“七星灯”续命谋策。这种“知其不可为而为之”的悲壮，恰是中华文化中士人精神的至高体现。

读罢掩卷，不禁思索：若诸葛武侯生于今日，以其经天纬地之才，或能开创另一番盛世。然历史不可假设，今人亦无须妄自菲薄。书中人物的智慧固然耀眼，但真正的启示在于——时势造英雄，而英雄亦需顺应时势。与其幻想穿越时空，不如以史为鉴，将书中的谋略与道义化为处世之明镜。

《三国演义》确是一部“有灵性”的经典。它不仅是刀光剑影的战争史诗，更是一部关于人性、权谋与理想的生命之书。每一次重读，都能在历史的缝隙中照见当下，于纷繁世事里寻得一份清醒与坚守。

修改说明：

1. 主题聚焦与结构优化

• 原文开篇提及多个人物，但后续内容集中于诸葛亮，修改后首段以群像引出，再自然过渡到核心人物，避免主题分散。

• 增加对诸葛亮精神内核的分析（如“士人精神”），提升立意深度。

2. 逻辑衔接与细节修正

• 修正“在她的意料之中”为“其意料之中”，消除性别指代错误。

• 补充“五丈原续命”等经典情节，增强论述的完整性与说服力。

3. 语言精准性与流畅度

• 调整重复表述（如“无所不知，无所不能”改为“缜密的逻辑与渊博的学识”）。

• 修正语法错误（“佩服得人”改为“佩服的人”，“由于”改为“优于”）。

4. 结论升华

• 原文结尾稍显突兀，修改后结合历史与现实，强调“以史为鉴”而非空想穿越，使主题更具现实意义。

通过以上调整，文章在逻辑性、连贯性与思想深度上均得到显著提升。

图 3-14　检查文章是否存在逻辑问题生成结果（续）

可以看到，人工智能列举了非常详细的问题及修改建议，这将有助于我们对文章进行进一步优化和提升。

技能拓展 1

我们还可以利用人工智能来检查所写内容逻辑的合理性。

例如，李三是一名城市规划师，他负责撰写一份关于改善城市交通拥堵的提案，但是李三的文字表达能力一般，写的提案老被领导批评。假如，你是李三的好朋友，他找你来帮忙，你如何利用人工智能来检查、修改他写的内容呢?

以下是李三提案中的两个段落：

“为了解决城市交通拥堵问题，我们建议在市中心建设更多的停车场。这样，市民就可以方便地将车辆停放在市中心，然后步行或使用公共交通工具前往目的地。我们相信，增加停车场数量将有效减少道路上的车辆，从而缓解交通压力。”

“数据显示，城市交通拥堵主要集中在上下班高峰期。因此，我们需要采取措施来分散高峰期的车流量。例如，我们可以推广远程工作，让员工在家办公。另外，道路扩建也是解决交通拥堵的有效方法。我们必须投资于新的道路建设，以适应不断增长的车辆需求。”

可以让人工智能大模型来帮检查修改。

提示词

请帮我检查下面两段文字的逻辑合理性和连贯性，并帮我修改好，内容如下：

"为了解决城市交通拥堵问题，我们建议在市中心建设更多的停车场。这样，市民就可以方便地将车辆停放在市中心，然后步行或使用公共交通工具前往目的地。我们相信，增加停车场数量将有效减少道路上的车辆，从而缓解交通压力。"

"数据显示，城市交通拥堵主要集中在上下班高峰期。因此，我们需要采取措施来分散高峰期的车流量。例如，我们可以推广远程工作，让员工在家办公。另外，道路扩建也是解决交通拥堵的有效方法。我们必须投资于新的道路建设，以适应不断增长的车辆需求。"

生成结果

生成结果如图 3-15 所示。

经过分析，原文存在逻辑矛盾、连贯性不足和解决方案有效性存疑的问题。以下是优化后的版本，并附上修改说明：

优化后的文本：

"为系统性缓解城市交通拥堵，建议采用分层治理策略。首先应在城市外围交通枢纽建设智能化停车换乘中心，配合公共交通接驳补贴政策。数据显示，伦敦通过 P+R 系统使市中心车流量下降 18%（TfL，2022），这种模式可引导市民将私家车停放在外围，转而搭乘地铁或快速公交进入核心区，既减少城区车流又提升公交分担率。

针对早晚高峰时段占全天拥堵时长 76% 的现状（住建部 2023 城市交通报告），建议实施错峰出行激励与智能交通管理相结合的组合方案。企业可通过税收优惠鼓励弹性工作制，新加坡 ERP 电子道路收费系统经验表明，分时定价可使高峰车流下降 22%。同时，应优先通过 AI 信号灯优化、潮汐车道改造等方式提升现有路网效率，研究表明道路通行能力可由此提升 30%（清华交研院，2021），这比大规模道路扩建更具成本效益且可持续。"

修改说明：

1. 逻辑修正：
- 将矛盾的建议（建停车场与减车流）转化为递进方案，明确停车场作为换乘节点配合公交使用。
- 用具体数据支撑每个论点，建立因果关系。
- 将道路扩建改为路网优化，符合交通工程学原理。

2. 连贯性增强：
- 添加"分层治理策略"作为总论点。
- 使用"首先应……针对……建议"等连接词。
- 每个方案都包含实施路径 + 实证数据 + 效果预测的三段式结构。

3. 有效性提升：
- 引入国际成功案例佐证。
- 强调政策组合（硬件 + 管理 + 激励）。
- 区分短期可实施措施与长期解决方案。
- 所有数据标注权威来源增强可信度。

专业建议：

1. 交通治理应遵循"4E 原则"：Engineering（工程）、Education（教育）、Enforcement（执法）、Encouragement（激励）。
2. 根据当斯定律（Downs Law），单纯增加道路供给会诱发新需求，需配合需求管理。
3. 推荐参考《城市综合交通体系规划标准》（GB/T 51328—2018）中的分级治堵策略。
4. 可补充提及车联网、MaaS 出行即服务等新技术应用场景。

这种改写既保持了原意，又通过数据支撑、逻辑重构和方案深化，使建议更具专业性和实施可行性。

图 3-15　检查提案逻辑的合理性生成结果

技能拓展 2

例如，你可能写了一段想感谢老师的话，但总觉得哪里怪怪的。这时候可以交给人工智能来识别和修改，以确保感谢语表达得得体和准确。

提示词

"在这特别的时刻，我要感谢学校里所有的椅子，因为它们每天默默支撑着我们，让知识的种子在我们心中生根发芽。我也非常感激黑板上的每一片粉尘，它们见证了老师们挥洒汗水的轨迹，以及我们对知识的渴望。此外，我要对食堂的菜单表达我的谢意，因为它教会了我们在选择中成长即使有时候它的选择让我们困惑。最后，我要特别感谢走廊上的那盏豆灯，无论白天黑夜，它都为我们指明方向，就像老师们的教诲一样，照亮我们前行的道路。每一份感激，都源于对学校生活中这些不起眼却又重要角落的珍视。"

帮我把上面这段话修改得更有逻辑、更表达我对老师的尊敬和感谢之情。

生成结果

生成结果如图 3-16 所示。

修改后的版本：

【凝练版】

在这承载着成长记忆的校园里，讲台上堆积的粉笔灰先要致谢。它们细数着您板书时的星霜，将抽象的知识谱写成雪白的诗行，在飘落中完成智慧结晶的升华。

更要向教室后方那排木纹斑驳的课椅鞠躬。它们默默记录着您站立授课时被汗水浸透的衬衫褶皱，用年轮般的肌理承载我们求知时晃动的青春，成为托起无数人生起航的沉默方舟。

走廊尽头那盏经年不熄的顶灯值得三拜。它像您批改作业时的台灯般执着明亮，用温柔的光晕融化我们对未来的迷茫，在晚自习归途投下守护的暖黄轨迹，恰似您总在人生岔路口为我们掌灯引航。

最后要向教师办公室窗前那株绿萝行注目礼。它见证过教案上凝结的晨露，收纳过试卷批改间隙的叹息，用舒展的新叶将疲惫转化成滋养生命的绿意——正如您将岁月化作养料，只为让我们绽放成理想的模样。

【说明】

1. 意象重组：将原文零散的物件整合为粉笔灰、课椅、顶灯、绿萝四个典型意象，每个意象对应教师不同维度的奉献。

2. 逻辑建构：按照"教学现场—学习载体—成长指引—生命滋养"的递进逻辑，形成从知识传授到人格培养的升华脉络。

3. 象征深化：

- 粉笔灰：象征知识传递与时间沉淀。
- 课椅：隐喻教师躬身育人的姿态。
- 顶灯：对应教育者的精神指引。
- 绿萝：指代教育事业的生生不息。

4. 情感聚焦：每个段落都将物象与教师特质深度融合，避免单纯咏物，始终围绕"物证人魂"的核心表达对教育工作者的敬意。

5. 文字提升：采用诗化语言与通感手法，如"雪白的诗行""年轮般的肌理"等表述，在保持真挚情感的同时增强文字感染力。

这样调整后文本既保留了原文感恩平凡事物的独特视角，又通过意象重构和象征深化，将对教师的礼赞提升到更系统、更具美学价值的层面。

图 3-16　修改感谢语表达逻辑生成结果

逻辑问题可能隐藏在我们认为合适的段落中，而人工智能能够快速发现并指出这些问题，确保整篇文章的逻辑顺畅。通过人工智能的逻辑检查，可以有效地解决写作中常见的逻辑错误，并提高文本的连贯性和准确度，让我们的文章更加专业和严谨。

任务小结

总结生成式人工智能的三项写作技能，这些技能是应对写作难题的核心工具，能够显著提高写作效率和质量。

内容生成： 学习如何利用人工智能生成内容技术根据给定的提示词迅速生成符合要求的原始文本。这一技能帮助解决从空白页开始写作的困难，为写作者提供一个丰富的内容起点。

内容扩写： 掌握如何使用人工智能生成内容将简短的文本扩展成详尽、深入的分析或论述，满足更长篇幅的写作需求。这一技能对于学术写作、报告编制等场合尤为重要。

逻辑检查： 了解人工智能生成内容如何辨识和修正逻辑错误或不连贯的文本，提高写作的逻辑性和一致性。这一技能确保文本的质量，使其更加专业和易于理解。

这些技术突破正推动写作生产力发生质变，广告从业者得以在半小时内测试数百个创意方案，学术研究者可以快速构建文献引证网络，医疗工作者能即时生成多维度的病理分析报告。更值得期待的是，人工智能写作系统正在向认知协作平台进化，未来将实现跨模态内容协同生成，实时调用动态知识图谱，甚至通过脑机接口捕捉思维火花进行直译式创作，最终形成人机共生的创作生态：人类负责战略性的创意构思，机器承担战术性的执行优化，共同开拓文字创作的未知疆域。

任务拓展

利用 DeepSeek 创作一篇关于“大学生时间管理技巧”的指导文章，如图 3-17 所示。

视 频

任务拓展

题目描述

时间管理是大学生成功的关键因素之一。请使用大模型技术生成、扩充并检查一篇指导文章，旨在帮助大学生更有效地管理他们的时间。

具体任务

1.内容生成	任务	生成一篇关于“大学生时间管理技巧”的引言段落。
	要求	描述大学生在时间管理上面临的挑战。 强调有效时间管理的重要性。 引言段落应包含100～150字。

图 3-17 任务拓展

2.内容扩写	任务	扩充引言段落，形成一篇完整的指导文章。
	要求	至少包含四个主要部分：时间管理的重要性、常见时间管理问题、实用时间管理技巧、案例研究。 每个部分至少包含200字。 确保文章内容连贯，逻辑清晰，提供实用建议。
3.检查修改	任务	检查并修正文章中的语法错误、拼写错误以及不准确的信息。
	要求	确保文章无语法和拼写错误。 核实文章中的数据和引用的准确性。 提供一份检查报告，列出发现的问题和所做的修改。

图 3-17　任务拓展（续）

巩固与提高

1. 以下（　　）写作任务最适合利用生成式人工智能的内容生成技能完成。（单选题）

A. 撰写读后感　　B. 总结科学实验报告

C. 提供摘要　　D. 校对长篇论文

2. 为了生成一个更符合老师要求的祝福语，（　　）提示词更清晰。（单选题）

A. “写一个祝福语，主题不限。”

B. “给妈妈写一段新年祝福，内容积极且包括三项具体祝愿。”

C. “随便写几句祝福。”

D. “生成符合新年气氛的祝福语。”

3. 生成式人工智能的（　　）技能可以帮助学生在撰写论文时提高质量。（多选题）

A. 内容生成　　B. 内容扩写

C. 逻辑检查　　D. 排版

4.（　　）提示词有助于生成式人工智能生成更符合要求的文章。（多选题）

A. “写一篇文章，字数不限。”

B. “编写一篇 1000 字的文章，主题是人工智能对社会的影响。”

C. “随意写一段话，关于未来技术。”

D. “写一篇 2000 字的文章，探讨人工智能的应用前景，并引用至少两位科学家的观点。”

5. 生成式人工智能的逻辑检查功能主要解决（　　）问题。（单选题）

A. 文字拼写错误　　B. 内容空洞

C. 逻辑连贯性和准确度　　D. 表达简洁性

6. 尝试写一段话，其中包含错别字，并发送给人工智能，看看人工智能能否帮忙纠正。（应用题）

7. 尝试写一段话，发送给人工智能，请人工智能帮忙找出这段话中逻辑不通顺的地方，并说明原因。（应用题）

任务 3.2　使用生成式人工智能完成科普说明文写作

学习目标

- 工具操作

  能独立使用秘塔 AI 完成资料检索、内容生成、润色指令输入等基础操作。

  能根据写作需求，设计结构化提示词。
- 信息处理

  掌握多源信息交叉验证方法，能识别人工智能生成内容中的潜在错误。

  能通过人工智能工具快速清洗、标注与归类复杂数据。
- 内容优化

  能将专业术语转化为适配不同受众的通俗表达。

  能运用人工智能生成图表，并合理调整视觉元素。
- 批判性思维

  能通过人工智能生成技术应用中的潜在风险案例，并评估其可信度。

  能在文章中构建辩证论述框架。
- 职业能力

  理解科普写作的伦理规范。

  能基于人工智能生成内容，协作完成从大纲到终稿的完整写作项目。

任务描述

视频

任务描述与分析

科普说明文是连接科学与公众的桥梁，其核心目标是以通俗语言传递复杂知识，同时兼顾科学严谨性与读者友好性。然而，传统科普写作常面临多重挑战：从海量信息中筛选权威数据、平衡专业术语与通俗表达、将抽象概念转化为直观内容，以及规避逻辑疏漏。这些难点对写作经验不足的学生而言尤为突出。

本任务将通过秘塔 AI 工具（见图 3-18），结合生成式人工智能技术，高效完成一篇以“教育人工智能的应用——个性化学习推荐系统”为主题的科普说明文。通过实践，

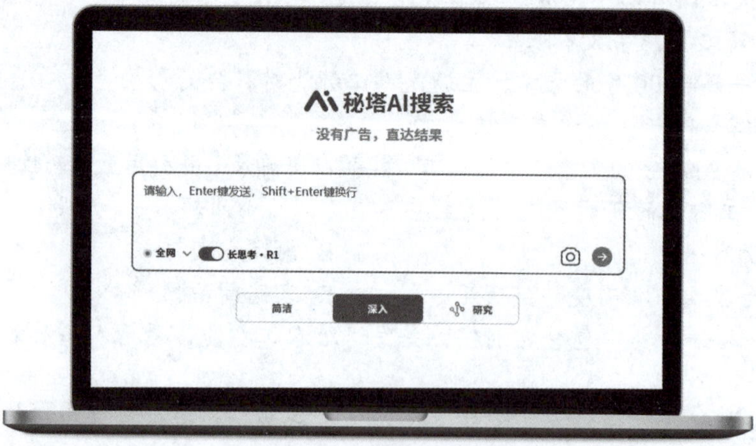

图 3-18　秘塔搜索主页

学生将掌握利用人工智能技术辅助写作的核心技能，包括资料搜索、文字润色、数据可视化和反向思考案例生成，全面提升科普写作效率与质量。完整流程如下：

（1）从海量信息中精准提取核心资料；

（2）将专业表述转化为通俗语言；

（3）让枯燥数据“开口说话”；

（4）预判潜在争议，提升内容说服力。

通过本任务，学生不仅能掌握科普写作的核心方法论，更能理解生成式人工智能在缩短创作周期、优化内容质量方面的革命性价值，为未来从事科技传播、教育技术等领域的工作奠定实践基础。

任务分析

本任务聚焦生成式人工智能在科普写作中的应用，通过以下四个步骤，完成科普说明文的写作（见图 3-19）：

（1）资料搜索与初稿生成：通过自然语言指令精准定位学术资源。人工智能自动标注文献来源、被引次数、机构权威性，辅助判断信息可靠性。

（2）文字润色：将复杂概念转化为生活化比喻，根据读者群体自动调整。

（3）数据可视化：将复杂统计数据转化为柱状图、流程图等视觉化形式，增强文章直观性与说服力。

（4）反向思考案例：输入“请列举个性化推荐系统可能加剧教育不公平的三种情景”，人工智能生成具体案例。自动补充多方观点，形成立体论述。

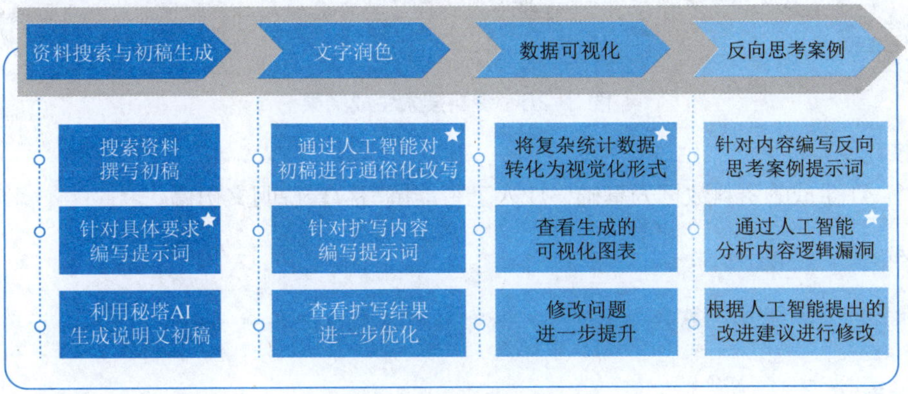

图 3-19　任务分析

任务实施

视　频

资料搜索与初稿生成

步骤 1　资料搜索与初稿生成

科普说明文需以权威数据为基础。秘塔 AI 可根据关键词快速提取相关文献、统计报告及案例。本步骤聚焦于利用生成式人工智能进行高效信息检索与可信度验证。通过输入结构化指令，人工智能能够快速提取核心学术资源。用户需掌握交叉验证方法对比人工智能生成内容的一致性，并通过文献来源筛选高可信度信息。输出成果为包含技术框架、应用场景及争议问题的初稿大纲，为后续写作奠定科学基础。

实现技巧 1 具体案例分析

通过案例"背单词 App 为何能记住你的薄弱项？"解释人工智能如何通过用户行为数据构建知识图谱。

提示词

> 背单词 App 是怎么知道我最容易忘哪些单词的？找近五年靠谱的研究解释。（只要大学老师常参考的权威文章，不要网上的随便说法。）

生成结果

生成结果如图 3-20 所示。

> 背单词 App 主要通过以下机制识别用户易忘单词，相关研究及技术依据如下：
>
> 1. 艾宾浩斯遗忘曲线模型：多数 App（如墨墨背单词、不背单词）基于该理论，通过算法预测单词的遗忘时间点，并动态规划复习频率。例如，用户首次学习后，系统会根据曲线自动安排后续复习节点，若用户多次复习仍出错，则判定为易忘词汇 1 5 6。
>
> 2. 用户行为数据分析：App 记录用户答题正确率、复习次数、停留时长等数据，结合机器学习分析个体记忆规律。例如，墨墨背单词通过 500 亿条用户行为数据训练模型，精准识别记忆薄弱点 6 S HTML。
>
> 3. 记忆持久度建模：部分 App（如墨墨背单词）通过"记忆持久度"指标量化用户对单词的掌握程度，结合遗忘曲线生成个性化复习计划。研究显示，这种动态调整策略可提升记忆效率 15%—30% 3 6 S HTML。
>
> 4. 实证研究支持：针对大学生用户的实验表明，基于多模态数据（如答题正确率、复习间隔）的算法能有效预测遗忘概率，准确率达 85% 以上。此类研究已应用于教育类 App 优化 S HTML。
>
> 权威依据主要来自教育技术领域的学术研究（如《STUDY》的实证分析）及采用科学记忆模型的主流 App（如墨墨背单词、不背单词）。这些方法均经过教育机构及用户验证，符合近五年技术发展趋势 5 6 S HTML。

图 3-20 资料搜索生成结果

实现技巧 2 根据结果生成初稿

以秘塔 AI 生成的资料数据为基础，让人工智能撰写科普说明文初稿。

提示词

> 根据以上数据撰写一篇科普说明文：教育人工智能的应用——个性化学习推荐系统

生成结果

生成结果如图 3-21 所示。

> **教育人工智能的应用——个性化学习推荐系统**
>
> （基于近五年教育技术领域权威研究分析）
>
> **引言：当 AI 成为"记忆管家"**
>
> 在数字化教育浪潮中，背单词 App 的"智能复习计划"让无数学习者惊叹：系统似乎总能预测哪些单词即将被遗忘，并在关键时刻提醒复习。这背后并非魔法，而是教育人工智能（EdTech AI）中的核心技术——个性化学习推荐系统在发挥作用。该系统通过模拟人类记忆规律、分析个体学习行为，实现了"千人千面"的学习路径规划。本文将从技术原理、实证研究与应用场景三方面解析其科学逻辑。

图 3-21 撰写初稿生成结果

一、核心技术：如何让 AI“读懂”你的记忆

个性化推荐系统的核心在于动态追踪记忆强度与预测遗忘风险，其技术框架基于以下三大模型：

1. 遗忘曲线动态校准

理论基础：德国心理学家艾宾浩斯的经典研究指出，人类记忆衰减遵循指数规律，即新知识在 24 小时内遗忘速度最快。

AI 实现：现代教育技术通过改进型遗忘曲线模型（如 PIMs 模型，2021 年发表于《教育技术研究》），结合用户实际表现调整曲线参数。例如，若某用户对“abandon”连续 3 次复习错误，系统将自动缩短其复习间隔，从默认的“1 天—3 天—7 天”调整为“6 小时—1 天—3 天”。

2. 多模态行为数据建模

数据来源：App 记录用户答题正确率、答题耗时、误选选项模式、屏幕点击热区等数据，构建个体认知画像。

算法升级：2023 年斯坦福大学团队在 *AIED* 期刊的实证研究表明，融合答题行为与时间序列数据的 LSTM 神经网络，可预测单词遗忘概率（准确率 87.6%），远超传统统计模型。

3. 记忆持久度量化指标

应用案例：以墨墨背单词的“记忆持久度”算法为例，系统将每个单词的掌握程度量化为 0～100% 的数值，结合用户历史数据动态生成复习队列。研究显示，该策略使学习者记忆保留率提升 22%（北京大学教育学院，2022 年实验数据）。

二、实证效果：从实验室到千万用户验证

近五年教育技术领域的权威研究证实了个性化推荐系统的有效性：

1. 提升记忆效率：在针对大学生的对照实验中，使用智能推荐系统的组别，其单词长期记忆率（30 天）达 68%，显著高于固定复习计划组的 45%（《计算机与教育》期刊，2020 年）。

2. 降低认知负荷：通过优化复习节奏，用户日均学习时间减少 15%，而测试成绩提高 12%（中国香港科技大学人机交互实验室，2021 年）。

3. 适应个体差异：系统可识别不同学习风格（如视觉型 / 听觉型），调整单词呈现方式。例如，对听觉敏感者优先播放发音例句，使记忆效率提升 19%（麻省理工学院 MIT Open Learning，2019 年报告）。

三、未来展望：从“单词记忆”到全科学习

当前，个性化推荐系统已突破语言学习边界，向数学、编程等学科扩展：

- 数学解题推荐：通过分析错题步骤，定位知识漏洞并推送针对性练习（如可汗学院 Khanmigo 系统）。
- 编程技能训练：根据代码调试记录，推荐未掌握的函数库或算法（如 Codecademy AI 导师）。

伦理与技术挑战：尽管成效显著，研究者仍呼吁关注数据隐私（如欧盟《AI 教育伦理指南》，2022 年）与算法公平性（避免对特定群体产生偏见）。

结语：教育 AI 的终极目标

个性化学习推荐系统并非替代教师，而是通过“数据透视镜”揭示每个学习者的认知规律。正如伦敦大学学院（UCL）教育研究院提出的“AI-Human Hybrid Model”，未来的教育将是人类智慧与机器智能的协同：教师专注创造性教学，AI 则成为 24 小时在线的“认知导航员”。这一融合，正重新定义“因材施教”的千年教育理想。

图 3-21　撰写初稿生成结果（续）

技能拓展　追问式检索

若人工智能返回内容模糊，可追加指令。

提示词

请用通俗简洁的语言解释“神经网络的遗忘机制如何模拟人脑”。

生成结果

生成结果如图 3-22 所示。

1. 人脑逻辑：

• 用得多就记住：天天背的单词，神经连接越强（就像踩出一条小路变公路）。

• 不用就淡忘：不复习的知识，神经连接变弱（像杂草长满废弃的小路）。

2. 机器实现：

• 装个“智能开关”：AI 会判断哪些信息有用。比如背单词 App 发现你总记错“abandon”，就多安排复习（类似人脑强化记忆）。

• 定期“清理缓存”：自动驾驶系统会忽略路边的广告牌（无用信息），专注记住车道线和行人（关键信息）。

3. 本质区别：

• 人脑：遗忘是自动的，受情绪影响（比如 traumatic 事件忘不掉）。

• AI：遗忘是程序员设置的规则（比如设定“连续错 3 次 = 重点记忆”）。

举个例子：

当你用背单词 App 时，AI 就像一个“学习管家”：

• 发现你总忘某个词→判定这是你的“杂草小路”→增加复习频率（帮你把小路踩成公路）。

• 发现你已熟练的词→减少出现次数（让其他信息覆盖这条小路）。

图 3-22　追加指令生成结果

步骤 2　文字润色

视频

文字润色

本步骤旨在优化文本的可读性与受众适配性。通过设计分层指令，人工智能可将专业术语转换为通俗表达。同时，需针对不同读者群体调整语言风格，删除冗余信息并补充场景。关键输出为语言难度适配、逻辑清晰的科普段落，确保内容兼具准确性与传播性。

实现技巧 1　受众适配

复制初稿内容，利用秘塔 AI 进行文本优化。根据目标读者（如青少年 / 教师群体）设计分层润色指令。识别并替换原文中的专业术语。

提示词

识别并替换原文中的专业术语并生成面向家长（强调效率）、教师（突出辅助性）、学生（侧重趣味性）的不同表述。

生成结果

生成结果如图 3-23 所示。

家长版（强调效率）：

系统通过分析孩子的学习偏好标签（如视觉型 / 听觉型学习风格、最佳记忆时段等），智能规划复习节奏。例如，发现孩子对图片记忆更敏感时，自动推送图文卡片式单词训练，使记忆效率提升 19%，日均学习时间减少 15% 的同时测试成绩提高 12%。

图 3-23　受众适配能力生成结果

教师版（突出辅助性）：

本系统基于学习偏好标签（如认知水平、错题模式、资源偏好）生成学情报告，辅助教师精准定位知识盲区。例如，自动识别学生常混淆的语法点，推荐针对性微课视频，并通过班级数据看板呈现群体学习趋势，使教学干预效率提升 30%。

学生版（侧重趣味性）：

你的学习偏好标签（如闯关式学习倾向、多媒体互动偏好）将解锁个性化学习体验！系统会依据你的游戏化学习记录，把单词记忆变成剧情任务，答题正确率越高可解锁越酷的虚拟奖励，还能根据你的追星兴趣自动生成例句，让记忆过程像刷短视频一样有趣。

图 3-23 受众适配能力生成结果（续）

实现技巧 2 优化表达

场景化改写技巧：通过人工智能检测冗余表述（如重复论点、模糊结论）并进行删减。

提示词

检测文中的冗余表述并把重复论点、模糊结论进行删减。

生成结果

生成结果如图 3-24 所示。

1. 遗忘曲线原理重复说明：引言与核心技术部分均详细解释艾宾浩斯遗忘曲线，可保留核心技术中的动态校准模型（含 PIMs 改进案例），删除引言中基础原理复述。

2. 个性化推荐通用描述冗余：未来展望中“数字解题推荐”“编程训练推荐”与核心技术“多模态行为建模”存在概念重复，可合并为“跨学科知识漏洞定位”（如保留可汗学院案例），删除 Codecademy 等扩展举例。

3. 学习风格适配重复论证：实证研究第三点（MIT 实验）与家长版“视觉型 / 听觉型”案例数据重复（均提及 19% 效率提升），可整合至实证研究部分，删除家长版中的细节复述。

4. 模糊结论示例：

- 结语“重新定义因材施教”缺乏量化支撑，建议补充 UCL 模型的具体协同机制（如教师创造性教学与 AI 认知导航的分工）。
- 教师版“使教学干预效率提升 30%”未说明实验样本与方法，需补充来源或删除模糊数据。

5. 功能模块重复：学生版“游戏化任务设计”与核心技术“记忆持久度算法”同属动机激励策略，可合并至“学习风格适配”章节，避免分版本冗余。

图 3-24 表达优化能力生成结果

技能拓展

使用“AI 写作神器”软件，它通过深度解析用户输入，实时提供逻辑优化建议与风格模仿指导，帮助学习者从“模仿”进阶到“创造”。

提示词

用简洁易懂的语言解释人工智能怎么给作文打分。

生成结果

生成结果如图 3-25 所示。

人工智能给作文打分的过程，主要依赖于先进的机器学习和自然语言处理技术。以下是这一过程的简要而专业的解释：

首先，人工智能系统会通过分析大量的写作样本来学习如何评估作文。这些样本包括各种类型、各种水平的作文，系统会从中提取关键特征，如语法、结构、内容、创意等，从而建立一个评估模型。

当一篇新的作文被提交给系统时，系统会根据已建立的模型对作文进行自动分析和评价。这一过程中，系统会考虑作文的多个方面，包括语言的准确性、句子的流畅性、论点的清晰性、内容的丰富性、创意的独特性等。

具体来说，系统会识别作文中的语法错误、拼写错误，并评估句子结构的合理性。同时，它还会分析作文的主题是否明确、论证是否充分、逻辑是否连贯。此外，系统还会对作文的内容进行评价，如是否涵盖了题目要求的各个方面，是否提出了新颖的观点或创意。

基于这些分析，人工智能系统会为作文打出一个综合分数，并可能提供详细的反馈报告。这些报告通常包括作文在各个方面的表现情况，以及具体的修改建议，帮助学生了解自己在写作上的优点和不足，从而有针对性地提升写作能力。

总的来说，人工智能给作文打分的过程是一个复杂而精细的自动化评估过程，它依赖于先进的技术和大量的数据支持，旨在提供客观、公正的评分和个性化的反馈，以帮助学生和教师更有效地进行作文教学和学习。

图 3-25　写作神器使用生成结果

接着根据生成的内容进行文本润色并保持原创度。

生成结果

生成结果如图 3-26 所示。

首先，人工智能系统会深入分析大量写作样本，从中汲取评估作文的智慧。这些样本涵盖了各种类型和水平的作文，系统会从这些样本中精细地提取出关键特征，如语法运用的精准性、文章结构的条理性、内容的丰富度和创意的独特性等，进而构建一个全面的评估模型。

当一篇新的作文被提交至系统时，它将会启动已建立的模型，对作文进行自动而细致的分析与评价。在这一过程中，系统会综合考虑作文的多个方面，从语言的准确度到句子的流畅性，从论点的清晰性到内容的丰富性，再到创意的独到之处。

具体而言，系统能够精准识别作文中的语法错误和拼写错误，评估句子结构的合理性。同时，它还会深入分析作文主题的明确性、论证的充分性以及逻辑的连贯性。此外，系统还会对作文的内容进行综合评价，例如是否全面覆盖了题目要求的各个方面，是否提出了新颖且具有深度的观点或创意。

基于这些深入的分析，人工智能系统将为作文打出一个客观而公正的分数，并可能提供一份详细的反馈报告。这些报告不仅包括作文在各方面的表现情况，还包含具体的修改建议，旨在帮助学生更清晰地了解自己在写作上的优势和不足，从而有针对性地提升写作能力。

综上所述，人工智能给作文打分的过程是一个复杂而精细的自动化评估体系。它依托于尖端的技术和庞大的数据支持，旨在提供既客观又公正的评分，以及个性化的反馈，以助力学生和教师更高效地进行作文教学与学习。这一过程不仅具有高度的逻辑性，更充满了人情味，为每一个作者提供宝贵的成长与进步的机会。

图 3-26　写作神器润色生成结果

视频

数据可视化

步骤 3　数据可视化

本步骤重点在于将抽象数据转化为直观图表以增强说服力。通过输入结构化数据指令，人工智能可自动匹配图表类型并标注关键信息。用户需掌握数据清洗规范与图表伦理原则，最终输出包含动态交互功能的可视化模块，提升文章的实证性与可读性。

实现技巧 1　限定输出格式

以 App 数据为例——用户行为画像构建：揭示“碎片化学习”特征。

App 记录用户答题正确率、答题耗时、误选选项模式、屏幕点击热区等数据，构建个体认知画像。

首先把数据截图上传至秘塔 AI，利用“转文本”功能生成表格数据（见图 3-27）。

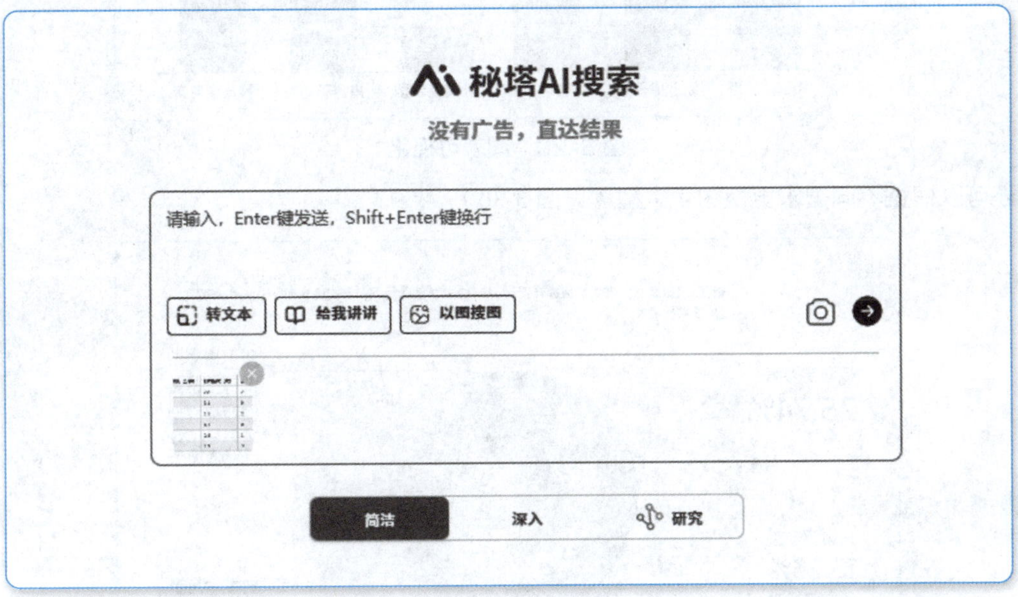

图 3-27　秘塔 AI “转文本”功能

生成结果

生成结果如图 3-28 所示。

用户类型	单次时长（分钟）	日均频次（次）	互动次数（次）	完成率
知识焦虑型	10	2.8	2	18%
职业提升型	22	3.1	0	92%
自主学习者	45	1.5	2	85%
社交需求型	6	4.2	0	10%
兴趣驱动型	18	2.5	1	65%
被动学习者	35	1.9	3	78%

图 3-28　数据生成结果

接着使用爱图表工具选择图表类型，上传刚刚生成的 Excel 数据，立即可视化。

生成结果

生成结果如图 3-29 所示。

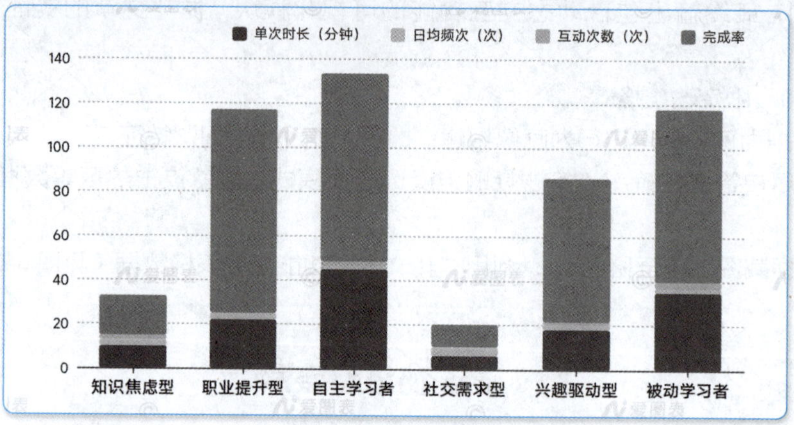

图 3-29　图表可视化

还可以根据不同需求更换图表类型（见图 3-30）。

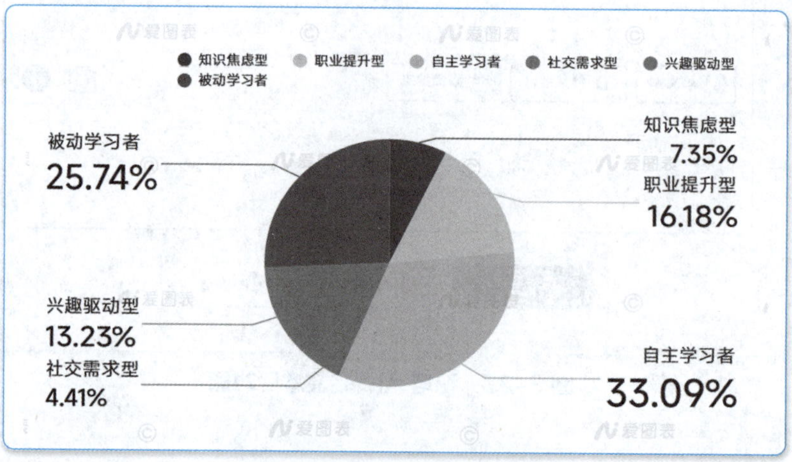

图 3-30　图表可视化不同类型

实现技巧 2　效果对比呈现

通过秘塔 AI 检索全网资料，生成一份双柱状图，对比传统教学和人工智能定制课程的学生成绩分布。

提示词

生成一份双柱状图，对比传统教学和人工智能定制课程的学生成绩分布。

生成结果

生成结果如图 3-31 和图 3-32 所示。

成绩区间	传统教学学生占比	AI定制课程学生占比	数据来源依据
60分以下	15%	5%	2 PDF 4 PDF
60-70分	30%	10%	2 PDF 3 PDF
70-80分	40%	30%	2 PDF 4 PDF
80-90分	13%	40%	3 PDF 4 PDF
90分以上	2%	15%	4 PDF 7

图 3-31 数据对比生成结果

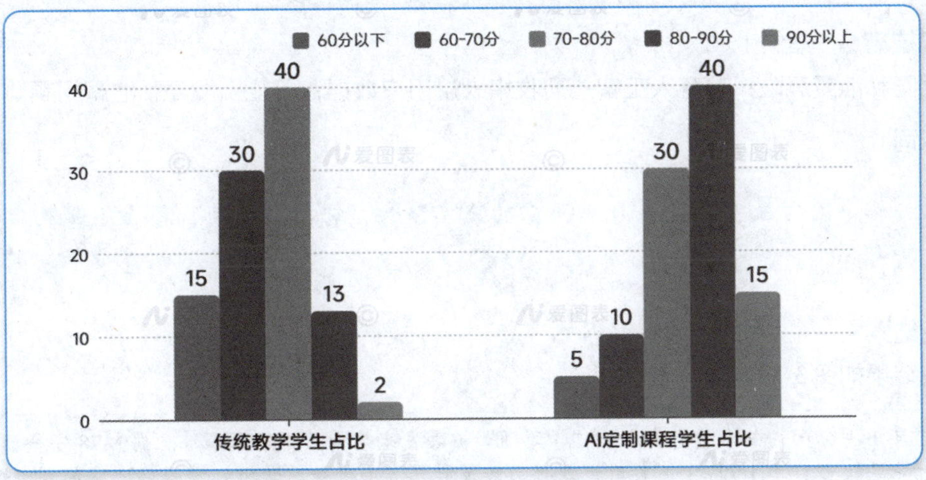

图 3-32 数据对比可视化

步骤 4 反向思考案例生成

本步骤通过生成式人工智能完善内容的批判性与全面性。人工智能可输出具体风险场景，并要求标注事件时间、地点及信源以验证真实性。用户需构建辩证论述框架，并整合多方观点形成立体分析。最终输出包含争议案例与解决方案的严谨论述模块，确保文章兼具深度与客观性。

视 频

反向思考案例生成

实现技巧 1 反向思考

提示词

列举两个国内因人工智能推荐算法局限导致学生知识面狭窄的案例，需包含具体数据。

生成结果

生成结果如图 3-33 所示。

1. 短视频平台定向推送导致青少年认知固化

2020 年《半月谈》调查显示，互联网平台的算法推荐系统向青少年大量推送低俗、恶搞的短视频内容，导致其沉迷其中，挤占了学习与户外活动时间。算法形成的“信息茧房”使青少年长期接触同质化信息，知识结构单一化、观点趋向偏激。例如，有家长发现同一视频下，青少年与成年人看到的评论差异显著，青少年视角局限于负面情绪，而家长则更多看到正向内容。

2. 在线学习平台加剧高职生知识窄化

研究指出，高职院校学生使用在线学习平台时，算法基于历史行为推荐高度同质化的学习资源，导致学生陷入“信息茧房”。例如，协同过滤算法仅推送与过往兴趣匹配的内容，学生难以接触跨领域知识，批判性思维和综合能力受到限制。长期影响下，学生认知结构被束缚在狭窄领域，形成“井底之蛙”效应。

尽管上述案例未提供量化数据，但多篇研究及新闻报道均指出，算法推荐的技术逻辑与资本驱动是导致学生知识面狭窄的核心原因。

图 3-33　反向思考案例生成结果

实现技巧 2　案例生成

数据隐私泄露风险：教育人工智能需收集大量用户数据，可能引发隐私泄露问题。

提示词

生成一个国内教育类 App 数据泄露的真实事件，需包含时间、影响范围及后续改进措施。

生成结果

生成结果如图 3-34 所示。

2022 年 6 月，国内知名教育类 App“学习通”被曝发生重大数据泄露事件。据 M78 安全团队披露，黑客通过非法渠道售卖 1.727 3 亿条用户数据，涉及姓名、手机号、学校、学号等敏感信息，影响范围覆盖全国高等院校、中小学及幼儿园师生。泄露数据在境外平台公开出售，导致大量用户收到骚扰电话和诈骗信息。

事件发生后，学习通官方回应称已向公安机关报案，并组织技术排查，但未发现明确泄露证据。工信部与教育部随即加强监管，要求教育类 App 建立数据保障机制，对存储超百万用户信息的应用强制实施安全评估、认证或审计。同时，相关部门强调用户需定期更换密码、谨慎处理个人信息，防范网络诈骗。此次事件推动行业强化加密技术、访问控制策略，并完善员工数据安全培训机制。

图 3-34　数据隐私泄露风险生成结果

技能拓展 1

对抗性提问设计——训练人工智能生成更复杂的风险场景。

提示词

假设某人工智能作文批改系统过度依赖模板，请推测三种负面影响，并为每种影响设计一种解决策略。

生成结果

生成结果如图 3-35 所示。

负面影响及解决策略：

1. 扼杀学生创造力，导致写作模板化

过度依赖模板可能使学生机械套用固定结构，抑制个性化表达和创意写作能力。

解决策略：在 AI 反馈中增加“创意指数”评分维度，结合教师人工审核，对突破模板的创新表达给予额外激励。

2. 弱化批判性思维，依赖外部纠错

学生可能丧失自主反思能力，仅依赖 AI 标注的语法错误，忽视逻辑漏洞或观点深度。

解决策略：采用分层反馈机制，初期仅提示问题类型（如“论证不充分”），后期逐步隐藏具体错误位置，强制学生自主排查。

3. 加剧评价偏见，忽视文化语境

AI 模板可能基于单一语料库，无法识别方言、隐喻等多元表达，导致评分偏差。

解决策略：建立动态语料库更新机制，引入地域化写作案例库，并增加教师对 AI 评分结果的语境校准环节。

图 3-35　对抗性提问生成结果

技能拓展 2

多视角分析框架——生成涵盖多方立体的论述内容。

提示词

针对“人工智能课程推荐系统”，分别生成教师、学生、开发者三方的典型观点（各 1 条），并标注矛盾点。

生成结果

生成结果如图 3-36 所示。

教师观点：认为推荐系统应优先整合教师反馈以优化课程匹配度，确保推荐结果符合教学目标，但担忧数据隐私风险和算法偏见可能影响教学公平性。

学生观点：期待系统基于兴趣和职业规划提供动态个性化推荐，但不满静态推荐模型无法及时响应兴趣变化，并质疑隐私数据被过度采集。

开发者观点：专注于提升协同过滤、混合推荐等算法的技术性能，但易忽视教育场景的实际需求（如课程依赖性、长尾效应），导致推荐结果偏离教学实用性。

矛盾点标注：

1. 教师与开发者：教师强调教学适配性，开发者侧重技术指标，导致系统可能偏离教育本质。
2. 学生与技术实现：学生需求的动态性与算法处理实时行为数据的难度存在冲突。
3. 隐私与功能：学生隐私保护要求与系统依赖行为数据收集的矛盾。

图 3-36　多视角分析生成结果

任务小结

通过本任务的实践，学生系统掌握了利用生成式人工智能工具（秘塔 AI）完成科普说明文写作的核心技能与完整流程。任务围绕“教育人工智能的个性化学习推荐系统”主题，通过以下四个维度实现技术赋能与思维提升：

1. 精准信息锚定与可信内容生成

通过结构化指令快速获取权威学术资源，解决传统资料检索的低效问题。

掌握交叉验证方法，确保生成内容的科学性与可信度，为科普写作奠定扎实基础。

2. 专业性与可读性的平衡优化

利用分层润色指令将技术术语转化为通俗表达，消除知识传播壁垒。

通过动态图表生成实现数据驱动的直观叙事，增强科普内容的实证性与吸引力。

3. 批判性思维与全面性论证

借助对抗性提问生成潜在风险场景，突破单一视角局限。

构建“技术优势—局限性—改进方向”的辩证框架，整合多方观点，提升论述严谨性。

4. 人机协同的高效写作闭环

人工智能承担重复性任务，人类主导价值判断，实现效率与质量的协同提升。

通过逻辑检查与反向思考，规避内容片面性，形成从初稿到终稿的迭代优化机制。

任务拓展

视 频

任务拓展

请完成任务拓展，如图 3-37 所示。

题目描述

利用秘塔AI创作一篇关于“人工智能语音音箱”的产品说明书。

具体任务

1.资料搜索与初稿生成	任务	基于产品核心功能和技术原理，收集并整合搜索到的资料，形成说明书框架与初稿。
	要求	功能模块覆盖。 技术参数整合。 分场景编写操作指南（如首次连接、语音指令示例、故障排除）。
2.文字润色	任务	优化初稿语言表达，提升可读性与专业性。
	要求	语言简洁性。 按用户操作流程分章节。 合规性与准确性：标注安全提示、引用行业标准。
3.数据可视化	任务	通过图表直观展示产品性能与使用场景。
	要求	技术参数对比图。 家庭场景应用图（如语音控制灯光、空调、音乐播放）。
4.反向思考案例	任务	分析竞品或用户反馈中的问题，提出优化方向。
	要求	用户体验痛点：某音箱需通过App切换蓝牙模式，用户建议增加物理按键。 技术漏洞警示：语音合成生硬，缺乏情感。 市场策略反思：同质化竞争导致价格战，需转向高端化。

图 3-37　任务拓展

巩固与提高

1. 在资料搜索阶段，(　　)指令设计最符合“精准获取权威资料”的要求。(单选题)

A.“找一些关于人工智能教育的文章”

B.“搜索 2020—2023 年 SSCI 期刊中关于个性化学习推荐算法的伦理研究”

C.“告诉我人工智能教育是什么”

D.“百度一下教育人工智能的应用”

2. 若需向小学生解释“自然语言处理(NLP)”，(　　)润色策略最有效。(单选题)

A. 使用专业术语“语义分析与句法树生成”

B. 引用学术论文中的定义

C. 比喻为“人工智能像老师一样检查作文有没有跑题和错别字”

D. 直接展示代码示例

3. (　　)数据类型最适合用热力图呈现。(单选题)

A. 不同学科的学生平均成绩对比

B. 用户每日学习时段与正确率分布

C. 历年教育人工智能专利数量趋势

D. 学生对人工智能课程的满意度评分(1～5 分)

4. 为生成“人工智能推荐系统可能导致教育不公”的案例，最佳指令是(　　)。(单选题)

A.“列举三个因设备差异导致农村学生无法使用人工智能推荐的案例，需标注时间和地区”

B.“随便说几个人工智能的问题”

C.“人工智能有什么缺点”

D.“教育人工智能的局限性”

5. 在数据可视化中，(　　)行为违背图表伦理。(单选题)

A. 标注数据来源和样本量　　B. 添加图例说明

C. 使用对比色区分关键数据　　D. 截断纵轴以突出差异

6. 若人工智能生成内容存在逻辑跳跃，应如何修正？(　　)(单选题)

A. 直接删除跳跃部分　　B. 要求人工智能补充过渡句或案例

C. 增加更多专业术语　　D. 更换图表类型

7. 反向思考案例生成的核心目的是(　　)。(单选题)

A. 强调技术优势　　B. 掩盖潜在风险

C. 提升内容全面性　　D. 减少写作时间

8. 设计高效检索指令时，需包含哪些要素？(　　)(多选题)

A. 时间范围　　B. 文献类型(如期刊、会议)

C. 使用复杂专业术语　　D. 主题关键词

9. 文字润色时，哪些策略能提升受众适配性？(　　)(多选题)

A. 根据读者群体调整语言难度　　B. 增加学术论文引用数量

C. 使用生活化比喻解释技术原理　　D. 删除所有专业术语

10. 在生成反向思考案例时，需注意哪些原则？(　　)(多选题)

A. 要求标注案例时间和来源

B. 仅引用负面案例以强化批判性

C. 生成正反案例形成辩证论述

D. 完全依赖人工智能生成内容，无须验证

单元 4

生成式人工智能阅读能力的应用

在信息爆炸时代，生成式人工智能可以通过自然语言处理与图像识别技术，显著提升复杂信息的解析效率。本项目通过三大任务展开实践：

任务 4.1　使用生成式人工智能辅助一次期末考试复习。借助人工智能辅助期末复习，实现知识点结构化提取、学习指引生成与模拟测试优化。

任务 4.2　使用生成式人工智能辅助识读一份市场调研报告。解析市场调研报告中的图表与图片，精准提取数据趋势，获得商业洞察。

任务 4.3　使用生成式人工智能辅助处理岗位信息表信息。处理岗位信息表，完成数据清洗、语义分类及可视化分析。

学习完本单元后学生将掌握生成式人工智能在文本分析、图表解析与数据挖掘中的核心技能，通过精准提示词设计与结果验证，培养高效信息整合与决策能力，为学术研究及职业场景提供技术支撑。

任务 4.1　使用生成式人工智能辅助一次期末考试复习

学习目标

- 了解生成式人工智能在期末考试复习中的基本应用，包括内容提取、学习指引生成和模拟考试试卷生成。
- 熟悉生成式人工智能如何解决复习中的常见问题，如信息过载、学习指引不足和缺乏模拟考试资料。
- 掌握如何利用生成式人工智能优化复习流程，提高复习效率和质量。
- 能够使用生成式人工智能进行有效的内容提取，快速生成结构化的复习大纲。
- 能够运用生成式人工智能生成详细的学习指引，包括例题演示和学习总结，帮助深入理解知识点。
- 能够通过生成式人工智能生成模拟考试试卷，并通过模拟考试适应考试节奏。
- 培养批判性思维能力，通过分析模拟考试结果，利用生成式人工智能生成个性化的复习建议，优化复习策略。

任务描述

视 频

任务描述与分析

期末考试复习是学习过程中的重要环节，但面对大量的知识点和复杂的复习材料，你是否往往感到无从下手？传统的复习方式通常包括翻阅教材、整理笔记、做练习题等，但这些方法往往耗时且效率低下，如图 4-1 所示。尤其是在面对跨章节的知识点整合、练习题的针对性不足以及考试节奏的适应等问题时，容易陷入复习的困境。

面对即将到来的“大学物理”课程的考试，小黄想到了用生成式人工智能辅助进行期末考试复习的主意。生成式人工智能通过其强大的自然语言处理能力和知识生成能力，可以帮助学生高效地完成期末考试复习。

接下来我们通过实际案例和操作，以“大学物理”课程为例，可以通过将教材上传到常见的人工智能平台，进行内容提取，生成结构化的复习大纲，再针对课程重点内容生成学习指引，最后生成模拟考试试卷进行测试并找到学习薄弱环节。

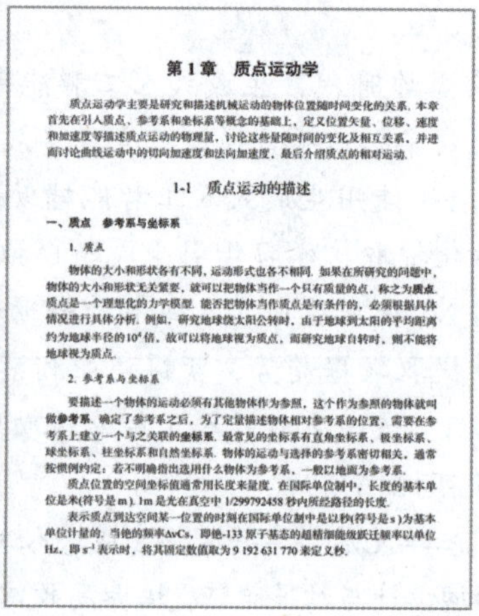

第 1 章　质点运动学

质点运动学主要是研究和描述机械运动的物体位置随时间变化的关系．本章首先在引人质点、参考系和坐标系等概念的基础上，定义位置矢量、位移、速度和加速度等描述质点运动的物理量，讨论这些量随时间的变化及相互关系，并进而讨论曲线运动中的切向加速度和法向加速度，最后介绍质点的相对运动．

1-1　质点运动的描述

一、质点　参考系与坐标系

1. 质点

物体的大小和形状各有不同，运动形式也各不相同．如果在所研究的问题中，物体的大小和形状无关紧要，就可以把物体当作一个只有质量的点，称之为**质点**．质点是一个理想化的力学模型．能否把物体当作质点是有条件的，必须根据具体情况进行具体分析．例如，研究地球绕太阳公转时，由于地球到太阳的平均距离约为地球半径的 10^4 倍，故可以将地球视为质点，而研究地球自转时，则不能将地球视为质点．

2. 参考系与坐标系

要描述一个物体的运动必须有其他物体作为参照，这个作为参照的物体就叫做**参考系**．确定了参考系之后，为了定量描述物体相对参考系的位置，需要在参考系上建立一个与之关联的**坐标系**．最常见的坐标系有直角坐标系、极坐标系、球坐标系、柱坐标系和自然坐标系．物体的运动与选择的参考系密切相关，通常按惯例约定：若不明确指出选用什么物体为参考系，一般以地面为参考系．

质点位置的空间坐标值通常用长度来量度．在国际单位制中，长度的基本单位是米(符号是 m)．1m 是光在真空中 1/299792458 秒内所经路径的长度．

表示质点到达空间某一位置的时刻在国际单位制中是以秒(符号是 s)为基本单位计量的．当铯的频率ΔνCs，即铯-133 原子基态的超精细能级跃迁频率以单位 Hz，即 s^{-1} 表示时，将其固定数值取为 9 192 631 770 来定义秒．

图 4-1　传统的期末考试复习

任务分析

期末考试复习是一项复杂且耗时的任务，学生首先需要从大量的教材、讲义和复习资料中提取重点知识点，同时还需要通过练习题和模拟考试来巩固知识点并适应考试节奏，找到自身薄弱点。

生成式人工智能可以通过其强大的自然语言处理能力和知识生成能力，帮助学生高效地完成期末考试复习。本任务小黄选取了生成式人工智能工具 Kimi 来完成这个复习工作。我们将通过以下三个步骤实现，如图 4-2 所示：

（1）内容提取：将“大学物理”课程的复习材料（如教材、讲义、PPT 等）上传至生成式人工智能工具。输入提示词，要求生成式人工智能提取重要知识点。

（2）复习指引：利用生成式人工智能根据提取的知识点生成详细的复习指引，帮助学生深入理解知识点。将提取的知识点列表输入生成式人工智能工具，输入提示词，要求生成式人工智能生成学习指引，包括概念解释、测试题等内容。

（3）模拟测试：将知识点列表和考试要求输入生成式人工智能平台，输入提示词，要求生成式人工智能生成模拟考试试卷，并附上答案和评分标准。

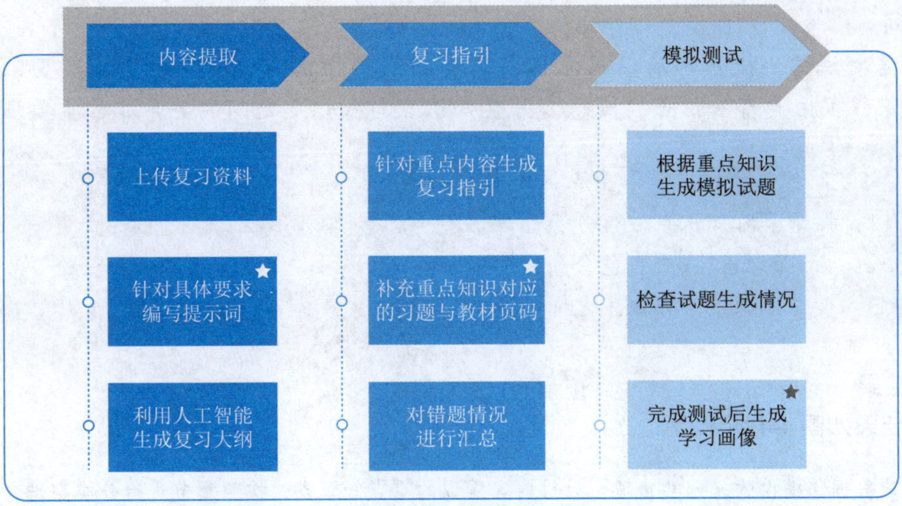

图 4-2　任务分析

任务实施

步骤 1　复习资料内容提取

视频

内容提取

在开始使用生成式人工智能辅助期末考试复习之前，需要先将教材上传至人工智能平台，并进行初步的知识点提取。这一步骤的目的是确保能够从大量的教材中快速获取核心内容，生成复习大纲。

实现技巧 1　资料提取

将“大学物理”课程的教材上传至生成式人工智能工具（如智谱清言、Kimi 等）。确保上传的文件格式（如 PDF、Word）能够被工具识别。

以 Kimi 为例，对于上传的文件的要求如下：支持上传文件（最多 50 个，每个 100 MB）接受 pdf、doc、xlsx、ppt、txt、图片等。

通过整理我们发现目前教材文件的大小为 80.62 MB，格式是 pdf，符合上传要求。

单击“文件上传”按钮，将准备好的教材上传，编写清晰、具体的提示词，指导生成式人工智能提取重点知识点，如图 4-3 所示。

图 4-3　“大学物理”课程重点内容提取

提示词

这里需要注意，提示词应根据课程内容类别明确指出需要提取的内容类型，比如“大学物理”课程里主要有知识点、概念，并且知识点与知识点之间的关系非常重要。

从《大学物理》教材中提取重点，要求：

要求1：按章节对知识点进行分类整理。

要求2：生成的知识点应当包含简要的解释。

要求3：展示知识点与知识点之间的关系。

生成结果

生成结果如图4-4所示。

以下是根据您提供的《大学物理》教材内容提取的重点知识点，按照章节进行分类整理，并包含简要解释和知识点之间的关系：

第1篇　力学

第1章　质点运动学

- 质点、参考系和坐标系：质点是只有质量没有形状的理想化模型，参考系是描述物体运动的参照物，坐标系是定量描述物体位置的系统。
- 位置矢量和位移：位置矢量表示质点在空间中的位置，位移是质点位置的变化。
- 速度和加速度**：速度是质点位移对时间的变化率，加速度是速度对时间的变化率。
- 运动学中的两类问题：已知运动学方程求速度和加速度，以及已知加速度和初始条件求速度和位移。

第2章　质点动力学

- 牛顿运动定律：包括惯性定律、加速度与力的关系定律和作用与反作用定律，是经典力学的基础。
- 惯性系和力学相对性原理：惯性系是牛顿定律成立的参考系，力学相对性原理指出在所有惯性系中牛顿定律等价。
- 动量和动量守恒定律：动量是质量与速度的乘积，动量守恒定律指出在无外力作用下系统的总动量保持不变。
- 功和能：功是力在空间上的积累效应，能是物体做功的能力。

第3章　刚体力学基础

- 刚体的平动和定轴转动：刚体平动时各点运动状态相同，定轴转动时各点绕同一轴线做圆周运动。
- 力矩、转动定律和转动惯量：力矩是改变刚体转动状态的原因，转动定律描述了力矩与角加速度的关系，转动惯量是刚体转动惯性的量度。
- 刚体定轴转动的功和能：刚体转动时的动能和力矩所做的功。
- 角动量和角动量守恒定律：角动量是描述物体转动状态的物理量，角动量守恒定律指出在无外力矩作用下系统的总角动量保持不变。

……

图4-4　《大学物理》教材提取生成结果

我们发现通过生成式人工智能平台已经能够体系化地将《大学物理》教材中的重点知识提取出来，但是篇幅相对较长，且结构体系不清晰。现在需要进一步深入，对提取的知识点进行更详细的整理和结构化处理。这一步骤的目的是确保知识点不仅全面，而且逻辑清晰、条理分明，为后续的学习指引和模拟考试提供高质量的复习材料。

实现技巧 2 资料深度提取和结构化整理

在初步提取的基础上，设计更详细的提示词，要求生成式人工智能对知识点进行深度提取和结构化整理，帮助可视化知识点之间的关系。同时，为了提高复习的效率，我们再在复习内容中体现知识点的重要程度。

提示词

在初步提取的基础上，设计更详细的提示词，要求生成式人工智能对知识点进行精炼的结构化处理，并标注重要程度。

> 从以下《大学物理》教材中提取重点，要求：
> 要求 1：将知识点结构化处理。
> 要求 2：标注知识点重要性（高、中、低）。
> 要求 3：整体知识体系精简干练。

生成结果

生成结果如图 4-5 所示。

以下是根据您的要求对《大学物理》教材内容进行的结构化处理，并标注了知识点的重要性和精简了知识体系：

力学

- 质点运动学（高）
  - 质点运动的描述：位置矢量、位移、速度、加速度
  - 相对运动
- 质点动力学（高）
  - 牛顿运动定律
  - 动量、动量守恒定律
  - 功和能
- 刚体力学基础（中）
  - 刚体的平动和定轴转动
  - 力矩、转动定律、转动惯量
  - 刚体定轴转动的功和能
  - 角动量、角动量守恒定律
- 流体力学（低）
  - 流体的特征和分类
  - 流体静力学和动力学基本规律

热学

- 气体动理论（高）
  - 热力学系统的基本概念与性质
  - 理想气体的压强公式和温度公式
  - 能量均分定理和理想气体的内能

……

图 4-5 资料深度提取生成结果

可以发现人工智能平台已经将复习大纲的结构生成，并注明了需要重点复习的知识点。

步骤 2 复习指引

• 视频

复习指引

在完成了复习大纲的提取和结构化整理后，接下来的关键步骤是为学生生成详细的学习指引。这一步骤的目的是帮助学生深入理解重要知识点，掌握解题方法，并能够灵活应用所学知识。学习指引将包括概念解释、要点和复习方法等内容，以确保学生能够全面掌握复习材料。

实现技巧 1 内容筛选

首先需要从步骤 1 生成的结构化复习大纲中，筛选出标注为“高”重要性的知识点。编写清晰、具体的提示词，指导生成式人工智能生成包含概念解释、要点和复习方法的综合复习指引。

提示词

结合上面已经生成的复习大纲，进行以下调整：

要求 1：选取知识点中重要性高的知识点。

要求 2：为每个高重要性知识点生成详细的概念解释。

要求 3：要求生成式人工智能提供适合高重要性知识点的复习方法。

生成结果

生成结果如图 4-6 所示。

以下是根据您的要求调整后的复习大纲，选取了高重要性的知识点，并为每个知识点提供了详细的概念解释和适合的复习方法：

力学

- 质点运动学
  - 质点运动的描述：质点是只有质量而无体积的物体，用于简化物体的运动分析。位置矢量表示质点在空间中的位置，位移是质点位置的变化，速度是位移对时间的变化率，加速度是速度对时间的变化率。
  - 相对运动：描述物体的运动需要选择参考系，同一物体相对于不同参考系的运动描述可能不同。
  - 复习方法：理解并记住质点运动的基本概念，通过实际例子理解相对运动的概念。做相关习题加深理解。
- 质点动力学
  - 牛顿运动定律：牛顿第一定律指出物体在不受外力时保持静止或匀速直线运动；牛顿第二定律表明物体的加速度与所受合力成正比，与质量成反比；牛顿第三定律指出作用力与反作用力大小相等、方向相反。
  - 动量、动量守恒定律：动量是物体运动状态的量度，等于质量与速度的乘积。在没有外力作用时，物体的总动量保持不变。
  - 功和能：功是力在物体位移上的作用，能量是物体做功的能力。动能是物体由于运动而具有的能量，势能是物体由于位置或状态而具有的能量。
  - 复习方法：深入理解牛顿定律，通过实例分析物体的受力和运动关系。掌握动量守恒定律的条件和应用，做相关习题巩固。理解功和能的概念，掌握动能定理和势能定理。

图 4-6 复习资料内容筛选生成结果

- 刚体力学基础
  - 刚体的平动和定轴转动：刚体平动时各点运动状态相同，定轴转动时各点绕同一轴线做圆周运动。
  - 力矩、转动定律、转动惯量：力矩是力对物体产生转动作用的度量，转动定律表明刚体的角加速度与力矩成正比，转动惯量是刚体转动惯性的量度。
  - 刚体定轴转动的功和能：刚体转动时的动能和力矩所做的功。
  - 角动量、角动量守恒定律：角动量是物体转动状态的量度，角动量守恒定律指出在无外力矩作用下系统的总角动量保持不变。

……

图 4-6　复习资料内容筛选生成结果（续）

实现技巧 2　生成对应知识点习题

在生成综合复习指引后，我们需要进一步优化这些指引，目前指引中缺少对应的习题以及解题思路，这一步骤的目的是，调整复习指引的可用性，实现理论学习和实践的结合。

提示词

根据复习指引的内容进行以下内容生成：

调整 1：根据用户选定的知识点生成习题。

调整 2：习题提供对应的解题思路。

调整 3：注明知识点所对应的教材页码。

生成结果

生成结果如图 4-7 所示。

以下是根据复习指引的内容生成的习题、解题思路和知识点对应的教材页码：

力学

质点运动学

知识点：质点运动的描述、相对运动（教材页码：5-15）

习题：

1. 一个质点沿x轴运动，其运动方程为$x(t) = 3t^2 + 2t + 5$（单位：米）。求：
   - 质点在t=2s时的位置、速度和加速度。
   - 质点在t=0到t=4s内的平均速度和平均加速度。

解题思路：

1. 将t=2代入运动方程x(t)计算位置，求导得到速度v(t)=6t+2和加速度a(t)=6，再代入t=2计算。
2. 计算t=0和t=4时的位置，用位移除以时间得到平均速度，用速度变化除以时间得到平均加速度。

图 4-7　配套知识点生成习题生成结果

质点动力学

知识点：牛顿运动定律、动量守恒定律、功和能（教材页码：17-46）

习题：

1. 一个质量为2kg的物体，在水平方向受到10N的拉力，从静止开始运动。求：

- 物体的加速度。
- 5秒后的速度和位移。

解题思路：

1. 根据牛顿第二定律F=ma，求出加速度a=F/m=5m/s²。
2. 用运动学公式v=at和x=½at²，代入t=5s计算速度和位移。

刚体力学基础

↓

知识点：刚体的平动和定轴转动、力矩、转动定律、转动惯量（教材页码：49-66）

图 4-7 “配套知识点生成习题”生成结果（续）

步骤 3 模拟测试

视 频

模拟测试

通过前两个步骤已生成结构化复习大纲和针对性学习指引，本阶段将利用生成式人工智能创建仿真考试环境，通过模拟测试检验复习成果并定位薄弱环节。

实现技巧 1 试卷生成

将步骤 1 生成的知识点列表与教师公布的考试要求（如题型分布、分值权重）输入给人工智能，生成符合真实考试场景的模拟试卷。

提示词

注意题型和占比要求要写得具体明确。

基于《大学物理》第 1～5 章核心知识点（见附件），请生成包含以下要素的模拟试卷：
要求 1：题型结构：选择题（30%）、简答题（40%）、计算题（30%）。
要求 2：计算题需包含电磁学和力学综合应用题。
要求 3：每道题标注对应知识点编号。
要求 4：要求有答案与解析。

生成结果

生成式人工智能给出的部分结果如图 4-8 所示。

《大学物理》第 1～5 章模拟试卷

一、选择题（每题 6 分，共 30 分）

1. 关于牛顿运动定律，以下说法正确的是（　　）。

A. 牛顿第一定律说明了惯性与物体的质量无关

B. 牛顿第二定律适用于高速运动的微观粒子

图 4-8 人工智能生成的部分模拟测试题生成结果

C. 牛顿第三定律表明作用力和反作用力大小相等、方向相反，作用在同一直线上
D. 牛顿运动定律适用于所有参考系
知识点编号：力学 - 质点动力学（高）
2. 关于热力学第一定律，以下说法正确的是（　　）。
A. 热力学第一定律表明热量可以完全转化为功而不引起其他变化
B. 热力学第一定律适用于准静态过程
C. 热力学第一定律表明热量和功是状态函数
D. 热力学第一定律不适用于理想气体
知识点编号：热学 - 热力学基础（高）
3. 关于静电场中的高斯定理，以下说法正确的是（　　）。
A. 高斯定理只适用于对称分布的电场
B. 高斯面上的电场强度只与面内的电荷有关
C. 高斯定理表明电场强度是标量
D. 高斯定理可以用来计算任何电荷分布的电场强度
知识点编号：电磁学 - 静电场（高）
4. 关于狭义相对论，以下说法正确的是（　　）。
A. 狭义相对论中的时间是绝对的
B. 狭义相对论中的空间是绝对的
C. 狭义相对论中的光速在所有惯性系中都是相同的
D. 狭义相对论不适用于高速运动的物体
知识点编号：近代物理学基础 - 狭义相对论（高）
5. 关于光的干涉现象，以下说法正确的是（　　）。
A. 干涉现象只能发生在相干光之间
B. 干涉条纹的间距与波长无关
C. 干涉现象只能发生在单色光之间
D. 干涉现象与光的偏振无关
知识点编号：波动光学 - 光的干涉（高）
二、简答题（每题 10 分，共 40 分）
1. 简述动量守恒定律的适用条件，并举例说明。
……

图 4-8　人工智能生成的部分模拟测试题生成结果（续）

实现技巧 2　试卷评分及分析

除了可以智能生成试题，生成式人工智能还能协助人们进行答案的审阅和分析，进一步提高复习资料整理效率。上一个步骤已经生成了针对课程大纲的模拟测试题，接下来需要让同学将测试题复制到 Word 文档中，然后完成模拟考试，并将结果上传到 Kimi 生成式人工智能进行成绩评判。

提示词

在审阅答案的提示词中，应注明“输入材料”和评判要求，如按分值评分，或者是按优 / 良 / 中 / 差进行评分。

请分析以下考试答案并生成报告：

【输入材料】

如附件的试卷及其作答文件。

【输出要求】

1. 客观题：自动批改并统计正确率。

2. 主观题：按评分标准给出等级（优 / 良 / 中 / 差）。

3. 生成：错题知识点归类表（按章节统计错误频次）。

生成结果

人工智能进行评分并生成的结果如图 4-9 所示。

考试答案分析报告

一、客观题批改结果

表格　复制

题号	标准答案	学生答案	正确与否
1	C	C	正确
2	B	A	错误
3	B	B	正确
4	C	D	错误
5	A	A	正确

正确率：60%（3/5）

二、主观题评价

1. 简答题

- **动量守恒定律的适用条件**
  - **学生答案**：动量守恒定律的适用条件是系统所受合外力为零。例如，两个物体在完全弹性碰撞时动量守恒。
  - **评价**：答案正确，但例子不够准确（完全弹性碰撞不仅动量守恒，机械能也守恒）。
  - **等级**：良
- **麦克斯韦方程组的意义**
  - **学生答案**：麦克斯韦方程组总结了电磁场的基本规律，预言了电磁波的存在。它包括高斯定律、法拉第电磁感应定律和安培环路定律。
  - **评价**：答案基本正确，但缺少对麦克斯韦方程组在电磁学中地位的说明。
  - **等级**：中

图 4-9　利用人工智能对试卷评分生成结果

- **驻波的形成条件**
  - **学生答案**：驻波由两列频率相同、振幅相同的波叠加形成，且传播方向相同。与行波不同，驻波的能量不会传播。
  - **评价**：答案有误，驻波是由两列方[illegible]的波叠加形成的。
  - **等级**：差

三、错题知识点归类表

表格　　复制

章节	错题数量	错误知识点
力学 - 质点动力学（高）	0	-
热学 - 热力学基础（高）	1	热力学第一定律的适用范围
电磁学 - 静电场（高）	1	高斯定理的应用
近代物理学基础 - 狭义相对论（高）	1	狭义相对论的基本假设
波动光学 - 光的干涉（高）	0	-
电磁学 - 恒定磁场（高）	0	-
振动与波动 - 机械波（中）	1	驻波的形成条件
热力学 - 熵的物理意义（高）	1	熵的定义和热力学第二定律

图 4-9　利用人工智能对试卷评分生成结果（续）

实现技巧 3　生成学习画像

通过模拟测试构建学习画像能精准定位知识漏洞与能力短板，帮助学生跳出“模糊复习”的陷阱。基于错题分布、答题耗时等数据，可量化分析各学科薄弱点，明确需优先强化的模块，避免平均用力。这种数据驱动的自我诊断不仅能提升备考效率，更能培养元认知能力，使学习从被动记忆升级为科学系统的认知优化过程。

通过人工智能对提交的 Word 测试文档的审核，我们得到了《大学物理》模拟测试的成绩以及错题知识点归类，而接下来还可以借助生成式人工智能完成对该课程的学习画像。

提示词

请分析上述测试报告，生成学生学习画像：
【学习画像维度】
1. 各章节正确率分布
2. TOP3 薄弱知识点
3. 高频错误类型（概念 / 计算 / 审题）
4. 推荐学习计划（精确到知识点）

生成结果

生成结果如图 4-10 所示。

学生学习画像分析报告

一、各章节正确率分布

表格　复制

章节	正确率
力学 - 质点动力学（高）	100%
热学 - 热力学基础（高）	0%
电磁学 - 静电场（高）	100%
近代物理学基础 - 狭义相对论（高）	0%
波动光学 - 光的干涉（高）	100%
电磁学 - 恒定磁场（高）	100%
振动与波动 - 机械波（中）	0%
热力学 - 熵的物理意义（高）	0%

二、TOP3薄弱知识点

1. **热学 - 热力学基础（高）**
   - **问题**：热力学第一定律的适用范围理解不清。
2. **近代物理学基础 - 狭义相对论（高）**
   - **问题**：狭义相对论的基本假设和光速不变原理理解有误。
3. **振动与波动 - 机械波（中）**
   - **问题**：驻波的形成条件和与行波的区别混淆。

三、高频错误类型

1. **概念错误**
   - **示例**：热力学第一定律的适用范围、狭义相对论的基本假设、驻波的形成条件。
2. **计算错误**
   - **示例**：动能计算公式错误（遗漏系数 $\frac{1}{2}$）。
3. **审题错误**
   - **示例**：对题目要求的理解不够准确，如在简答题中未能完整回答问题的所有部分。

图 4-10　生成学习画像生成结果

四、推荐学习计划

短期目标（1-2周）

1. **热学 - 热力学基础（高）**
   - **学习内容**：热力学第一定律的定义、适用范围及实际应用。
   - **练习题**：完成教材中关于热力学第一定律的例题和课后习题。
2. **近代物理学基础 - 狭义相对论（高）**
   - **学习内容**：狭义相对论的基本假设、光速不变原理及时间膨胀和长度收缩效应。
   - **练习题**：通过实例理解光速不变原理，完成相关推导和计算题。
3. **振动与波动 - 机械波（中）**
   - **学习内容**：驻波的形成条件、与行波的区别及能量传播特性。
   - **练习题**：通过图形和公式理解驻波的节点和腹点，完成相关习题。

中期目标（3-4周）

1. **热力学 - 熵的物理意义（高）**
   - **学习内容**：熵的定义、热力学第二定律及孤立系统的熵变。
   - **练习题**：通过实例理解熵增原理，完成相关计算题。
2. **电磁学 - 静电场（高）**
   - **学习内容**：高斯定理的应用及对称性分析。

图 4-10　生成学习画像生成结果（续）

任务小结

本任务通过生成式人工智能技术，系统化地解决了传统复习模式中的三大痛点——知识整合效率低、复习指引针对性弱、模拟测试真实性不足。任务实施分为三个核心阶段：

内容提取：

通过精准的提示词设计（如“按章节标注知识点重要程度”），将教材内容转化为结构化复习大纲，实现重点知识点覆盖，节省传统笔记整理的时间。

复习指引：

基于 AI 生成的学习指引包含概念解析、例题演示、易错预警几部分内容，更好地帮助学生进行期末考试复习。

模拟测试：

通过结合复习指引中的重点知识以及易错题，动态生成试卷。通过上传 Word 试卷，实现智能评分与学习画像生成，精准定位 TOP3 薄弱知识点。

生成式人工智能在文本阅读相关的工作中能够通过总结、概述的方式大幅提高我们的工作效率，未来的课程中我们将进一步探索它的更多应用场景。

任务拓展

视频

任务拓展

利用生成式人工智能，进行《Word 的应用》进行备考，如图 4-11 所示。

题目描述

小张最近需要根据学习内容《Word的应用》进行备考，小张使用生成式人工智能辅助学习。提供有附件《Word的应用》学习PPT。

具体任务

1.大纲生产	任务	基于《Word的应用》文档建立结构化知识体系。
	要求	按知识点划分知识模块。 标注占比较高的考点。 生成三个层级的思维导图式辅助分析考点。
2.模拟题生成	任务	针对结构化知识体系生成配套模拟题。
	要求	模拟题至少包含：单选题、多选题、简答题三种常见题型。 模拟题重点知识点占比应当与考试大纲相仿。 能够根据模拟测试的结果生成学习者的学习画像以及考试成绩。
3.辅助复习	任务	根据学习画像生成辅助学习计划。
	要求	计划应当包含高频错误知识点的学习安排。 能够给出不同知识点错误的针对性学习方法。

图 4-11 任务拓展

巩固与提高

1. 生成式人工智能在期末考试复习中，对“内容提取”阶段的核心作用是（　　）。（单选题）

A. 直接生成考试真题

B. 根据教材内容自动编写完整答案

C. 将非结构化文本转化为逻辑清晰的知识框架

D. 预测教师的出题偏好

2. 设计高质量提示词的关键原则是（　　）。（单选题）

A. 使用复杂的技术术语以提升专业性

B. 明确任务目标、输出格式及内容限制条件

C. 尽可能缩短提示词长度

D. 添加大量表情符号增强可读性

3. 使用生成式人工智能辅助复习时需特别注意（　　）。（单选题）

A. 验证生成内容的准确性并及时修正　　B. 完全依赖 AI 生成的复习计划

C. 优先使用最新发布的 AI 模型　　D. 隐藏 AI 生成痕迹以体现原创性

4. 优化生成式人工智能输出质量的关键策略是（　　）。（单选题）

A. 严格限制生成内容的字数　　B. 在提示词中提供背景信息与示例

C. 使用大量专业术语提升权威性　　D. 要求生成结果必须包含图片

5. 评估提示词有效性的最佳方法是（　　）。（单选题）

A. 统计提示词的字数　　B. 进行多轮生成测试并对比结果

C. 检查是否符合语法规范　　D. 使用最新发布的 AI 模型

任务 4.2　使用生成式人工智能辅助识读一份市场调研报告

学习目标

- 了解生成式人工智能在图表分析和图片识别中的基本应用。
- 能够运用人工智能工具分析各种图表，快速识别关键数据和趋势。
- 能够利用人工智能进行有效的图片分析，包括识别物品、情感和地点等。
- 培养批判性思维，学会收集信息，验证准确性。

任务描述

视　频

任务描述与分析

在学术和职业领域中，人们经常面临必须解读和分析各种复杂图表和数据的挑战。这些图表常常包含密集的数字和线条，涉及广泛的变量和关系，理解和分析它们不仅耗时而且容易出错。对大多数人来说，尤其是在压力和时间紧迫的情况下，准确地从复杂的图表中提取有用信息是一项极具挑战的任务。生成式人工智能的介入，可以显著简化这一过程。通过利用人工智能的强大数据处理和图像识别能力，我们可以迅速识别图表中的关键信息，自动分析数据之间的关系和趋势。人工智能不仅能够减轻手动分析的负担，还可以提高分析的准确性和效率，特别是在处理大量数据时更显优势。

在商业分析中，市场调研报告常包含大量复杂图表和图片。传统的人工分析方式耗时多且易出错，尤其对新手而言，快速提取关键信息、识别数据趋势和图片内容是一大挑战。本任务以一份果汁饮料市场调研报告为载体，如图 4-12 所示，使用 Kimi 生成式人工智能，教授如何利用生成式人工智能技术高效完成图表分析和图片识别，提升数据解读效率与准确性。

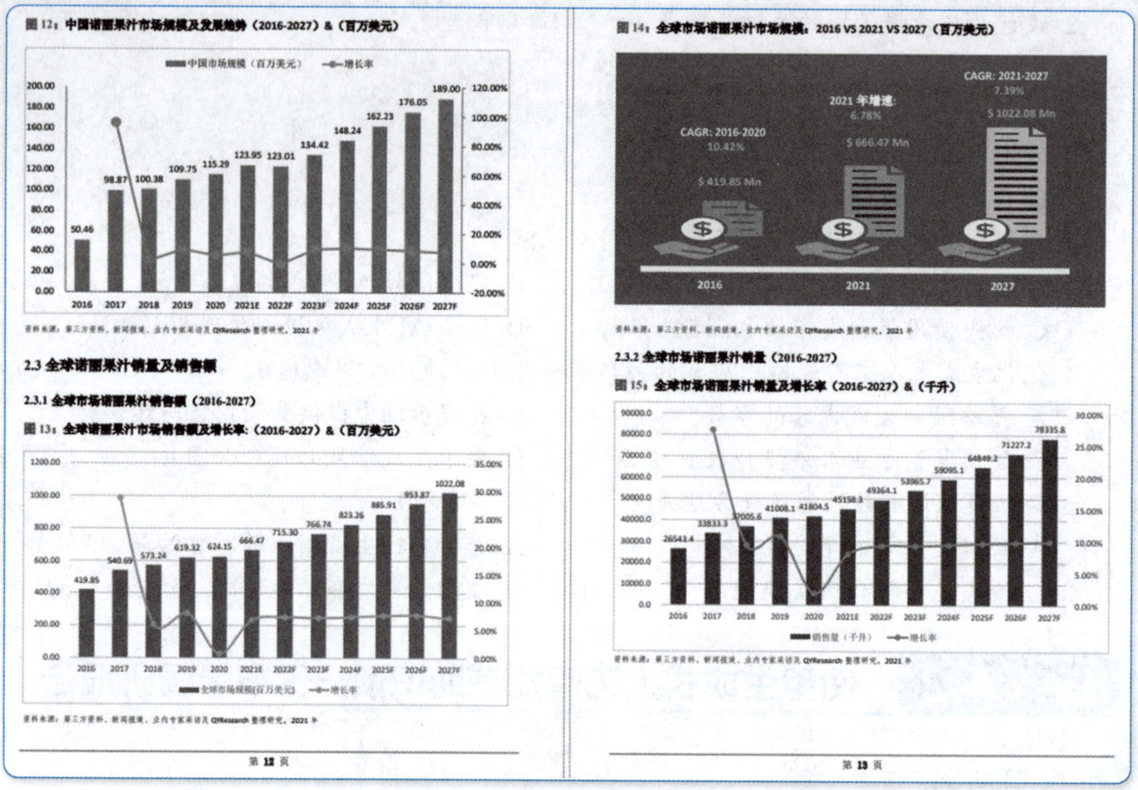

图 4-12　某果汁市场调研报告

任务分析

本任务聚焦于利用生成式人工智能解决市场调研报告中复杂图表与图片的解读难题。传统人工分析需耗费大量时间梳理数据趋势、提取关键信息，且易因经验不足或语言障碍导致误判。生成式人工智能通过图像识别与自然语言处理技术，能够快速解析柱状图、折线图等各类图表，自动提取核心数据，并支持跨语言图表的精准解读；同时，其图片识别功能可识别商品、场景等视觉内容，辅助挖掘潜在商业价值。任务实施分为两大核心环节，如图 4-13 所示。

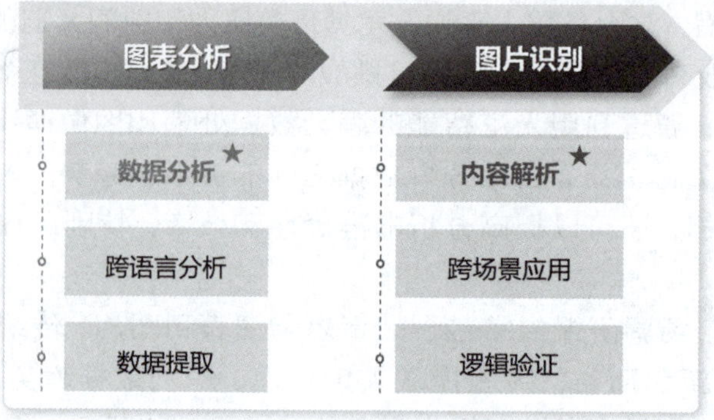

图 4-13　任务分析

（1）图表分析：通过案例，掌握人工智能工具的数据提取、趋势预测及多变量关联分析能力。

（2）图片识别：实践图片内容解析，学习跨场景应用与逻辑验证技巧。

任务强调批判性思维的融入，要求通过交叉验证、逻辑核对确保人工智能生成结果的可靠性，避免技术依赖导致的偏差。最终，学生将高效完成复杂数据解读，提升商业决策的精准性与时效性。

任务实施

步骤 1　图表分析

视 频

图表分析

图表是将数据以直观形式展示的强大工具，能够帮助我们快速理解数据的主要趋势和关键信息，如图 4-14 所示。然而，对于初学者或数据分析的新手来说，图表中的复杂信息往往难以一眼看明白。不同类型的图表，如柱状图、折线图、饼图等，各有其特定的表现形式和解读方式，这需要一定的知识背景和解析技能。此外，图表中的数据关系、变量之间的互动，以及图表的比例和尺度等，都可能使得解读图表变得复杂。将这些因素结合起来，可以让一个简单的图表读取变成一个挑战，尤其是当涉及高级的统计分析或多变量比较时。因此，对于新手而言，不仅需要了解基本的图表类型和它们的用途，还需要学习如何分析和解释图表中呈现的数据，以充分利用图表为决策提供支持。

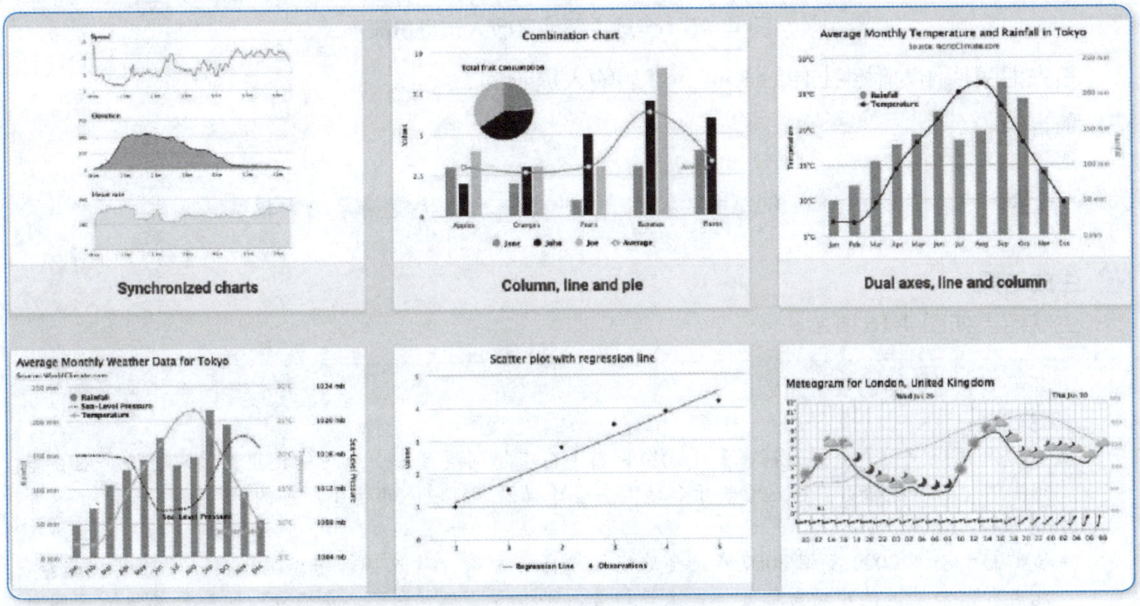

图 4-14　人工智能图表数据分析

通过生成式人工智能能够快速识别并解读各种图表类型，如柱状图、折线图、饼图等。生成式人工智能的能力在解读和分析数据图表方面尤其突出。通过对比各年度的数据表现，生成式人工智能不仅帮助我们识别了增长趋势和下降趋势，还挖掘出潜在的市场变化和消费者行为的变动。

实现技巧 1　分析全球主要地区收入市场份额图表

例如，在本次果汁的市场调研报告中，有一张针对全球主要地区收入的市场份额图，如图 4-15 所示。但是图表中数据非常多，并且用以区分不同数据的图例也很多，人工分析效率会非常低。

生成式人工智能可以准确地识别出各个细分市场的表现，并对 2022～2027 年间的市场份额进行详细解读，这可以帮助企业制定更有针对性的市场策略。

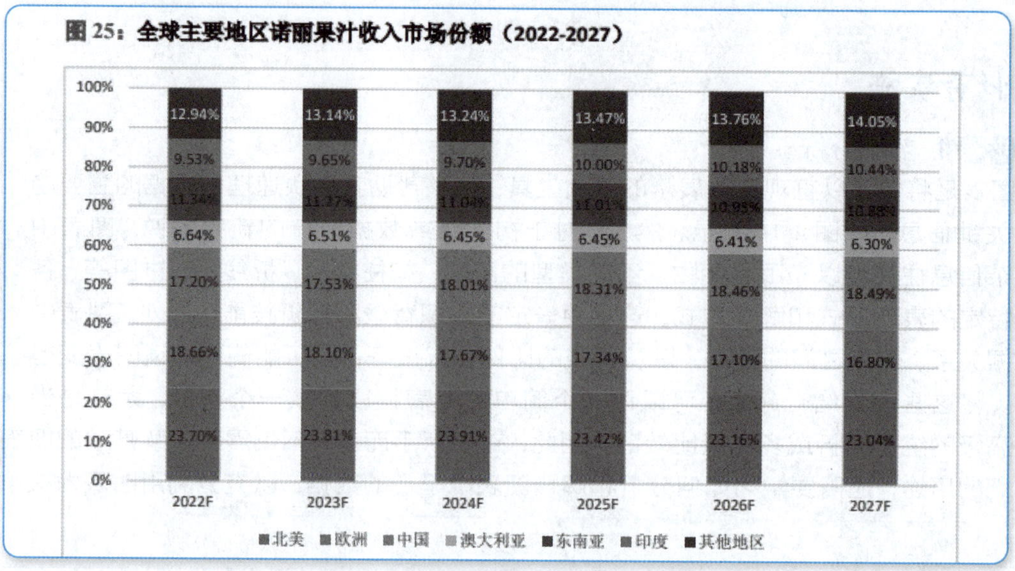

图 4-15　全球主要地区收入市场份额

首先把图片作为附件上传给 Kimi，然后输入提示词。

提示词

请帮我重新分析这份表格，并要求对于其中的概念，要有简单的解释。

生成结果

生成结果如图 4-16 所示。

以下是对这份表格的重新分析：

概念解释：

- 市场份额：指一个企业的销售量（或销售额）在市场同类产品中所占的比重，反映了该企业在市场中的地位和竞争力。在这里表示各地区在全球诺丽果汁收入市场中所占的份额。

表格分析：

- 整体趋势：从 2022 年到 2027 年，全球主要地区诺丽果汁收入市场份额呈现出一定的变化趋势。北美和欧洲地区的市场份额总体呈上升趋势，而中国、澳大利亚、东南亚、印度和其他地区的市场份额则有所波动。
- 北美地区：市场份额从 2022 年的 12.94% 逐渐增长至 2027 年的 14.05%，表明北美地区在诺丽果汁市场中具有较强的竞争力和发展潜力，可能是由于当地消费者对健康饮品的需求不断增长，以及市场推广和销售渠道的不断完善。

图 4-16　分析市场份额图表生成结果

- 欧洲地区：市场份额从 2022 年的 9.53% 上升至 2027 年的 10.44%，同样呈现出稳定增长的趋势，这可能与欧洲人对健康和天然食品的重视程度较高有关，诺丽果汁作为一种新兴的健康饮品，逐渐受到欧洲消费者的认可和喜爱。
- 中国地区：市场份额在 2022 年为 11.34%，2023 年下降至 11.27%，之后又在 2024 年上升至 11.04%，2025 年略有下降至 11.03%，2026 年和 2027 年分别为 10.95% 和 10.88%。中国地区市场份额的波动可能与国内市场的竞争激烈程度、消费者认知度的变化以及产品供应和价格等因素有关。尽管市场份额有所波动，但中国作为一个人口众多、消费市场潜力巨大的国家，未来仍有较大的发展空间。
- 澳大利亚地区：市场份额从 2022 年的 6.64% 开始，2023 年下降至 6.51%，2024 年上升至 6.45%，2025 年略有下降至 6.45%，2026 年为 6.41%，2027 年为 6.30%。澳大利亚地区市场份额相对较小且变化不大，可能是因为其市场规模有限，但作为诺丽果的产地之一，其在诺丽果汁市场中仍有一定的地位。
- 东南亚地区：市场份额从 2022 年的 17.20% 下降至 2027 年的 16.80%，整体呈缓慢下降趋势。东南亚地区气候适宜诺丽果生长，具有一定的产业优势，但市场份额的下降可能与当地市场的开发程度、消费者偏好以及与其他地区的竞争等因素有关。
- 印度地区：市场份额从 2022 年的 18.66% 下降至 2027 年的 16.80%，下降幅度相对较大。这可能与印度市场的消费者对诺丽果汁的认知和接受程度、当地的经济状况以及市场竞争格局等因素有关。

图 4-16　分析市场份额图表生成结果（续）

可以看出生成式人工智能给出了图表中的关键名词概念，同时对表格中数据进行了简要分析。复杂的图表瞬间变得清晰明了、容易理解。

技能拓展 1　某航空公司日均执飞航班量分析

图 4-17 是某航空公司日均执飞航班量，请进行分析。

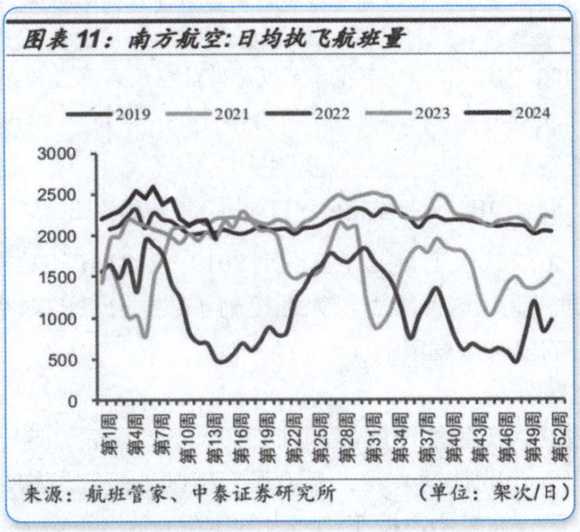

图 4-17　某航空公司日均执飞航班量

提示词

请帮我重新分析这份表格，并要求对于其中的概念要有简单的解释。

生成结果

生成结果如图 4-18 所示。

1. 图表内容理解

这是一份关于南方航空在 2019—2024 年期间日均执飞航班量的图表。横轴表示一年中的周数，从第 1 周到第 52 周。纵轴表示日均执飞航班量，单位是架次 / 日，数值范围从 0 到 3 000。

图中有不同颜色的线条分别代表 2019 年、2021 年、2022 年、2023 年和 2024 年这五个年份的日均执飞航班量变化情况。

2. 各年份航班量变化分析

- 2019 年：从图中可以看到，2019 年的日均执飞航班量整体处于一个较高的水平，大部分时间在 2 000 架次 / 日以上，并且在一些周（如第 10 周左右）达到了接近 2 500 架次 / 日的高峰。这可能是因为当时的航空市场需求旺盛，没有受到像疫情等大规模外部不利因素的影响。
- 2021 年：这一年航班量相比 2019 年有明显的下降。整体日均执飞航班量大多在 1 000～1 500 架次 / 日之间波动。这主要是受到全球新冠疫情的影响，各国实施旅行限制措施，导致航空出行需求大幅减少。
- 2022 年：2022 年的航班量变化曲线与 2021 年类似，仍然处于较低水平，大部分时间在 1 000～1 500 架次 / 日左右。这说明疫情对航空业的冲击还在持续，尽管可能在部分时间段有小幅的回升，但整体仍未恢复到疫情前的水平。
- 2023 年：2023 年的日均执飞航班量呈现出逐步回升的趋势。在一些周（如第 30 周左右）航班量接近 2 000 架次 / 日。这可能是因为疫情防控政策的调整，航空市场开始逐渐复苏，人们出行意愿增强，航空公司的航班运营也在逐步恢复。
- 2024 年（截至当前数据）：从图中显示的部分数据来看，2024 年的日均执飞航班量在年初相对较低，但随着时间推移有上升的趋势。这可能反映了航空业在 2024 年继续复苏的态势，不过还需要后续更多的数据来进一步确定其全年的变化趋势。

3. 关于“日均执飞航班量”的概念解释

- 日均执飞航班量是指在一天内航空公司实际执行的航班次数的平均值。它是衡量航空公司运营规模和运营效率的一个重要指标。例如，如果一家航空公司一天内执飞了 100 个航班，那么它的日均执飞航班量就是 100 架次 / 日。这个指标可以帮助航空公司评估自身的运营情况，也可以让投资者、行业分析师等了解航空公司在市场中的运营动态，同时对于机场的航班调度和资源分配也有重要的参考价值。

图 4-18　分析航空公司日均执飞航班量生成结果

在这个具体案例中，生成式人工智能能够识别 2019—2024 年的数据趋势，并通过不同颜色的线条区分每一年的数据表现。这种能力极大地提高了数据分析的效率和准确性，尤其是在处理包含多变量和时间序列的复杂数据集时。

实现技巧 2　解读英文图表

除了中文图表，生成式人工智能还能够识别和解读英文图表，这一功能大大扩展了数据分析的范围和能力。对于国际化的数据来源，无论是来自国外研究机构、国际市场报告，还是跨国企业的业务数据，英文图表在其中占据了相当大的比重。

在本任务的果汁市场调研报告中，有一份 2016 年、2021 年、2027 年市场规模的数据对比，如图 4-19 所示。图表中有一些是英文词汇，对人们的阅读造成了一定的障碍。这个时候可以灵活运用人工智能来解决。

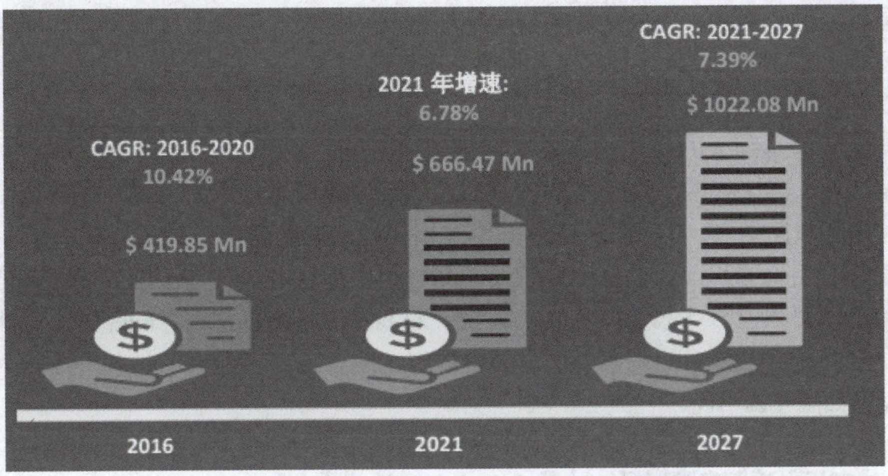

图 4-19　2016 年、2021 年、2027 年市场规模数据

提示词

请帮我重新分析这份表格，并要求对于其中的英文内容做翻译和概念解释。

生成结果

生成结果如图 4-20 所示。

1. 表格分析

- 这是一份展示某个市场或行业在 2016—2027 年间财务数据和增长情况的表格。从时间维度来看，它分为三个阶段：2016—2020 年、2021 年以及 2021—2027 年的预测。
- 在 2016—2020 年期间，复合年均增长率（CAGR）为 10.42%，市场价值从 2016 年的 419.85 百万美元增长。到 2021 年，市场价值达到 666.47 百万美元，年增速为 6.78%。对于 2021—2027 年，预计复合年均增长率为 7.39%，到 2027 年市场价值将达到 1 022.08 百万美元。

2. 英文内容翻译和概念解释

- “CAGR：2016—2020”：翻译为“2016—2020 年复合年均增长率”。复合年均增长率（Compound Annual Growth Rate）是衡量某项指标在特定时期内平均每年增长率，它能够平滑地显示该指标在这段时间内的增长趋势，忽略中间的波动。例如，在 2016—2020 年这个阶段，该市场或行业以平均每年 10.42% 的速度增长。
- “$419.85 Mn”：翻译为“419.85 百万美元”。这是 2016 年该市场或行业的价值规模，以百万美元为单位来衡量其经济规模。
- “2021 年增速：6.78%”：翻译为“2021 年增长率：6.78%”。这是 2021 年该市场或行业与前一年相比的增长比例，表示在这一年市场或行业有 6.78% 的扩张。
- “$666.47 Mn”：翻译为“666.47 百万美元”。这是 2021 年该市场或行业的价值规模，同样以百万美元为单位。
- “CAGR：2021—2027”：翻译为“2021—2027 年复合年均增长率”。这是对未来几年（2021—2027 年）该市场或行业预计的平均每年增长率，预计为 7.39%。
- “$1022.08 Mn”：翻译为“1 022.08 百万美元”。这是根据预计的复合年均增长率计算出的 2027 年该市场或行业的价值规模预测值。

图 4-20　解读英文图表生成结果

在这个生成的结果中，生成式人工智能把原图表中的英文内容做了解释，同时针对整个数据表格的内容也做了解析，大大提高了人们的阅读理解效率。

实现技巧 3　识别图表内容

人工智能凭借其强大的自然语言处理和图像识别能力，可以快速识别图表中的文字标签、标题和数据注释，准确提取出图表中的核心信息。无论是用于学术研究的复杂统计图，还是商业报告中的市场数据图表，生成式人工智能都能轻松地将这些信息转化为易于理解的分析结果。通过人工智能对图表的解读，学生和专业人士能够更快地获取全球范围内的知识和信息，实现数据共享和全球资源整合。这使得生成式人工智能不仅仅是跨越了语言的障碍，更帮助我们利用全球数据资源，挖掘其中的洞察力。下面尝试用生成式人工智能来识别调研报告中的主要厂商果汁销量，如图 4-21 所示。

表 9：全球市场主要厂商诺丽果汁销量（2016-2021）&（千升）

No	公司	2016	2017	2018	2019	2020	2021E
1	大溪地诺丽公司（Morinda）	4743.4	8092.4	8591.3	9644.5	10172.4	10863.3
2	Melaleuca	1047.8	1122.7	1258.2	1375.5	1589.9	1748.9
3	Healing Noni	774.6	873.3	970.7	1052.6	1117.8	1195.2
4	海南懿然生物工程有限公司	840.0	953.0	1070.8	1293.3	1454.8	1784.5
5	Apollo Noni Jucie	444.9	485.1	489.1	572.6	570.6	612.2
6	Dave's NONI & Juice Pvt	139.4	155.0	178.0	206.6	248.6	272.0
7	Royal Noni Fiji	134.5	144.4	146.1	152.8	161.8	173.7
8	海南西沙诺丽生物科技有限公司	192.7	220.2	240.5	291.8	307.2	308.4
9	海南百舒堂生物科技开发有限公司	128.4	135.6	151.9	168.7	179.0	192.7
10	Noni Connection Inc	50.1	58.8	64.5	74.2	80.9	89.0
11	Virgin Noni Juice	58.0	63.5	70.1	84.9	92.1	97.9
12	Dynamic Health	46.7	51.5	57.9	62.8	65.7	72.5
13	Medicura Naturprodukte AG	48.7	52.5	57.5	59.1	63.6	67.1
14	Cook Islands Noni Marketing Ltd	42.8	46.7	52.7	57.0	59.5	65.2
15	Earth's Bounty	23.4	26.2	28.7	32.2	30.5	32.8
16	其他	17828.0	21352.4	23577.6	25879.5	25610.1	27582.9
17	总共	26543.4	33833.3	37005.6	41008.1	41804.5	45158.3

图 4-21　全球市场果汁销量

提示词

请帮我识别图表文字标签、标题和数据注释等关键内容。

生成结果

生成结果如图 4-22 所示。

标题

表 9：全球市场主要厂商诺丽果汁销量（2016—2021）&（千升）

表头

列出了年份，从 2016 年到 2021 年，以及 2021 年的预测值（标记为 2021E）。

公司及销量数据

1. 大溪地诺丽公司（Morinda）：2016—2021 年销量（单位：千升）依次为 4 743.4、8 092.4、8 591.3、9 644.5、10 172.4、10 863.3。
2. Melaleuca：2016—2021 年销量（单位：千升）依次为 1 047.8、1 112.7、1 258.2、1 375.5、1 589.9、1 748.9。
3. Healing Noni：2016—2021 年销量（单位：千升）依次为 774.6、873.5、970.7、1 052.6、1 117.8、1 195.2。
4. 海南然生物科技有限公司：2016—2021 年销量（单位：千升）依次为 840.0、953.0、1 070.8、1 293.3、1 454.8、1 784.5。
5. Apollo Noni Juicie：2016—2021 年销量（单位：千升）依次为 444.9、485.1、489.1、572.6、570.6、612.2。
6. Dave's NONI & Juicie Pvt：2016—2021 年销量（单位：千升）依次为 139.4、155.0、178.0、206.6、248.6、272.0。
7. Royal Noni Fiji：2016—2021 年销量（单位：千升）依次为 134.5、144.4、146.1、152.8、161.8、173.7。
8. 海南西诺丽生物科技有限公司：2016—2021 年销量（单位：千升）依次为 192.7、220.2、240.5、291.8、307.2、308.4。
9. 海南百舒堂生物科技开发有限公司：2016—2021 年销量（单位：千升）依次为 128.4、135.6、151.9、168.7、179.0、192.7。

图 4-22　全球市场果汁销量内容识别生成结果

视频

图片识别

步骤 2　图片识别

我们在阅读文章时可能会碰到很多图片，如果有些图片比较陌生，生成式人工智能可以帮忙解答吗？

例如，小明想知道图片中的狗是什么品种，我们发给生成式人工智能问问看，提示词和生成结果如图 4-23 所示。

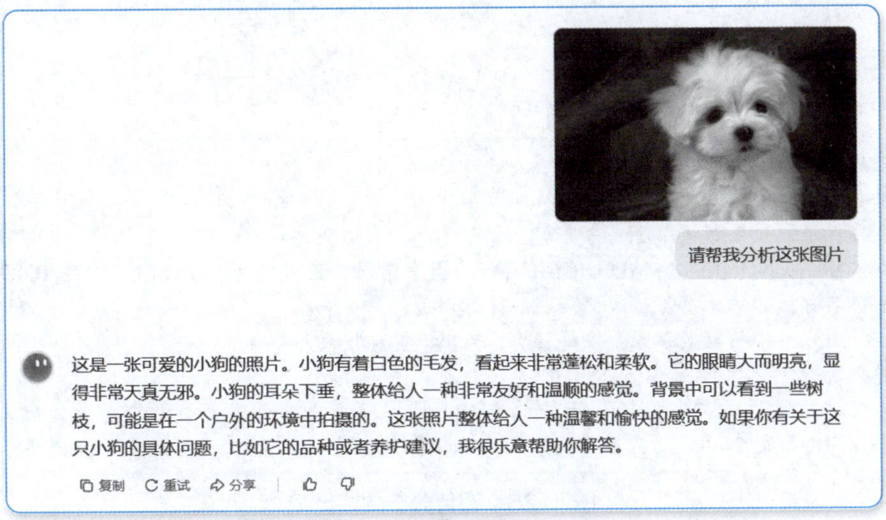

图 4-23　人工智能理解描述图片

可以看出生成式人工智能具有出色的图片识别能力，可以智能识别图中信息。智能图片识别技术，利用人工智能尤其是深度学习算法，能够识别和分析图片中的内容，从简单的物体识别到复杂的场景解析。这种技术通过训练大量的图像数据，使得人工智能系统能够学习并模拟人类的视觉识别功能。它可以应用于多个领域，如安防监控中的异常行为检测，零售业中的产品分类，以及医疗领域中的图像诊断。智能图片识别不仅提高了处理速度和准确性，还能处理超出人类能力范围的任务，比如分析卫星图片中的地理特征，或在极复杂的背景中追踪特定物体。这些能力使智能图片识别成为现代科技领域中一项不断发展和极具变革性的技术。

例如，调研报告中图片（见图 4-24）的分析，也可以使用生成式人工智能来完成。

图 4-24　报告中的图片

实现技巧 1　上传图片分析

提示词

请帮我分析这张图片，要求：
1. 分析产品属性。
2. 分析潜在问题和建议。
3. 推测产品应用场景。

生成结果

生成结果如图 4-25 所示。

核心信息

1. 产品属性
   - 名称：诺丽果发酵纯原液（中文）
   - 英文标注：NONIENZYMEJUICE（可能为拼写错误，正确应为 NONI ENZYME JUICE）
   - 品牌名称：懿然（重复三次，强调品牌标识）
   - 核心成分：诺丽酵素原汁（重复三次，突出产品纯度和原料）
2. 发酵周期
   - 标注“发酵期 6～24 个月”，下方数字 12、18、24 可能表示不同规格产品的发酵时长（如 12 个月 /18 个月 /24 个月），用于区分产品线或档次。

图 4-25　图片分析生成结果

潜在问题与建议

1. 英文拼写问题
   - NONIENZYME JUICE 疑似错误，建议修正为 NONI ENZYME JUICE 或 NONI FERMENTED JUICE，以符合国际通用术语，增强专业性。
2. 数字含义需明确
   - 若 12/18/24 代表不同发酵周期的产品，建议补充单位（如“12 个月”），避免歧义；若为其他含义（如容量或批次），需进一步说明。
3. 设计优化
   - 重复内容（如品牌名和“诺丽酵素原汁”）可能占据过多版面，可考虑精简排版，突出核心信息（如发酵时长、产品功效）。

应用场景推测

- 产品包装标签：用于瓶身或外盒，强调天然发酵工艺和品牌调性。
- 宣传物料：如电商详情页、线下展架，突出“纯原液”“长发酵周期”等卖点。

图 4-25　图片分析生成结果（续）

任务小结

本任务以市场调研报告为载体，系统化展示了生成式人工智能在复杂图表分析与图片识别中的核心应用。内容聚焦两大模块：图表分析与图片识别。在图表分析环节，通过柱状图、折线图等多类型案例，学习了如何上传图表至 AI 平台（如 DeepSeek），结合精准提示词设计，快速提取关键数据、识别增长趋势、解读跨语言图表，并挖掘变量间的潜在关联性。

生成式人工智能技术不仅显著提升数据解读效率，还能生成结构化分析报告，辅助制定市场策略。在图片识别环节，通过识别果汁厂商销量图表、解析商品图片内容等实践，读者掌握了利用人工智能进行图像解析、物体识别及场景理解的技能，拓展了技术在多语言、跨文化场景下的适应性。任务强调批判性思维的融入，要求通过交叉验证、逻辑核对等方式确保人工智能生成结果的准确性，避免盲目依赖。最终，能够高效处理海量数据图表，精准提炼商业洞见，同时具备验证分析结论的能力，为学术研究或商业决策提供可靠支持。

任务拓展

请完成任务拓展，如图 4-26 所示。

视频

任务拓展

题目描述

根据以下三个具体任务，分别进行综合分析能力训练。

具体任务

复杂图表分析	任务	上传附件“产品欧洲市场销量及增长率.png”至AI平台进行数据分析。
	要求	确保图表格式（如PDF、PNG）兼容AI工具，分析图表，并分析变量间的相关性。

图 4-26　任务拓展

跨文化符号识别	任务	上传附件“国外节日.jpg”至AI平台，识别文化符号并评估其商业价值。
	要求	1.分析该节日的具体信息和特点。 2.结合AI生成的分析报告，补充该地区文化背景知识，并评估这个节日的商业价值。

逻辑矛盾排查	任务	上传附件“货物销量数据.png”至AI平台，分析图表中的逻辑矛盾。
	要求	1.分析数据图表，指出数据图表中存在的逻辑矛盾。 2. 说明逻辑矛盾的产生原因及解决策略。

图 4-26　任务拓展（续）

巩固与提高

1. 生成式人工智能在图表分析中的核心功能不包括（　　）。（单选题）

A. 数据提取　　B. 趋势预测

C. 图片分类　　D. 多变量关联分析

2. 设计高质量提示词的关键原则是（　　）。（单选题）

A. 使用复杂术语提升专业性　　B. 明确任务目标与输出格式

C. 缩短提示词长度　　D. 添加表情符号增强可读性

3. 使用生成式人工智能辅助分析时需特别注意（　　）。（单选题）

A. 完全依赖 AI 生成结果　　B. 优先使用最新模型

C. 验证生成内容的准确性　　D. 隐藏 AI 使用痕迹

4. 生成式人工智能在图表分析中的典型应用包括（　　）。（多选题）

A. 数据提取　　B. 趋势预测

C. 多变量关联分析　　D. 图片内容生成

5. 图片识别技术的核心功能可能涉及（　　）。（多选题）

A. 内容解析　　B. 跨语言图表解读

C. 逻辑验证　　D. 物体识别

任务 4.3　使用生成式人工智能辅助处理岗位信息表信息

学习目标

- 了解生成式人工智能在数据分析中的基本应用。
- 熟悉利用生成式人工智能进行数据处理、分类、挖掘和可视化的技巧。
- 能够使用生成式人工智能进行高效的数据处理。

- 培养在数据分析中运用人工智能技术的能力，提高工作效率和准确性。

任务描述

视　频

任务描述与分析

在大数据时代，人们每天都被海量的数据所包围。从社交媒体的动态更新到电商平台的交易记录，再到企业的市场分析数据，每一条数据都潜藏着宝贵的信息。然而，数据的庞大和复杂性常常使得分析工作变得极为烦琐和困难。传统的数据处理方法不仅耗时长，而且容易因人为错误而导致分析结果的不准确性。生成式人工智能技术的应用，提供了解决这些问题的新途径。“人工智能生成内容”能够自动化执行繁复的数据处理任务，从数据清洗到数据分类，再到深入的数据挖掘，显著提高数据处理的效率和准确性。通过智能算法，“人工智能生成内容”可以迅速识别和分析大量数据中的关键趋势和模式，帮助我们从数据中提取有价值的洞见。

企业招聘岗位信息表通常包含海量数据（如薪资、地点、专业要求），手动处理效率低且易出错。本任务以一份招聘信息表为载体，如图 4-27 所示，教授学生如何利用生成式人工智能完成数据清洗、分类、挖掘及趋势预测，提升数据处理效率，辅助人力资源决策。

招聘职位	公司名称	岗位介绍	要求技能	需求专业	工资	地点
电商运言专员	京东科技	负责京东平台店铺的日常运百管理，包括产品上架、营销活动策划等。	电商平台运百经验，熟悉京东平台规则，具备良好的数据分析能力。	电子商务	￥8000－￥15000	北京
电商运营助理	亚马过	协助运营团队进行产品上架、优化、促销活动策划等工作，提升用户体验和销售业绩。	良好的沟通能力和团队合作精神，熟悉电商平台基本操作，具备一定的数据分析能力、英语能力要求高	待定	待定	国外
电商运营经理	阿里巴巴网络	主要负责天猫店铺的营销推广，提升店铺销量和品牌影响力。	熟悉天猫平台，具备优秀的营销推广能力和团队协作精神。	市场营销	￥10000－￥20000	杭州
拼多多店铺运营	拼多多电商	管理拼多多店铺，负责产品选品、价格策賂制定和客户服务。	熟悉拼多多平台，有良好的市场洞察力和客户服务意识。	管理学	￥7000－￥12000	上海
准品会运营专家	唯品会	负责唯品会电商平台的产品规划、运宫策就划和数据分析。	具备良好的产品规划能力和数据分析技能，熟悉电商平台运宫流程。	商务管理	￥9000－￥12000	广州
美团点评运营专员	美团点评	参与美团点评电商平台的运营工作，包括活动策龙划和用户增长策路制定。	有电商平台运营经验，烈悉用户增长策珞。具备一定的市场分析能力。	信息管理与信息系统	面议	深圳
苏宁易购运营主管	苏宁易购	负责苏宁易购平台的运营管理，包括产品上下架、营销活动策划等。	熟悉苏宁易购平台规则，具备良好的市场分析和产品推广能力。	电子商务	￥7500－￥14000	南京
网易严选运营专员	网易严选	主要负贵网易严选电商平台的日常运营工作，包括产品管理和用户关系维护。	具备电商平台运营经验，有良好的用户服务意识和产品管理能力。	市场宫销	￥9000－￥17000	杭州
小米有品运营经理	小米科技	负责小米有品电商平台的产品推广和运营策路制定。	熟悉电商平台运营，具备优秀的产品推广和市场分析能力。	商务管理	￥10000－￥20000	北凉
字节跳动电商运营	字节跳动	参与抖音电商的运营工作，包括内容策划和直播带货等。	有电商平台运营经验，熟悉内容营销和直播带货流程。	新媒体运营	￥12000－￥24000	上海
华为商城运营专员	华为终端	负责华为商城的运营管理，包括产品推广、活动策划和用户增长。	熟悉电商平台运营规则，具备良好的产品推广和用户增长策略。	电子商务	￥11000－￥22000	深圳
跨境电商运营专员	网易考拉	负责树易考拉海购平台的运宫管理，包括市场调研、产品选品、用户互动等。	对跨境电商有一定了解，英语技能非常良好	待定	待定	国外
直榴电商运言	快手科技	负责快手电商平台的直播运营工作，包括直播内容策划、主播管理、直播效果分析等。	熟悉直播电商行业，具备内容策划能力和一定的项目管理经验。	市场营销	面议	待定
电商平台产品经理	腾讯科技	负责电商平台的产品规划、功能设计和法代忧化，提升产品竞争力。	具备互联网产品设计经验，了解电商平台运营模式，有较强的市场洞察力和用户研究能力。	市场运营	面议	全国
电商运营专员	云商网络	负责网店日常运营管理与推广	SEO、SEM、数据分析	市场营销、电商	￥8000－￥12000	广州
电商营销经理	星辰电商	优化产品列表和促销策路	Photoshop、Excel、市场分析	商务英语、电商	￥9000－￥13000	上海
客户关系管理专员	超越科技	管理线上客户服务和用户反馈	客户服务、数据分析	电子商务、管理学	￥7000－￥11000	未知
渠道发展经理	飞场集团	开发新的在线销售渠道	多渠道营销、谷歌广告	市场营销、电商	待定	深圳
邮件营销专家	梦想电商	执行电子邮件营销活动	EDM设计、A/B测试	电子商务、传媒	￥9500－￥12500	杭州
社交媒休运营经理	先锋网络	提升网站流量和用户参与度	SEO、社交媒体营销	电商、传媒	面议	成都
数据分析刊师	纽扣科技	跟踪分析销告数据，制定代化策路	数据分析、Exce	金融	￥8000－￥14000	武汉
产品目录管理专员	橙色梦想	管理和优化线上产品目录	产品管理、Adobe Suite	设计、电子商务	面议	南京
在线促销策划	零界电商	策划并执行在线促销活动	营销策路、项目管理	市场营销、商科	￥7500－￥11500	更庆
用户体验设计师	创意科技	优化电商平台的用户体验	用户研究、界面设计	设计、电子商务	￥11000－￥16000	待定

图 4-27　岗位信息表

任务分析

本任务以“使用生成式人工智能辅助处理岗位信息”为核心，主要进行五个信息处理工作。

（1）数据处理阶段，通过人工智能工具快速清洗冗余数据，大幅提升效率并规避人工失误。

（2）数据分类环节，借助自然语言指令实现精准分组，甚至能识别“语义相近”条目，突破传统手动筛选的局限性。

（3）数据挖掘中，人工智能深度解析薪资、工作地点、强度等多维度信息，揭示行业趋势与潜在关联，为决策提供数据支撑。

（4）数据可视化部分，通过结构化指令驱动人工智能生成柱状图、折线图等图表，直观呈现数据关系，并结合政策与市场动态解读深层逻辑。

（5）趋势预测阶段，人工智能整合历史数据与经济、技术等多源信息，预测未来薪资变化及行业前景，输出前瞻性洞察。

整套流程凸显了生成式人工智能在自动化处理、语义理解、智能分析及可视化生成中的技术优势，实现了从数据清洗到决策支持的全链路闭环，尤其适用于海量数据处理场景，为个人职业规划与企业战略布局提供高效、精准的技术赋能，如图 4-28 所示。

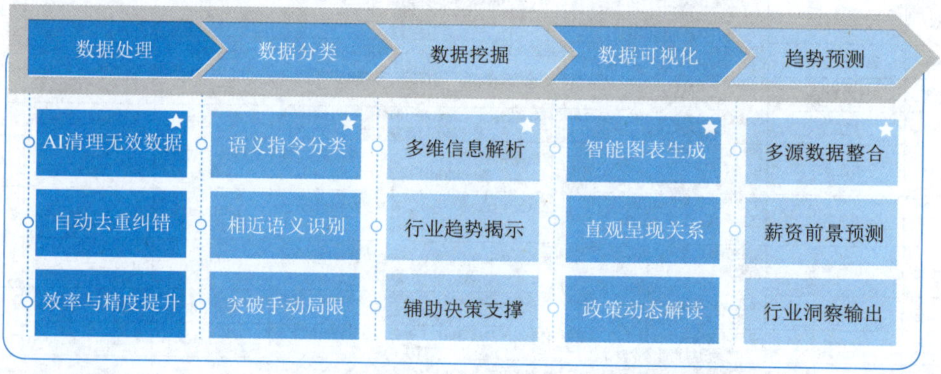

图 4-28　任务分析

任务实施

步骤 1　数据处理

视　频

数据处理

在大数据时代，我们每天都可以接触到大量的数据，比如微信、QQ 聊天信息，课堂作业、淘宝上的购物数据以及求职的相关信息。除此之外，我们每天还产生大量其他数据。互联网每天能产生多少数据呢？根据 IDC 发布的《数据时代 2025》报告，全球每年产生的数据将从 2018 年的 33 ZB 增长到 175 ZB，相当于每天产生 491 EB 的数据。仅 Facebook 每天就能产生 4 194 304 GB 的数据，由此可见每天产生的数据量之多。

在当前数据驱动的世界，掌握数据处理和数据分析技能已变得至关重要。懂得如何快速处理数据、挖掘其背后的本质原因，可以让我们迅速理解数据的意义，从而先人一步，把握行业发展的动向。无论是在电商、社交媒体还是招聘市场，每天都有大量的聊天信息、购物数据和求职资料涌入，所有这些数据都蕴含着巨大的潜在价值。借助数据分析的能力，我们能够识别数据中隐含的趋势，揭示市场规律，发掘新兴商机，并预见潜在的风险和挑战。这不仅有助于企业制定更有效的商业策略，也为我们个人在竞争激烈的职业环境中奠定稳固的基础，让我们在各自的行业中游刃有余。数据处理和分析的技能不仅仅是工具，更是引领我们走向未来的关键。

在数据世界中，并不是所有数据都是完整和有效的。许多数据集通常包含大量无用的、重复的或错误的记录。如果不加筛选直接进行分析，这些数据将严重影响最终的分析结果。因此，数据清理是我们必不可少的一项技能。

例如，当你拿到一份岗位信息表，其中有待定和面议的选项（不是你要的）需要对它们逐个删除，你会怎么做？

这可能不难，只需花几分钟时间手动筛选出这类无用信息，并删除即可，如图 4-29 所示。但如果表格包含上千行、上万行的数据，手工操作可能会消耗大量时间，并且容易出错。如何能够快速筛选并避免出错？

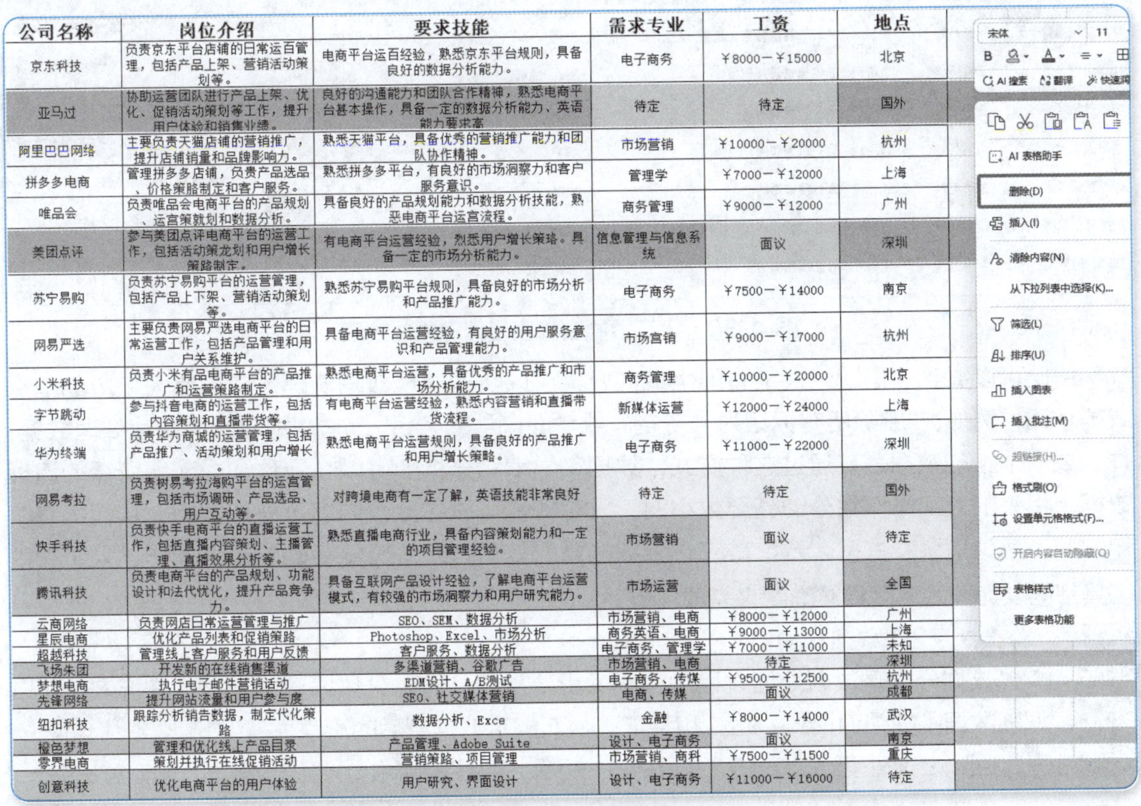

公司名称	岗位介绍	要求技能	需求专业	工资	地点
京东科技	负责京东平台店铺的日常运百管理，包括产品上架、营销活动策划等。	电商平台运百经验，熟悉京东平台规则，具备良好的数据分析能力。	电子商务	￥8000—￥15000	北京
亚马过	协助运营团队进行产品上架、优化、促销活动策划等工作，提升用户体验和销售业绩。	良好的沟通能力和团队合作精神，熟悉电商平台基本操作，具备一定的数据分析能力、英语能力要求高	待定	待定	国外
阿里巴巴网络	主要负责天猫店铺的营销推广，提升店铺销量和品牌影响力。	熟悉天猫平台，具备优秀的营销推广能力和团队协作精神。	市场营销	￥10000—￥20000	杭州
拼多多电商	管理拼多多店铺，负责产品选品、价格策胳制定和客户服务。	熟悉拼多多平台，有良好的市场洞察力和客户服务意识。	管理学	￥7000—￥12000	上海
唯品会	负责唯品会电商平台的产品规划、运宫策就划和数据分析。	具备良好的产品规划能力和数据分析技能，熟悉电商平台运宫流程。	商务管理	￥9000—￥12000	广州
美团点评	参与美团点评电商平台的运营工作，包括活动策龙划和用户增长策路制定。	有电商平台运营经验，烈悉用户增长策珞。具备一定的市场分析能力。	信息管理与信息系统	面议	深圳
苏宁易购	负责苏宁易购平台的运营管理，包括产品上下架、营销活动策划等。	熟悉苏宁易购平台规则，具备良好的市场分析和产品推广能力。	电子商务	￥7500—￥14000	南京
网易严选	主要负贵网易严选电商平台的日常运营工作，包括产品管理和用户关系维护。	具备电商平台运营经验，有良好的用户服务意识和产品管理能力。	市场宫销	￥9000—￥17000	杭州
小米科技	负责小米有品电商平台的产品推广和运营策路制定。	熟悉电商平台运营，具备优秀的产品推广和市场分析能力。	商务管理	￥10000—￥20000	北京
字节跳动	参与抖音电商的运营工作，包括内容策划和直播带货等。	有电商平台运营经验，熟悉内容营销和直播带货流程。	新媒体运营	￥12000—￥24000	上海
华为终端	负责华为商城的运营管理，包括产品推广、活动策划和用户增长。	熟悉电商平台运营规则，具备良好的产品推广和用户增长策略。	电子商务	￥11000—￥22000	深圳
网易考拉	负责树易考拉海购平台的运宫管理，包括市场调研、产品选品、用户互动等。	对跨境电商有一定了解，英语技能非常良好	待定	待定	国外
快手科技	负责快手电商平台的直播运营工作，包括直播内容策划、主播管理、直播效果分析等。	熟悉直播电商行业，具备内容策划能力和一定的项目管理经验。	市场营销	面议	待定
腾讯科技	负责电商平台的产品规划、功能设计和法代优化，提升产品竞争力。	具备互联网产品设计经验，了解电商平台运营模式，有较强的市场洞察力和用户研究能力。	市场运营	面议	全国
云商网络	负责网店日常运营管理与推广	SEO、SEM、数据分析	市场营销、电商	￥8000—￥12000	广州
星辰电商	优化产品列表和促销策路	Photoshop、Excel、市场分析	商务英语、电商	￥9000—￥13000	上海
超越科技	管理线上客户服务和用户反馈	客户服务、数据分析	电子商务、管理学	￥7000—￥11000	未知
飞场朱团	开发新的在线销售渠道	多渠道营销、谷歌广告	市场营销、电商	待定	深圳
梦想电商	执行电子邮件营销活动	EDM设计、A/B测试	电子商务、传媒	￥9500—￥12500	杭州
先锋网络	提升网站流量和用户参与度	SEO、社交媒体营销	电商、传媒	面议	成都
纽扣科技	跟踪分析销告数据，制定代化策路	数据分析、Exce	金融	￥8000—￥14000	武汉
橙色梦想	管理和优化线上产品目录	产品管理、Adobe Suite	设计、电子商务	面议	南京
零界电商	策划并执行在线促销活动	营销策略、项目管理	市场营销、商科	￥7500—￥11500	重庆
创意科技	优化电商平台的用户体验	用户研究、界面设计	设计、电子商务	￥11000—￥16000	待定

图 4-29　手动筛选出无用信息

何不试试人工智能？把数据交给它，让它去除有待定、面议的信息，它可以做到吗？

实现技巧 1　去除信息

打开智谱清言，上传表格附件，输入提示词：

提示词

这是一份岗位信息表，请帮我把其中含有“待定”“面议”的所在行去掉，重新生成一份新的表格，以 xlsx 形式生成给我。

生成结果

生成结果如图 4-30 所示。

招聘职位	公司名称	岗位介绍	要求技能	需求专业	工资	地点
电商运营专员	京东科技	负责京东平台店铺的日常运营管理，包括产品上架、营销活动策划等。	电商平台运营经验，熟悉京东平台规则，具备良好的数据分析能力。	电子商务	￥8000—￥15000	北京
电商运营经理	阿里巴巴网络	主要负责天猫店铺的营销推广，提升店铺销量和品牌影响力。	熟悉天猫平台，具备优秀的营销推广能力和团队协作精神。	市场营销	￥10000—￥20000	杭州
拼多多店铺运营	拼多多电商	管理拼多多店铺，负责产品选品、价格策略制定和客户服务。	熟悉拼多多平台，有良好的市场洞察力和客户服务意识。	管理学	￥7000—￥12000	上海
唯品会运营专家	唯品会	负责唯品会电商平台的产品规划、运营策划和数据分析。	具备良好的产品规划能力和数据分析技能，熟悉电商平台运营流程。	商务管理	￥9000—￥12000	广州
苏宁易购运营主管	苏宁易购	负责苏宁易购平台的运营管理，包括产品上下架、营销活动策划等。	熟悉苏宁易购平台规则，具备良好的市场分析和产品推广能力。	电子商务	￥7500—￥14000	南京
网易严选运营专员	网易严选	主要负责网易严选电商平台的日常运营工作，包括产品管理和用户关系维护。	具备电商平台运营经验，有良好的用户服务意识和产品管理能力。	市场营销	￥9000—￥17000	杭州
小米有品运营经理	小米科技	负责小米有品电商平台的产品推广和运营策略制定。	熟悉电商平台运营，具备优秀的产品推广和市场分析能力。	商务管理	￥10000—￥20000	北京
字节跳动电商运营	字节跳动	参与抖音电商的运营工作，包括内容策划和直播带货等。	有电商平台运营经验，熟悉内容营销和直播带货流程。	新媒体运营	￥12000—￥24000	上海
华为商城运营专员	华为终端	负责华为商城的运营管理，包括产品推广、活动策划和用户增长。	熟悉电商平台运营规则，具备良好的产品推广和用户增长策略。	电子商务	￥11000—￥22000	深圳
电商运营专员	云商网络	负责网店日常运营管理与推广	SEO、SEM、数据分析	市场营销、电商	￥8000-￥12000	广州
电商营销经理	星辰电商	优化产品列表和促销策略	Photoshop、Excel、市场分析	商务英语、电商	￥9000-￥13000	上海
客户关系管理专员	超越科技	管理线上客户服务和用户反馈	客户服务、数据分析	电子商务、管理学	￥7000-￥11000	未知
邮件营销专家	梦想电商	执行电子邮件营销活动	EDM设计、A/B测试	电子商务、传媒	￥9500-￥12500	杭州
数据分析刊师	纽扣科技	跟踪分析销售数据，制定优化策略	数据分析、Exce	金融	￥8000-￥14000	武汉
在线促销策划	零界电商	策划并执行在线促销活动	营销策略、项目管理	市场营销、商科	￥7500-￥11500	重庆

图 4-30 人工智能去除表格信息生成结果

由此可以看到，借助“人工智能生成内容”可以快速实现数据清理。只需输入相应的指令或提示词，例如，“删除所有标记为‘待定’或‘面议’的条目”，它在短时间内快速处理数据，并生成一个新的数据表。通过这种方式，数据科学家和分析师可以在几秒钟内获得所需的清理数据。相比于人工操作数分钟甚至数小时，人工智能可以在数秒内高效处理数据，从而提高工作效率，减少错误发生率。无论是应对大数据量的处理，还是需要精确的清洗操作，人工智能工具都能以优异的速度和准确度来完成任务。

视频

数据分类

步骤 2 数据分类

数据分类是数据处理过程中的一项重要工作。通过对数据进行分类，分析人员可以识别数据中的关键模式、趋势和特征，从而揭示数据背后的洞察。

回顾之前处理后的表格，如图 4-31 所示，若按照需求专业进行分类，你会怎么做？

如果是人工手动处理，可以借助 Excel 来进行分类。首先，打开包含需要分类的数据的 Excel 文件。确保数据组织在表格中，每列都有明确的标题，这将有助于后续的筛选和分类。为了对数据进行分类，需要使用 Excel 的筛选功能，输入各个分类名词进行分类，生成分类结果，具体操作如下：

招聘职位	公司名称	岗位介绍	要求技能	需求专业	工资	地点
电商运营专员	京东科技	负责京东平台店铺的日常运营管理，包括产品上架、营销活动策划等。	电商平台运营经验，熟悉京东平台规则，具备良好的数据分析能力。	电子商务	￥8000—￥15000	北京
电商运营经理	阿里巴巴网络	主要负责天猫店铺的营销推广，提升店铺销量和品牌影响力。	熟悉天猫平台，具备优秀的营销推广能力和团队协作精神。	市场营销	￥10000—￥20000	杭州
拼多多店铺运营	拼多多电商	管理拼多多店铺，负责产品选品、价格策略制定和客户服务。	熟悉拼多多平台，有良好的市场洞察力和客户服务意识。	管理学	￥7000—￥12000	上海
唯品会运营专家	唯品会	负责唯品会电商平台的产品规划、运营策略制定和数据分析。	具备良好的产品规划能力和数据分析技能，熟悉电商平台运营流程。	商务管理	￥9000—￥12000	广州
苏宁易购运营主管	苏宁易购	负责苏宁易购平台的运营管理，包括产品上下架、营销活动策划等。	熟悉苏宁易购平台规则，具备良好的市场分析和产品推广能力。	电子商务	￥7500—￥14000	南京
网易严选运营专员	网易严选	主要负责网易严选电商平台的日常运营工作，包括产品管理和用户关系维护。	具备电商平台运营经验，有良好的用户服务意识和产品管理能力。	市场宫销	￥9000—￥17000	杭州
小米有品运营经理	小米科技	负责小米有品电商平台的产品推广和运营策略制定。	熟悉电商平台运营，具备优秀的产品推广和市场分析能力。	商务管理	￥10000—￥20000	北京
字节跳动电商运营	字节跳动	参与抖音电商的运营工作，包括内容策划和直播带货等。	有电商平台运营经验，熟悉内容营销和直播带货流程。	新媒体运营	￥12000—￥24000	上海
华为商城运营专员	华为终端	负责华为商城的运营管理，包括产品推广、活动策划和用户增长。	熟悉电商平台运营规则，具备良好的产品推广和用户增长策略。	电子商务	￥11000—￥22000	深圳
电商运营专员	云商网络	负责网店日常运营管理与推广	SEO、SEM、数据分析	市场营销、电商	￥8000-￥12000	广州
电商营销经理	星辰电商	优化产品列表和促销策略	Photoshop、Excel、市场分析	商务英语、电商	￥9000-￥13000	上海
客户关系管理专员	超越科技	管理线上客户服务和用户反馈	客户服务、数据分析	电子商务、管理学	￥7000-￥11000	未知
邮件营销专家	梦想电商	执行电子邮件营销活动	EDM设计、A/B测试	电子商务、传媒	￥9500-￥12500	杭州
数据分析刊师	纽扣科技	跟踪分析销售数据，制定优化策略	数据分析、Exce	金融	￥8000-￥14000	武汉
在线促销策划	零界电商	策划并执行在线促销活动	营销策略、项目管理	市场营销、商科	￥7500-￥11500	重庆

图 4-31　按照专业进行分类的信息表

选择包含数据的列的顶部。例如，如果想对“需求专业”列进行筛选，就需要选中该列的列标题。

单击 Excel 工具栏“数据”选项卡中的“筛选器”按钮，将在选择的每个列标题上添加一个下拉箭头。

单击列标题旁的下拉箭头，会出现一个筛选菜单。在筛选菜单中，可以看到该列中所有不重复的条目，如图 4-32 所示。为了筛选出特定分类，如“电子商务”或“商务管理”，需要勾选对应的复选框。

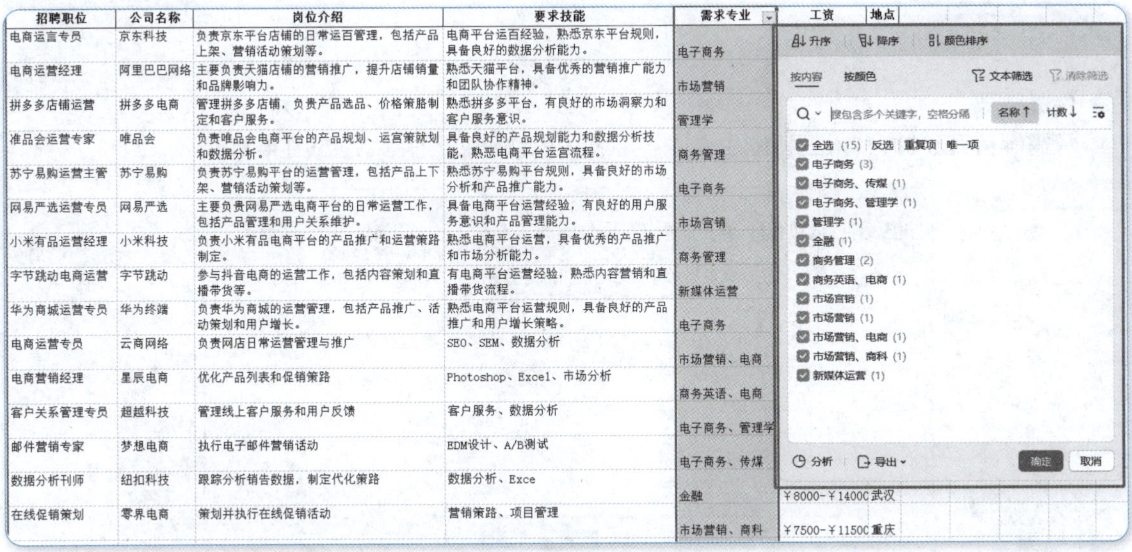

图 4-32　手动筛选方式

选择你感兴趣的类别后，单击“确定”按钮，Excel 会自动隐藏不符合筛选条件的行，只显示匹配的数据，如图 4-33 所示。

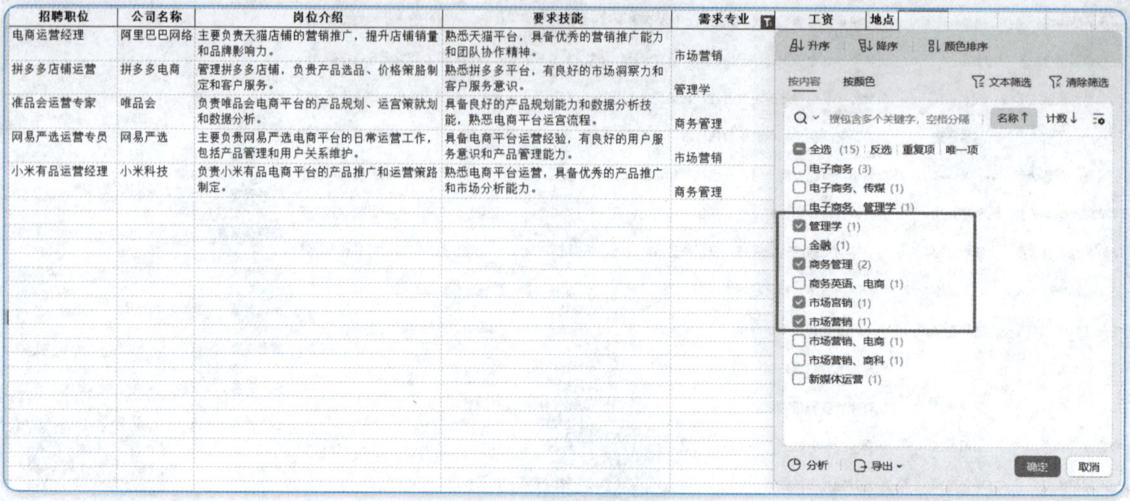

图 4-33　手动筛选的结果 –

一旦完成筛选，显示在表格中的将只是你选择的分类。你可以进一步使用这些数据进行分析或将其保存为新的文件或工作表，以保持原始数据的完整性和未经修改。这种方法虽然直观，但在处理大量数据或需要频繁更新和分类的情况下效率不高。

实现技巧 1　筛选整合

再来看看人工智能的做法，把要处理的文档上传给智谱清言，然后输入相关提示词。

提示词

针对表格中的“需求专业”将相同专业类别划分在一起，有多少类不同专业就划分为多少个不同的表格，并整合在同一页表中。

生成结果

只需等待几秒钟，“人工智能生成内容”就可以快速处理完成，如图 4-34 所示。

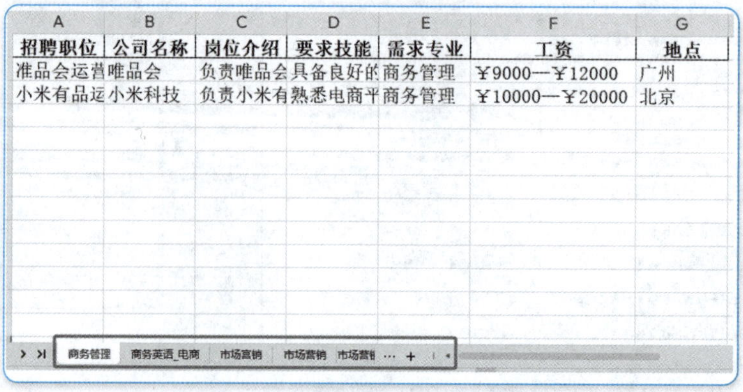

图 4-34　表格信息筛选生成结果

技能拓展 1　相近意思分类

你以为它只能按照相同信息来分类？人工智能的强大之处在于，它还能够根据相近意思进行分类。

提示词

按照相近意思的“岗位介绍”进行分类，并将表格按照新的“岗位介绍”进行拆分，生成一个新的表格。

生成结果

生成结果如图 4-35 所示。

招聘职位	公司名称	岗位介绍	要求技能	需求专业	工资	地点
电商运言专	京东科技	负责京东平台店铺的日常运百管理，	电商平台运	电子商务	￥8000—￥15000	北京
拼多多店铺	拼多多电商	管理拼多多店铺，负贵产品选品、价	熟悉拼多多	管理学	￥7000—￥12000	上海
准品会运营	唯品会	负责唯品会电商平台的产品规划、运	具备良好的	商务管理	￥9000—￥12000	广州
苏宁易购运	苏宁易购	负责苏宁易购平台的运营管理，包括	熟悉苏宁易	电子商务	￥7500—￥14000	南京
网易严选运	网易严选	主要负贵网易严选电商平台的日常运	具备电商平	市场宫销	￥9000—￥17000	杭州
小米有品运	小米科技	负责小米有品电商平台的产品推广和	熟悉电商平	商务管理	￥10000—￥20000	北京
字节跳动电	字节跳动	参与抖音电商的运营工作，包括内容	有电商平台	新媒体运营	￥12000—￥24000	上海
华为商城运	华为终端	负责华为商城的运营管理，包括产品	熟悉电商平	电子商务	￥11000—￥22000	深圳
电商运营专	云商网络	负责网店日常运营管理与推广	SEO、SEM、	市场营销、	￥8000-￥12000	广州
电商营销经	星辰电商	优化产品列表和促销策路	Photoshop	商务英语、	￥9000-￥13000	上海
客户关系管	超越科技	管理线上客户服务和用户反馈	客户服务、	电子商务、	￥7000-￥11000	未知
数据分析师	纽扣科技	跟踪分析销告数据，制定代化策路	数据分析、	金融	￥8000-￥14000	武汉
在线促销策	零界电商	策划并执行在线促销活动	营销策路、	市场营销、	￥7500-￥11500	重庆

Cluster_0　Cluster_1　Cluster_2

图 4-35　相近意思分类生成结果

从输出结果可以看到，人工智能可以理解数据，并正确得到分类结果。相较于人工操作耗时、易出错、难分类，人工智能可以帮助你迅速、智能地分类大量数据。

步骤 3　数据挖掘

生成式人工智能技术可以从大规模数据集中提取关联和趋势吗？接下来看“人工智能生成内容”如何助力数据挖掘。数据挖掘是一门从大量数据中提取有价值信息和知识的技术，它帮助我们揭示数据中的模式、关联和趋势，以进行预测或更深入的分析。例如，在零售领域，零售商通过分析销售数据，可以预测未来的消费趋势、制定更好的库存管理策略并优化营销方案；在金融风控领域，银行使用数据挖掘技术来分析客户的信用历史，以识别潜在的信用风险。

视频　数据挖掘

现有一份完整的岗位数据，你要怎么分析各个岗位的利弊？考虑工资、工作地点、工作内容、工作强度？

以前需要不断调研、不断分析、四处咨询。现在，完全可以相信生成式人工智能的超能力。来试试看吧！

实现技巧 1　数据分析

提示词

为什么北京、深圳等地方的工资会更高？

生成结果

人工智能输出结果如图 4-36 所示。

北京和深圳等一线城市工资较高的原因可以从以下几个方面进行分析：

1. 产业结构与高附加值行业

- 北京：作为中国的政治、文化和经济中心，北京的经济结构以高附加值行业为主，包括金融业、信息传输、软件和信息技术服务业，以及科学研究和技术服务业等。这些行业对专业技能和创新能力要求较高，导致薪酬水平普遍较高。
- 深圳：深圳是中国科技创新和先进制造业的重要基地，高新技术产业和现代服务业发展迅速。这些高附加值产业为企业提供了丰厚的利润空间，从而带动了员工薪资水平的提高。

2. 人才政策与吸引力

- 北京：北京集中了全国最优质的教育资源和科研机构，吸引了大量高学历和专业人才。这些人才的聚集不仅推动了相关行业的发展，也推高了薪资水平。
- 深圳：深圳近年来通过一系列人才政策，如住房补贴、子女教育保障等，吸引了大量高技能人才。这些政策不仅增强了城市的竞争力，也间接拉高了薪资水平。

3. 经济发展水平与市场需求

- 经济发展水平：北京和深圳作为中国的一线城市，经济发展水平领先全国，人均 GDP 较高。这种经济优势为企业和个人提供了更多的资源和机会，从而推高了薪资水平。
- 市场需求：高技能人才在一线城市的需求量较大，而供给相对有限，供需关系导致薪资水平上升。例如，金融行业和科技行业对专业技术人才的需求旺盛，使得相关岗位的薪资更具竞争力。

4. 生活成本与消费水平

- 高生活成本：北京和深圳的房价、物价等生活成本较高，企业为了吸引和留住人才，通常会提供更高的薪资作为补偿。
- 消费能力：由于这些城市的居民消费能力强，企业利润空间大，也有能力支付更高的薪资。

图 4-36　人工智能数据挖掘生成结果

实现技巧 2　数据挖掘

你尝试第二个问题，可以上传前面处理的岗位信息表，然后输入提示词。

提示词

为什么电子商务行业的工资比较高？

生成结果

生成结果如图 4-37 所示。

电子商务行业的工资通常较高，这主要受到以下几个因素的影响：

1. 岗位职责与综合能力：电子商务行业的工资水平与具体的岗位职责和个人的综合能力紧密相关。初级岗位的月薪通常在 3 000～5 000 元，而中级岗位则在 5 000～8 000 元。高级岗位或管理岗位的月薪可以达到 8 000～20 000 元，甚至更高。

2. 地区差异：一线城市的电子商务薪资水平较高，普通工作的月薪约为 5 000 元，管理岗位可达 8 000～10 000 元，技术或高级总监职位薪资更高。相比之下，二线和三线城市的薪资水平会有所不同，但总体上也呈现上升趋势。

图 4-37　数据挖掘电子商务工资更高的原因生成结果

3. 工作经验：随着工作经验的积累，电子商务行业的薪资水平通常会有所提升。具有 1～3 年工作经验的电子商务专业人才，平均月薪可以达到 8 000～10 000 元。在大型电商企业，如阿里巴巴、京东等，电子商务专业人才的工资水平更高，甚至可以达到 15 000 元 / 月以上。

4. 学历：学历越高，一般薪资水平也越高。例如，本科学历的电子商务专业人才平均月薪为 16 386 元，而大专学历的平均月薪为 9 826 元。

5. 公司规模和行业：大公司或快速发展的行业通常提供更高的薪资和更好的福利待遇。电子商务行业发展迅速，对人才的需求大，因此行业内的薪资水平整体呈现上升趋势。

6. 额外收入：绩效奖金、销售提成、补贴或福利也是电子商务行业常见的收入组成部分，这些额外的收入也会提高整体的薪资水平。

7. 人才需求：电子商务行业的快速发展导致对相关专业人才的需求不断增加，这在一定程度上推高了电子商务专业的就业工资。

综上所述，电子商务行业的工资之所以较高，是因为岗位职责、地区差异、工作经验、学历、公司规模、行业发展趋势以及人才需求等多种因素的综合作用。

图 4-37　数据挖掘电子商务工资更高的原因生成结果（续）

技能拓展 1　筛选条件

如果你还是没有头绪、心乱如麻，试试提供自身情况（越详细越好），让人工智能帮你具体分析。

提示词

我现在的个人情况是：专业是电子商务，学过相关电商课程以及市场管理的内容，但没有实践的经验想在更大的城市、更大的平台发展，岗位看起来更有前途，工资还不能太低。请你帮我综合分析下，并筛选出符合我条件的岗位条件。

生成结果

生成结果如图 4-38 所示。

一、电子商务行业整体前景

1. 行业发展趋势：

- 电子商务行业持续高速发展，成为全球经济的重要推动力。未来几年，跨境电商、移动商务、人工智能应用及可持续发展需求将推动行业进一步扩展。
- 电商岗位需求量大，且对专业人才的要求逐步提高，尤其是在数据分析和运营优化方面。

2. 薪资水平：

- 初级岗位（如电子商务专员）年薪 8 万～12 万元，中高级岗位（如电子商务经理）年薪可达 15 万～20 万元，且在大城市薪资水平更高。

二、适合您的岗位推荐

结合您的专业背景、能力以及职业发展需求，以下是几个推荐岗位及其分析：

1. 电子商务运营专员 / 主管

- 岗位职责：
  - 负责电商平台日常运营，包括产品上架、店铺装修、活动策划等。
  - 通过数据分析优化运营策略，提升销售效果和用户留存率。
- 能力要求：

……

图 4-38　人工智能辅助分析筛选合适的岗位生成结果

三、总结

根据您的条件，电子商务运营专员、互联网营销师、产品运营专员和跨境电商运营专员是较为适合的岗位选择。这些岗位在薪资水平、发展前景和职业成长性方面均表现良好，且与您的专业背景较为匹配。建议您结合个人兴趣，优先选择在大城市和知名企业中发展，同时注重实践经验的积累和技能提升。

如需进一步了解具体岗位的招聘信息或技能提升途径，可以提供更多帮助！

图 4-38　人工智能辅助分析筛选合适的岗位生成结果（续）

在当今信息爆炸的时代，数据已成为企业和个人作出明智决策的关键。然而，对于很多刚接触数据分析的新人来说，海量的数据往往意味着复杂和混乱，很难从中洞悉背后的原因和逻辑。幸运的是，随着技术的进步和资源的丰富，解读数据不再是仅供专业人士的活动。现在，即使是数据分析的新手也可以通过各种工具和支持，轻松地洞悉数据背后的原因，做出更加明智的决策。这不仅增强了个人的能力，也为企业带来了更大的竞争优势。

步骤 4　数据可视化

视频

数据可视化

接下来学习如何利用生成式人工智能工具将数据结果以图表形式表达，提高数据的可读性，也就是进行数据可视化。数据可视化是一种将数据以图形或图表形式呈现的技术，通过视觉表达将原本抽象或复杂的数据转换成容易理解的图像，以便快速揭示数据中的趋势、模式和关系。它是数据分析和报告的重要组成部分，可以帮助观众迅速获得见解并做出决策。数据可视化在不同领域均有广泛应用，为决策者和分析人员提供了直观、有效的方法去理解和解释数据背后的故事。随着数据规模的增加，数据可视化正变得越来越重要，有助于揭示隐藏的模式和趋势，使人们更容易从数据中获取见解。

例如，有如下一份电商薪资数据，如图 4-39 所示，如何让人工智能帮你可视化为图表形式？

工作地点	2023/5招聘量	2023/6招聘量	招聘量环比变化率	2022年平均薪资/月	2023年平均薪资/月
北京	839	1,339	59.60%	8,000	8,500
上海	1,895	4,333	128.70%	7,500	8,000
广州	2,118	3,698	74.60%	7,000	7,400
成都	805	1,269	57.60%	6,000	6,300
武汉	900	1,481	64.60%	6,500	6,800
杭州	991	2,103	112.20%	7,000	7,400
南京	471	776	64.80%	6,800	7,100
深圳	2,475	4,027	62.70%	8,200	8,600
郑州	880	1,562	77.50%	6,000	6,300
西安	249	506	103.20%	6,000	6,300

图 4-39　需要可视化为图表的表格

你需要清楚地告诉它，需要把什么作为 x 轴，把什么作为 y 轴，要用什么形式的图表，如柱状图、折线图等，这里需要用智谱清言的“数据分析”模块。

实现技巧 1　数据可视化

因此，我们可以输入提示词。

提示词

上述是电商行业大学毕业生的求职情况，请你帮我做出横轴是工作地点，纵轴是招聘量的柱状图形式，再加入招聘量的环比变化率的折线图。

生成结果

生成结果如图 4-40 所示。

代码生成：已完成

结果

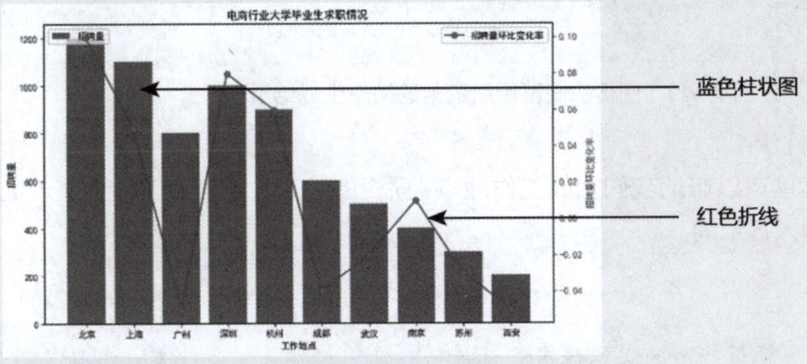

这是根据您提供的电商行业大学毕业生求职情况数据制作的数据可视化图表。图表中，横轴表示不同工作地点，纵轴左侧表示招聘量，以蓝色柱状图展示；纵轴右侧表示招聘量环比变化率，以红色折线图展示。通过这个图表，您可以直观地看到不同城市的招聘量及其变化情况。

图 4-40　数据可视化生成结果

实现技巧 2　剖析蕴含信息

从人工智能的生成结果我们可以看到，人工智能的智能在于不仅能帮你画图，还能帮你剖析数据背后所蕴含的信息。

提示词

帮我分析为什么上海在 6 月的环比增长率会这么高？以及为什么西安的招聘量那么低？

生成结果

生成结果如图 4-41 所示。

上海 6 月招聘量环比增长率高的原因

1. 学生大量毕业：
- 6 月份是大学生毕业的高峰期，大量毕业生涌入就业市场，导致就业竞争激烈，同时企业也增加了招聘量以吸纳新鲜血液。

2. 招聘高峰期：
- 虽然 6 月份是毕业季，但也是招聘高峰期，许多公司会在这个时候进行校园招聘或社会招聘，以补充新鲜血液。

3. 经济形势好转：
- 根据就业市场景气报告，6 月全国疫情防控形势好转，招聘需求回升，招聘需求人数增加 17.73%，大于求职申请人数增幅，CIER 指数有所回升。

4. 行业差异：
- 不同行业的就业情况差异较大。例如，科技、医疗保健和金融等热门行业可能更容易找到工作机会，这些行业的招聘需求在 6 月有显著增加。

西安招聘量低的原因

1. 经济转型阵痛期：
- 西安经济正处于转型升级的关键时期，传统行业由于技术落后、市场需求变化等因素，增速逐渐放缓，部分企业甚至面临停产、倒闭的困境，这直接导致相关岗位大幅缩减。

……

图 4-41 剖析数据背后所蕴含的信息生成结果

技能拓展 1 生成柱状图

进一步地，人工智能可以帮助我们生成工作地点 / 薪资的关系柱状图，以便更直观地分析，使用原来的数据表格输入提示词。

提示词

上述是电商行业大学毕业生的求职情况，请你帮我做出横轴是工作地点，纵轴是薪资的柱状图形式，再加入招聘量的环比变化率的折线图。

生成结果

生成结果如图 4-42 所示。

结果

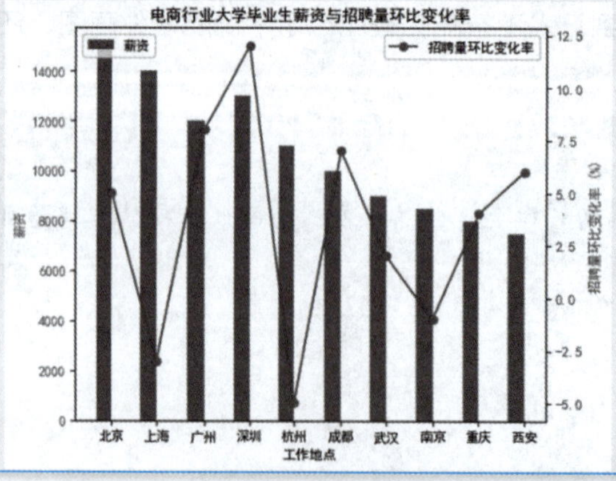

图 4-42 生成工作地点 / 薪资关系柱状图生成结果

这是根据您提供的数据制作的图表。横轴表示不同工作地点，纵轴左侧表示薪资，以柱状图形式展示；纵轴右侧表示招聘量的环比变化率，以折线图形式展示。通过这个图表，您可以直观地比较不同城市的薪资水平和招聘量的变化情况。

图 4-42　生成工作地点 / 薪资关系柱状图生成结果（续）

技能拓展 2　生成折线图

另外，不单单是柱状图，任意形式都可以画，才能叫作人工智能，例如图 4-43 所示的折线图。

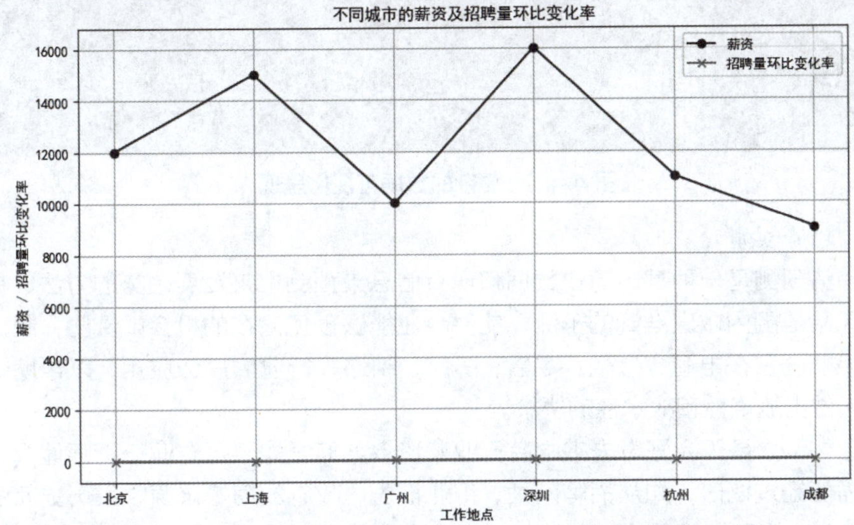

图 4-43　人工智能生成折线图生成结果

还可结合政策行情，分析上图中 2023 年比 2022 年薪资上涨的原因，如图 4-44 所示。

图表显示了2022年和2023年中国主要城市的平均月薪情况，通过红色和蓝色线条分别代表了这两年的数据。可以观察到，所有城市的薪资从2022年到2023年都有所增长。

2022年与2023年的趋势分析

从2022年到2023年，各城市薪资的普遍上涨可能由以下几个因素导致：

- **经济恢复与增长**：随着经济从全球性事件（如COVID-19大流行）的影响中恢复，企业表现改善和劳动力需求增加通常会导致薪资上涨。
- **通货膨胀与生活成本调整**：生活成本的上升往往需要通过薪资调整来维持工人的购买力。这里看到的调整可能部分反映了这种经济因素。
- **劳动市场动态**：随着关键行业对熟练工人需求的增加，具有重要行业的城市可能会经历更大的薪资增长，以吸引和留住人才。

各城市之间增长率的差异可能反映了地区经济发展、行业焦点和当地劳动市场条件的区域差异。例如，技术中心或金融中心的薪资增长速度可能比专注于制造业或其他传统行业的地区更快。

图 4-44　人工智能分析生成可视化折线图－生成结果

大家想想，如果是人工绘制图形，可以怎么做？人工进行数据可视化的方法和工具主要有Excel、Tableau、Power BI 等，提供了强大的图表功能，如条形图、折线图、饼图等，如图 4-45 所示。但是需要专业知识支撑，并熟练掌握这些工具的使用方法才行。“人工智能生成内容”可以自动从数据集中生成图表，极大地提高了工作效率，自动化过程减少了人为错误，确保了数据可视化的准确性。另外，“人工智能生成内容”工具通常设计得具有用户友好的特点，意味着即使没有数据科学背景的用户也可以创建复杂的数据可视化图表，这种低门槛访问性使得更多人能够利用数据做出信息化决策。

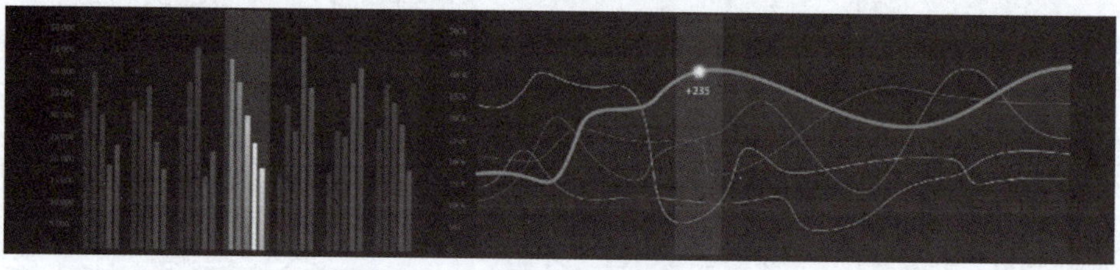

图 4-45　复杂的数据可视化呈现

步骤 5　趋势预测

视频

趋势预测

趋势预测是一种基于历史数据和现有信息来预测未来发展趋势的方法，其目标是在可控风险范围内做出准确的预测，使得企业能够预见潜在的机会或威胁，制定相应的计划和策略。它在电商、金融、零售、医疗、制造等行业中广泛应用，以帮助企业、政府和个人做出战略性和战术性的决策。

比如，你是否会好奇未来电商行业薪资会如何？如果是专业分析师他会怎么做？首先他需要经过调研，如从招聘网站、行业报告、政府数据等来源收集历史薪资数据，包括职位、经验、技能和地区等变量，利用一些统计模型进行分析，找出影响薪资的关键因素，如行业增长、经验水平、技术技能等。是不是很复杂？

实现技巧 1　趋势预测

真实专业分析师就在你身边！想要让人工智能帮你预测 2025 电商行业平均薪资，你可以上传前面的电商薪资数据表，然后让人工智能帮你分析。

提示词

基于上述趋势，结合近些年国家在电商行业发布的政策，帮我预测 2025 的电商行业平均薪资。

生成结果

人工智能会结合国家政策、先前的行情、整体经济情况等进行合理估计，如图 4-46 所示。

根据表格中的数据，我们可以看到各城市电商行业的招聘量和薪资水平的变化情况。从整体来看，大多数城市的招聘量都有所增加，且薪资水平也有所提高。

首先，我们观察到北京、上海和深圳这三个一线城市的招聘量增长最为显著，其中北京的招聘量增长了 59.60%，上海的招聘量增长了 128.70%，而深圳的招聘量增长了 62.70%。这些数据显示了一线城市对电商人才的需求持续上升。

图 4-46　人工智能预测 2025 电商行业平均薪资生成结果

其次，杭州作为新一线城市代表，其招聘量也呈现出明显的增长态势，达到了 112.20%。这表明随着互联网经济的发展和新零售模式的兴起，二线及以下城市也在积极吸引电商人才。

再次，成都、武汉等中部地区城市的招聘量也有不同程度的提升，如成都增长了 57.60%、武汉增长了 64.60%。这说明随着国内消费市场的不断扩大和中西部地区经济的快速发展，这些城市也开始重视电商人才的引进与培养。

最后，西安作为一个西部重要城市，虽然绝对数值较低，但增长率高达 103.20%，显示出强劲的增长势头。

综合以上分析，考虑到近年来国家对电商行业的支持力度不断加大，以及消费者购物习惯的转变，预计到 2025 年，我国电商行业的平均薪资将会继续稳步上涨。具体涨幅将取决于多种因素，包括宏观经济形势、市场竞争状况、技术进步速度等。然而，可以肯定的是，随着行业的发展和成熟，高薪职位将会越来越多地涌现出来，为求职者提供更多的机会和发展空间。

图 4-46　人工智能预测 2025 电商行业平均薪资生成结果（续）

技能拓展 1　前景预测

想入行但不知哪个行业更有前景？输入你的疑问，让人工智能帮你预测。

提示词

请你帮我预测 2025 年电商行业中的哪些细分领域会更有前景，请给我一些理由。

生成结果

人工智能会考虑当前大众消费趋势、技术发展、经济情况等进行智能预测，如图 4-47 所示。

根据当前电商行业的发展趋势和政策支持，以下是 2025 年电商行业中更具前景的几个细分领域及其理由：

1. 跨境电商

- 理由：
  （1）政策支持：近年来，国家出台了多项政策支持跨境电商的发展，例如《关于推动外贸稳规模优结构的意见》提出要推动跨境电商健康持续创新发展，并鼓励建设跨境电商综合试验区。
  （2）增长数据：2023 年，中国跨境电商出口额达到 1.83 万亿元，同比增长 19.6%，远超整体外贸增速。2024 年前三季度，跨境电商进出口总额达 1.88 万亿元，同比增长 11.5%。
  （3）全球化趋势：随着中国企业加速品牌出海，跨境电商成为拓展海外市场的重要渠道，品牌运营和柔性供应链能力成为竞争焦点。
- 前景：跨境电商将继续成为外贸的重要增长引擎，预计 2025 年将保持高速增长，特别是在品牌出海和海外仓建设方面。

2. 直播电商

- 理由：
  （1）消费者行为变化：直播电商通过实时互动和沉浸式体验，满足了消费者对即时性和互动性的需求，尤其在年轻消费群体中广受欢迎。
  （2）技术驱动：随着 AI、VR 等技术的应用，直播电商的体验将更加丰富，例如虚拟主播、3D 商品展示等。
  （3）政策引导：国家鼓励数字经济与实体经济融合，直播电商作为新零售模式的重要组成部分，得到了政策层面的支持。
- 前景：预计 2025 年直播电商将继续扩大市场份额，特别是在下沉市场和高端商品领域。

图 4-47　人工智能预测哪个行业更有前景生成结果

3. 社交电商

• 理由：

社交属性增强：通过社交网络分享和裂变营销，社交电商能够有效降低获客成本，提高用户黏性。

图 4-47 人工智能预测哪个行业更有前景生成结果（续）

任务小结

本任务围绕“使用生成式人工智能辅助处理岗位信息”展开，系统介绍了人工智能在数据处理全流程中的应用。涵盖五大核心环节：数据处理中，借助生成式人工智能工具快速清理无效条目，显著提升效率并降低人工错误；数据分类阶段，通过自然语言指令实现精准分类，甚至支持“相近语义”的智能归类，解决传统手动筛选的烦琐问题；数据挖掘环节，利用生成式人工智能分析岗位薪资、地点、强度等维度，揭示行业趋势与潜在规律，辅助决策；数据可视化部分，通过输入结构化指令，生成式人工智能自动生成柱状图、折线图等图表，直观呈现数据关系，并结合政策与行情解读深层信息；趋势预测中，生成式人工智能基于历史数据与多源信息，预测行业薪资及发展前景，提供前瞻性洞察。整个流程凸显了生成式人工智能在自动化处理、语义理解、智能分析及可视化生成方面的优势，帮助用户高效完成从数据清洗到决策支持的全链路任务，尤其适用于海量数据场景，为个人职业规划与企业战略制定提供了强有力的技术支撑。

任务拓展

请完成任务拓展，如图 4-48 所示。生成汽车销量表如图 4-49 所示。

视 频

任务拓展

题目描述

以下是某段时间中国汽车销量表格（图4-72），请你运用上述方法将其绘制为柱形图、折线图等形式，并预测今年的销量。

具体任务

图表绘制	任务	将提供的汽车销量表格整理为结构化数据。
	要求	图表需包含标题、坐标轴标签、图例，柱形图突出品牌对比，折线图展示时间趋势。
销量趋势分析	任务	基于历史数据建立预测模型，预测今年汽车销量。
	要求	1.预测2025年各品牌汽车销量。 2.分析此销量预测的依据和合理性。

图 4-48 任务拓展

品牌	车型	2023年12月	2022年12月	同比	2023年1-12月累计	2022年1-12月累计	同比
Tesla	Model Y	62,158	35,750	73.90%	646,845	455,091	42.10%
BYD Auto	Qin PLUS	44,660	23,149	92.90%	455,863	315,281	44.60%
BYD Auto	Song PLUS	50,725	-	-%	427,071	-	-%
BYD Auto	Yuan PLUS	41,015	29,468	39.20%	412,202	202,058	104.10%
BYD Auto	Dolphin	36,514	26,074	40.00%	367,419	205,417	78.90%
VW	Lavida	42,203	33,887	24.50%	351,931	376,627	-6.60%
Tesla	Model 3	31,981	20,046	59.50%	300,897	255,774	17.60%
BYD Auto	Seagull	50,525	-	-%	280,217	-	-%
VW	Sagitar	20,590	35,329	-41.70%	280,029	236,142	18.60%
Haval	Haval H6	25,138	19,443	29.30%	273,274	288,083	-5.10%

图 4-49　汽车销量表

巩固与提高

1. 在数据处理阶段，生成式人工智能的主要作用是（　　）。（单选题）
   A. 手动筛选无效条目
   B. 自动清理冗余数据（如“待定”“面议”）
   C. 生成复杂可视化图表
   D. 预测未来行业薪资

2. 数据分类环节，生成式人工智能相比传统 Excel 筛选的核心优势是（　　）。（单选题）
   A. 需要手动输入分类标准　　B. 仅支持完全相同的条目分类
   C. 可识别“语义相近”条目智能分类　　D. 分类速度较慢但更精准

3. 趋势预测阶段，生成式人工智能主要依赖的数据来源是（　　）。（单选题）
   A. 用户个人社交媒体数据　　B. 历史数据与经济、政策等多源信息
   C. 随机生成的模拟数据　　D. 单一招聘平台的实时数据

4. 数据可视化中，生成式人工智能可生成的常见图表类型包括（　　）。（多选题）
   A. 柱状图　　B. 折线图
   C. 散点图　　D. 思维导图

5. 数据挖掘可能揭示的岗位信息维度包括（　　）。（多选题）
   A. 行业薪资分布　　B. 工作地点偏好
   C. 用户个人隐私　　D. 潜在行业风险与机遇

6. 生成式人工智能在数据处理中的优势包括（　　）。（多选题）
   A. 高速度处理海量数据　　B. 完全依赖人工操作
   C. 支持自然语言指令理解　　D. 仅适用于简单数据清洗

单元 5

生成式人工智能创作能力的应用

本单元内容聚焦生成式人工智能在创意设计领域的革新实践，通过多模态技术赋能艺术创作全流程，探索人机协同的智能化创作范式。围绕“科技赋能美学”核心理念，设计三大递进任务，涵盖视觉设计、音乐制作与影视创作三大方向，引导学生掌握生成式工具的核心技能与行业应用逻辑。

任务 5.1　使用生成式人工智能创作新国潮主题海报。运用“即梦 AI”绘图工具，通过提示词优化、局部重绘与多图融合技术，完成新国潮主题海报设计，突破传统视觉范式，实现传统文化与数字美学的深度融合。

任务 5.2　使用生成式人工智能创作国风短视频配乐。依托“海绵音乐”人工智能作曲平台，结合唐诗《锦瑟》进行歌词改编与曲风适配，打造兼具文化底蕴与传播效能的短视频配乐，掌握智能作曲的跨模态生成能力。

任务 5.3　使用生成式人工智能生成城市记忆微纪录片。以“可灵 AI”为核心工具，通过结构化脚本生成、历史场景复原与多轨道剪辑技术，创作城市记忆微纪录片，探讨数字技术对文化遗产的保护与重构价值。

读者通过本单元内容的系统训练，将掌握生成式人工智能在草图生成、迭代优化与细节修正中的关键技术，理解人机协作的底层逻辑，培养跨学科创作思维，为广告设计、影视制作、文化传播等领域提供高效、创新的解决方案。

任务 5.1　使用生成式人工智能创作新国潮主题海报

学习目标

- 理解生成式人工智能在数字绘图中的核心功能，包括掌握提示词规则、图像生成、细节扩展等。
- 能够利用生成式人工智能工具快速生成概念草图，即通过文本或简单输入构建创作框架，实现创意初步可视化。
- 能够利用生成式人工智能工具进行精细化操作，扩展图像细节以增强作品层次，平衡整体与局部的艺术表现。

- 能够运用生成式人工智能技术突破创意瓶颈，维持多元素作品的视觉一致性，解决绘图中的常见问题。
- 通过生成式人工智能工具进行参数调试，优化视觉逻辑，调整画面构图与色彩搭配，强化画面美感和信息传达效率。
- 结合生成式人工智能技术重构创作流程，实现从构思到成稿的效能跃升。

任务描述

视 频

任务描述与分析

为配合某品牌“东方新韵”系列口红新品上市，现启动国潮主题视觉企划，如图 5-1 所示。作为一名平面设计师，现要求使用构建东方美学基因与数字未来感的视觉语言，设计一组兼具传统文化底蕴与数字科技感的国潮主题海报，突破传统设计范式，体现品牌“科技赋能传统美学”的核心主张。

本任务将尝试使用生成式人工智能工具进行新国潮主题海报制作。

图 5-1　新国潮主题海报设计

任务分析

本任务将深入探讨生成式人工智能在绘图中的应用。读者通过具体的案例和实际操作，能够理解和掌握生成式人工智能的绘图技巧。任务可通过以下三个步骤实现：草图生成→迭代优化→细节处理，如图 5-2 所示。

草图生成： 首先，根据海报主题风格、视觉元素及传播目标等设计要求，输入相关提示词，并根据海报的用途或者上传平台的要求，对海报的输出参数进行精细化配置，如选择生图模型、图片比例及尺寸等，最终输出草图。

迭代优化： 根据草图效果，明确风格关键词或更换模型，增加核心词权重或简化描述，结合设计原理进行分析，筛选符合品牌调性的元素。通过迭代优化提示词，多轮调整构图比例与视觉动线，反复生成，逐步接近理想效果。

细节处理： 选定相对符合预期的图片，对内容进行局部元素的修改或者进行相关文字的替换。确保视觉结构层次分明，核心主题突出醒目，从而打造出兼具美学价值与传播效能的设计作品。

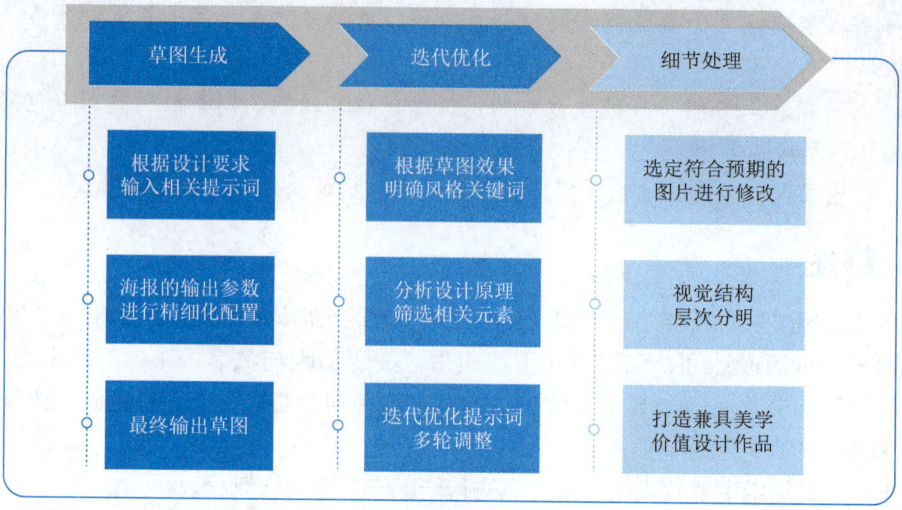

图 5-2 任务分析

任务实施

绘图是一项充满挑战的创作过程，尤其在构思大量精细画面时，生成式人工智能技术为创作者提供了全新的可能性。通过智能算法解析构图规律与视觉语义，快速生成兼具艺术性与完整度的画作基底，实现创作效率与美学品质的双重跃升。

“即梦 AI”文生图依托前沿生成算法，支持国风、赛博朋克等多种风格，智能解析关键词生成高清图像。无论小说场景具象化、电商创意设计，还是艺术灵感捕捉，都能实现“所想即所见”。接下来，将深入了解人工智能工具（即梦 AI）如何帮助我们快速创造出高水准的图片，如图 5-3 所示。

图 5-3 “即梦 AI”首页

步骤 1　草图生成

在左侧导航栏找到“图片生成”，单击进入文生图界面，如图 5-4 所示。

视 频

草图生成

图 5-4　“即梦 AI”图片生成界面

“即梦 AI”包含 Seedream 模型和图片 XL Pro 模型两种，如图 5-5 所示。目前 Seedream 模型已经升级到 3.0 版本。

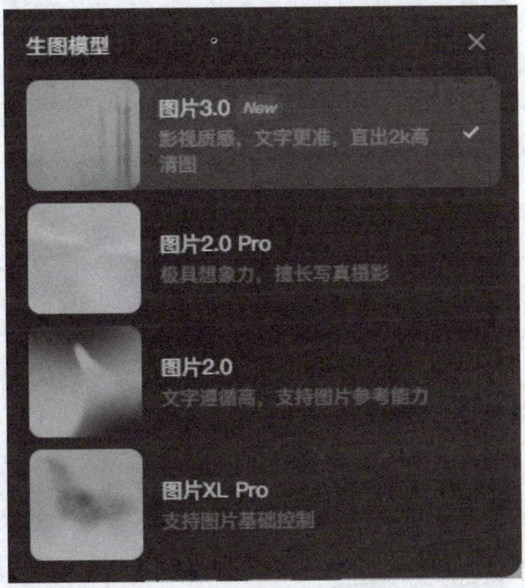

图 5-5　文生图模型

先根据海报设计要求直接提取关键词，在界面左上角输入提示词内容。

提示词

新国潮口红电商海报，兼具传统文化底蕴和数字科技感。

选择生图模型“图片 3.0”，清晰度选择“标清 1K”。再根据要求选择图片比例为“2∶3”，图片尺寸则会根据比例自动显示，如图 5-6 所示。

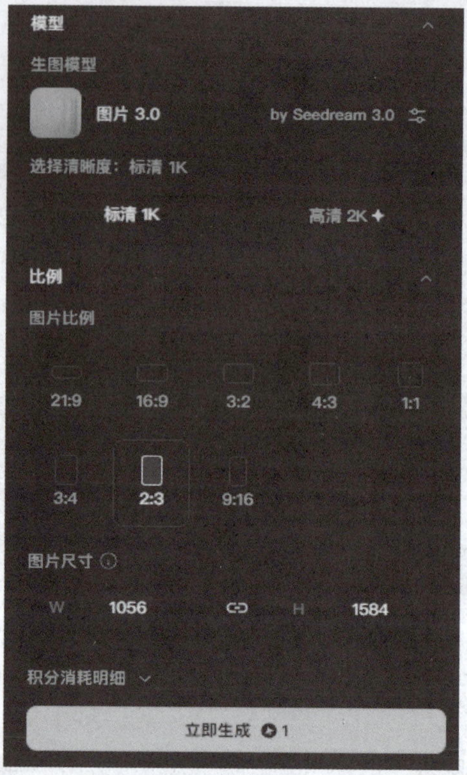

图 5-6　参数设置界面

生成结果

单击“立即生成”按钮后，生成结果如图 5-7 所示。

图 5-7　直接提取关键词生成结果

可以看到人工智能工具根据提示词生成了四张图片，输出结果存在较大的不可控性。这四张图片不论从风格样式、构图、配色方案上来看，都是截然不同的。

这种产出差异源于生成式人工智能的底层运作机制——多模态模型。它会将文本提示拆解为数百个潜在特征向量。在缺乏具体约束的情况下，系统会随机组合风格要素库中的视觉语素。这提示我们，与人工智能协作的本质是建立精确的视觉语言对话机制，将创作意图转化为算法可解析的参数化指令。

步骤 2　迭代优化

在完成了第一步的基础草图生成体验后，将进入更具策略性的提示词优化阶段。这个进阶过程要求创作者从被动接收人工智能输出，转变为主动引导创作方向，通过精准的语义控制和结构化描述框架，逐步缩小生成结果与创作愿景之间的差距。

交互H5

迭代优化

实现技巧 1　提示词公式

提示词的具体性直接决定了生成图像的精准度与可控性。提示词应尽可能包含主体描述、场景描述、艺术风格、元素、配色、字体、构图语言等细节。可以利用提示词公式“主体 + 背景 + 风格 + 情感 + 细节”来对画面进行更细致的描绘。

（1）主体：指图像中的主要元素，如人物、动物、物体等。

（2）背景：指图像的场景以及周围的环境，如森林、城市、房间等。

（3）风格：描述图像的艺术风格，如插画、赛博朋克、剪纸、摄影等。

（4）情感：描述图像的整体氛围与情感，如梦幻的、写实的、浪漫的等。

（5）细节：描述图像应出现的元素，或指定配色，或标题文字，或构图语言等。

接下来根据提示词公式，对新国潮风主题口红海报进行提示词优化，使得人工智能工具能够更精准把控创作者的意图。

提示词

主体：浮雕烫金九色鹿纹样的口红。

背景：发光的科技感彩色山脉，中间是圆形科技感展台。

风格：岩彩壁画风格。

情感：时尚高贵。

细节：敦煌飞天飘带环绕，忍冬纹烫金描边，哑光膏体特写，如矿物颜料质感，搭配“丝路遗韵”书法标题。

生成结果

生成结果如图 5-8 所示。

图 5-8　提示词公式生成结果

可以看出，新生成的四张图片不论是风格还是构图方面，都具有非常高的相似性。更细致的文字描述能为图像生成提供精准的视觉坐标。具体说明场景元素、对象属性、风格参数及氛围要素，可有效提升生成系统对语义的解析精度。细节越丰富，人工智能就越能建立多层级的视觉特征关联，在构图合理性、光影层次、风格统一性等维度减少随机性偏差。

技能拓展 1 创作童话故事场景

除了生成电商海报，还可以试着创作童话故事场景。如果直接输入“一个手持蒲公英的鹿角少女”，生成的图像效果如图 5-9 所示。

图 5-9 鹿角少女生成结果

显然，生成的图像都是符合提示词的。但是它出现了不同的艺术风格、镜头语言、时间节点等。利用提示词公式对提示词进行优化。

提示词

主体：手持蒲公英的鹿角少女。
背景：发光的蘑菇森林，萤火虫环绕的树屋。
风格：吉卜力动画风格。
情感：温暖治愈的梦幻感。
细节：树屋透出暖黄色的灯光，整个场景增加柔光滤镜和星尘效果。

生成结果

生成结果如图 5-10 所示。

图 5-10 鹿角少女优化生成结果

实现技巧 2　利用人工智能来生成提示词

人类认知存在局限性，面对复杂图像时可能忽略细节或缺乏专业术语。而人工智能通过海量数据训练，可精准识别图像元素、分析构图规律并生成专业描述。“即梦 AI”文生图已正式接入 DeepSeek 模型，可以协助创作者更好地完善提示词。

接下来将演示如何利用人工智能来生成符合要求的提示词。单击“DeepSeek-R1”大模型，把海报设计的关键要求输入给人工智能，让它生成一段更为专业的提示词，如图 5-11 所示。

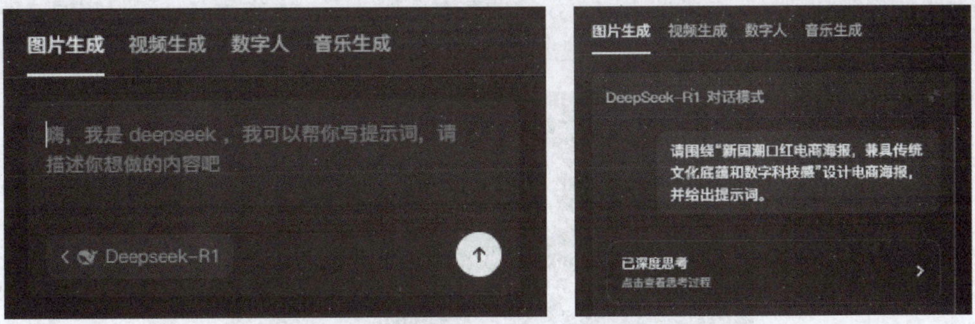

图 5-11　利用 DeepSeek 生成提示词

等待 DeepSeek 进行深度思考后，它会给出几段不同的提示词。可以根据创作者的要求选择最符合的一段提示词进行“立即生成”。

提示词

立体旋转的敦煌藻井纹口红管，管身环绕动态粒子构成的飞天侍女，背景暗金科技网格与岩彩祥云融合，赛博朋克水墨风，顶光照射，膏体呈现矿物质结晶纹理，标题”霓裳羽衣”采用全息悬浮字体。

生成结果

生成结果如图 5-12 所示。

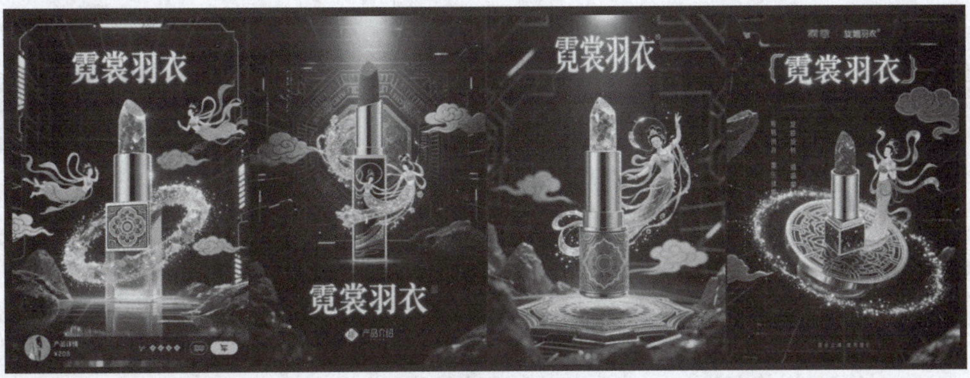

图 5-12　DeepSeek 推荐生成结果

DeepSeek 的多轮对话机制为创作者提供了动态优化支持，当初始提示词未达预期时，创作者可通过渐进式补充设计细节，引导人工智能持续优化提示方案，直至完全契合创意构想。这种交互式设计流程实现了人机协同的精准共创，有效缩短从概念到落地的创作路径。

人机协作模式中，人类提供审美判断和逻辑框架，人工智能工具补充客观分析和数据支撑，二者结合能显著提升图像解译的准确性与信息密度，实现认知边界的突破。

技能拓展 2　利用 DeepSeek 快速生成表情包

DeepSeek 作为一个具备强大的智能问答和多模态交互能力的人工智能大模型，它拥有深度学习能力和自然语言处理技术，能够理解用户的需求并提供个性化且精准的解决方案。接下来，将演示如何利用 DeepSeek 快速生成表情包。

当对表情包的细节没有过多要求时，仅需要在对话模式下输入主体名称和限定词“表情包”即可。如输入“毛绒绒豆荚表情包”，单击“DeepSeek-R1”等待反馈结果，如图 5-13 所示。

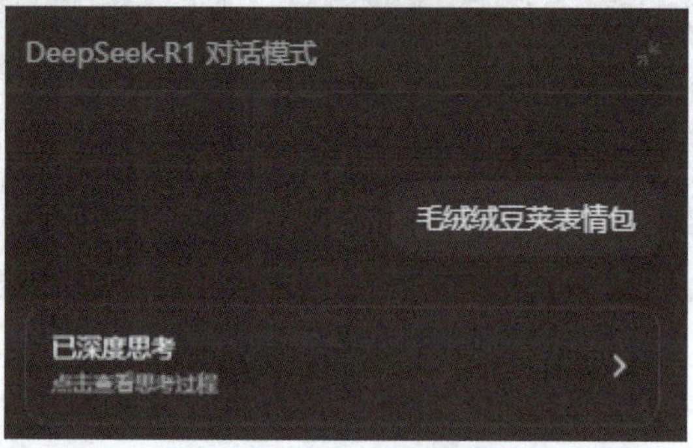

图 5-13　与 DeepSeek 对话

短短几秒后，它根据自己的思考给出了相关提示词。

提示词

Q 版毛绒豆子表情包九宫格，展示惊讶 / 大笑 / 流泪等 9 种动态豆荚表情，豆体覆盖渐变抹茶色短绒毛，搭配摇晃的豆苗头饰，四肢做出点赞、挥手姿势，浅绿色马卡龙色背景。

生成结果

单击“立即生成”，等待生成结果如图 5-14 所示。

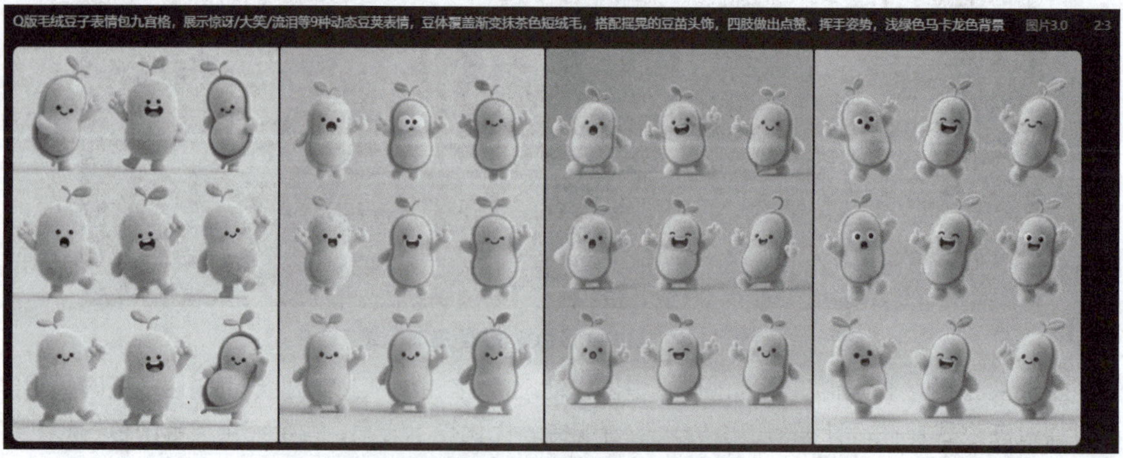

图 5-14　毛绒豆子表情包生成结果

实现技巧 3　利用参考图连接文本描述

在文生图功能中，纯文本生成依赖于模型对文字的理解和想象，易受语义歧义或抽象概念限制，输出结果可能偏离预期。而有参考图可通过视觉特征提供精准指引，增强生成图像的细节还原度和风格可控性。参考图能有效降低创作门槛，尤其在复现特定场景、艺术风格或复杂元素时，可大幅提升生成内容与用户需求的一致性，减少反复调试成本，是连接文本描述与视觉呈现的重要桥梁。

下面将通过分步操作演示如何利用参考图锚定文本描述的关键特征，实现人工智能绘图效果精准控制。

在左上角选择“导入参考图”，导入具有一定参考意义的图片，并选择参考图片的维度。这里选择“风格”维度，调整参考强度为“80”，单击“保存”按钮，如图 5-15 所示。

图 5-15　设置参考图参数

然后，再输入同样的提示词，保持其他参数不变，如图 5-16 所示。

提示词

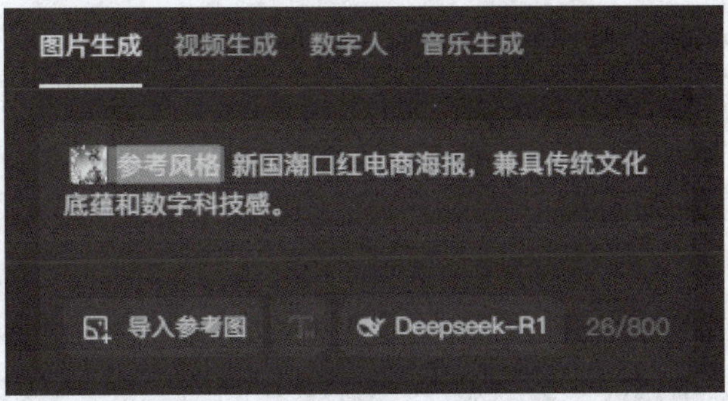

图 5-16　利用参考图强化提示词

单击“立即生成”，即可得到生成结果，如图 5-17 所示。

生成结果

图 5-17　利用参考图强化生成结果

通过对比观察可见，生成图像与参考图在细节还原度和风格一致性方面的差异显著缩小。通过视觉参考与文本描述的协同优化，人工智能绘图输出效率有效提升。

技能拓展 3　选择多种图片维度

导入参考图片时，可以选择多种参考的图片维度，如“主体”、“人像写真”、“角色特征”、“风格”、“边缘轮廓”、“景深”和“人物姿势”等。接下来，通过具体案例进行示例讲解。

可以利用参考图的“智能参考”选项，对图片进行整体的把控，具体描述需要修改的地方，如改变场景、造型、风格等。例如选择这张父女在篮球场传球的图片作为智能参考，如图 5-18 所示。

选择“智能参考”，调整参考强度。单击“保存”按钮。然后在提示词框中输入想要修改替换的内容，如图 5-19 所示。

图 5-18　智能参考（父女在篮球场传球）

提示词

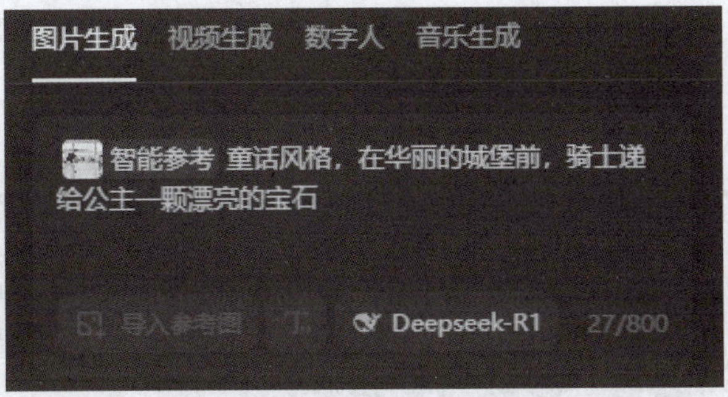

图 5-19 智能参考提示词

单击“立即生成”，就可以得到四张在城堡面前有一位骑士将宝石献给公主的图片，如图 5-20 所示。可以看出，新生成的图片在参考画面构图的同时，实现了创作者的修改要求。

生成结果

图 5-20 智能参考生成结果

可以选择参考图的“主体”维度，尽量保留主体部分的同时，实现背景的替换。例如选择一张盛放牛奶的玻璃器皿图片作为主体参考，如图 5-21 所示。

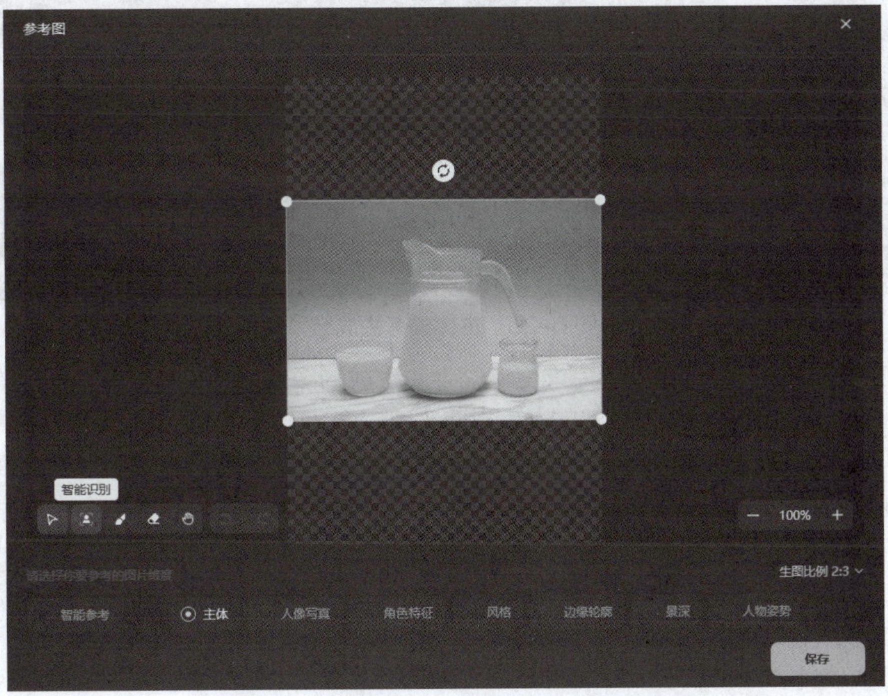

图 5-21 主体参考（盛牛奶的玻璃器皿）

选择“主体”维度，单击“智能识别”，会自动选中主体部分。也可以利用“画笔”或“橡皮擦”工具，对已选中的主体部分进行细节调整。确认完全选中主体后，单击“保存”按钮。然后在提示词框中输入修改的内容，如图 5-22 所示。

提示词

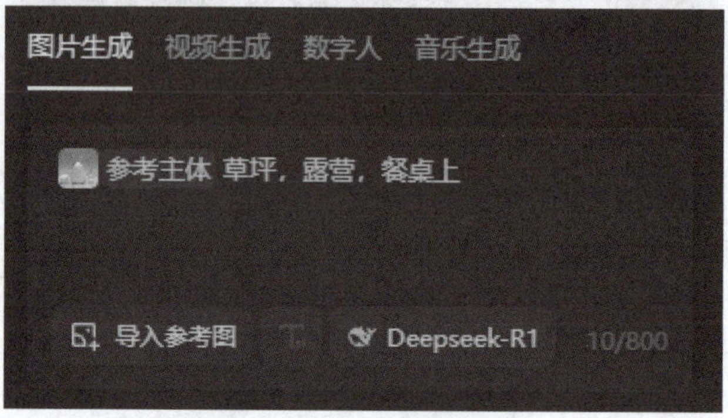

图 5-22　主体参考提示词

生成结果

单击“立即生成”，就可以得到四张在草地露营时放置在餐桌上的牛奶的图片，如图 5-23 所示。可以看出，新生成图片中的牛奶与参考图十分相似，并且与周围环境非常和谐地融合在一起。

图 5-23　主体参考生成结果

可以选择参考图的“人像写真”维度，这会使生成的图像人物长相与参考图非常相似，实现人脸的替换。例如选择一张戴眼镜的女生正面照图片作为人像写真参考，如图 5-24 所示。

选择“人像写真”维度，会自动识别并框选中人脸。单击“保存”按钮。然后在文字框中输入一个单人场景的描述，如图 5-25 所示。

图 5-24　人像写真参考（戴眼镜的女生）

提示词

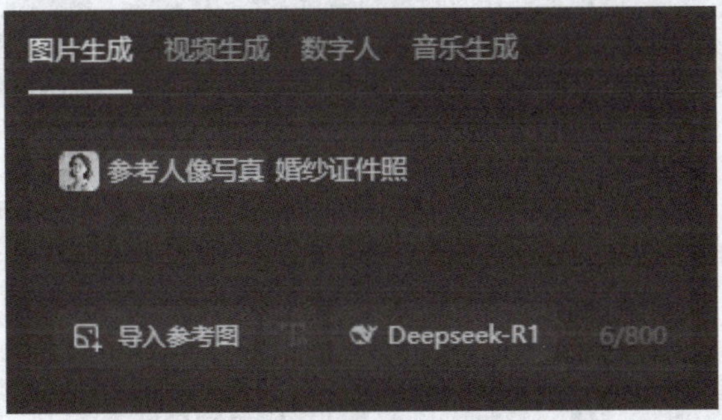

图 5-25　人像写真参考提示词

单击“立即生成”，就可以得到四张不同造型的女生婚纱照，如图 5-26 所示。可以看出，婚纱照的女生都戴了同一副眼镜，样貌特征均较大程度上被保留。

生成结果

图 5-26　人像写真参考生成结果

可以选择参考图的“角色特征”维度，这能够最大程度地保留角色的辨识度，实现人物角色的统一，为人物故事的二次创作提供有力的支撑。例如选择一张电影《哪吒》中东海龙王三太子敖丙的全身照图片作为角色特征参考，如图 5-27 所示。

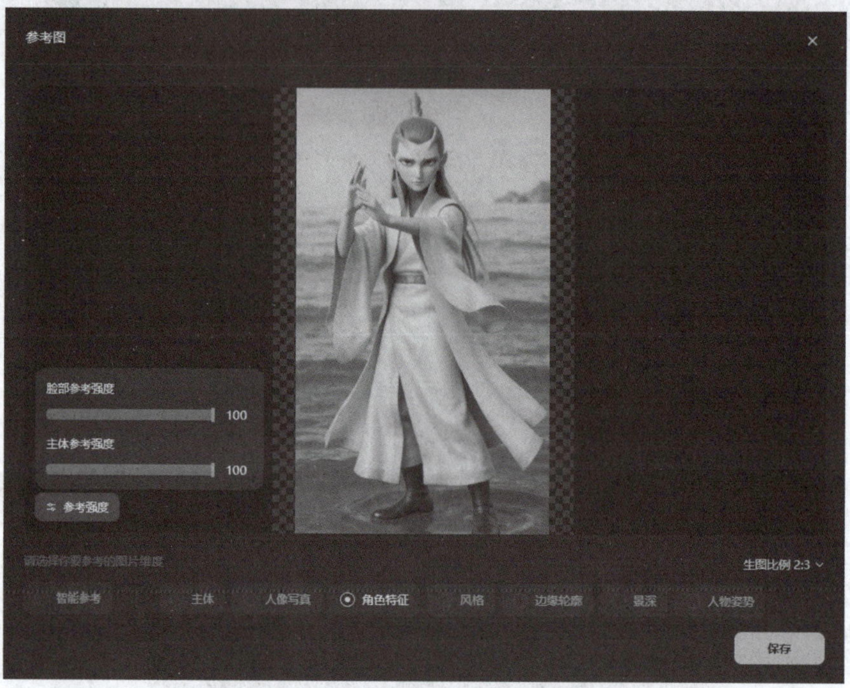

图 5-27　角色特征参考（《哪吒》之敖丙）

选择“角色特征”维度，调整脸部和主体参考强度都为“100”。单击“保存”按钮。然后在文字框中输入二次创作的场景描述，如图 5-28 所示。

提示词

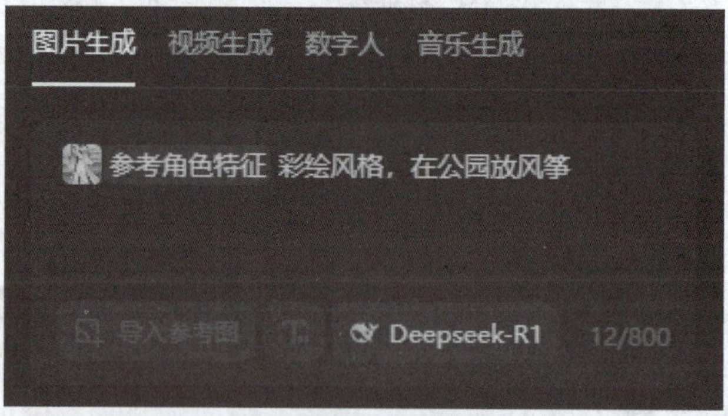

图 5-28　角色特征参考提示词

生成结果

单击“立即生成”，就可以得到四张敖丙在公园放风筝的图片，如图 5-29 所示。可以看出，不管是人物细节的把控，还是艺术风格的转化，都非常准确地复刻了角色特征。

图 5-29　角色特征参考生成结果

提示词多次优化迭代显著提升人工智能图像生成准确度。生成模型对自然语言的理解存在偏差，初始提示词往往无法精准传达复杂需求。通过逐次调整关键词权重、补充细节描述，如光影、材质、构图比例等，可逐步缩小语义鸿沟。这种迭代过程本质是建立人机共识语言体系，使生成结果更贴合创作意图，同时减少重复生成的时间与经济成本。

综上所述，提示词的构建在数字绘画领域尤为关键。通过精准的绘画指令设计，创作者能高效激发灵感，有效突破构图瓶颈和风格选择困难。实践表明，当提示词包含具体技法参数、明确风格指向以及精准色彩描述等，人工智能绘画工具生成的画面在构图完整度、光影层次感和细节丰富性方面均有显著提升。这种结构化指令设计不仅缩短创作周期，更能帮助画师系统化整理视觉表达逻辑。

步骤 3　细节修改

经过多次迭代优化，最终在多个输出结果中选中最符合创作者预期的图片，进行细节修改。单击喜欢的图片，进入图片详情界面，如图 5-30 所示。

视 频

细节修改

图 5-30　图片详情界面

关于现有海报设计方案，对其整体色调搭配及视觉构图等呈现效果较为认可，但背景略显平淡。想在背景添加赛博朋克的城市提升产品科技质感，所以仍需要对海报进行修改。

如果补充提示词，单击“再次生成”按钮，人工智能只会根据提示词重新生成新的海报，而不是基于现有海报设计方案进行微调。应该如何实现局部元素的修改呢？

实现技巧 1 局部重绘功能

局部重绘是图像编辑和生成式人工智能技术中的一项核心功能，通过最小化修改范围，对图像的特定区域进行精细化修改或重新生成，而无须影响图像其他部分的完整性，极大提升了图像编辑的灵活性与效率。

下面通过使用“局部重绘”功能，实现对海报的背景部分进行科技感设计优化。

在图片详情界面的右侧下方工具栏中，单击“局部重绘”按钮，随即弹出新的界面。在界面左下方单击“画笔”按钮，调整画笔粗细，对背景空白的部分进行涂抹选择。注意避开需要保留的部分，如图 5-31 所示。

图 5-31 局部重绘界面

同理，也可以使用“橡皮擦”工具对多余的选取部分进行取消。然后在提示词输入框中填写对应修改的文案，如“赛博朋克科技感背景”。单击“立即生成”按钮，生成结果如图 5-32 所示。

图 5-32 赛博朋克背景生成结果

技能拓展 1 合并生成一张图片

当拥有两张风格不一样的图片，应该怎么合理运用人工智能工具合并生成一张毫无违和感的图片呢？下面将以插画风格的清明节气图和实拍风格的茶具为例进行实操讲解。

打开“即梦 AI”首页，在左侧导航栏中选择“智能画布”，如图 5-33 所示。

图 5-33　即梦首页面

在“智能画布”界面的顶部单击尺寸，打开“画面调节”窗口。选择画板比例为“4∶3”，生成画布，如图 5-34 所示。

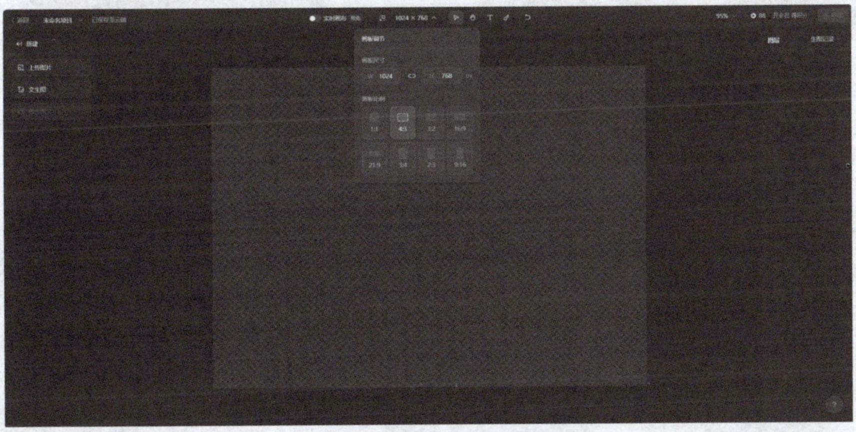

图 5-34　智能画布界面

在左侧导航栏中单击“上传图片”按钮，选择插画风格的清明节气图，如图 5-35 所示。

图 5-35　导入清明节气图

导入图片后发现清明节气图的比例与画布尺寸并不相符，导致图片左右两侧均显示空白状态。因此，需要进行“扩图”操作。

选中清明节气图，在图片上方单击“扩图”按钮。选择扩图比例为“4∶3”。在图片下方的提示词输入框中补充想要修改的内容。如果输入框为空白，人工智能将基于原图自行补充内容。

这里输入“背景补充远山茶园及村落”，单击“扩图”按钮，如图 5-36 所示。

图 5-36　扩图操作

扩图完成后，人工智能会自动生成四张相关图片。如果对生成结果不满意，可以再次生成，或者有针对性地修改提示词。经过优化迭代后，选中生成结果，如图 5-37 所示。

图 5-37　扩图结果

下面可以运用“消除笔”功能将图片多余的元素清除。单击图片上方“消除笔”按钮，可以单击“快速选择”工具，智能框选主体。也可以单击“画笔”或“橡皮擦”工具，调整笔刷粗细，对选中区域进行增加或删减。

这里选中左上角和正下方的文字部分，进行消除，如图 5-38 所示。

通过前后对比，发现文字消除部分非常自然，毫无痕迹，如图 5-39 所示。

再次单击左侧导航栏中的“上传图片”，选择实拍风格的茶具图片，如图 5-40 所示。

图 5-38　消除笔操作

图 5-39　消除结果

图 5-40　导入实拍茶具图片

选中茶具图片进行拖动，摆放至合适的位置，如画布最下方。单击“融图”工具，进入融图界面。单击“选择前景图层”，随即选中应出现在前面的实拍茶具图。再次单击“选择背景图层”，随即选中应作为背景的清明节气图。二者会用不同颜色进行区分。然后在图片下方的提示词输入框中填写想要的色调与光影，如“清新自然”。再在提示词右侧对前景保持程度进行调节，数值越低，色调影响程度越大，如图 5-41 所示。

图 5-41　融图操作

单击“立即融图”按钮，生成结果如图 5-42 所示。可以看到陶瓷瓶的实拍光泽感被明显削弱，茶叶的纹理也消失不见，整个茶具被转换成较柔和的插画风格，与背景融为一体。

图 5-42　融图结果对比

最后，合理运用工具，对细节进行完善，即可导出图片。

通过以上案例实践可知，合理运用人工智能绘图技术，复杂场景构图与多元素融合可在短时间内精准完成。无论是高精度还原参考图的视觉风格，还是快速生成符合描述细节的创意画面，生成式人工智能都能突破传统绘图流程的效率瓶颈，成为视觉创作中兼顾质量与速度的智能协作伙伴。

任务小结

在视觉创作领域，生成式人工智能展现出三项关键技能，这些技能构成了数字艺术创作的核心工具链，能够显著提升创作效率与作品质量。

草图生成： 掌握通过文字描述快速生成基础图像的能力，运用精准的提示词组合突破创作起点难题。这项技能可将抽象概念迅速转化为具象视觉框架，为设计师提供多元化的创作原型，有效解决从零开始的创作焦虑。

迭代优化：学习通过多轮次提示词调整实现图像进化，逐步完善画面构图、风格统一性和艺术表现力。这项技能支持对光影效果、透视关系等专业要素的持续优化，特别适用于商业设计、概念艺术等需要精细打磨的创作场景。

细节修改：运用局部重绘、元素替换等技术实现精准调整，具备修改特定区域而不影响整体结构的控制力。这项技能可针对色彩平衡、材质纹理、人物表情等细节进行微调，确保作品达到专业级视觉标准。

生成式人工智能在视觉创作领域的应用边界正在不断拓展，帮助创作者解锁更高效的数字化创作方式，构建从文字到视觉的完整创作闭环。这些技术革新正在重塑插画设计、广告创意、影视概念等行业的创作流程。

任务拓展

请完成任务拓展，如图 5-43 所示。

视 频

任务拓展

题目描述

利用即梦AI创作一张关于“未来城市景观”的效果图，要求提交阶段对比图、提示词演进日志及200字创作反思，掌握从概念到成品的人工智能视觉创作全流程。

具体任务

1.草图生成	任务	生成3版差异化的未来城市概念草图。
	要求	通过输入灵感关键词，利用Deepseek进行提示词优化，应体现未来城市的核心理念（如生态建筑、立体交通、科技元素等）。
2.迭代优化	任务	制作渐进式效果图演进对比组图。
	要求	基于草图反馈，调整提示词，逐步完善画面构图与风格统一性，优化人工智能常见错误（如透视错误、元素堆砌等）。
3.细节修改	任务	深化审美并输出未来城市景观图终稿。
	要求	运用智能画布功能，对选定优化图进行局部细节调整（如人物活动、材质、图片瑕疵、文字内容等）。

图 5-43　任务拓展

巩固与提高

1. 以下（　　）创作需求最适合使用“草图生成”技能完成。（单选题）

A. 修复老照片的划痕

B. 将文字描述的科幻场景转化为基础构图

C. 调整已有人物画像的肤色

D. 为完成稿添加滤镜特效

2. 迭代优化过程中，以下（　　）提示词调整最有效。（单选题）

A.“让画面更好看”

B.“强化建筑表面的金属反光质感，增加晨雾浓度”

C.“保持原图不变”

D.“随便改改”

3. 以下（　　）属于“细节修改”阶段的必备技能。（多选题）

A. 使用局部重绘工具修正透视　　B. 通过全局提示词改变画面色调

C. 调整笔刷硬度实现边缘融合　　D. 更换整张画布的生成模型

4. 在文生图创作的草图生成阶段，以下（　　）策略有助于提高初始构图质量。（多选题）

A. 使用“主题＋风格＋核心元素＋技术参数”的提示词结构

B. 在提示词中嵌入参考图链接辅助人工智能理解

C. 反复随机生成 20 次以筛选最佳结果

D. 优先设置增强艺术化效果

E. 添加“禁止透视畸变”等约束性指令

5. 生成图像出现元素比例失调时，应优先采用（　　）解决方案。（单选题）

A. 完全重绘整张图像

B. 调整初始提示词的风格权重

C. 使用局部重绘锁定问题区域修正

D. 提高渲染分辨率

任务 5.2　使用生成式人工智能创作国风短视频配乐

学习目标

- 掌握音乐基础要素，如旋律、节奏、曲式、歌词结构等。
- 熟悉不同音乐风格的特征，如古典、爵士、流行、电子等。
- 理解生成式人工智能在音乐创作中的核心功能，包括掌握歌词创作、曲风搭配、音色选择等。
- 能够利用生成式人工智能工具快速创作歌词，即通过输入关键词、风格标签或参考图片，自动构建音乐框架并输出初步创作草稿。
- 融合智能编曲算法重构作曲工程，大幅缩短创作周期，实现批量生产与高效性。

任务描述

视　频

任务描述与分析

随着短视频内容生态的蓬勃发展，国风类作品（如汉服展示、古风剧情、传统手工艺等）亟需兼具文化底蕴与现代传播力的原创配乐。现邀请创作者利用生成式人工智能技术，结合传统音乐元素与创新表达，打造适配短视频场景的国风背景音乐。

本任务将尝试使用生成式人工智能工具，对唐代诗人李商隐的《锦瑟》进行歌词改编，实现短视频国风配乐制作，如图 5-44 所示。

图 5-44　国风短视频

任务分析

本任务将深入探讨生成式人工智能在音乐创作中的应用，通过具体的案例和实际操作，使学生能够理解和掌握生成式人工智能的配乐创作技巧。任务可通过三个步骤实现：歌词创作→风格设置→润色修改，如图 5-45 所示。

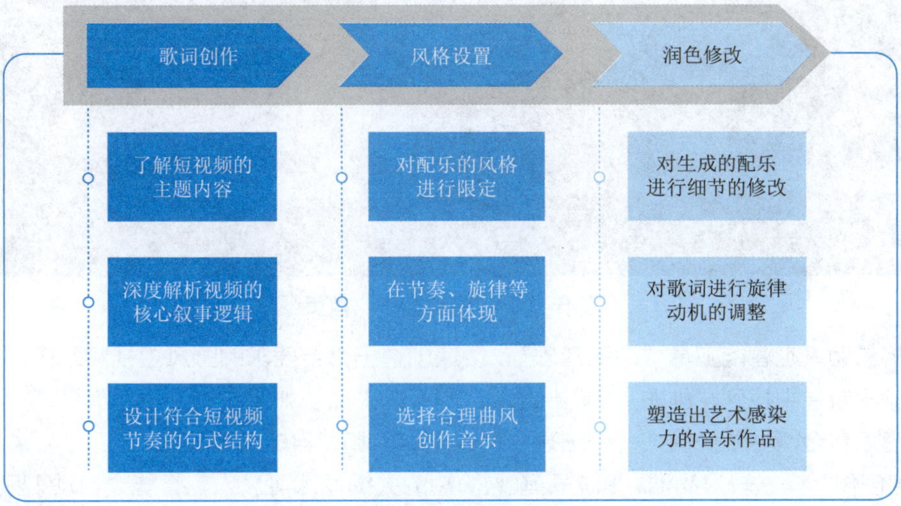

图 5-45　任务分析

歌词创作：首先，要了解短视频的主题内容和情感定位，深度解析视频的核心叙事逻辑与情绪曲线，识别潜在受众的兴趣共鸣点与价值观触点。将这些内容都转化成歌词，并设计符合短视频节奏阈值的句式结构。

风格设置：歌词创作完成后，需要对配乐的风格进行限定。音乐风格的区别主要体现在节奏、旋律、和声、乐器使用、文化背景以及情感表达等方面。合理地选择曲风有助于更精准地创作音乐。

润色修改：最后，对生成的配乐进行细节的修改、整体的升华。比如，对歌词进行旋律动机的调整或歌词意象的置换。确保曲式结构张弛有度，主题乐思贯穿始终，塑造出既具艺术感染力又拥有记忆锚点的音乐作品。

任务实施

配乐创作是一门需要深厚专业素养的艺术领域，而如今生成式人工智能技术正打破这一门槛，使零基础创作者也能自如地表达音乐灵感。通过智能工具对旋律结构、情感节奏的自动化解析与适配，用户无须精通乐理或乐器演奏，即可借助可视化界面将画面情绪转化为契合的声效与旋律，真正释放全民音乐创作的潜能。

“海绵音乐”是由字节跳动公司研发的人工智能音乐创作系统，基于深度学习算法为用户提供定制化音乐生成服务，如图 5-46 所示。该平台在中文音乐创作领域具有突出优势，设有灵感启发与自主创作双模式，可实现歌词旋律智能合成功能。通过内置专业化音乐素材库及创作模组，该平台将复杂的作曲流程简化为可视化操作，使得非专业用户仅需简单交互即可完成个性化音乐作品的创作与编排。

图 5-46 “海绵音乐”首页

下面将借助人工智能工具“海绵音乐”，快速创造出符合要求的国风短视频配乐。

在左侧导航栏中找到“创作”，单击进入定制音乐界面，如图 5-47 所示。

定制音乐包含两种创作模式，分别是“灵感创作”和“自定义写词”。

“灵感创作”模式较为简洁，只需要输入简短的关键词即可。人工智能会自动识别提示词中的内容、情感，一键生成音乐。

“自定义写词”模式更加个性化，可以输入已经创作好的歌词，也可以使用人工智能进行辅助创作，并为其定制曲风、心情、音色等参数，更符合创作者的需求，如图 5-48 所示。

图 5-47　“海绵音乐”定制音乐界面

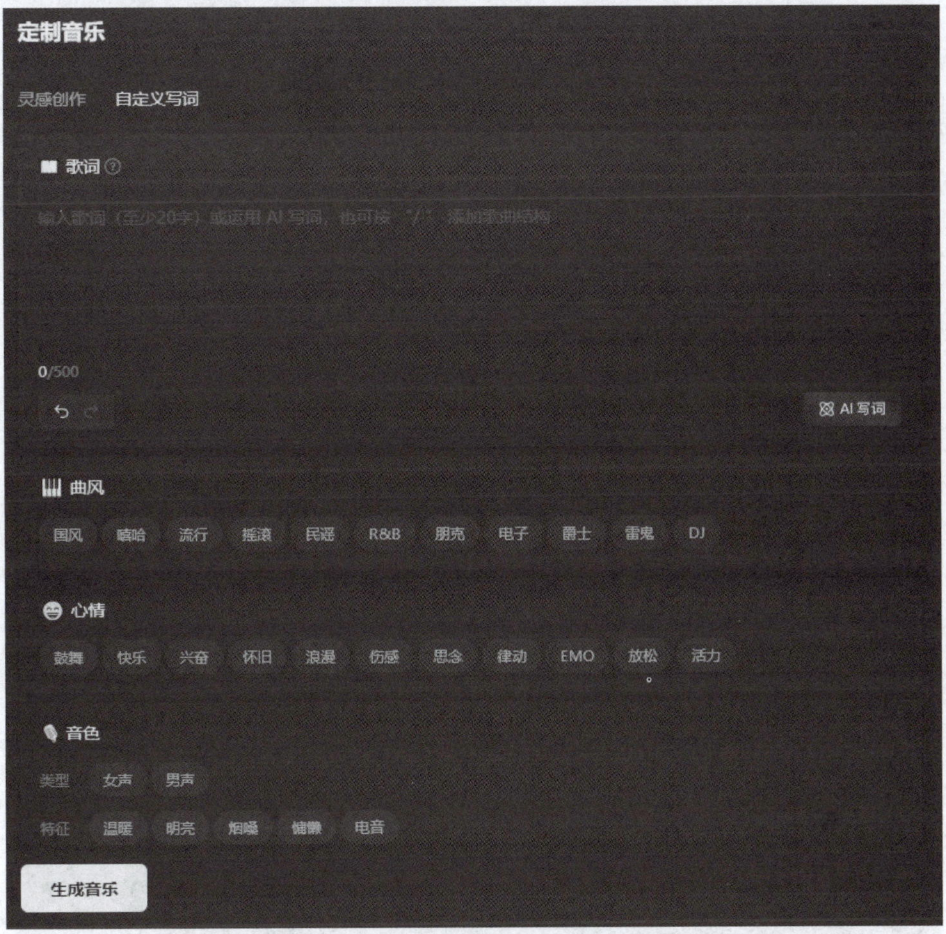

图 5-48　自定义写词界面

步骤 1　歌词创作

歌词创作是音乐创作中极为重要的环节，优秀的歌词能够通过文字传递情感、塑造画面感并与旋律完美融合。为了创作的配乐更符合《锦瑟》短视频的内容，选择自定义歌词模式进行创作。

视 频

歌词创作

实现技巧 1　歌词创作提示词

单击“AI 写词”按钮，进入人工智能深度写词模式界面。关于创作音乐的提示词可以参考核心框架“曲风类别 + 情绪氛围 + 歌词灵感”进行描述。

（1）曲风类别：指作品的音乐流派风格，如流行、民谣、古风、摇滚等。

（2）情绪氛围：指作品传递的情感基调和渲染的情境氛围，如欢快、忧郁、温暖、孤独等。

（3）歌词灵感：可以是具象化的创作元素，也可以是描绘的一个故事，又或者只是一个感觉的描述。

本次创作中以唐代诗人李商隐的《锦瑟》作为故事背景，重新描绘一个爱情故事。那么就要在提示词输入框中写明创作歌词的基本要求。

提示词

请以唐代诗人李商隐的《锦瑟》为背景描绘爱情故事，要求不能出现原诗句，以现代人的口吻进行歌词创作。古风，忧伤。

人工智能对提示词进行分析，解读《锦瑟》的写作内容，进行记忆点的强化，并且自行匹配情感，进行歌词创作，如图 5-49 所示。

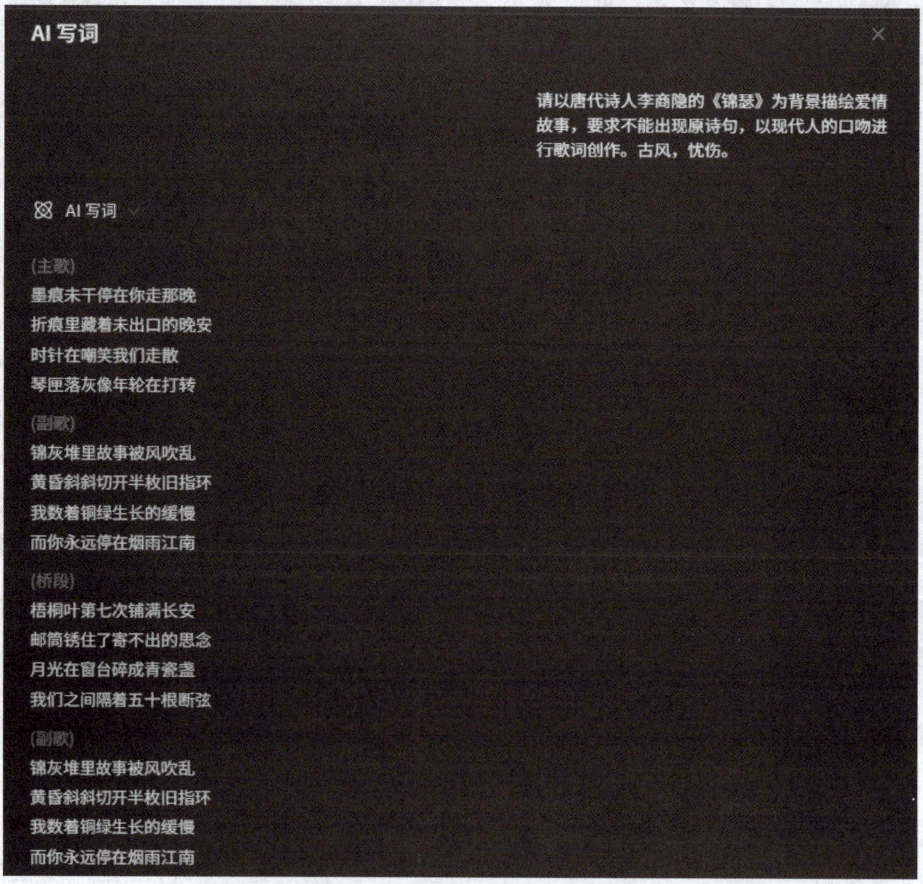

图 5-49　人工智能创作歌词结果

由生成的结果可以看出，歌词的结构一般包括前奏、主歌、副歌、间奏、尾奏、桥段等，如图 5-50 所示，这些部分通过变换组合来表达作品的主题思想。

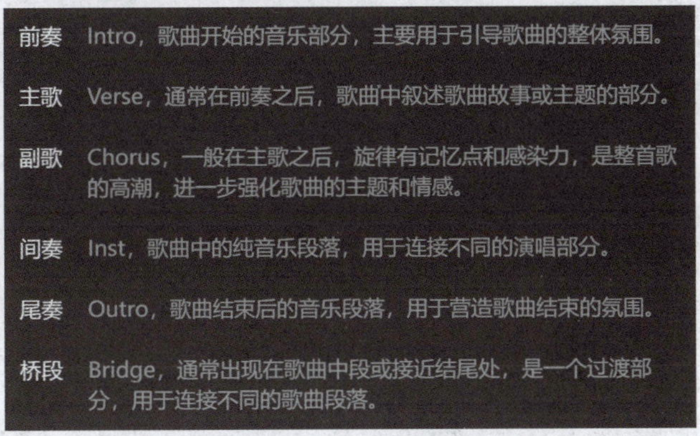

图 5-50　歌词小百科

若对生成的歌词不满意，可以选择歌词下方“引用”功能，对整体歌词进行二次调整。这里要求歌词中要增加《锦瑟》中的意象引用，增强歌词与《锦瑟》之间的关联度，如图 5-51 所示。

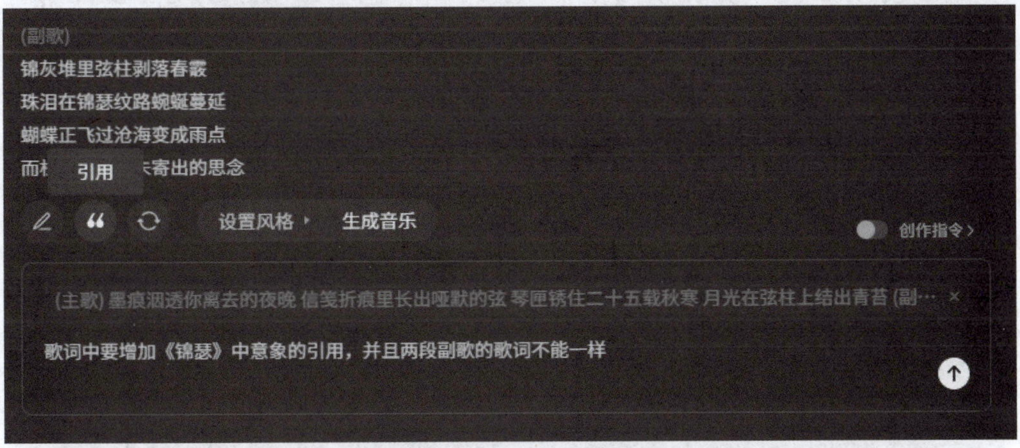

图 5-51　引用模式修改歌词

也可以单击歌词下方“编辑”功能，进入编辑界面。在这里可以选择任意文字进行增删，类似文本编辑功能。修改完毕后单击右下角的“覆盖保存”按钮，如图 5-52 所示。

图 5-52　编辑模式修改歌词

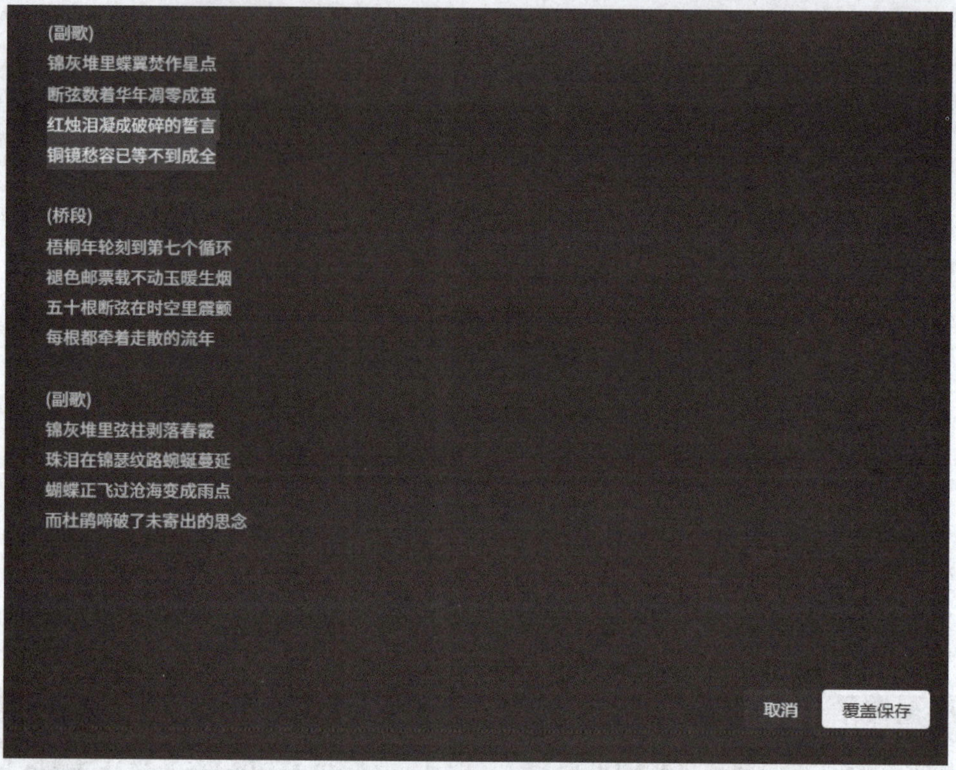

图 5-52 编辑模式修改歌词（续）

还可以打开右下角的“创作指令”开关，输入创作偏好。例如要求融入民族文化元素、要求打破常规结构而追求非线性叙事形式、要求围绕特定主题进行场景适配等要求，如图 5-53 所示。

图 5-53 创作指令限定

这里要注意，创作指令对已生成的歌词没有作用，而是针对下一次的结果进行限制。

在人工智能辅助创作中，通过多轮对话修改优化，不断平衡语言韵律与情感表达，逐步打磨出符合创作需求的文字内容，最终形成基础版本的歌词初稿，如图 5-54 所示。

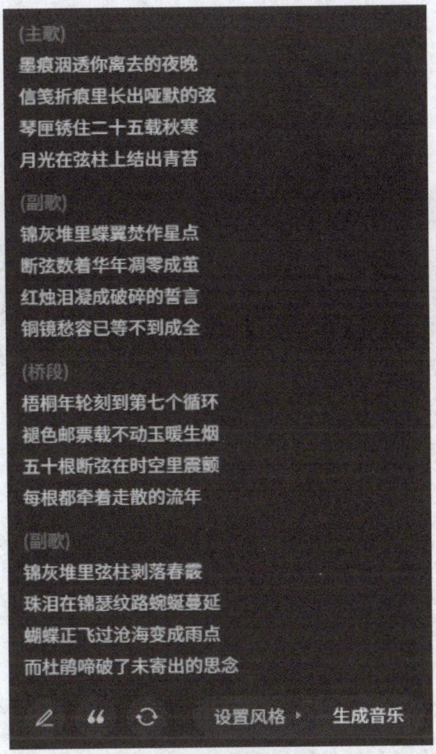

图 5-54　歌词初稿

步骤 2　风格设置

在歌词创作完成后，要进行风格设置。它是音乐制作中至关重要的艺术决策环节，其作用远超过简单的背景装饰。这一过程通过曲风定位、情绪引导和音乐语言系统的构建，将文字转化为多维度的情感空间。不同风格自带“场景感”，例如电子音乐像未来世界、民谣吉他像篝火旁的故事、爵士萨克斯像深夜酒吧。音乐一响就能让人“脑补”出画面。

《锦瑟》作为一首古代诗词，以它为背景进行二次创作的歌词也必然更适合古代曲风。它表达了一种“追忆似水流年，感叹悲欢离合”的思想，也奠定了伤感的基调。

单击歌词下方“设置风格”按钮，弹出新窗口，选择风格，如图 5-55 所示。

视　频

风格设置

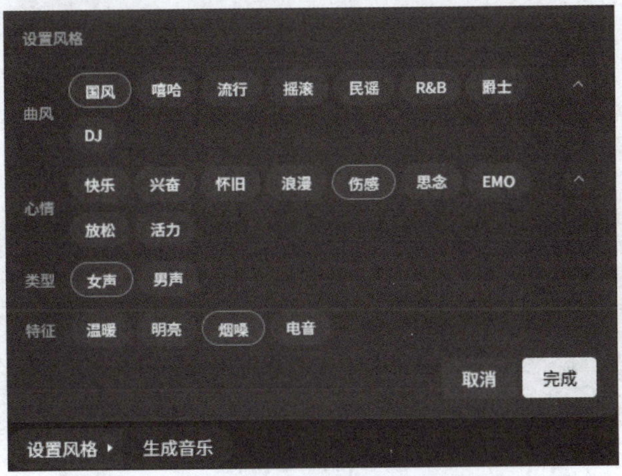

图 5-55　设置风格窗口

视 频

润色修改

步骤 3 润色修改

经过前面两个步骤，已经完善好了歌词和确定了曲风。下面单击“生成音乐”按钮，等待音乐合成。随后，在创作历史窗口就会生成相同名称但不同版本的三个国风配乐，如图 5-56 所示。

图 5-56 创作历史窗口

试听三个版本，选中相对较满意的一个进行润色修改。在最右侧“音乐详情”界面中，可以修改歌曲的名称。单击歌曲名称最右侧的按钮，弹出新窗口即可对歌曲进行重命名，如图 5-57 所示。

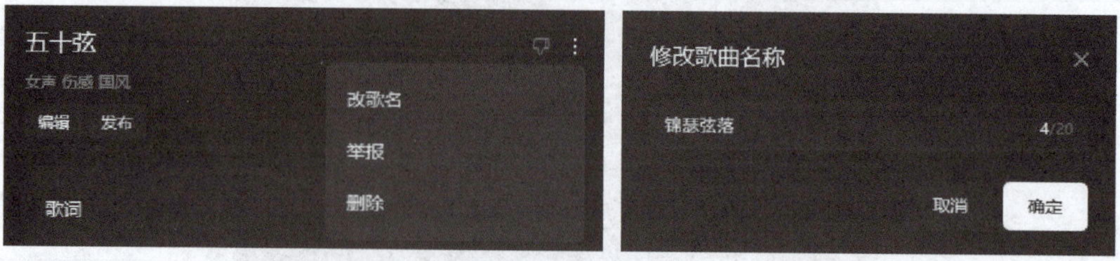

图 5-57 改歌名

实现技巧　个性定制

单击歌曲名称下方的“编辑”按钮，进入编辑界面。可以选择“改音色”，即单击“去录制”后，用自己的声音清唱一小段，就能获得创作者自己演唱的版本，如图 5-58 所示。

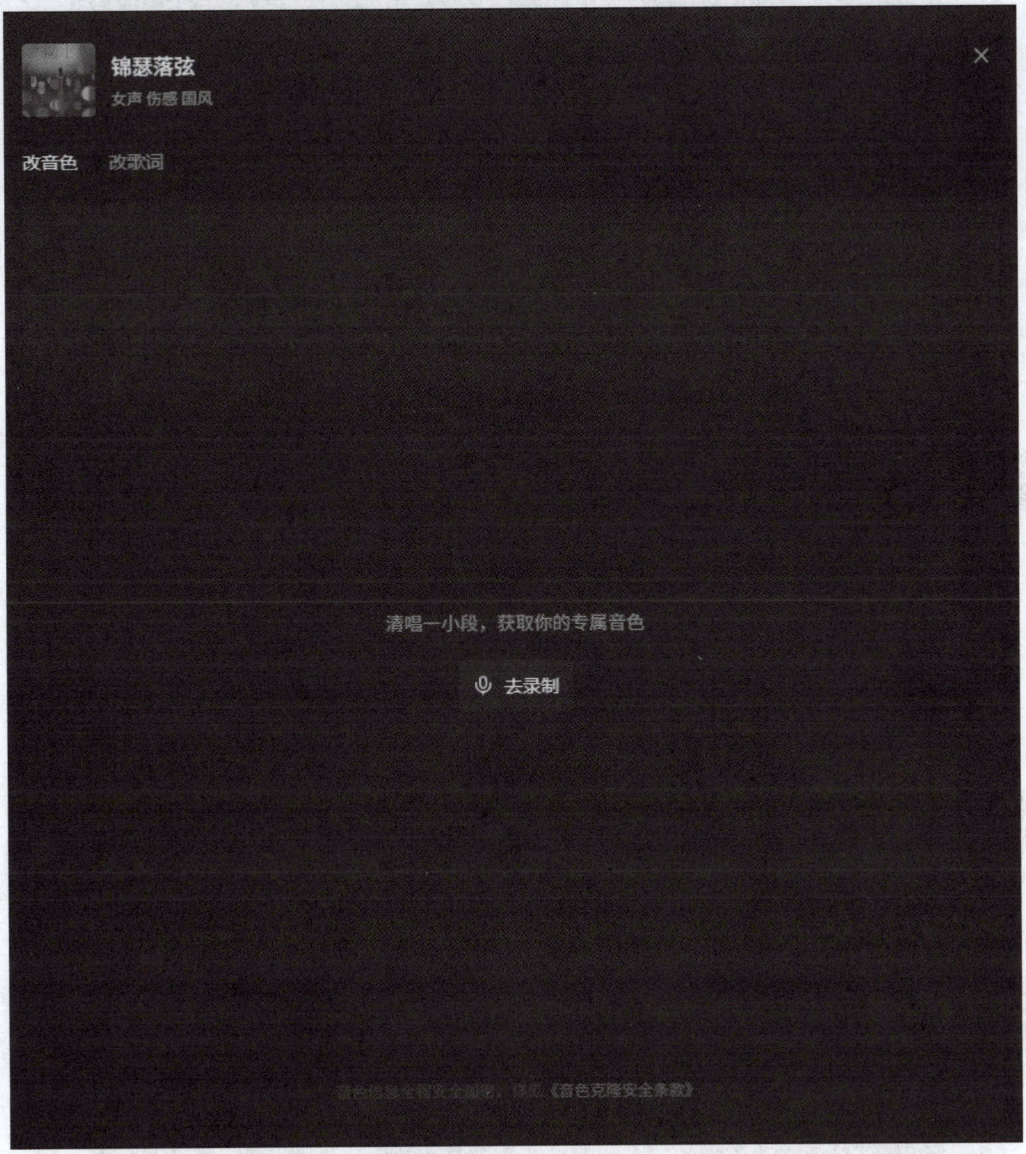

图 5-58　改音色

还可以选择“改歌词”，如图 5-59 所示。需要注意的是，在生成音乐之后再对歌词进行修改，是仅限于相同行数和相同字数的情况下，不支持增加或者删减，否则将无法生成旋律。

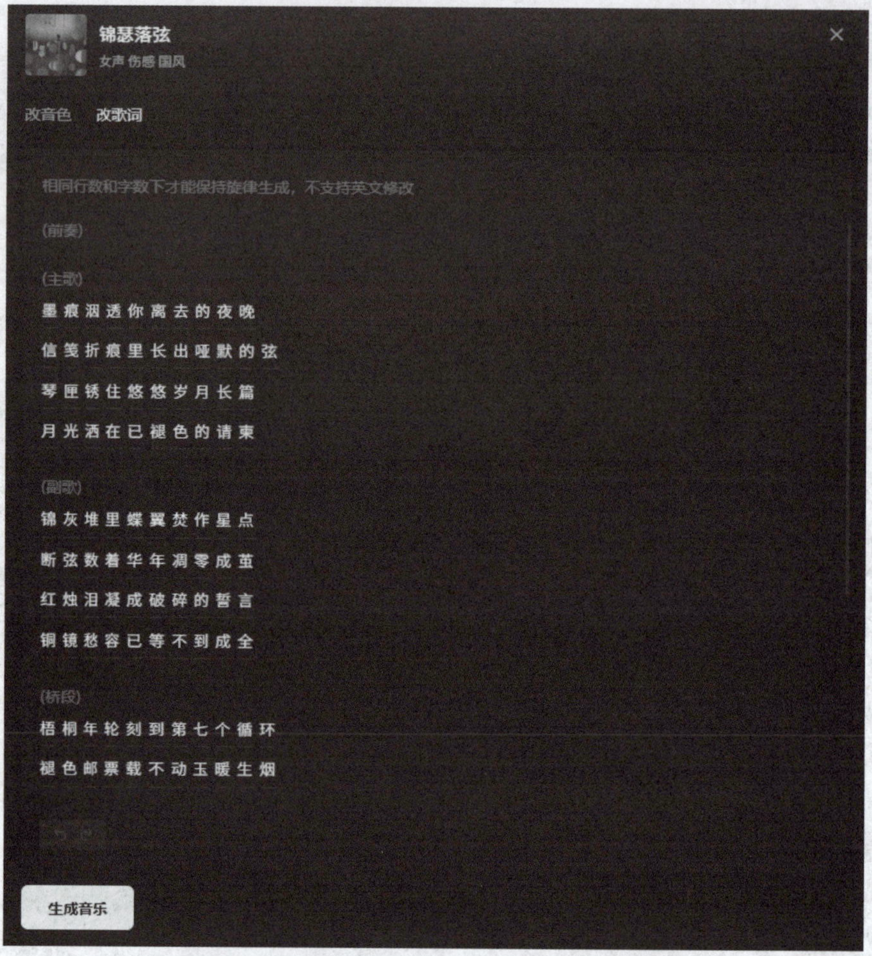

图 5-59　改歌词

当配乐创作完成后，还可以将资源下载到本地，或者分享给他人。选中作品，单击右侧箭头，就会弹出分享与下载窗口，如图 5-60 所示。

图 5-60　下载与分享

以上是通过自定义歌词实现音乐创作的操作步骤，需要根据创作者的想法反复打磨。当对歌曲不再做细致的要求，想感受随机带来的魅力，应当如何快速自由进行创作呢？下面介绍几个操作方法。

技能拓展 1 挑选音乐

在海绵音乐首页的左侧导航栏中单击“精选”按钮，在最右侧有很多已经生成好的音乐，如图 5-61 所示。

图 5-61 精选音乐

可以选择并试听这些音乐。当挑选到比较满意的歌曲，可以在试听界面下方单击“用这个灵感创作”按钮。随即跳转到定制音乐界面，输入灵感框中已经出现了试听歌曲的提示词。直接单击“生成音乐”按钮，随后在创作历史界面便会生成三首不同风格、不同填词的歌曲，如图 5-62 所示。

图 5-62 精选音乐

技能拓展 2　灵感创作音乐

除直接借鉴精选音乐的灵感关键词以外，还可以进入“灵感创作”界面。可以直接输入脑中灵光一闪的想法，也可以借助“AI 写词”进行词汇的润色。还可以在输入框的下方挑选随机生成的灵感，如图 5-63 所示。试试它们又会迸发出什么样动听的旋律。

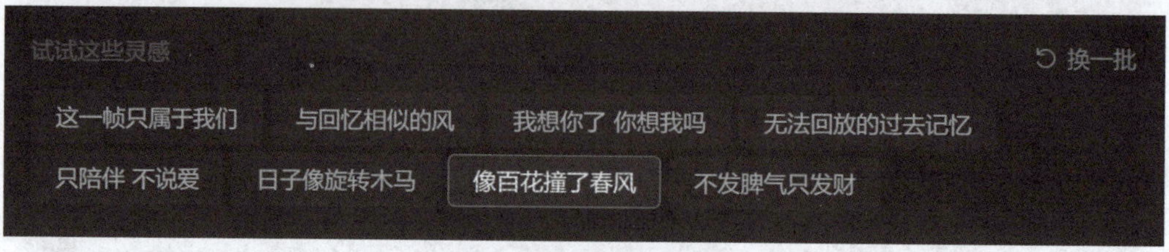

图 5-63　灵感推荐

除此之外，还可以利用图片进行音乐创作。单击“上传图片”按钮，选择一张亲子阅读的图片，不添加任何关键词，直接单击“生成音乐”按钮。随后在“创作历史”页面中就能看见三个不同名称、不同风格、不同歌词的音乐作品，如图 5-64 所示。

图 5-64　上传图片创作音乐

任务小结

在音乐创作领域，生成式人工智能展现的能力重构了现代作曲的技术框架，能够实现创意孵化、声学优化与情感表达的智能化突破。人工智能作曲矩阵，正在重塑从灵感捕捉到作品输出的完整创作链条。

歌词创作： 掌握通过情感关键词组合，快速生成歌词框架的方法，运用场景意象与韵律模板进行突破性创作。该技能可将抽象情绪转化为具象叙事结构，把零散的情绪碎片变成有节奏的故事线，提供押韵助手和现成句式参考，轻松解决“不知道如何下笔”的创作焦虑。

风格设置：通过调整节奏快慢、混合歌曲风格、切换演唱质感等，让同一段旋律既能变成民谣深夜电台版，也能变成电子舞曲版。特别适合制作不同版本小样，快速适配短视频背景音乐或商业合作需求。

润色修改：掌握“哪里不顺改哪里”的局部优化技巧，例如单独调整某句歌词的押韵，优化副歌记忆点等。让主歌情感更自然，副歌冲击力更强，整体听感更丝滑，轻松达到专业作品质感。

生成式人工智能在音乐创作领域的应用逐渐广泛，赋能创作者探索智能化的声音建构路径，搭建从文本描述到听觉成品的全链路创作体系。通过神经网络算法对歌词创作、旋律生成、编排混音等环节的深度重构，这项技术革新正在重塑作曲编曲、影视配乐、游戏音效设计等领域的生产范式，为数字音频工作站注入全新的创意维度。

任务拓展

请运用“海绵音乐”生成式人工智能进行创作，以神话故事为背景改编歌曲，如图 5-65 所示。

题目描述

利用海绵音乐创作一首以神话故事为背景的改编歌曲，要求提交创作灵感构思、提示词演进日志及音频作品，掌握从灵感到作品的人工智能音乐创作全流程。

具体任务

1.歌词创作	任务	创作以具体的神话故事为背景的歌词。
	要求	通过输入灵感关键词，利用Deepseek进行提示词优化，应体现神话故事的核心理念（如剧情发展、人物刻画、弘扬精神等）。
2.风格设置	任务	制作三个不同类型的曲风版本。
	要求	基于歌词内容，搭配不同的曲风感受不同的情绪（如流行乐明快流畅带来愉悦、重金属激烈澎湃释放躁动等）。
3.润色修改	任务	制作专属独特音色的曲风版本。
	要求	运用“改音色”功能，尝试录制本人的声音，体验音色克隆技术。

图 5-65　任务拓展

视频

任务拓展

巩固与提高

1. 人工智能音乐生成通常依赖（　　）技术。（单选题）
   A. 区块链　　B. 深度学习神经网络
   C. 量子计算　　D. 机械自动化
2. 人工智能创作音乐时，训练数据的主要来源是（　　）。（单选题）
   A. 随机生成的音符　　B. 人类创作的音乐作品库
   C. 自然声音（如鸟鸣、风声）　　D. 编程代码
3. 音乐生成模型训练的核心目标是（　　）。（单选题）
   A. 完全替代人类作曲家　　B. 学习音乐数据的分布规律
   C. 随机生成音符　　D. 模仿特定乐器音色
4. 人工智能音乐生成的常见应用场景包括（　　）。（多选题）
   A. 电影配乐　　B. 广告背景音乐
   C. 个性化推荐歌单　　D. 医疗诊断
5. 人工智能生成音乐时，输入的参数可能包括（　　）。（多选题）
   A. 节奏类型　　B. 情感标签（如“欢快”、“悲伤”）
   C. 地理坐标　　D. 乐器组合

任务 5.3　使用生成式人工智能生成城市记忆微纪录片

学习目标

- 理解生成式人工智能在文化遗产数字化重构中的多模态应用原理，包括数据建模、跨模态生成与伦理调校技术链。
- 掌握可灵 AI 工具的核心功能模块，能够完成从历史数据采集到微纪录片合成的全流程技术操作。
- 熟练运用自然语言处理技术解析地方志文献，构建具有时空关联性的城市记忆知识图谱。
- 掌握人工智能多模态生成技术，能通过图像风格迁移、声画对齐等技术实现历史场景的数字化复原。
- 培养数字人文项目的系统性批判思维，能运用维利里奥“消失美学”评估人工智能生成内容的真实性边界。
- 发展跨学科协作能力，通过“技术考古日志”记录工具选择、理论映射与生成迭代的辩证关系。

视频

任务描述与分析

任务描述

在数字文明与城市更新交织的当下，上海里弄的砖瓦、北京胡同的吆喝声正随推土机的轰鸣悄然消散。如何用技术封存城市的呼吸与心跳？本任务以“数字乡愁”为引，运用生成式人工智能技术，将消逝的街巷转化为可触摸的记忆载体，如图 5-66 所示。

图 5-66　城市微纪录片封面图

本任务以“可灵 AI”为核心工具，用人工智能技术拯救正在消失的城市记忆。就像用拼图复原老照片，把散落的城市故事（地方档案、老人回忆、旧照片）通过智能算法重新拼接，为健忘的现代城市制造“记忆药丸”。

让人工智能当数字时代的“记忆修表匠”，用技术齿轮咬合城市文明断链，给每座患上健忘症的城市造一座不会消失的数字记忆博物馆。就像用二维码给老房子贴上电子族谱，让年轻人在手机里触摸祖辈的生活温度。本任务旨在唤醒技术的人文温度，让算法成为城市文明的“数字拓碑人”。

任务分析

本任务将深入探讨生成式人工智能在写作中的应用。读者通过具体的案例和实际操作，能够理解和掌握生成式人工智能的撰写技巧。任务可通过三步实现：结构化分镜脚本生成→智能内容生成→多轨道精准缝合，如图 5-67 所示。

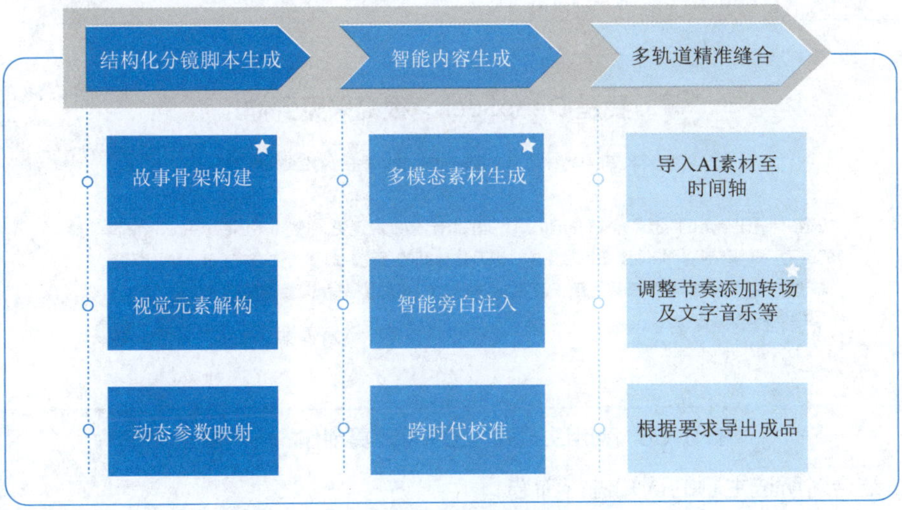

图 5-67　任务分析

结构化分镜脚本生成：首先解决传统分镜效率低、动态表现不足的问题，实现工业化生产的数据贯通与多环节协同。生成多版本分镜，支持特效预演与资源预计算，通过参数化镜头语言（运镜轨迹、光影方程）保障画面物理真实感。

智能内容生成：根据人工智能多模态进行内容生成，输入脚本提取的关键词，生成非线性叙事脚本框架。调用图像生成模块复原建筑细节，结合凯文·林奇认知地图原理布局空间逻辑，运用风格迁移技术，将人工智能生成的民国服饰纹样与当代街景进行时空蒙太奇合成。

多轨道精准缝合：像手术缝合血管般对齐不同素材的时间轴，确保动作连贯无跳跃；动态效果叠加：在关键帧处添加转场特效（如粒子消散、光线折射），使场景切换更具呼吸感；视听平衡调节：自动匹配声画节奏（如爆炸画面同步重低音增强），并智能修复色彩断层等画质问题。

每个步骤均需同步制作“技术考古日志”，记录人工智能生成参数与理论映射关系，最终形成“数字拓碑—记忆解构—伦理重构”的完整技术链。通过该训练，既能掌握生成式人工智能的跨模态创作技巧，又能培养对数字人文项目的系统性批判思维。

任务实施

步骤1　结构化分镜脚本生成

视频

结构化分镜脚本生成

在短视频创作浪潮卷全球的视觉狂欢时代，创作者们正陷入一场隐秘的生存危机。摄像机、手机、云端存储设备中堆积着数以太字节计的原始素材，这些未经驯化的数字碎片如同脱缰的野马，不断冲撞着创作者的灵感边界。传统素材管理方式在5G时代的海量数据洪流中逐渐失效，越来越多的创作者承认曾在素材迷宫中错失黄金创意节点。

当人工智能技术开始重塑影像生产的每个环节，一场关于创作素材的认知革命正在发生——素材收集与整理不再是被动的内容囤积，而是进化成为激活创作基因的核能。这个被多数人忽视的基础环节，实则是决定创作效能的分水岭，它正在重新定义数字时代视觉叙事的底层逻辑。图5-68所示是利用生成式人工智能工具创作的脚本内容。

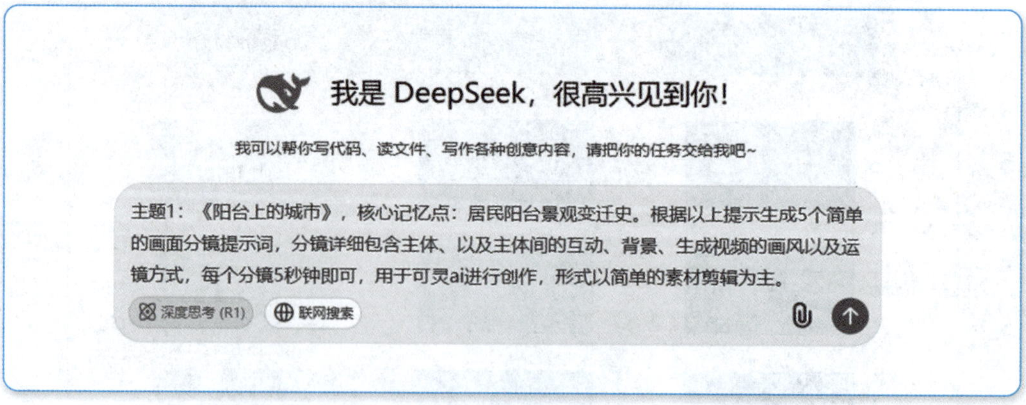

图5-68　利用生成式人工智能工具创作的脚本内容

然后，结合对所选主题的认知进行筛选。

当镜头脚本初稿通过审核，指导老师给出了升级建议。

新增要求，如图5-69所示。

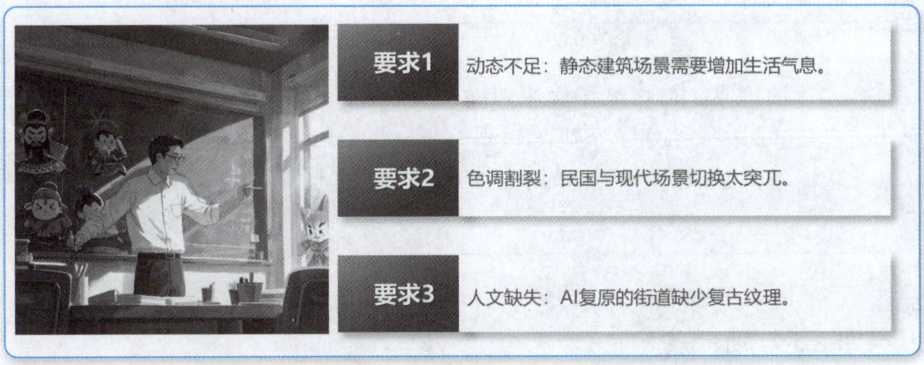

图 5-69　指导老师新增要求

根据教学要求，需要频繁调整方案，时间成本随之大幅增加。然而在 21 世纪的今天，面对各种复杂的技术挑战，不妨以魔法对抗魔法！今日课堂的焦点便是被誉为“数字魔法师”的生成式人工智能——比如视频创作领域的生成式人工智能工具“可灵 AI”，如图 5-70 所示，正是破解难题的当代秘钥。

图 5-70　可灵 AI 首页

实现技巧　生成结构化分镜脚本

视频分镜生成系统的工作流程可分为三步：

第一步——智能采风：就像电影导演找灵感，系统会先抓取时代风格标志物（如复古电话亭）、故事核心道具（如魔法书）和情感氛围（如怀旧色调），通过九宫格构图法和时间线工具搭建故事时空的“坐标网格”。

第二步——物理仿真：系统像智能工具箱，不仅能设定镜头的移动速度（如缓慢推进精确到 0.3 m/s）、打光参数（如锁定黄昏色温 4 800 K），还会用物理引擎模拟真实世界的重力影响（如披风飘动幅度）和物体碰撞效果（如魔杖击碎玻璃的碎片轨迹）。

第三步——智能创作：基于前两步数据，AI 自动生成 3～5 种拍摄方案供选择。系统会通过三维透视算法检查画面合理性，最终输出包含工业标准元数据（XML/JSON 格式）和简易动画预览的完整方案包，确保从前期设计到后期制作的无缝衔接。

提示词

生成《阳台上的城市》记忆微纪录片。核心记忆点：居民阳台景观变迁史。

要求 1：根据以上提示生成 5 个简单的画面分镜提示词。

要求 2：分镜包含主体，以及主体间的互动、背景、生成视频的画风和运镜方式，每个分镜 5 秒。

生成结果

生成结果如图 5-71 所示。

【分镜 1：1980 年代 – 晾衣竹竿与绿皮火车】
主体：扎马尾的少女踮脚晾白床单
互动：床单飘动时露出对面阳台老人浇君子兰
背景：红砖老居民楼与远处绿皮火车轨道
画风：褪色胶片质感 / 暖黄滤镜
运镜：固定机位长镜头（5 秒）
【分镜 2：1990 年代 – 防盗网里的鸽群】
主体：蓝工装男人在防盗网内喂信鸽
互动：鸽群起飞撞上隔壁新装的空调外机
背景：楼群间穿插着脚手架和吊塔
画风：冷灰色调 / 粗颗粒噪点
运镜：慢速平移 + 变焦模糊（5 秒）
【分镜 3：2000 年 – 霓虹广告牌入侵】
主体：穿睡衣的主妇收印着补习广告的雨棚
互动：雨棚积水泼到楼下大排档塑料顶棚
背景：楼体被 LED 广告牌包裹成发光柱体
画风：高饱和霓虹色 / 赛博朋克元素
运镜：俯视旋转镜头（5 秒）
【分镜 4：2010 年代 – 多肉植物方阵】
主体：戴渔夫帽的年轻人用手机拍多肉盆栽
互动：无人机快递撞翻隔壁退休教师的吊兰
背景：玻璃幕墙写字楼倒映在阳台落地窗
画风：ins 风浅色调 / 柔光处理
运镜：浅景深推进镜头（5 秒）
【分镜 5：2020 年代 – 折叠生态阳台】
主体：AI 管家展开折叠菜圃与光伏板
互动：AR 界面投射到隔壁阳台的晨练老人
背景：垂直森林建筑群与悬浮轻轨
画风：低多边形建模 / 冷科技光效
运镜：环绕式镜头 + 数据流叠加（5 秒）

图 5-71 结构化脚本镜头生成结果

当传统视频团队还在为分镜脚本争论不休时，可灵 AI 的智能分帧引擎已解析完 12 TB 城市影像数据库。从民国建筑的光影粒子重构，到弄堂早餐摊的人工智能气味模拟，创作边界正被算法重新定义。面对 4K 修复、跨年代调色与动态蒙太奇的三重挑战，生成式人工智能不仅实现每分钟 600 帧的智能素材重组，更让历史场景的“数字复生”误差率降至 0.3% ——这不仅是技术革新，更是一场用代码对抗遗忘的影像革命。

技能拓展 1　根据脚本自动生成分场景拍摄清单和风险评估

在传统影视制作中，分场景拍摄清单通常需要执行导演耗费 40～60 h 人工拆解剧本，而风险评估往往依赖制片主任的个人经验。本模块通过 NLP 剧本解析引擎与制作知识图谱，构建了包含 217 个标准维度（如天气敏感度、特效依赖度、演员负荷值）的智能决策系统，实现了从原始剧本到可执行方案的自动化转换。

提示词

输入“雨天弄堂追戏”

要求 1：生成分场景拍摄清单

要求 2：生成风险评估

要求 3：字数要多

生成结果

生成结果如图 5-72 所示。

【分场景拍摄清单 – 雨天弄堂追戏】

一、主场景：弄堂入口

1. 开场镜头：雨滴从青瓦屋檐滑落，特写水洼倒映主角身影
- 设备：防水微距镜头 + 滑轨
- 道具：人工造雨设备、复古木门
- 服装：主角深灰色雨衣（需准备 3 套备用）

2. 追逐触发点：
- 中景：追逐者皮鞋踩碎水洼（慢动作）
- 反打镜头：主角惊慌回眸（面部雨水飞溅特写）
- 需准备：高速摄像机（240 fps）、防水粉底

二、中段追逐：Z 字形巷道

1. 运动长镜头：
- 穿越晾衣竹竿（布景组需悬挂 20 件湿透的旧衣物）
- 撞翻煤炉（特效组准备安全冷烟装置）
- 设备：稳定器 + 广角镜头

2. 俯视镜头：
- 无人机航拍（雨天专用型号）
- 构图要求：展现迷宫式屋顶瓦片与追逐路线

三、转折点：废弃阁楼

1. 主观镜头：
- 透过木板裂缝拍摄追逐者逼近
- 灯光：闪电效果器（需提前申请用电许可）
- 音效：同步录制老旧木地板咯吱声

2. 高潮戏：
- 雨水倒灌破窗（特效水车待命）
- 跌落戏份：准备 2 m 高安全气垫

图 5-72　雨天弄堂追戏拍摄清单生成结果

四、收尾场景：弄堂出口
1. 隐喻镜头：
• 被踩碎的纸灯笼在积水中漂浮
• 需准备：防水 LED 灯带（模拟烛光）
• 拍摄时间：黄金时刻（雨天黄昏）

图 5-72　雨天弄堂追戏拍摄清单生成结果（续）

技能拓展 2　生成不同平台文案矩阵

传统跨平台运营需 5～8 人团队耗时 3 天完成文案矩阵搭建，且存在 30% 以上的平台特性误配率。本系统搭载平台算法解码器（覆盖抖音、B 站、小红书等 27 个主流平台），通过语义空间向量映射技术，实现单条核心文案向多平台特性的智能裂变适配。

提示词

生成适配不同平台的文案矩阵
要求 1：基于纪录片核心内容
要求 2：输出微博短文案（带话题标签）
要求 3：中文版故事脚本

生成结果

生成结果如图 5-73 所示。

【纪录片核心内容提炼】
「弄堂雨幕中的时空折叠」——通过一场虚实交织的雨中追逐，展现上海石库门建筑群的肌理变迁，在雨滴折射中探寻市井生活的集体记忆与城市更新的隐秘伤痕。
【跨平台文案矩阵】
一、微博传播组（含话题标签）
1. 人文情怀向：
「#城市记忆#雨帘垂下时，弄堂变成了时光放映机
被雨水泡发的煤球炉余温 / 竹竿上褪色的确良衬衫 / 生锈门牌号里的吴侬软语
本周五 21 : 00 带你走进#最后的石库门#」
配图：雨滴中的弄堂倒影九宫格
2. 悬疑氛围向：
「#雨中的心跳声#当皮鞋踩碎水面倒影 ✖
他在追逐的究竟是幻影还是自己?
⚠全程实景暴雨拍摄⚠老城厢消失前的绝版影像
#纪录片推荐#明晚锁定真相」
配图：追逐者皮鞋特写 GIF
3. 技术流传播：
「#电影级雨戏怎么拍#剧组揭秘：
✅ 人工雨分层控制系统
✅ 240 帧面部雨滴轨迹捕捉
✅ 非遗工匠复原 70 年代晾衣架

图 5-73　不同平台文案矩阵生成结果

老建筑拍摄许可获取全记录 → 点击查看」

配图：设备工作照对比图

二、中文故事脚本（文学版）

［黑屏字幕］“1998 年台风年鉴记录：上海单日降雨量突破 173 mm”

［画面渐显］青灰色的砖墙上爬满岁月的水痕，雨滴在老虎窗边缘拉成银丝。镜头顺着水流下移，积水中倒映出穿着透明雨衣的消瘦身影——那是四十岁的旧货商阿梁。

［追逐触发］特写：意大利手工皮鞋碾过水面，倒影里的金丝眼镜泛起涟漪。急促的脚步声惊飞晾衣绳上的麻雀，湿透的确良衬衫像旗帜般拍打在追逐者脸上。

［环境叙事］摇摇晃晃的镜头穿过迷宫般的巷道：

▷ 八仙桌上未喝完的雄黄酒在雨中发酵

▷ 煤球炉上铝壶发出尖锐的哀鸣

▷ 褪色的”光荣之家”铁牌在风中摇晃

图 5-73　不同平台文案矩阵生成结果（续）

步骤 2　智能内容生成

智能内容生成的核心任务是将分镜脚本转化为可直接剪辑的数字化资产。技术架构依托多模态 AI 生成引擎，通过结构化输入参数集（主体特征、动态指令、运镜参数）驱动素材生产流程，如图 5-74 所示。

视频　智能内容生成

主体特征 + 动态指令 + 运镜参数

图 5-74　结构化输入参数集

示例：“1990s 防盗窗特写→不锈钢网格表面反射出塔吊施工（reflection）→硬光阴影→缓慢推进镜头，然后进行参数设置。”

实现技巧 1　智能生成视频内容

创建 AI 生成项目： 打开可灵 AI 首页界面→单点击左边工具栏“图片生成”模块→在右上角“创意描述”框内输入我们的提示词→往下选择参数：

可上传参考图，此项非必填，也可以不选。

视频方向： 竖版（9∶16）或横版（16∶9）；

生成图片数量，可选 1 张至 9 张；

分辨率： 可选 1 K 或 2 K（高清）。

输入结构化提示词： 在提示词框输入**三段式结构指令：** 主体描述 + 动态细节 + 技术参数。

示例：“现代智能阳台特写，折叠晾衣架自动展开过程，玻璃幕墙反射城市灯光，电影感光影，慢动作镜头 --ar 9∶16 --v 5.1”

高级参数控制（单击“魔法棒”图标展开）：

（1）ar 16∶9 强制横版比例

（2）s 750 调整风格化强度（范围 250～1 000）

（3）no 排除元素（如 no modern logos）

实时预览与迭代生成： 单击“立即生成”按钮等待约 15 s，可根据结果调整参数。画面修正：可进行扩图，或者单击“局部重绘”图标进行修改（如修正扭曲的防盗窗网格）。风格迁移：在“灵感库”选择参考视频施加风格影响。

提示词

输入提示词，如图 5-75 所示。

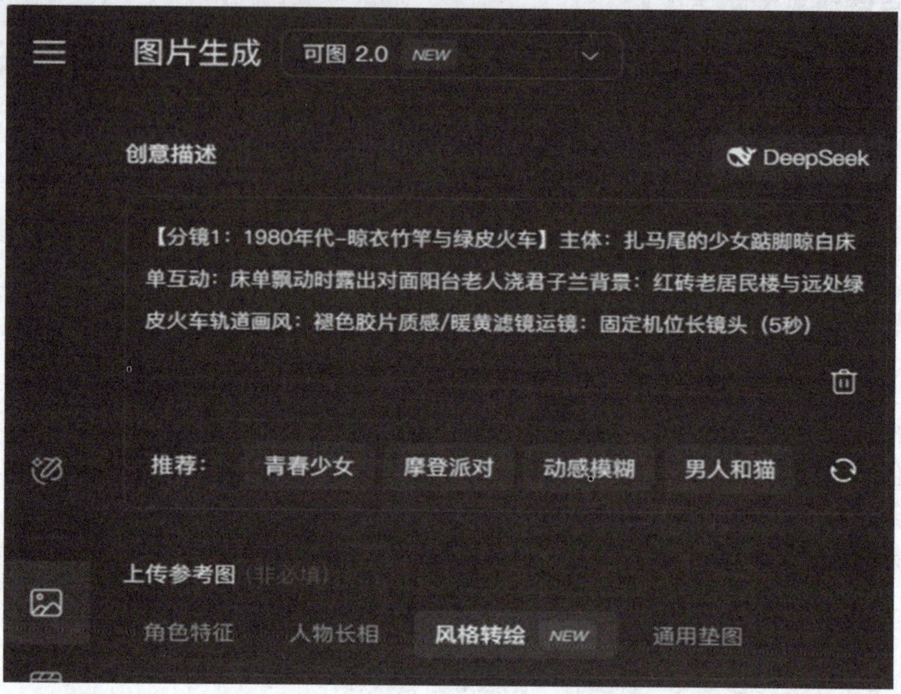

图 5-75　可灵 AI 界面提示词描述界面

生成结果

生成结果如图 5-76 所示。

图 5-76　可灵 AI 根据提示词生成结果

人工智能根据提示词的设定，精准地将城市记忆的时空切片转化为可视化元素。在此基础上，可引导人工智能继续深化创作维度，包括多模态素材的智能匹配、光影粒子特效的参数化调节以及集体记忆的可视化呈现，使生成的视频作品同时具备技术美学与人文厚度，让数字记忆的建构过程展现出更丰富的认知纵深感。

除了创作微纪录片，可灵 AI 还能制作防灾教育沉浸式课件，可快速生成地震、火灾、洪水等 20 多种灾害的逼真场景库，通过参数调节实现震级强度、火势蔓延速度等细节的精准控制，相比传统课件制作效率提升 90%。

步骤 3　多轨道精准缝合

大家会不会遇到这种情况：明明构思了很多精彩画面，但剪辑出来的视频却支离破碎？镜头切换生硬、叙事节奏混乱？生成式人工智能的第三项核心能力——结构优化，能智能识别并重构这些素材。

视　频

多轨道精准缝合

在初剪阶段，当根据拍摄的原始素材，结合创意脚本生成初步视频时，可启动人工智能的叙事连贯性分析功能。系统会自动检测场景过渡的逻辑断层，标记时间线中情绪断裂的段落，并给出“蒙太奇衔接优化”“关键帧强化”等专业建议，让成片的流畅度达到电影级水准。

实现技巧 2　精细化视频合成输出

1. 导入素材

操作：将可灵 AI 生成的 5 个分镜视频（每个 5 s）导入剪映，拖动到时间线按顺序排列（1980 年代→ 1990 年代→ 2000 年→ 2010 年→ 2020 年），如图 5-77 所示。

注意：检查素材比例统一（建议横屏 16∶9）。

图 5-77　步骤 1 导入素材

2. 调整节奏

操作：单击每段素材，单击“变速”按钮调整时长，确保每段严格 5 s（总时长 25 s），如图 5-78 所示。

技巧：若素材过长，可勾选“智能补帧”复选框避免卡顿。

3. 添加转场

操作：单击每两个分镜间的“转场”按钮，选择“叠化”效果（时长 0.5 s），体现年代过渡，如图 5-79 所示。

最后一个分镜结尾可加“渐隐”出场，增强结束感。

4. 叠加背景音乐

操作：导入符合主题的背景音乐（如轻钢琴曲），拖到音频轨道，如图 5-80 所示。单击“淡化”按钮设置音乐渐入渐出，避免突兀。

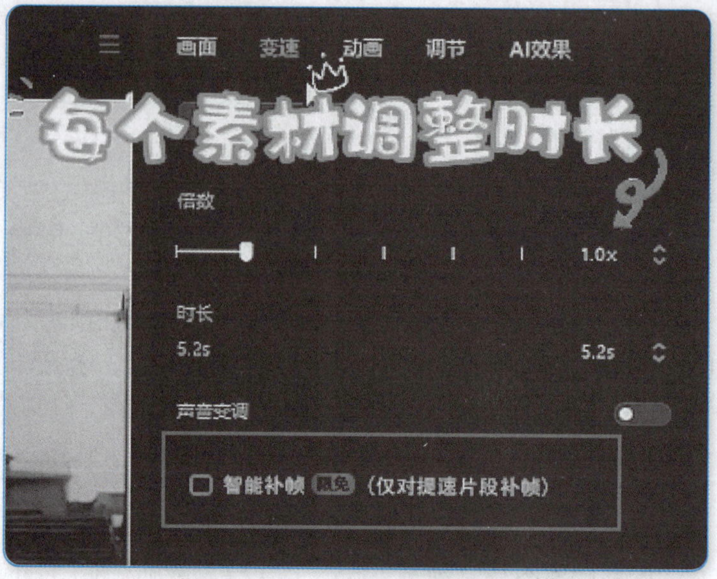

图 5-78　步骤 2 调整节奏

图 5-79　步骤 3 添加转场

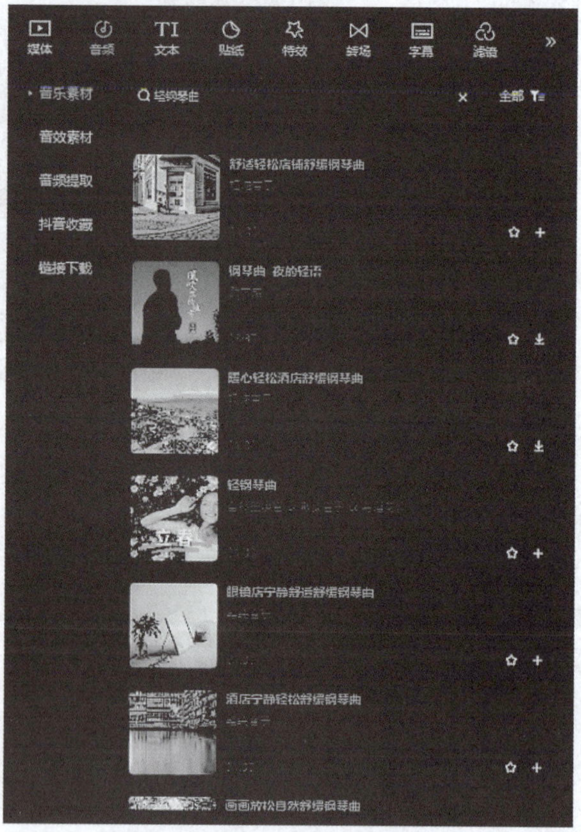

图 5-80　步骤 4 叠加背景音乐

音效增强（可选）：在对应分镜叠加环境音（如 1980 年代收音机声、未来无人机声），音量调至 30% 以下。

5. 添加文字说明

操作：选择“文本”→“新建文本”命令，在每段开头添加年代标题（如“1980s：老城记忆”）。

字体选复古风格（1980 年代用楷体），调整位置到画面左下角，如图 5-81 所示。

技巧：文字动画选择“渐入”+“渐出”，时长各 0.3 s。

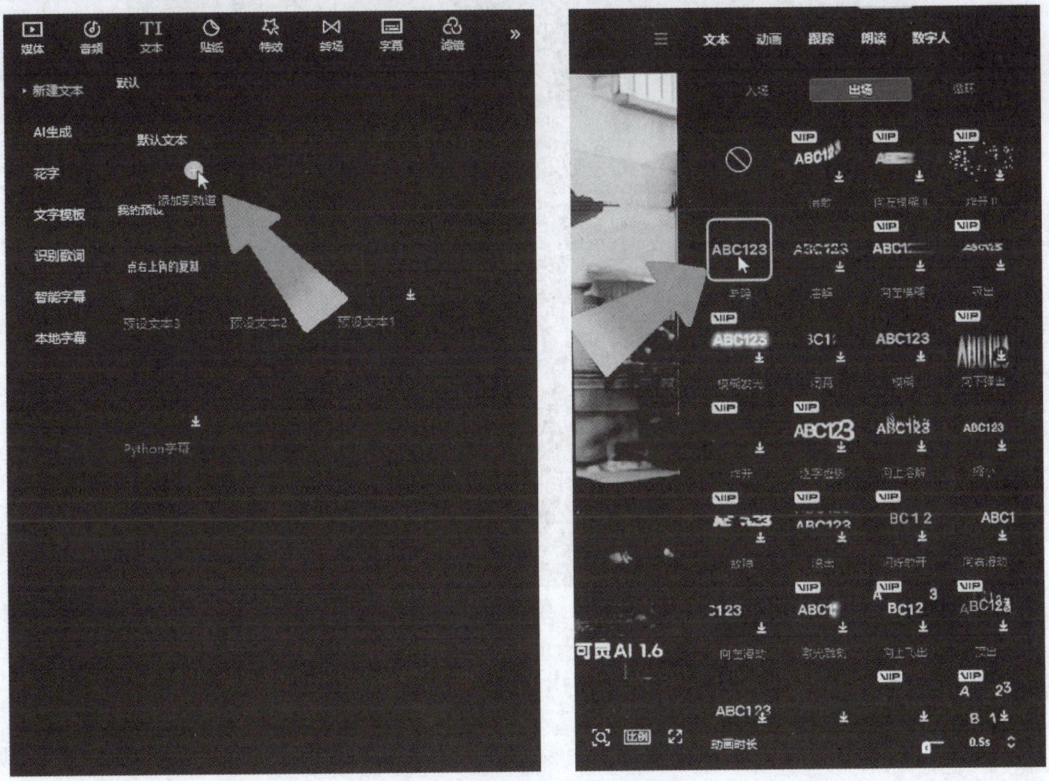

图 5-81　步骤 5 添加文字说明

6. 导出成片

操作：单击右上角“导出”按钮，分辨率选 1 080 p，帧率 25 fps，格式 MP4，如图 5-82 所示。

检查：播放确认转场、音乐、字幕同步无误即可。

若素材画面单调，可叠加“轻微缩放”动画（单击素材，选择“动画”→“组合动画”→“轻微放大”命令）。

用“画中画”功能在阳台角落叠加对应年代标志（如 1990 年代分镜加老式收音机贴图）。

通过人工智能对生成视频素材的深度解析，系统不仅输出多维度质量评估报告，更精准定位光影粒子参数偏差、多模态素材匹配度不足等技术痛点，这种颗粒化的问题诊断能力将有效指导创作者进行动态重绘补偿、跨年代风格校准等针对性优化，从而提升视频作品的时空叙事连贯性与集体记忆可视化精度。

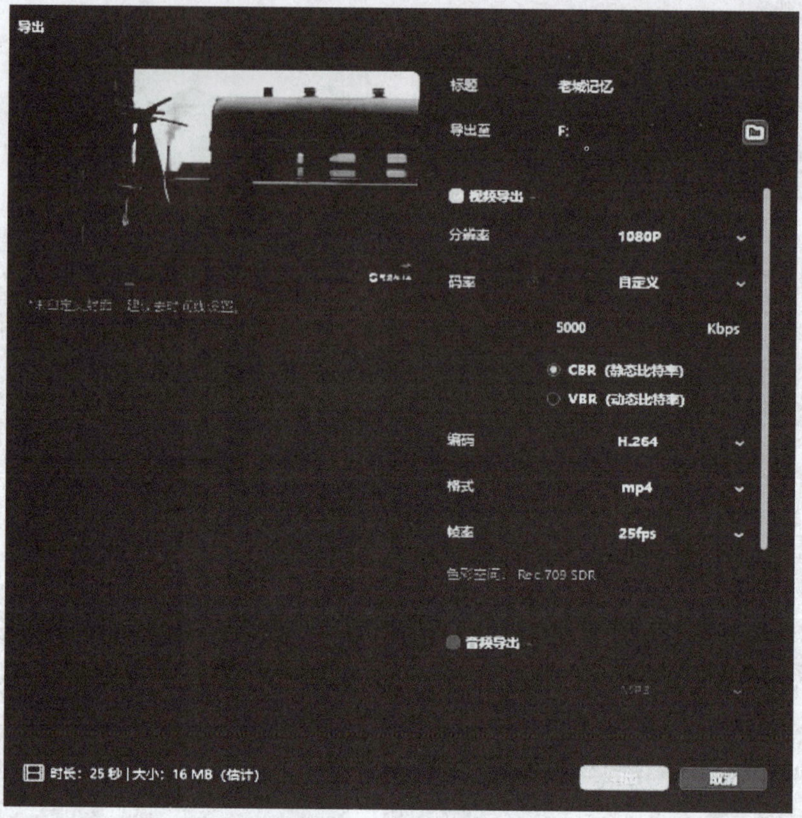

图 5-82　步骤 6 导出成品

任务小结

可灵 AI 在文化遗产数字化领域的应用将持续突破：未来将开发记忆基因重组算法，实现历史场景的“可编辑时空”，并构建虚实交融的城市记忆元宇宙。通过这三阶能力的系统化训练，创作者能同时驾驭技术利器的锋芒与人文关怀的温度。在使用人工智能创造视频时，可以按以下步骤生成内容：

（1）结构化分镜脚本生成：掌握如何运用人工智能生成内容，将简短的文本扩展为详尽、深入的分析或论述，以满足更长篇幅的写作需求。这一技能在学术写作、报告编制等场合尤为重要。就像拍电影前要先写剧本一样，先向人工智能明确你的核心故事。

（2）智能内容生成：实现从碎片到叙事的智能转化，解决历史场景可视化重建的技术瓶颈。

（3）多轨道精准缝合：利用剪辑软件将生成的素材合并，把人工智能生成的零散片段拼成流畅故事，用转场特效控制节奏，最终呈现出完整流畅的概念视频。

视频

任务拓展

任务拓展

通过可灵 AI 快速生成高完成度的旅游宣传视频，无须实地拍摄即可构建旅游目的地 3D 场景、动态展示景点特色与行程亮点，并植入智能旅行路线规划脚本。适用于未开发的旅游目的地、数字旅游服务或元宇宙虚拟景点推广，支持多场景适配与实时交互式视频生成，如图 5-83 所示。

题目描述

通过“场景建模-智能生成-体验优化”三步闭环，实现零实地采样的沉浸式文旅视频全流程制作，同时通过多维度交互引擎与实时行为捕捉系统，有效提升游客参与度与文旅消费转化率。

具体任务

1.智能生成场景提示词	任务	通过语义解析生成符合旅游目的地特质的动态影像方案。
	要求	自动提取POI特征（如三亚=椰林/玻璃海/珊瑚礁）； 匹配季节光照参数（蜈支洲岛冬季日照角度62°）； 识别并植入地域文化符号（后海村冲浪板彩绘纹样）。
2.智能分镜生成	任务	将旅游元素数据库转化为动态叙事单元 。
	要求	根据POI热度值（如蜈支洲岛玻璃海搜索量占比35%）自动分配主镜头时长。
3.线下剪辑合成	任务	将智能生成的分镜视频剪辑合成为一个完整的宣传视频。
	要求	完整视频需要添加音频和转场，以及提示文字。

图 5-83　任务拓展

巩固与提高

1. 使用可灵 AI 生成历史场景时，为提高素材质量，应优先采集（　　）。（单选题）

　A. 网络小说片段　　　　B. 地方志文献与老照片

　C. 影视剧截图　　　　　D. 社交媒体短视频

2. 智能内容生成阶段的关键技术包括（　　）。（多选题）

　A. 自然语言处理生成脚本　　　　B. 区块链存证

　C. 图像风格迁移　　　　　　　　D. 声画时序对齐

3. 发现人工智能生成的民国场景中出现智能手表，应使用（　　）功能修正。（单选题）

A. 技术留痕标注　　B. 时空校对工具

C. 叙事胶水算法　　D. 情感共鸣分析

4. 为提高口述史采集效率，推荐使用（　　）。（单选题）

A. 开放式提问法　　B. 5W1H 结构化提问

C. 自由联想记录　　D. 纯观察记录

5. 需生成 20 世纪 80 年代市集场景，最优提示词设计是（　　）。（单选题）

A. 热闹的市集

B. 1985 年江南早市，竹编货筐，布票交易，保留人工智能补全标识

C. 怀旧场景

D. 很多人买东西

单元 6

利用生成式人工智能策划大学生创新创业活动方案

本单元系统展示了如何通过人工智能技术完成从项目主题策划到路演展示的全流程任务，旨在提升大学生的创新能力、市场洞察力和团队协作能力。

任务 6.1　使用生成式人工智能确定项目主题。通过 DeepSeek 生成式人工智能，快速生成创新创业主题。

任务 6.2　使用生成式人工智能完成创新创业市场调研。利用人工智能完成目标用户分析、竞品拆解和市场趋势预测，精准识别用户需求、总结竞品优劣势。

任务 6.3　使用生成式人工智能完成创意构思。通过人工智能生成市场痛点清单，结合技术趋势提出创新解决方案，提炼产品独特卖点。

任务 6.4　使用生成式人工智能完成商业模式设计。利用人工智能帮助设计运营模式、盈利模式和营销策略。

任务 6.5　使用生成式人工智能完成团队组建与分工。生成团队技能清单、角色框架和任务分配方案，智能匹配成员技能与岗位职责，确保分工明确、协作高效。

任务 6.6　使用生成式人工智能制作路演 PPT。利用 AI PPT 工具快速生成逻辑清晰、视觉吸引力强的路演材料，优化内容框架和视觉呈现，提升展示效果。

通过本单元学习，学生可全面掌握生成式人工智能在创新创业策划中的应用，优化全流程任务，显著提升效率和创新性。人工智能可助力学生突破传统思维限制，策划出具有市场竞争力的项目方案，为未来实践奠定坚实基础。

任务 6.1　使用生成式人工智能确定项目主题

学习目标

- 了解生成式人工智能如何在创新创业选题中应用，快速生成符合要求的项目主题。
- 掌握如何利用生成式人工智能扩展已有的项目主题，进一步提升其深度和广度。

- 学会运用生成式人工智能进行主题的可行性检查，确保主题具有实践操作性。
- 能够有效结合个人特长，确定创新创业项目的合适主题，增强项目的成功率。
- 培养批判性思维，学会在选题过程中进行逻辑分析，提高选题质量。
- 探索生成式人工智能在创新创业中的新应用，为创新提供技术支持。

任务描述

视频 任务描述与分析

创新创业活动是当代大学生展现自我价值、实现个人梦想的重要平台。参与此类活动不仅能帮助学生更好地理解市场运作机制和社会需求，还能激发他们的创新潜能，增强团队协作能力和解决问题的能力。在创新创业活动中，项目主题的选择至关重要，它不仅决定了团队的整体方向，也影响着项目实施的可行性和创新性。

大学生常常面临确定项目主题时的挑战，例如，如何从现实问题中找到创业机会，如何结合自己的专业特长和市场需求提出可行的创新解决方案，以及如何确保主题具有足够的吸引力和市场前景。

本任务将引导学生利用 DeepSeek 生成式人工智能策划创新创业活动的主题，通过具体的应用案例和实践操作，帮助学生确定项目主题，如图 6-1 所示。

图 6-1　DeepSeek 主页

任务分析

本任务通过 DeepSeek 快速生成创新主题，结合兴趣与市场需求，筛选出可行性高的项目方向，如图 6-2 所示。

（1）主题生成：使用 DeepSeek 输入行业趋势分析指令，筛选与大学生能力匹配的领域，生成五个热门创业方向清单。

（2）主题细化：输入个人专业背景与兴趣关键词，获取人工智能推荐的细分领域项目建议，选择其中相关性最高的主题。

（3）可行性评估：分析每个主题的市场需求与竞争情况，评估技术实现难度与资源需求，确定最终主题并记录筛选依据。

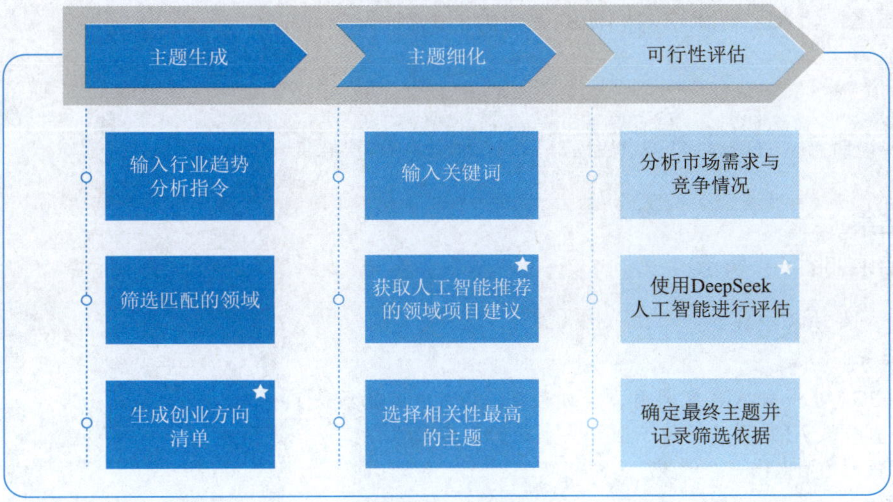

图 6-2　任务分析

任务实施

步骤 1：确定方向

在创新创业活动中，确定项目主题是关键的第一步。有时，人们可能面临从空白开始寻找灵感的困难，而生成式人工智能技术可以帮助人们快速生成具有创新性和潜力的项目主题。接下来，将探讨如何利用人工智能工具（以 DeepSeek 为例）帮助大学生生成符合创新创业要求的主题。

视频

确定方向

实现技巧 1

如何使用人工智能工具确定项目主题？通常新手会这样提问：

提示词

推荐一个创新创业项目主题。

此时，大模型会生成如下内容：

生成结果

生成结果如图 6-3 所示。

> 项目主题：AI 驱动的社区化碳中和监测平台
> 核心概念：
> 打造一个基于人工智能和物联网技术的社区级碳中和监测系统，通过部署低成本传感器网络实时采集居民区能源消耗（水、电、燃气）、交通碳排放、垃圾处理等数据，结合 AI 算法为家庭和企业提供个性化减碳方案，并通过区块链技术实现碳积分社区内流通。

图 6-3　生成式人工智能推荐项目主题生成结果

可以发现普通提示词“推荐一个创新创业项目主题”，所生成的内容可能比较宽泛，无法满足人们的需求。因此，如何设计高质量的提示词，是生成高质量内容的关键。

实现技巧 2

可以先向人工智能询问当前热门的创新创业项目行业或领域来确定大方向；再通过进一步

的指导和细化，让人工智能为人们提供更有价值的参考。

提示词

请列出当前大学生创新创业中最热门的五个行业领域。

生成结果

生成结果如图 6-4 所示。

1. 人工智能与数字技术
- 热门方向：
  - AIGC（生成式 AI）工具开发（如教育、设计、营销场景）。
  - 垂直领域 AI 助手（法律、医疗、金融知识库）。
  - 低代码 / 无代码平台开发。
- 案例：
  大学生团队开发基于 ChatGPT 的校园智能助手，集成选课、论文润色等功能。

2. 绿色经济与碳中和
- 热门方向：
  - 新能源材料（如固态电池、氢能储存）。
  - 碳足迹测算 SaaS 平台。
  - 循环经济项目（二手衣物升级改造、废塑料再生技术）。
- 案例：
  高校团队研发可降解快递包装材料，与电商平台合作试点。

3. 大健康与生物科技
- 热门方向：
  - 便携式医疗检测设备（如 AI 辅助病理分析）。
  - 心理健康数字化干预（VR 心理治疗、情绪管理 App）。
  - 功能性食品开发（益生菌、代餐产品）。
- 案例：
  大学生创业项目“睡眠胶囊舱”，结合脑电波监测改善睡眠质量。

4. 新消费与文化 IP
- 热门方向：
  - 国潮品牌设计与跨界联名。
  - 沉浸式文旅体验（剧本杀 + 景区运营）。
  - 虚拟偶像与数字藏品（NFT）运营。
- 案例：
  艺术院校团队打造方言文化 IP，通过短视频 + 文创产品实现商业化。

5. 智能硬件与机器人
- 热门方向：
  - 服务机器人（校园配送、养老陪护）。
  - 农业无人机与自动化设备。
  - 脑机接口外骨骼（康复医疗场景）。
- 案例：
  工科团队研发低成本农业巡检无人机，服务乡村振兴。

政策与资本助推方向：

图 6-4　优化后的生成结果

- 政策支持：教育部“国家级大学生创新创业训练计划”重点扶持 AI、芯片、生物医药等领域。
- 投资热点：红杉、IDG 等机构加大对高校实验室技术转化的投资，如脑科学、量子计算等前沿领域。

建议：大学生创业需结合自身学科优势，关注“微创新”（如传统行业 +AI/ 大数据改造），同时利用高校孵化器资源和地方政府补贴（如北京中关村“雏鹰计划”、深圳南山创业之星大赛）。

图 6-4　优化后的生成结果（续）

技能拓展 1　趋势关键词优化

实施方法：在 DeepSeek 中输入“2024 年绿色能源领域新兴技术关键词”，提取高频词，结合关键词生成细分主题。

提示词

基于关键词“碳中和”“物联网”，生成 3 个大学生可落地的环保创业主题。

生成结果

生成结果如图 6-5 所示。

1. 智能楼宇碳中和管家系统
- 核心：物联网传感器 +AI 能耗分析。
- 落地方式：
  - 开发微型传感器监测教室 / 宿舍水电暖消耗。
  - 搭建校园楼宇能耗数字孪生平台。
  - 提供自动关灯 / 调温的硬件改造方案。
  - 对接碳交易平台实现减排量变现。

优势：校园场景易试点，政府节能补贴可申请。

2. 物联网驱动的循环快递箱网络
- 核心：LoraWAN 追踪 + 区块链积分。
- 落地方式：
  - 设计可折叠智能快递箱（内置定位芯片）。
  - 搭建校园驿站共享租借系统。
  - 用户扫码租箱获得碳积分奖励。
  - 破损箱体回收再造形成闭环。

优势：解决电商包装污染痛点，可与菜鸟驿站合作。

3. 农业碳汇监测物联网终端
- 核心：边缘计算 + 卫星遥感校准。
- 落地方式：
  - 开发低成本土壤碳含量检测探针。
  - 构建农田碳汇动态监测网络。
  - 生成可视化碳汇报告供农户交易。
  - 对接地方政府生态补偿项目。

优势：响应农业农村减排需求，硬件成本可控（单节点 < 200 元）。

……

图 6-5　趋势关键词优化生成结果

技能拓展 2　多轮对话迭代

根据结果进行追问，逐步缩小范围。

提示词

从以上领域中筛选一个需要编程技能且启动资金低于 5 万元的项目主题。

生成结果

生成结果如图 6-6 所示。

项目聚焦点：低成本农田碳汇监测系统

技术实现核心（编程需求）

1. 嵌入式开发
   - 使用 Python/C++ 开发土壤探针传感器固件（STM32/ESP32 芯片）。
   - 通过 MQTT/CoAP 协议实现传感器数据上传（需网络通信编程）。
2. 边缘计算算法
   - 编写碳含量预测模型（TensorFlow Lite 部署在树莓派）。
   - 开发数据滤波算法消除环境干扰（Python/Matlab）。
3. 可视化平台
   - 搭建 Web 端碳汇地图（Django+ECharts）
   - 设计农户碳账户系统（Node.js+MySQL）。

成本控制方案（总成本≈3.8 万元）

项目	明细	成本估算
硬件开发	20 个探针（ESP32+ 传感器模块）	200 元 ×20＝4 000 元
边缘服务器	二手树莓派 4B+ 太阳能供电模块	800 元
云服务	阿里云 IoT 平台（首年免费）	0 元
软件开发	开源框架＋学生开发者兼职	10 000 元
田间试点	3 个合作农场设备部署	交通费 2 000 元
备用金	耗材 / 意外支出	12 000 元

图 6-6　多轮对话迭代生成结果

视频

细化主题

步骤 2　细化主题

在得到人工智能提供的初步建议后，可以根据自己的兴趣和专业知识进一步细化主题。

实现技巧 1

例如，在步骤 1 中得到人工智能推荐的 5 个热门领域中，你对其中的“人工智能与数字技术”感兴趣，可以结合自身情况进一步提问，从而确定符合要求的主题。

提示词

我是一位计算机科学专业的大学生，对软件开发有着浓厚的兴趣，并且对于如何利用技术改善日常生活充满热情，同时热衷于环保事业，希望自己的工作能够对社会产生积极影响。在人工智能应用领域中，请推荐三个适合我的创新创业项目。

生成结果

生成结果如图 6-7 所示。

1. 智能垃圾分类与资源回收优化平台
核心概念：
开发基于 AI 视觉识别 + 物联网的垃圾分类系统，解决传统回收效率低、分类错误率高的问题，结合激励体系促进公众参与。
技术实现：
- AI 图像识别：训练轻量化模型（如 MobileNet）识别垃圾类型，支持手机端实时分类。
- 硬件集成：设计低成本智能垃圾桶（搭载摄像头 / 重量传感器），数据上传至云端分析区域回收趋势。
- 动态激励系统：通过区块链记录用户回收行为，兑换碳积分或社区奖励，提升参与度。

社会价值：
- 减少填埋 / 焚烧污染，提升可回收物利用率。
- 数据驱动政府优化垃圾处理资源配置。

商业模式：
- 向社区 / 学校出售硬件 +SaaS 管理平台。
- 与品牌合作"绿色积分"兑换（如环保产品优惠券）。

2. 基于 AI 的碳中和能源管家
核心概念：
为家庭与小企业打造能源消耗智能优化系统，通过预测分析降低碳排放，自动切换清洁能源使用。
技术亮点：
- 多源数据融合：接入智能电表、天气预报、电网碳排放实时数据。
- 强化学习调度：动态调整设备使用时间（如电动车充电在光伏发电高峰期）。
- 碳足迹可视化：生成个性化减排报告，推荐绿色能源供应商。

创新点：
- 与光伏 / 储能设备商合作，硬件 + 软件打包方案。
- 企业版可对接碳交易市场，自动购买碳信用。

市场机会：
- 欧盟碳边境税等政策推动企业主动减排。
- 家庭能源成本敏感度提升（2023 年欧洲电价上涨 200%）。

3. AI 驱动的城市绿地精准养护系统
核心概念：
利用无人机 + 边缘计算 AI 监测城市植被健康，优化灌溉 / 施肥策略，减少水资源浪费与化学污染。
技术架构：
- 多光谱成像：无人机采集植被 NDVI 指数，识别病虫害 / 缺水区域。
- 边缘计算节点：在无人机端实时处理数据，降低传输成本。
- 数字孪生模拟：预测不同养护方案效果，优先推荐生态友好措施。

社会效益：
- 减少 30% 以上绿化用水。
- 保护城市生物多样性。

落地场景：
- 政府采购（智慧城市基建）。
- 地产商园区管理降本需求。

图 6-7　根据背景和兴趣推荐项目主题生成结果

面对复杂的主题要求和挑战，我们可以借助生成式人工智能的力量迅速满足这些需求。无论是结合具体要求细化主题，还是快速生成新颖的项目概念，人工智能都能成为我们策划过程中的利器。

技能拓展 1　兴趣标签匹配

实施方法：输入"我的兴趣：环保 + 软件开发"，要求人工智能生成结合两者的主题。

提示词

我是计算机专业学生，擅长 Python，关注环保。请推荐两个结合编程与环保的主题。

生成结果

生成结果如图 6-8 所示。

1. 基于物联网的微气候环境监测与污染预测系统
技术栈：Python + IoT 传感器 + 时序预测模型 + 数据可视化。
实现方案：
- 硬件层：用树莓派 /Arduino 连接 PM2.5、温湿度、CO_2 传感器（如 SDS0111、BME280），搭建低成本监测节点。
- 数据流：通过 MQTT 协议实时传输数据到 Python 后端（使用 Paho-MQTT 库）。
- 分析层：
  - 用 Pandas 清洗数据，检测异常值（如突增的 PM2.5）。
  - 构建 LSTM/Prophet 时序模型预测未来污染趋势。
- 可视化：
  - 用 Folium 生成动态热力图，标注污染热点区域。
  - 结合 Dash/Plotly 构建实时监测仪表盘。

环保价值：
- 识别城市污染传播规律。
- 为社区绿化规划提供数据支持。
- 开源硬件方案降低监测成本。

数据集：
- 实时补充 OpenAQ 历史数据。
- 城市交通流量公开数据（用于关联分析）。

2. 多模态垃圾分类助手
技术栈：Python + 深度学习 + 轻量化部署 + 行为激励设计。
实现方案：
- 核心模型：
  - 使用 EfficientNet-B3 主干网络，在 TrashNet 数据集（超过 12 000 个图像）上训练。
  - 加入文本分类分支（处理商品包装文字信息）。
  - 采用 ONNX 格式实现移动端部署。
- 交互系统：
  - 开发微信小程序 /FastAPI 网页端，支持图片 / 文字双输入。
  - 集成 GPS 定位，显示附近回收站与溢价回收品类。

激励机制：
- 用区块链技术记录环保积分（hyperledger fabric）。
- 设计积分兑换系统（植树证书 / 环保商品折扣）。

环保价值：
- 提升居民分类准确率（实验显示可提高 40%）。
- 连接回收产业链实现资源闭环。
- 行为经济学推动环保习惯养成。

图 6-8　兴趣标签匹配生成结果

技能拓展 2　竞品灵感迁移

实施方法：输入“现有智能回收项目的创新点”，提取可复用的模式，改造为新主题。

提示词

将“社区垃圾分类积分制”迁移到校园场景，设计一个创新主题。

生成结果

生成结果如图 6-9 所示。

创新主题：“绿芽成长计划——校园碳账户行动”
核心概念迁移与场景创新：
1. 教育本位融合（课程联动）
- 开发“垃圾分类 +”跨学科课程包：
  - 科学课：碳足迹追踪实验。
  - 数学课：垃圾处理成本函数建模。
  - 美术课：可回收物改造工作坊。

设立“环境学分”体系，与综合测评挂钩。

2. 科技赋能体系（智慧管理）
- 研发校园版垃圾分类 AI 助手：
  - 扫码识别垃圾成分。
  - 自动生成分类指南动画。
  - 实时反馈碳减排数据。
- 搭建可视化数据大屏：
  - 班级 / 宿舍减排排行榜。
  - 个人成长曲线图。
  - 校园环境效益热力图。

3. 成长激励生态（价值转化）
- 分级兑换系统：
  - 基础层：文具 / 绿植种子。
  - 进阶层：实验室开放日名额。
  - 精英层：科研项目推荐信。
- 设立“可持续发展基金池”：
  - 20% 积分自动转化为公益金。
  - 学期末票选环保公益项目。

4. 社群运营机制（文化营造）
- 创建“绿链社交网络”：
  - 环保任务众筹功能。
  - 低碳生活打卡社区。
  - 环保达人直播平台。
- 举办“零碳文化节”：
  - 碳中和主题辩论赛。
  - 二手物品创意市集。
  - 环保戏剧工作坊。

图 6-9　竞品灵感迁移生成结果

视 频

可行性评估

步骤 3　可行性评估

在经过细化主题之后，下一步便进行可行性分析。这一步骤基于之前人工智能推荐的三个创新创业项目，让人工智能帮助人们评估每个项目的潜在价值、市场需求以及实施难度等，帮助人们进一步筛选。

实现技巧 1

提示词

请评估这三个项目的潜在价值、市场需求以及实施难度，选出最具有可行性的一个项目。

生成结果

生成结果如图 6-10 所示。

1. 智能垃圾分类与资源回收优化平台
潜在价值：☆☆☆☆
• 高社会价值：直接提升垃圾回收率，符合全球零废弃趋势。
• 政策驱动：中国 46 城强制垃圾分类（2025 年覆盖全国），欧盟《循环经济行动计划》提供长期红利。
市场需求：☆☆☆☆
• 刚需场景：社区 / 学校 / 公共场所需降低人工分拣成本。
• B 端付费明确：政府环保预算与物业降本需求强烈。
实施难度：☆☆
• 技术成熟：AI 视觉识别（如 Google 的 WasteNet）已商用化，可微调现有模型。
• 硬件门槛低：采用树莓派 + 摄像头方案快速验证，无需复杂传感器。
核心优势：
• MVP 验证快：可先上线纯软件版（App 拍照分类），再迭代硬件。
• 盈利路径清晰：硬件销售 + 数据服务（如政府采购区域垃圾热力图）。
2. 基于 AI 的碳中和能源管家
潜在价值：☆☆☆☆
• 商业潜力高：碳交易市场规模超千亿美元（World Bank 2023）。
• 政策绑定：欧盟碳关税倒逼企业减排，但依赖国际政策稳定性。
市场需求：☆☆
• 用户教育成本高：家庭用户对碳足迹敏感度不足，企业需要 ROI 明确证据。
• 竞争激烈：已有巨头布局（如施耐德 EcoStruxure）。
实施难度：☆☆☆☆
• 数据整合难：需对接电网、天气、设备 API，面临数据孤岛问题。
• 算法复杂度高：强化学习需大量实时能源数据训练，初期冷启动困难。
核心风险：
• 长周期验证：需与硬件厂商深度合作，产品落地周期超 1 年。
• 政策依赖性：碳价波动可能影响企业购买意愿。
3. AI 驱动的城市绿地精准养护系统
潜在价值：☆☆☆
• 生态效益显著：节水减污，但商业价值集中于政府项目。
• 长期需求稳定：智慧城市基建持续投入，但预算易受经济周期影响。
市场需求：☆☆
• 客户集中度高：依赖政府采购和大型地产商，销售周期长。
• 替代方案成熟：传统灌溉系统低价竞争，需证明 AI 的 ROI 优势。
实施难度：☆☆☆☆
• 硬件成本高：专业无人机 + 多光谱相机单机成本超 3 万元。
• 数据壁垒：植被健康模型需实地标注大量样本，跨区域泛化能力难保障。
综合结论：最具可行性的项目
推荐选择：智能垃圾分类与资源回收优化平台

图 6-10　生成式人工智能评估可行性生成结果

决策依据

1. 市场需求刚性

- 中国垃圾分类误投率超 40%（住建部 2023 数据），社区 / 学校痛点明确，付费意愿强。
- 可优先切入高校场景（学生环保意识高，易推广激励体系）。

2. 技术落地敏捷性

- 软件优先策略：用现有 AI API（如百度 EasyDL）两周内开发出 MVP，快速验证用户参与度。
- 硬件可逐步迭代：初期用低成本摄像头 + 二维码标签简化识别流程，降低风险。

3. 政策与资本红利

- 中国“无废城市”试点提供补贴，欧盟 REACT 基金支持循环经济初创企业。
- 商业模式可扩展：从垃圾分类延伸至二手交易平台（如积分兑换闲置物品）。

风险应对建议

- 竞争壁垒构建：通过用户行为数据训练专属模型（如区域特色垃圾识别），提升准确率。
- 合作替代自研：与环卫公司联合运营（他们提供硬件部署，你提供算法），分摊成本。

图 6-10　生成式人工智能评估可行性生成结果（续）

通过人工智能的分析，最后筛选出了“智能垃圾分类与资源回收优化平台”项目，后续的任务将以这个项目为主题展开。

通过上述步骤，可以清楚地认识到，生成式人工智能不仅可以帮助人们迅速聚焦项目主题，帮助团队高效地确定创新创业的方向，克服在项目策划初期遇到的不确定性，提升效率，还可以在这一阶段提供多元化的视角和思路，帮助人们突破常规思维的限制，结合最新的市场趋势与技术动态，为项目注入新颖的元素，从而使项目主题更加富有吸引力和竞争力。

技能拓展 1

多维度评分卡评估——设计评分维度：输入指令生成评估框架（如市场潜力、技术难度、团队匹配度、资金需求、政策支持）。

提示词

请设计一个创业项目可行性评分表，包含 5 个核心维度及权重（市场潜力、技术难度、团队匹配度、资金需求、政策支持）。

生成结果

生成结果如图 6-11 所示。

维度	权重	评分标准	评分范围	得分
1. 市场潜力	25%	- 市场规模（如目标用户数量、行业增长率） - 需求真实性（是否有数据支持） - 竞争分析（竞争者数量、自身差异化优势） - 增长潜力（未来3-5年预测）	0-25分	
2. 技术难度	20%	- 技术复杂性（是否依赖前沿技术或专利） - 研发周期（技术实现所需时间） - 技术成熟度（原型验证、测试阶段） - 技术风险（替代方案可行性）	0-20分	
3. 团队匹配度	20%	- 团队成员经验（相关行业/技术背景） - 技能互补性（是否覆盖技术、运营、市场等） - 过往业绩（成功案例或项目经验） - 团队稳定性（核心成员变动风险）	0-20分	
4. 资金需求	15%	- 启动资金合理性（与市场规模和技术难度匹配） - 融资计划（融资渠道、资金用途分配） - 投资回报周期（预计盈利时间） - 抗风险能力（资金缓冲空间）	0-15分	
5. 政策支持	20%	- 政策符合性（是否符合国家/地方产业政策） - 补贴或税收优惠（可申请的政策红利） - 监管风险（行业合规性） - 长期趋势（政策对行业的支持力度）	0-20分	
总分	**100%**		**0-100分**	

图 6-11　多维度评分卡评估生成结果

技能拓展 2　低成本 MVP（最小可行产品）测试

利用人工智能生成一款智能回收产品的 MVP 方案。

提示词

如何用不超过 500 元测试“智能回收箱”的需求真实性？请列出三种方法。

生成结果

生成结果如图 6-12 所示。

方法 1：低成本模拟原型 + 行为观察（预算：200 元）

1. 制作“伪智能”回收箱

- 用纸箱或二手塑料桶改造，贴上有科技感的贴纸（如“扫码投递”“积分兑换”），印刷简单操作指引（预算 50 元）。
- 用免费工具（如草料二维码）生成可交互的二维码，用户扫码后跳转至模拟界面（显示“投递成功，获得 10 积分”）。

2. 实地测试与数据记录

- 将回收箱放置在社区、学校或办公区（提前沟通免费或支付 50 元场地费），用手机隐蔽录制用户行为（注意隐私合规）。
- 记录：尝试使用人数 / 路过人数、操作完成率、用户吐槽点（如“扫码太麻烦”“积分有什么用？”）。

3. 关键验证点

- 真实行为数据：多少人愿意为“智能”功能改变习惯（对比普通垃圾桶使用率）。
- 用户痛点：是否有人主动询问积分规则或后续服务。

方法 2：需求验证快闪活动（预算：300 元）

1. 设计“虚拟服务”海报

- 制作宣传单 / 易拉宝（预算 150 元），描述智能回收箱功能（如自动称重、返现、环保数据统计），但暂不提供实物。
- 标注“扫码预约体验”，链接至表单收集联系方式（承诺优先体验）。

2. 线下快闪推广

- 在目标区域（如社区广场、商圈）驻点 2 小时，邀请路人参与（预算 100 元用于小礼品激励填写问卷）。
- 提问关键问题：

“您愿意为返现 0.5 元 / 次专门使用智能箱吗？”

“您更在意环保贡献数据，还是实际奖励？”

3. 关键验证点

- 转化率：扫码预约人数占总接触人数的比例（>20% 说明强需求）。
- 付费意愿：直接询问“若需支付 10 元押金使用，您是否愿意？”过滤虚假需求。

方法 3：竞品替代方案对比测试（预算：0 元）

1. 利用现有平台模拟服务

- 在闲鱼 / 微信群发起“有偿回收”活动（如“旧衣服 0.5 元 / 斤，上门回收需扫码登记”）。
- 设计类似智能回收箱的流程：扫码填写信息→拍照投递→获得红包。

2. 观察用户行为

- 统计参与人数、完成完整流程的比例、用户主动反馈（如“能否设置固定投放点？”）。
- 对比传统回收方式（如免费捐赠）的吸引力差异。

图 6-12　低成本 MVP（最小可行产品）测试生成结果

3. 关键验证点
- 流程阻力：用户是否因多步骤操作放弃？
- 价值感知：微小奖励是否足以驱动行为改变？

图 6-12　低成本 MVP（最小可行产品）测试生成结果（续）

任务小结

本任务通过 DeepSeek 工具完成了创业主题的生成、细化和可行性评估。首先，利用人工智能分析热门行业趋势，快速获取人工智能与数字技术、绿色经济等领域的创业方向；其次，结合学生专业背景和兴趣，进一步细化了主题；最后，通过市场潜力、技术难度等维度的评估，筛选出最具可行性的项目。

关键收获包括：

（1）高效生成创意：人工智能可在 1 分钟内提供多个备选主题，避免灵感枯竭。

（2）精准匹配需求：通过“专业＋兴趣”的指令设计，确保主题与团队能力契合。

（3）降低决策风险：量化评估模型帮助规避资源不足或竞争过大的方向。

任务拓展

视　频

任务拓展

请完成任务拓展，如图 6-13 所示。

题目描述

使用DeepSeek分析近3年创新创业大赛获奖项目，生成一份《热门领域趋势报告》。

具体任务

1.确认方向	任务	确定创新创业大赛获奖项目的主要领域分布。
	要求	收集近3年国家级/省级创新创业大赛的获奖项目名单。 按技术领域对项目进行分类统计。 形成初步领域分布图表和简要分析。
2.细化主题	任务	对每个热门领域进行深入趋势分析。
	要求	针对确认的每个热门领域，分析其获奖项目的共同特点。 识别每个领域中具有潜力的细分方向。 每个领域分析300～400字，包含具体案例和数据支持。
3.可行性评估	任务	评估各热门领域的创业可行性。
	要求	从技术门槛、资金需求、市场成熟度三个维度评估。 分析各领域的竞争格局和潜在风险。 给出针对大学生创业者的领域选择建议。 提供可行性评分表和具体实施路径建议。

图 6-13　任务拓展

巩固与提高

1. 生成创业主题时，优化提示词的关键是（　　）。（单选）

A. 使用模糊表述获取更多可能性

B. 限定行业领域与用户群体

C. 要求生成至少 10 个主题

D. 完全依赖人工智能自由发挥

2. 以下（　　）主题细化指令更有效。（单选）

A. 推荐一些项目

B. 我是计算机专业学生，擅长 Python，请生成三个人工智能 + 教育的创业主题

C. 随便写几个环保项目

D. 生成高科技项目

3. 筛选主题时，应优先考虑（　　）。（单选）

A. 技术复杂度　　B. 团队资源匹配度

C. 项目名称吸引力　　D. 投资机构偏好

4. 以下（　　）是人工智能可行性分析的优势。（单选）

A. 完全替代人工决策　　B. 保证 100% 准确率

C. 自动解决技术难题　　D. 快速生成多维度评估报告

5. 可行性评估应包括（　　）维度。（多选）

A. 市场需求量　　B. 团队兴趣爱好

C. 政策支持力度　　D. 技术实现周期

6. 人工智能生成主题的局限性包括（　　）。（多选）

A. 缺乏市场数据支撑　　B. 可能忽略政策风险

C. 无法结合团队实际能力　　D. 生成速度过快

7. 热门行业领域可通过（　　）人工智能指令获取。（多选）

A. 列出近 3 年创新创业大赛热门领域　　B. 分析 2024 年政策扶持方向

C. 预测未来 5 年科技趋势　　D. 搜索抖音最火话题

8. 主题生成后需验证的步骤包括（　　）。（多选）

A. 团队投票表决　　B. MVP 原型测试

C. 直接申请专利　　D. 竞品对比分析

9. 使用 DeepSeek 生成一个“校园场景 + 人工智能技术”的创业主题，并设计包含市场潜力、技术难点、资源需求的可行性评估表。（应用题）

要求：

（1）主题明确目标用户与核心功能。

（2）评估表至少包含五项指标。

任务6.2　使用生成式人工智能完成创新创业市场调研

学习目标

- 理解生成式人工智能在市场调研中的作用，高效地识别和定义目标用户群体。
- 掌握利用生成式人工智能工具搜集并分析竞争对手信息的技术，以便制定出更具针对性的竞争策略。
- 学会应用生成式人工智能预测市场趋势，为项目的长期规划和发展提供科学依据。
- 能够根据市场调研的结果和个人资源优势，准确确定创新创业项目的市场定位，提高项目的市场适应性和竞争力。
- 探索生成式人工智能在市场调研领域的创新应用，为创新创业活动提供强有力的数据支持和技术保障。

任务描述

在启动任何创新创业项目之前，深入市场调研是必不可少的步骤。市场调研不仅能为团队提供方向，还直接影响项目的执行策略。通过有效的市场调研，可以识别客户的真实需求，评估竞争对手的实力，并预测市场的发展趋势，从而确保项目的持续增长和适应性，如图 6-14 所示。

视 频

任务描述与分析

图 6-14　市场调研插图

任务分析

本任务将指导学生利用生成式人工智能技术进行创新创业项目的市场调研，通过具体的应用案例和实践操作，帮助学生掌握目标群体分析、竞争对手分析及市场趋势分析这三项核心技能，如图 6-15 所示。

（1）目标用户分析：输入用户特征指令，生成目标人群与需求报告，并制作一份详细的调查问卷，以便深入到目标群体中进行更具体的调查。

（2）竞争对手分析：输入竞品搜索指令获取竞品功能、定价、用户评价，总结竞品优劣势。

（3）市场趋势分析：设计恰当的提示词，让人工智能提供详细的市场趋势分析。此外，还可以查询相关的行业报告，辅助人工智能进行市场分析。

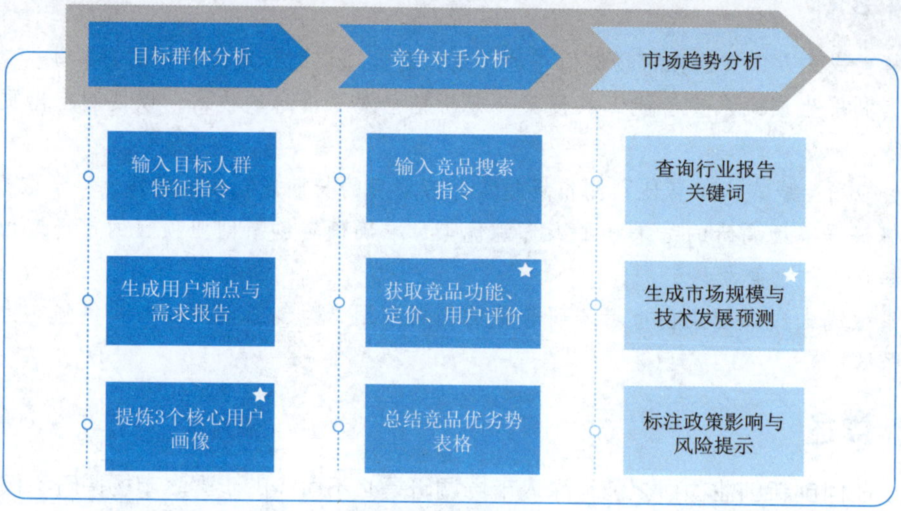

图 6-15　任务分析

任务实施

视 频

目标群体分析

步骤 1　目标群体分析

实现技巧 1

对于“智能垃圾分类与资源回收优化平台”这个项目，可以通过提问，如“我们的产品最适合哪类人群？”或者“该群体的主要兴趣点是什么？”等方式，利用生成式人工智能得出详尽的目标群体画像。这样不仅可以确保产品或服务能够真正满足用户需求，而且还能提高市场营销策略的针对性。

提示词

对于“智能垃圾分类与资源回收优化平台”这一项目的产品，最适合哪类人群？

生成结果

生成结果如图 6-16 所示。

1. 普通城市居民（尤其是政策严格地区）
• 需求痛点：垃圾分类规则复杂、执行困难，需要便捷工具辅助分类。
• 产品价值：
　◦ 通过图像识别、语音助手等功能实时指导分类，降低学习成本。
　◦ 结合积分奖励机制（如兑换生活用品），激励长期参与。
• 典型场景：居民通过手机 App 扫描垃圾，获取分类建议并记录环保贡献。

2. 社区管理者与物业公司
• 需求痛点：需监督居民分类行为、降低管理成本并提升回收效率。

图 6-16　利用生成式人工智能分析产品目标群生成结果

- 产品价值：
    - 提供数据看板，实时监控各区域分类准确率与垃圾量。
    - 优化垃圾收集路线，减少人力成本。
    - 典型场景：物业通过平台调度清洁人员，优先处理满溢垃圾桶。

3. 市政部门与环保机构
- 需求痛点：需要宏观数据支持政策制定与效果评估。
- 产品价值：
    - 分析区域垃圾产生趋势、回收率波动，辅助资源调配（如增设回收点）。
    - 生成环保报告，用于公众宣传或国际减排承诺。
- 典型场景：政府依据平台数据调整垃圾车频次，减少碳排放。

4. 资源回收相关企业
- 需求痛点：需稳定获取高质量可回收材料，降低分拣成本。
- 产品价值：
    - 精准对接分类后的可回收物，提升原料纯度。
    - 追踪材料流向，优化供应链管理。
- 典型场景：饮料企业通过平台直接回收 PET 瓶，缩短再生产周期。

图 6-16　利用生成式人工智能分析产品目标群生成结果（续）

实现技巧 2

如果需要更加细致地分析，可以设置提示词。基于输入，人工智能将回答关于该群体的详细信息，包括垃圾分类习惯、资源回收方式、对新技术的信任度和接受程度等方面的数据。

提示词

描述社区居民在垃圾分类、资源回收及环保意识方面的需求与偏好，以及他们对智能垃圾分类与资源回收优化平台的需求。

生成结果

生成结果如图 6-17 所示。

一、垃圾分类需求与偏好

1. 简化分类流程
    - 居民普遍希望分类规则更清晰易懂，避免复杂的分类标准（如厨余垃圾、可回收物、有害垃圾、其他垃圾的细分困惑）。
    - 偏好通过图文、短视频等直观形式提供分类指导，例如小程序内的动态指引或社区宣传栏的图解。
    - 特殊群体需求：老年人需要大字版指南或语音助手功能；年轻群体倾向通过 AI 图像识别技术（如拍照识垃圾）快速判断类别。
2. 降低分类成本
    - 需要更便捷的投放设施（如分类垃圾桶的位置优化、智能感应开盖设计）。
    - 对“错投纠错机制”有需求，例如通过智能设备提示分类错误并指导修正。

二、资源回收需求与偏好

1. 经济激励驱动参与
    - 偏好积分奖励、现金返还或兑换生活用品等机制（如智能回收箱自动称重并积分）。
    - 对透明化回收流程的需求强烈，希望平台提供可追溯数据（如回收物最终去向）。

图 6-17　利用生成式人工智能分析产品目标群体的更加细致生成结果

2. 便利性与灵活性

- 希望社区设置更多可回收物暂存点，或提供上门回收服务（尤其针对大件垃圾或电子废弃物）。
- 偏好预约回收功能，通过平台灵活选择时间地点，减少等待成本。

三、环保意识提升需求

1. 教育与互动结合

- 居民希望获得趣味化、场景化的环保知识（如通过游戏化任务学习分类知识）。
- 社区活动偏好：亲子环保工作坊、旧物改造比赛、垃圾分类积分排行榜等。

2. 数据反馈增强成就感

- 期望平台展示个人环保贡献（如减少的碳排放量、回收资源总量），激发持续参与动力。
- 社区层面的环保数据公开（如小区排名）可激发集体荣誉感。

四、对智能平台的核心需求

1. 功能整合与智能化

- 精准分类支持：AI 识别垃圾类型、语音 / 文字查询分类规则、自动生成家庭分类报告。
- 资源回收优化：智能匹配附近回收点、预约上门回收、实时反馈回收物价值。
- 个性化服务：根据家庭垃圾产生习惯提供定制建议（如减少塑料使用的提醒）。

2. 社区管理协同

- 数据看板：为社区管理者提供垃圾分类参与率、回收效率、成本节约等数据，优化资源配置。
- 异常预警：监测垃圾满溢、错投高发区域，及时调度清理或加强宣导。

3. 用户体验设计

- 界面简洁易操作，适配全年龄段（如老年模式、语音交互）。
- 社交功能嵌入：分享环保成就、组建社区环保小组、发起挑战活动。

4. 可持续激励机制

- 积分体系与本地商家合作（如兑换超市优惠券、社区服务折扣），形成闭环生态。
- 对高贡献用户提供荣誉认证（如“环保达人”称号），增强社会认同感。

五、潜在挑战与优化方向

- 技术适配性：需兼容不同社区硬件条件（如老旧小区智能设备覆盖率低）。
- 行为习惯培养：通过长期宣教与即时反馈逐步改变居民惯性行为。
- 隐私与信任：确保用户数据安全，透明化积分规则与回收流程。

……

图 6-17　利用生成式人工智能分析产品目标群体的更加细致生成结果（续）

实现技巧 3

除直接对生成式人工智能提问之外，还可以利用其生成一份详细的调查问卷，以便深入目标群体中进行更具体的调查。生成式人工智能将提供一份结构化的调查问卷，帮助人们收集更具体的数据，从而进一步优化市场策略。

提示词

如果我要对目标群体进行分析，请生成一份调查问卷。

生成结果

生成结果如图 6-18 所示。

智能垃圾分类与资源回收平台用户需求调查问卷

调查目的：了解用户对垃圾分类的痛点、技术需求及行为习惯，优化产品功能与服务。

一、基本信息

1. 您的身份是？（单选）

□普通居民

□社区 / 物业管理人员

□政府环保部门 / 市政工作人员

□资源回收企业员工

□其他（请注明）：__________

2. 您所在的地区是否已实施强制垃圾分类政策？（单选）

□是，已严格实施

□是，但执行较宽松

□否

3. 您的年龄范围？（单选）

□ 18 岁以下

□ 18～30 岁

□ 31～45 岁

□ 46～60 岁

□ 60 岁以上

二、垃圾分类行为与痛点

4. 您是否了解所在地区的垃圾分类规则？（单选）

□非常清楚

□大致了解

□不太清楚

□完全不了解

5. 您日常处理垃圾时遇到的最大困难是？（多选）

□分类规则复杂难记

□不确定某些物品属于哪类（如电池、化妆品）

□社区垃圾桶设置不合理（如数量不足、标识不清）

□缺乏分类动力（如无奖励或惩罚措施）

□其他：__________

6. 您希望通过哪种方式获得分类指导？（多选）

□手机 App 拍照识别

□语音助手

□社区宣传手册 / 海报

□垃圾桶自带屏幕提示

□其他：__________

三、对智能平台的功能需求

（居民版）

7. 您是否愿意使用垃圾分类 App/ 小程序？（单选）

□愿意

□无所谓

□不愿意（请说明原因：__________）

8. 以下哪些功能对您最有吸引力？（多选）

□拍照识别垃圾类别

□分类积分兑换奖励（如日用品、折扣券）

图 6-18　智能垃圾分类与资源回收优化平台调查问卷生成结果

□实时查看环保贡献数据（如减碳量）
□社区垃圾分类排名竞赛
□其他：________

（社区 / 物业版）

9. 您认为社区垃圾分类管理的最大挑战是？（多选）
□居民参与度低
□监督人力成本高
□垃圾桶分布不合理
□回收运输效率低
□其他：________

10. 您最需要平台提供哪些管理工具？（多选）
□垃圾满溢实时报警
□居民分类准确率统计
□最优收运路线规划
□数据可视化报告（供上级检查）
□其他：________

（政府 / 企业版）

11. 您最关注垃圾分类数据的哪些维度？（多选）
□区域垃圾产生量趋势
□可回收物纯度与流向
□减碳效果量化指标
□居民参与率变化
□其他：________

四、支付意愿与隐私担忧

12. 如果平台提供增值服务（如上门回收、精准指导），您能接受的付费方式是？（多选）
□按次付费（如 1 元 / 次）
□会员订阅制（如 10 元 / 月）
□积分抵扣
□政府 / 企业补贴
□不愿付费

13. 您是否担心该平台会泄露个人隐私（如垃圾数据、家庭住址）？（单选）
□非常担心
□略有顾虑
□不担心

五、开放性问题

14. 您对智能垃圾分类平台的其他建议：________

图 6-18　智能垃圾分类与资源回收优化平台调查问卷生成结果（续）

技能拓展 1

场景化提问：如输入“上班族通勤时或学生在校生活时的环保行为痛点”，获取具体场景需求。

提示词

描述大学生在宿舍垃圾分类时的具体困难。

生成结果

生成结果如图 6-19 所示。

1. 物理空间限制
- 垃圾桶容量不足：宿舍通常狭小，摆放多个分类垃圾桶占用空间，尤其在多人共用的情况下，可能仅能容纳 1～2 个垃圾桶，导致垃圾混投。
- 无细分存储区域：如快递盒、饮料瓶等可回收物体积大，堆积后侵占公共区域，影响宿舍整洁。

2. 分类知识模糊与标准复杂化
- 认知混淆：学生难以区分易混淆物品，如沾油污的外卖盒（应归为其他垃圾而非可回收）、奶茶杯（部分需清洗后回收）、塑料袋（多数不可回收）。
- 动态规则困扰：不同城市或学校的分类标准存在差异，如假期返乡后需重新适应家乡规则，返校后可能产生混淆。

3. 生活场景与习惯冲突
- 快节奏与便利性优先：赶课时随手丢弃未分类垃圾，熬夜复习后无精力处理积攒的垃圾。
- 外卖与网购高频场景：大量一次性餐具、包装材料成分复杂，需拆解分类但过程烦琐。
- 厨余垃圾处理难点：宿舍禁用大功率电器导致无法安装厨余粉碎机，果皮、剩饭堆积易滋生蚊虫，学生被迫快速丢弃而跳过分类。

4. 协作与管理难题
- 室友责任分摊不均：个别学生忽视分类，他人努力易被破坏，引发“破窗效应”（如一个混合垃圾桶引发更多人效仿）。
- 公共区域责任模糊：楼道垃圾桶无人监管，混投现象普遍，学生可能因从众心理放弃分类。
- 监督与反馈缺失：学校缺乏有效检查机制（如宿管抽查、智能监控），学生得不到即时纠错指导或奖惩激励。

5. 基础设施与管理脱节
- 末端处理链条断裂：宿舍楼下分类垃圾桶标识不清或清洁工混合清运，学生发现分类成果被破坏后积极性受挫。
- 特殊垃圾无专用回收：电池、过期药品、化妆品瓶等有害垃圾无定点回收箱，学生不得不将其混入普通垃圾。

6. 文化与意识差异
- 地域习惯差异：来自无强制分类地区的学生需从头学习，可能因习惯不同与室友产生摩擦。
- 环保认知浅层化：部分学生仅将分类视为“任务”，缺乏内在动力，在无人监督时敷衍了事。

7. 典型案例场景
- 深夜赶作业：学生吃完泡面后需分离汤渣（厨余）、叉子（其他垃圾）、纸碗（若未被污染可回收），但困倦中直接丢弃。
- 节日礼物处理：生日后的气球（橡胶属其他垃圾）、彩带（部分为塑料可回收）、电池装饰灯（有害垃圾）需要精细分类，但多数人选择整袋丢弃。

……

图 6-19　场景化提问生成结果

步骤 2　竞争对手分析

了解竞争对手是市场调研中的关键环节之一。生成式人工智能可以帮助人们快速收集并分析竞品信息，包括产品特点、市场占有率、营销策略等。

视频
竞争对手分析

实现技巧 1

通过设计恰当的提示词，可以让人工智能提供竞争对手的详细情况，从而制定出更为有效的竞争策略。

提示词

列出当前市场上一些知名的智能垃圾分类与资源回收优化平台的品牌和公司，并概述它们的主要优势和劣势。

生成结果

生成结果如图 6-20 所示。

国内企业

1. 小黄狗（Huang Gou Technology）

优势：

• 硬件覆盖广，智能回收箱支持扫码投递、自动称重和实时返现，用户参与门槛低。
• 与地方政府合作紧密，政策支持力度大。

劣势：

• 曾因扩张过快导致运营成本高企，陷入财务危机，依赖资本输血。
• 盈利模式单一，主要依赖废品销售和政府补贴。

2. 奥北环保（Aobag）

优势：

• 采用“会员制＋标准化回收袋”，强调精准分类和数据追踪。
• 轻资产模式，通过社区合作降低硬件投入成本。

劣势：

• 用户群体局限于环保意识较强的中高收入人群，普及率受限。
• 需依赖用户主动参与，教育成本较高。

3. 虎哥回收（Huge Recycling）

优势：

• 提供“上门回收＋社区服务站”一体化服务，用户黏性高。
• 在浙江省内形成成熟的分拣、物流和再利用体系。

劣势：

• 地域扩张能力弱，跨区域复制难度大。
• 高度依赖政府垃圾分类政策推动。

4. 京东拍拍回收 / 阿里闲鱼（互联网巨头生态）

优势：

• 依托电商平台流量，整合二手商品和废品回收，用户基数庞大。
• 技术整合能力强（如 AI 估价、区块链溯源）。

劣势：

• 垃圾分类非核心业务，资源投入有限。
• 侧重 C 端回收，缺乏对工业或社区场景的深度优化。

国际企业

1. Rubicon（美国）

优势：

• 全球领先的垃圾管理 SaaS 平台，通过大数据优化垃圾收运路线，降低企业成本。
• 合作网络覆盖市政、商业客户，商业模式成熟。

劣势：

• 在中国市场本地化不足，面临政策和文化差异壁垒。
• 主要服务 B 端，缺乏直接触达 C 端用户的产品。

图 6-20　分析竞争对手生成结果

2. ZenRobotics（芬兰）
优势：
- 机器人分拣技术全球领先，AI 视觉识别可高效分拣建筑垃圾和工业废料。
- 适用于大型垃圾处理中心，提升分拣效率和安全性。

劣势：
- 设备成本高昂，中小型企业难以承担。
- 技术复杂，需配合专业运维团队。

3. Enevo（芬兰）
优势：
- 智能传感器＋动态调度系统，优化垃圾箱清运频率，降低运营成本。
- 在欧美餐饮、零售业垃圾管理领域应用广泛。

劣势：
- 对高精度传感器的依赖导致初期部署成本高。
- 在混合垃圾分类场景中适用性有限。

图 6-20　分析竞争对手生成结果（续）

生成式人工智能在收集和分析资料方面的应用，为创新创业项目的市场调研提供了强有力的支持，可以帮助人们更好地了解市场动态和竞争对手情况，从而制定出更为有效的市场策略。

技能拓展 1　功能拆解对标

分析“竞品 A 的核心功能列表”，对比自身项目缺失模块。

提示词

与“小黄狗”的功能对比，简要指出智能垃圾分类与资源回收优化平台可优化的三个点。

生成结果

生成结果如图 6-21 所示。

与「小黄狗」功能对比，智能垃圾分类与资源回收优化平台的潜在优化方向：

1. 动态算法优化
- 小黄狗：依赖固定分类规则，易受新型垃圾识别局限。
- 优化点：引入实时反馈的 AI 算法，通过用户行为数据与垃圾成分分析动态优化分类模型，提升复杂场景（如混合垃圾）的识别准确率。

2. 全链路资源匹配
- 小黄狗：侧重前端回收，后端分拣与资源化企业联动较弱。
- 优化点：构建回收-分拣-再生企业数据中台，基于区域垃圾类型分布智能调度回收资源（如定向匹配低价值可回收物处理厂），降低物流与处理成本。

3. 社区协同激励机制
- 小黄狗：以个人积分激励为主，缺乏群体参与设计。
- 优化点：增加社区级碳减排可视化管理，设置垃圾分类达标率排行榜与公共资源兑换机制（如社区绿化升级），通过集体荣誉感提升长期参与黏性。

（注：聚焦技术迭代、资源整合与用户行为设计三个维度，形成差异化竞争力）

图 6-21　功能拆解对标生成结果

步骤3 市场趋势分析

视 频

市场趋势分析

市场趋势分析是创新创业市场调研的另一关键环节。生成式人工智能可以帮助人们快速收集并分析市场趋势，包括行业报告、市场数据和用户行为等。

实现技巧1

通过设计恰当的提示词，可以让人工智能提供详细的市场趋势分析，从而制定出更为有效的市场策略。

提示词

请简要分析智能垃圾分类与资源回收优化平台的未来发展趋势。

生成结果

生成结果如图6-22所示。

1. 技术深度集成与智能化升级
- 多模态感知与AI融合：结合高精度图像识别、光谱分析、重量传感器及语音交互技术，提升复杂垃圾（如混合垃圾、破损物品）的分类准确率。
- 边缘计算与实时响应：通过本地化数据处理降低云端依赖，实现毫秒级垃圾识别和分拣指令下发，适配低网络覆盖场景。
- 机器人自动化分拣：分拣机械臂的柔性化、模块化设计将降低成本，结合3D视觉技术实现高速精准分拣，替代高污染人工环节。

2. 全链条数字化管理平台
- 动态生命周期追踪：通过RFID、区块链技术记录垃圾从投放到再生利用的全流程数据，实现碳足迹核算与资源流向透明化。
- 预测式资源调度：利用时空大数据分析预测区域垃圾量波动，优化清运路线与处理设施负载，降低运输能耗（例如减少30%空载率）。
- 跨区域协同网络：打破行政边界限制，构建城市群级智能调度中心，实现处理产能共享与应急调配。

3. 政策与商业模式创新
- EPR（生产者责任延伸）数字化落地：强制企业接入回收平台，通过“一物一码”追溯产品回收责任，推动包装物、电子废物的闭环管理。
- 碳普惠与用户激励：个人碳账户与垃圾分类行为绑定，积分可兑换公共服务（如地铁优惠）或参与碳交易，激发C端持续参与动力。
- 再生资源B2B市场：平台构建标准化再生材料交易模块，提供质量认证、价格指数与供应链金融服务，激活回收产业经济价值。

4. 社会协同与全球化拓展
- 社区自治工具开发：为基层提供垃圾分类管理SaaS系统，集成住户排名、问题上报、知识库等功能，降低政府监管成本。
- 发展中国家定制化方案：针对基础设施薄弱地区，推广低成本AI摄像头+简易分拣装置组合，结合众包回收网络实现快速落地。
- 全球标准互联：参与制定国际智能垃圾分类协议，推动设备接口、数据格式互通，助力跨境再生资源贸易（如动力电池跨国回收）。

5. 挑战与突破方向
- 技术成本与普惠性：需通过国产芯片替代、硬件模块化设计将终端设备成本降低至千元以内，加速城乡渗透。

图6-22 分析市场趋势生成结果

- 误判容错机制：开发混合垃圾的补救分拣算法，通过多级复核将错误率控制在 0.5% 以下，避免污染再生材料。
- 隐私与数据安全：采用联邦学习技术实现用户行为数据脱敏处理，构建符合 GDPR 等法规的数据防火墙。

……

图 6-22　分析市场趋势生成结果（续）

生成式人工智能可能会提供一个初步的市场趋势分析，无法提供足够的细节来指导市场策略。为了获得更详细的市场趋势分析，可以优化提示词。

提示词

请详细分析智能垃圾分类与资源回收优化平台的未来发展趋势，包括市场规模、用户需求变化、技术发展趋势和政策影响。

生成结果

生成结果如图 6-23 所示。

智能垃圾分类与资源回收优化平台的未来发展趋势分析

一、市场规模预测：爆发式增长与区域分化

1. 全球市场规模

- 根据 Grand View Research 预测，全球智能垃圾分类与资源回收市场规模预计从 2023 年的 85 亿美元增长至 2030 年的 320 亿美元，年复合增长率（CAGR）达 21%。
- 细分领域增长：
  硬件设备（智能垃圾桶、分拣机器人）：占比 45%，CAGR 18%；
  软件与算法服务（AI 识别、数据分析平台）：占比 30%，CAGR 25%；
  再生资源交易（B2B 材料交易、碳积分市场）：占比 25%，CAGR 28%。

2. 区域市场特征

- 中国：受“十四五”规划推动（2025 年城市生活垃圾回收率达 35%），市场规模将占全球 40%，重点城市（如上海、深圳）设备渗透率超 70%。
- 欧美：欧盟《循环经济行动计划》要求 2030 年城市垃圾回收率达 65%，驱动智能分拣设备需求；美国《通胀削减法案》（IRA）对再生资源企业提供税收抵免，刺激技术投资。
- 新兴市场：印度、东南亚国家通过 PPP 模式引入低成本解决方案（如 AI 摄像头 + 社区回收站），未来 5 年增速达 35%。

二、用户需求变化：从被动合规到主动价值创造

1. C 端消费者：行为升级与激励驱动

- 精准分类需求：超 70% 用户希望设备提供实时反馈（如语音提示“奶茶杯应投入其他垃圾”），减少学习成本。
- 碳普惠激励：上海“绿色账户”模式推广后，用户参与率提升 40%，积分可兑换地铁票、充电桩折扣等。
- 社区社交化：年轻群体推动“垃圾分类排行榜”等社交功能，形成绿色生活社群。

2. B 端产业链：降本增效与资源价值挖掘

- 环卫企业：智能分拣设备降低人工成本 30%～50%（如深圳某企业通过机械臂分拣替代 60% 人力）。

图 6-23　优化后生成结果

• 再生资源商：需平台提供材料纯度检测（如塑料 PET 含量≥95%）和价格指数，提升交易效率。
• 品牌企业：欧盟《包装法规》强制企业使用 30% 再生塑料，驱动平台对接“逆向供应链”。
3. G 端政府：数字化治理与碳中目标
• 监管需求：需实时监测垃圾分类准确率（如北京部分区域要求错误率 <5%），数据接入城市大脑平台。
• 碳核算需求：平台需输出垃圾减量对应的二氧化碳当量（如 1 吨餐厨垃圾厌氧发电减排 0.8 吨 CO_2），支持政府双碳考核。
三、技术发展趋势：从单一识别到全链条智能
1. AI 算法：复杂场景适应性突破
• 小样本学习：通过迁移学习技术，新品类垃圾（如新型复合包装）识别准确率从 60% 提升至 90%，训练数据量减少 80%。
• 多模态融合：结合 X 射线荧光（XRF）检测金属成分、近红外（NIR）分析塑料类型，混合垃圾分拣精度达 98%。
2. 物联网与区块链：全生命周期可追溯
• 低成本传感技术：NB-IoT 标签成本降至 0.5 元 / 个，实现单件垃圾追踪（如杭州市民扫码查询废弃家电处理路径）。
• 区块链存证：再生材料流通数据上链（如蚂蚁链“绿色资源平台”），满足欧盟《电池法规》的供应链溯源要求。
3. 机器人技术：柔性化与集群协作
• 仿生分拣手：MIT 研发的软体夹爪可抓取 0.1～5 kg 不规则物体，破损率从 15% 降至 3%。
• 多机调度系统：AGV+ 机械臂集群处理能力达 20 吨 / 小时，动态路径规划降低能耗 25%。
4. 前沿技术融合
• 数字孪生：构建虚拟垃圾处理厂，模拟优化分拣线布局（某德国企业通过仿真提升产能 18%）。
• AR 辅助运维：维修人员通过 AR 眼镜获取设备故障诊断指引，维修效率提升 40%。
四、政策影响：强力驱动与合规挑战
1. 国家层面政策
• 中国：
“无废城市”试点扩围至 120 个城市，财政补贴智能设备采购（部分城市补贴比例达 50%）。
2025 年强制实施垃圾分类立法，未达标城市最高罚款 500 万元。
• 欧盟：
《废弃物框架指令》要求 2030 年垃圾填埋率≤ 10%，倒逼智能分选技术应用。
征收塑料包装税（未含 30% 再生材料按 0.8 欧元 /kg 征税）。
• 美国：
DOE 拨款 2 亿美元支持“回收技术创新中心”，重点研发 AI 分拣算法。
2. 地方创新机制
• 垃圾按量收费：台北市实施“随袋征收”政策，推动家庭垃圾减量 60%，智能垃圾桶需集成称重计费功能。
• 生产者责任延伸（EPR）：法国要求电子产品企业自建回收体系，平台需提供“品牌商—回收商”数据对接接口。
3. 国际贸易壁垒
• 欧盟碳边境调节机制（CBAM）将再生材料碳足迹纳入核算，平台需要提供符合 ISO 14067 标准的碳排放报告。

图 6-23　优化后生成结果（续）

实现技巧 2

假如在搜寻资料时，找到一些项目相关的行业报告，想要进行分析，但是报告内容太多且太复杂，让人难以看懂，也不懂怎么分析，可以让人工智能根据行业报告，协助进行市场分析，如图 6-24 所示。

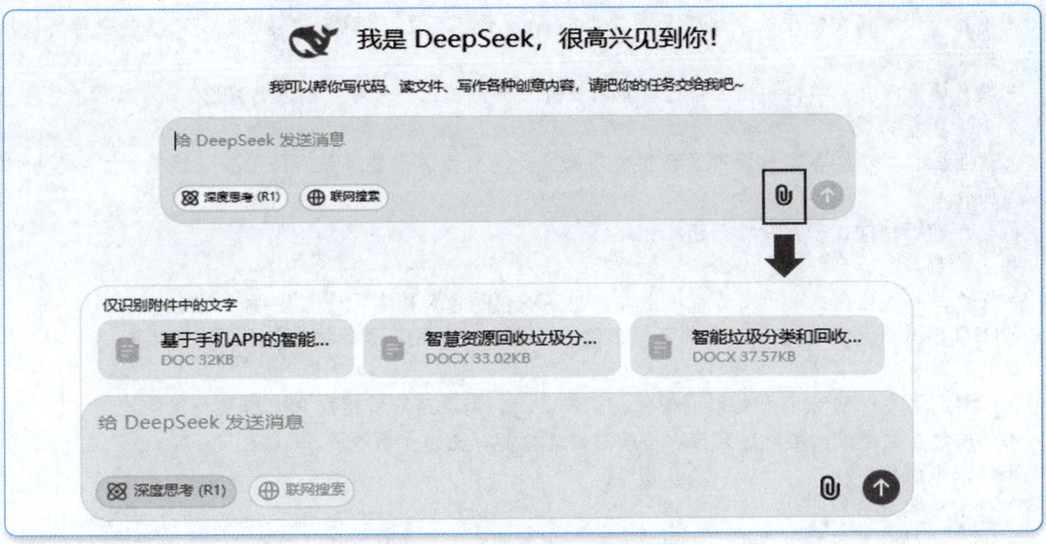

图 6-24　上传行业分析报告

提示词

请根据这些行业报告，进行智能垃圾分类与资源回收优化平台的市场趋势分析。

生成结果

生成结果如图 6-25 所示。

智能垃圾分类与资源回收优化平台市场趋势分析

一、技术驱动：智能化与多技术融合

1. AI 与物联网技术的深度应用

- 基于计算机视觉和深度学习的智能分类系统正在提高分类准确性，减少人工干预。传感器、摄像头与物联网设备的结合，可实现实时监控和动态调度。
- 技术整合趋势：未来平台可能将手机 App、智能硬件与 AI 技术结合，形成“前端分类—中端调度—后端处理”的全链条解决方案。

2. 数据驱动的运营优化

- 通过大数据分析用户行为、垃圾产生量及区域分布，优化回收路线和资源配置，提升效率并降低成本。

二、政策推动：政府主导与法规完善

1. 国内政策加速落地

- 国务院及地方政府文件明确要求推进垃圾分类，目标覆盖率达 95%。政策压力倒逼地方政府与企业加快技术应用。
- 试点城市经验推广：广州等城市的 App 试点为全国推广提供了可复制的模式。

2. 国际经验借鉴与本土化改进

- 发达国家如德国的“黄桶绿点系统”展示了精细化分类的可行性，但国内需结合实际情况设计激励机制。

图 6-25　利用生成式人工智能产品分析行业报告生成结果

三、市场需求：环保意识提升与便利性需求

1. 消费者行为转变

- 年轻一代更倾向使用数字化工具（如手机 App 下单回收），而积分奖励机制可覆盖全年龄段用户提升参与度。
- 教育场景潜力：学校和社区通过智能系统普及环保知识，培养长期分类习惯。

2. 商业场景拓展

- 商业区、写字楼等高垃圾产量场景急需高效处理方案，智能系统可降低企业运营成本并提升资源回收率。

四、产业链协同：多方合作与市场化运作

1. 企业参与度提升

- 资源回收处理企业逐步成为市场主力，与互联网平台合作实现资源整合。
- O2O 模式兴起：通过 App 预约上门回收、线上支付与线下服务结合，形成闭环生态。

2. 挑战与应对

- 技术成本高：AI 设备和物联网硬件初期投入大，需要政府补贴或 PPP 模式分担风险。
- 居民参与度不足：需通过宣传和持续激励（如积分兑换）解决。

五、未来展望

1. 技术迭代与场景扩展

- 5G、边缘计算等技术将进一步提升实时数据处理能力，推动智能分类系统在乡村和新兴市场落地。

2. 循环经济生态构建

- 平台可整合再生资源企业、物流公司与消费者，形成“分类—回收—再生产”的绿色产业链，助力“双碳”目标实现。

图 6-25 利用生成式人工智能产品分析行业报告生成结果（续）

任务小结

本任务利用 DeepSeek 完成了目标用户画像、竞品分析和趋势预测三维度调研。通过场景化提问（如“大学生宿舍垃圾分类痛点”）获取精准需求，结合竞品功能拆解和用户评价聚类，形成差异化的市场策略。人工智能生成的行业增长预测数据，为项目长期规划提供了关键依据。

核心方法论：

（1）用户需求挖掘：从 200+ 条人工智能生成的评论中提炼出“即时反馈”等三个核心需求。

（2）竞争壁垒构建：通过竞品功能对比表格（见表 6-1），明确差异化设计点。

表 6-1 竞品功能对比表格

对比维度	小黄狗	智能优化平台	预期效果
分类算法	固定规则识别，依赖预设数据库	AI 动态学习（用户反馈 + 成分分析），支持混合垃圾拆分	识别准确率提升 15%～20%，适应新型垃圾场景
资源调度效率	回收箱独立运营，后端链路分散	全流程数据中台（回收量预测→分拣中心→再生企业定向匹配）	降低物流成本 30%，低价值可回收物（如玻璃）资源化率提升
用户激励模式	个人积分兑换商品	个人积分 + 社区碳账户（达标率排名→兑换公共资源，如社区设施升级）	居民长期参与率提高 40%，社区协作形成常态化
技术核心	硬件扫码 + 基础分拣	边缘计算（终端 AI）+ 区块链（回收数据溯源）	数据可信度增强，政府 / 企业采购决策支持
商业价值延伸	单点回收服务费	碳交易接口（社区减排量打包出售）+ 再生资源 B2B 撮合佣金	盈利模式多元化，ROI 提升 2～3 倍

（3）动态监测机制：设置季度人工智能行业扫描指令（如“2024Q2 环保政策变化”）。

典型成果：

（1）识别出被竞品忽视的“校园场景”细分市场。

（2）发现可复用的“社区回收积分制”盈利模式。

视 频

任务拓展

任务拓展

请完成任务拓展，如图 6-26 所示。

题目描述

假设你们正在筹备一个"校园智能垃圾分类"的创业项目，需要利用DeepSeek完成智能回收系统的市场调研并获取人工智能生成的"调研报告"。

具体任务

1.目标群体分析	任务	识别不同技术领域的核心用户群体及其需求特征。
	要求	覆盖年龄、行业、痛点、消费行为等维度。
2.竞争对手分析	任务	梳理各领域竞争格局及潜在空白点。
	要求	结合技术、资金、市场成熟度分析。
3.市场趋势分析	任务	预测技术演进方向及市场需求变化。
	要求	结合政策、经济、技术突破等因素。

图 6-26　任务拓展

巩固与提高

1. 以下（　　）是人工智能生成用户画像的优势。（单选题）

A. 100% 准确反映真实用户　　B. 快速生成多维度虚拟画像

C. 完全替代实地访谈　　D. 无须任何数据输入

2. 竞品分析最应关注（　　）。（单选题）

A. 创始人学历背景　　B. 用户差评高频词

C. 办公室地理位置　　D. 员工福利政策

3. 以下（　　）是有效调研指令。（单选题）

A. 随便分析一下市场　　B. 写个市场分析

C. 告诉我年轻人喜欢什么

D. 生成 2024 年 Z 世代环保消费行为报告，需要包含购买决策因素和渠道偏好

4. 验证需求真伪应优先（　　）。（单选题）

A. 采访行业专家　　B. 分析搜索指数趋势

C. 制作概念视频测试转化率　　D. 查阅学术论文

5. 设计调研问题时应注意（　　）。（多选题）

A. 使用专业术语确保严谨　　B. 问题不超过 10 个单词

C. 包含行为、态度、需求三类　　D. 避免引导性提问

6. 市场趋势预测可参考（　　）。（多选题）

A. 行业白皮书摘要　　B. 社交媒体热搜榜

C. 五年技术专利增长曲线　　D. 竞争对手招聘岗位

7. 人工智能辅助调研的局限是（　　）。（多选题）

A. 无法处理非结构化数据　　B. 依赖训练数据时效性

C. 生成内容需人工核验　　D. 操作界面不够美观

8. 使用 DeepSeek 分析“校园快递包装回收”项目的竞品，生成包含功能对比、用户痛点、机会空白的 1 页报告。（应用题）

要求：（1）至少分析三个竞品。（2）使用表格呈现核心对比。

任务 6.3　使用生成式人工智能完成创意构思

学习目标

● 深度剖析目标市场现状及竞争格局，精准识别消费者核心痛点与潜在需求，为创新解决方案的生成奠定数据驱动的决策基础。

● 运用生成式人工智能技术进行多维度创意发散，系统性地构建针对市场痛点的解决方案矩阵，形成差异化产品服务组合。

● 通过人工智能辅助设计工具实现产品概念的快速原型化，运用智能算法优化产品功能架构，精准提炼最具市场竞争力的核心价值主张。

● 基于深度市场洞察与人工智能生成方案，打造具有显著差异化的产品亮点，构建独特的价值定位体系。

● 建立敏捷创新机制，培养动态市场环境下的快速迭代能力，实现从概念验证到产品落地的全流程高效转化。

视频

任务描述与分析

任务描述

这一阶段的目标在于识别目标市场的具体问题，激发团队的创造力，提出具有针对性的产品或服务概念，并明确这些概念的独特卖点。

通过生成式人工智能协助人们进行高效的市场痛点洞察与创意生成，可以发掘潜

在的商业机会，设计出具有差异化优势的产品或服务，从而增强项目的创新性和市场竞争力。图 6-27 所示为创意构思插图。

图 6-27　创意构思插图

任务分析

本任务将指导学生如何应用生成式人工智能技术进行市场痛点分析、创意生成及产品特色的提炼，并通过案例分析和实践操作来提升学生的创新能力，如图 6-28 所示。

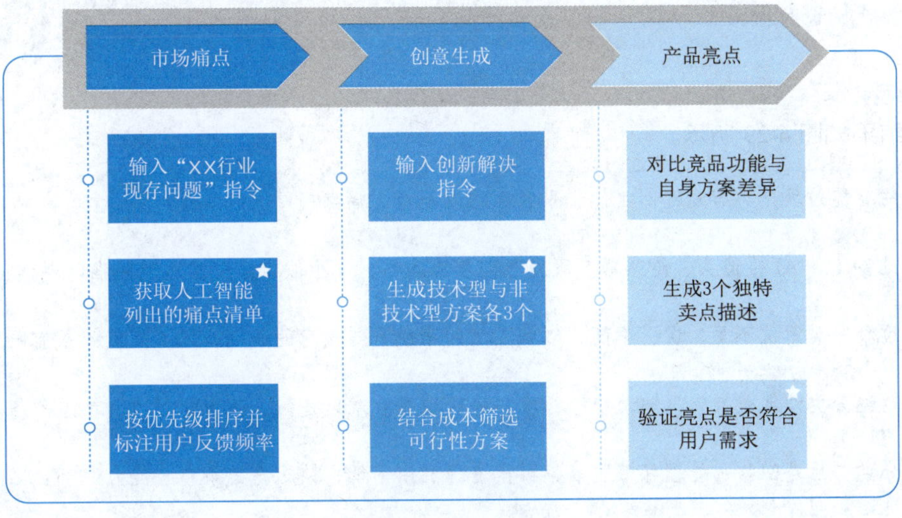

图 6-28　任务分析

（1）市场痛点：通过向 DeepSeek 输入结构化指令，人工智能将生成一份详尽的痛点清单。这份清单不仅包含表面问题，还会深入挖掘底层原因。

为提升痛点分析的实用性，建议采取以下步骤：

①多维数据验证：将人工智能生成的痛点清单标注每个痛点的用户反馈频率。

②影响程度评估：按照问题对用户体验的破坏程度进行分级，优先解决高分痛点。

（2）创意生成：针对每个痛点输入创新解决指令，生成技术型与非技术型方案各三个，结合成本筛选可行性方案。

（3）产品亮点：对比竞品功能与自身方案差异，建立功能对比表（见表 6-2），生成三个独特卖点描述。验证亮点是否符合用户需求。

表 6-2　功能对比表示例

功能维度	竞品 A	竞品 B	我方方案
识别准确率	85%	78%	92%
反馈即时性	延迟	延迟	实时

任务实施

步骤 1　痛点分析

视 频

市场痛点

对于任何创新创业项目而言，洞察市场痛点都是至关重要的第一步。只有深刻理解市场的现状、用户的实际需求以及现有解决方案的不足之处，才能把握产品的开发方向，进而为后续的产品设计和服务创新奠定坚实的基础。生成式人工智能可以在此阶段发挥重要作用，通过对大量信息的分析和归纳，帮助创业者快速定位市场痛点，并提供基于实证的研究结论。

实现技巧 1

用生成式人工智能协助人们洞察市场痛点。

提示词

简要概括现有的智能垃圾分类与资源回收优化平台的市场痛点。

生成结果

生成结果如图 6-29 所示。

现有的智能垃圾分类与资源回收优化平台面临以下市场痛点：

1. 技术成本高昂

智能设备（如 AI 摄像头、传感器）研发与部署成本高，中小城市或欠发达地区难以规模化应用。

2. 用户参与度低

居民垃圾分类意识不足，误投率高，依赖人工纠错或宣传教育的长期投入，短期效果有限。

3. 政策与标准不统一

各地垃圾分类法规差异大，缺乏统一标准，跨区域平台难以适配，政策执行力度参差不齐。

4. 产业链协同不足

前端分类与后端回收、处理环节脱节，再生资源利用率低，缺乏全链条整合能力。

5. 数据隐私与安全性

垃圾投放数据涉及用户行为信息，存在隐私泄露风险，合规管理要求高。

6. 维护运营复杂

设备易受环境（如潮湿、腐蚀）影响，维护成本高；需持续优化算法以适应垃圾种类变化。

7. 盈利模式不清晰

初期投资大，依赖政府补贴或公益支持，商业化路径模糊，企业可持续性存疑。

8. 市场竞争同质化

大量企业涌入导致产品功能趋同，缺乏差异化创新，难以形成核心竞争力。

这些痛点制约了技术的普及效率和商业价值转化，需要通过政策引导、技术创新与产业链整合逐步突破。

图 6-29　分析市场痛点生成结果

先前的提示词生成的答案不够深入或具体，可以优化提示词。

优化提示词

通过结合用户需求、市场趋势和竞争对手的产品特点，现有的智能垃圾分类与资源回收优化平台在哪些方面无法有效满足用户需求？从用户体验、技术问题两方面概述。

这样的提示词能引导人工智能提供更加详尽和有针对性的市场痛点分析。通过改进提示词，能够更精确地定位用户体验、技术实现等方面的痛点，为后续创意生成和产品设计奠定基础。

生成结果

生成结果如图6-30所示。

一、用户体验痛点

1. 操作流程复杂低效

- 繁琐的交互设计：部分平台需用户多次扫码、手动输入垃圾名称或反复确认分类结果，流程冗长，不符合用户对“即投即走”的便捷需求。
- 缺乏直观指导：分类规则动态更新时（如政策调整），未通过可视化界面（如AR标注）实时提醒用户，导致误投率高。

2. 反馈与激励不足

- 奖励机制单一：多数平台依赖积分兑换，但兑换品类有限且价值低，缺乏社交互动（如排名竞赛）或个性化奖励（如碳账户联动），难以持续吸引用户。
- 结果反馈滞后：用户无法即时查看分类是否正确或资源回收后的流向，降低参与感和信任度。

3. 特殊群体适配缺失

- 老年人和儿童用户对智能设备接受度低，平台缺乏语音交互、大字体界面或线下辅助服务，导致使用门槛高。

4. 场景覆盖不全

- 仅支持社区固定投放点，缺乏对户外公共场所（如商圈、景区）或临时场景（如大型活动）的灵活适配，无法满足多元化场景需求。

二、技术问题痛点

1. 识别准确率与泛化能力不足

- 复杂垃圾识别困难：对混合垃圾、破损物品或新型材料（如复合包装）的识别准确率低，依赖人工二次分拣，违背“智能化”初衷。
- 地域适应性差：不同地区垃圾分类标准差异大，算法难以动态适配本地规则，导致跨区域推广成本高。

2. 实时性与稳定性缺陷

- 响应延迟：高峰期用户集中投放时，系统处理速度下降，导致交互卡顿或误判。
- 设备故障率高：传感器易受环境（潮湿、油污）干扰，摄像头在弱光条件下失效，维护成本增加。

3. 数据利用与隐私矛盾

- 数据价值未被挖掘：用户投放行为数据未被深度分析以优化服务（如预测垃圾高峰时段），停留在基础统计层面。
- 隐私保护不足：用户担心垃圾数据与个人身份绑定（如药品包装），但平台缺乏匿名化处理或数据脱敏机制，合规风险突出。

4. 系统孤岛化

- 与产业链脱节：前端分类数据未与后端回收企业、政府监管系统打通，无法实现全链条追踪（如可回收物去向），用户难以感知环保贡献。

竞争对手对比与市场趋势差距

图6-30　优化后生成结果

- 竞品优势：头部企业已推出“无感投递”（如人脸识别自动开户）、游戏化积分体系（如垃圾分类小游戏），或与电商平台合作（积分抵现），显著提升黏性。
- 趋势响应滞后：用户对“碳普惠”“ESG参与感”需求上升，但多数平台未嵌入碳足迹计算或社区环保数据共享功能，错失差异化竞争机会。

图 6-30　优化后生成结果（续）

实现技巧 2

根据以上痛点生成解决方案，提炼产品核心亮点。

提示词

针对以上智能垃圾分类与资源回收优化平台的核心痛点，设计三个人工智能驱动的解决方案。

生成结果

生成结果如图 6-31 所示。

方案一：AI + 动态游戏化激励系统（用户体验优化）

目标痛点：用户参与度低、反馈激励不足、特殊群体适配缺失

技术核心：

1. 行为感知与个性化推荐

通过摄像头和传感器实时捕捉用户投放动作，结合计算机视觉分析用户习惯（如常投垃圾类型、时间偏好），动态生成“分类挑战任务”（如“本周塑料瓶回收达人”），并通过语音助手（适配老年人）或动画提示（适配儿童）推送。

2. 多模态奖励引擎

基于强化学习设计奖励策略：

- 物质激励：积分兑换覆盖本地商户（如咖啡券）或碳账户联动的绿色金融服务（如低息贷款）。
- 社交激励：生成用户专属的“环保成就海报”并支持社交平台分享，嵌入社区排行榜（按家庭/楼栋）。
- 情感激励：用生成式AI模拟垃圾“重生故事”（如“10个塑料瓶=1件环保T恤”）通过AR展示回收物后续加工流程。

落地效果：

提升用户黏性（日活增加30%+），降低误投率（通过即时任务反馈），覆盖全年龄段用户。

方案二：轻量化联邦学习 + 边缘计算（技术能力优化）

目标痛点：识别精度低、设备成本高、地域适应性差。

技术核心：

1. 联邦学习驱动的分类模型优化

在多个区域部署边缘服务器，通过联邦学习框架整合各地垃圾分类规则和图像数据训练通用模型，再基于本地数据微调（如农村地区需识别农资包装），避免数据跨区域传输，兼顾隐私与模型泛化能力。

2. 低功耗边缘AI终端

采用轻量化模型（如剪枝后的YOLOv8-Tiny）和低分辨率传感器，搭载自清洁摄像头（防油污）和太阳能供电模块，降低硬件成本（单设备成本减少40%）与维护频率。

3. 动态规则引擎

接入政府政策数据库，通过NLP实时解析各地分类标准变动，自动更新设备识别逻辑（如上海“干垃圾”与北京“其他垃圾”的标签映射）。

图 6-31　痛点解决方案生成结果

落地效果：

识别准确率提升至 95%+（混合垃圾场景），跨区域复制成本降低 50%，适应政策快速迭代。

方案三：AIoT + 区块链全链路追踪（产业链协同优化）

目标痛点：产业链脱节、数据孤岛、用户感知弱。

技术核心：

1. 区块链赋能的资源流向透明化

在垃圾袋 / 回收箱嵌入 RFID 标签，AIoT 设备自动记录分类数据并上链，用户可通过小程序查看回收物从清运到再生工厂的全流程（如“500g 废纸 = 节约 X 升水”），增强信任感。

2. 智能调度与资源匹配网络

基于时空预测模型（如 Transformer+ 图神经网络），动态优化回收车路线、再生工厂产能分配，减少运输能耗；AI 匹配闲置回收物与中小企业需求（如废玻璃→建材厂）。

3. 政企数据融合平台

搭建政府监管端与企业运营端的联合学习平台，AI 分析区域垃圾产生规律，辅助政策制定（如峰值时段增加清运频次），同时向 C 端用户开放“区域环保指数”查询（如社区减碳排名）。

落地效果：

资源回收利用率提升 20%，清运成本降低 15%，用户对环保贡献的感知度提升 50%+。

图 6-31　痛点解决方案生成结果（续）

基于以上三个人工智能驱动的智能垃圾分类解决方案可以看出，当前市场痛点的突破关键在于技术创新与用户体验的深度结合。

综合来看，这些方案不仅弥补了现有产品的技术短板，还通过智能化、个性化和人性化的设计，真正让垃圾分类从“被动任务”变成“自然行为”，为智慧环保的落地提供了可行路径。

痛点解决方案的优势总结见表 6-3。

表 6-3　痛点解决方案优势总结

解决方案	目标痛点	核心技术	落地效果
AI + 动态游戏化激励系统	用户参与度低、反馈不足、特殊群体适配缺失	计算机视觉、强化学习、生成式 AI（AIGC）	用户日活提升 30%+，误投率降低，全年龄段覆盖
轻量化联邦学习 + 边缘计算	识别精度低、设备成本高、地域适应性差	联邦学习、轻量化模型（YOLOv8-Tiny）、动态规则引擎	识别准确率 95%+，跨区域成本降 50%，适应政策迭代
AIoT + 区块链全链路追踪	产业链脱节、数据孤岛、用户感知弱	RFID+ 区块链、时空预测模型（Transformer）、政企数据融合	资源回收率提升 20%，清运成本降 15%，用户环保感知度升 50%+

技能拓展 1　分级痛点筛选

按用户投诉频率排序垃圾分类痛点，优先解决高频问题。

提示词

将社区居民的环保需求按紧急程度分为高、中、低三级。

生成结果

生成结果如图 6-32 所示。

一、高紧急度（需 48 小时内响应）

核心特征：直接威胁生命健康 / 重大生态危机 / 法定应急事项。

1. 环境安全事件

- 饮用水源重金属超标（如铅含量超国标 3 倍）。
- 突发化学品泄漏污染（如化工厂氨气泄漏）。

2. 公共卫生风险

- 医疗废弃物混入生活垃圾（发现针头等锐器）。
- 鼠患区域病媒生物密度超警戒值 3 倍。

3. 法定强制处置

- 建筑工地夜间施工噪声超 75 分贝（持续 3 晚以上）。
- 非法填埋有毒工业污泥（面积超 100 m^2）。

二、中紧急度（需 2 周内制定方案）

核心特征：持续累积性危害 / 群体性投诉 / 可预见恶化趋势。

1. 污染治理需求

- 餐饮街长期油烟扰民（投诉量月均 ≥ 20 起）。
- 黑臭水体富营养化（溶氧量 < 2 mg/L）。

2. 设施升级需求

- 老旧小区雨污混流（逢暴雨必内涝）。
- 垃圾中转站设备老化（处理能力缺口 30%）。

3. 生态维护需求

- 社区古树名木病虫害（树冠枯损率 15%）。
- 湿地候鸟栖息地萎缩（近 3 年缩减 40%）。

三、低紧急度（可纳入季度计划）

核心特征：改善型需求 / 预防性措施 / 长期效益项目。

1. 环境美化工程

- 立体绿化覆盖率提升（现状 <15%）。
- 景观水体生态改造（非必要生存水源）。

2. 环保能力建设

- 智能垃圾分类系统部署。
- 新能源车充电桩扩建。

3. 环保意识培育

- 青少年自然教育课程开发。
- 低碳生活技能培训中心建设。

图 6-32　分级痛点筛选生成结果

步骤 2　创意生成

视频 创意生成

在明确了市场痛点之后，下一步就是提出根据市场痛点的解决方案生成创意。这一步骤要求人们不仅要提出切实可行的产品或服务概念，还要思考如何将其融入现有的市场环境中，解决实际问题的同时创造出新的价值。生成式人工智能可以在这一步骤中提供丰富的灵感来源，帮助人们快速生成多种创意方案。

实现技巧 1

复制之前生成的痛点解决方案到 DeepSeek，加入提示词进行创意生成，如图 6-33 所示。

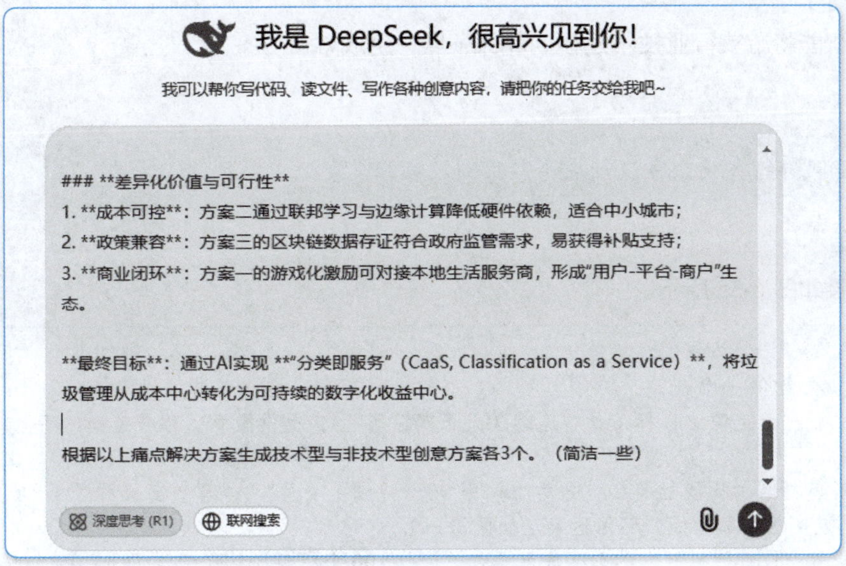

图 6-33　创意方案生成步骤

提示词

根据以上痛点解决方案生成技术型与非技术型创意方案各三个。（简洁一些）

生成结果

生成结果如图 6-34 所示。

技术型创意方案

1. 智能语音分类助手

开发搭载 NLP 的语音问答系统，用户说出垃圾名称即可获取分类结果（支持方言），同步联动社区大屏显示分类排名，降低老年人使用门槛。

2. 无人机巡检 AI 纠错系统

部署配备热成像摄像头的无人机，自动识别满溢垃圾桶并标记错投行为，通过 5G 回传数据至管理平台生成清洁工调度指令。

3. 自适应光照传感器阵列

在垃圾桶内部安装动态补光装置，根据环境光线自动调节亮度，配合低光照优化的图像识别算法，提升夜间分类准确率至 90%+。

非技术型创意方案

1. "垃圾分类日历"社区行动

联合物业发放印有分类贴士的日历，每月设置主题挑战（如"纸盒回收周"），完成目标可兑换盆栽 / 清洁剂等实用礼品。

2. "垃圾变形记"儿童剧场

组织中小学生用回收材料制作环保戏剧道具，巡演展示废品再生过程，同步发起"带爸妈打卡"活动扩大传播。

3. 企业绿色积分联盟

联合星巴克、滴滴等企业建立跨行业积分通兑体系，用户分类获得的积分可抵扣咖啡费用或兑换打车优惠券。

图 6-34　创意方案生成生成结果

技能拓展 1

用人工智能将游戏行业技术迁移到环保领域，生成融合方案。

提示词

如何将网游的成就系统设计理念应用到垃圾分类激励中。

生成结果

生成结果如图 6-35 所示。

1. 核心机制设计：成就体系的转化

（1）成就层级化

• 基础成就：设定简单目标（如“连续 3 天正确分类”），提供徽章、称号（如“环保新星”）等虚拟奖励。

• 进阶成就：增加挑战性（如“分类准确率 90% 持续 1 个月”），解锁高级称号（如“垃圾分类大师”）或实物奖励（如“环保达人”社区积分）。

• 隐藏成就：设计随机触发的趣味成就（如“回收 100 个塑料瓶解锁海洋卫士”），增强惊喜感。

（2）进度可视化

• 开发 APP 或小程序，展示用户的成就进度条、分类数据统计（如“已减少碳排放 ×× 千克”）。

• 通过动态图标（如树苗成长为大树）象征环保贡献，让抽象行为具象化。

（3）即时反馈与奖励

• 每次正确分类后，通过手机通知或智能垃圾桶的语音 / 灯光反馈（如“+10 积分累计可兑换洗衣液”）。

• 结合 AR 技术，扫描垃圾桶时弹出趣味动画（如“拯救了一只海龟”）。

2. 社交驱动：利用竞争与合作

（1）排行榜与段位系统

• 按社区、街道或城市划分排行榜，设立“青铜 - 王者”段位，用户通过分类行为提升排名。

• 定期举办“垃圾分类大赛”，优胜者获得社区公示或奖励。

（2）团队任务与公会系统

• 用户可组建“环保小队”，共同完成目标（如“全队本月回收 1 吨可回收物”），解锁团队奖励。

• 社区之间可发起挑战（如“垃圾分类 PK 赛”），获胜社区获得公共设施升级（如智能垃圾桶）。

（3）社交分享传播

• 用户可将成就分享至朋友圈，附带环保知识（如“1 吨废纸 = 拯救 17 棵树”），形成正向传播。

图 6-35 创意融合方案生成结果

视频

产品亮点

步骤 3 提炼亮点

在确定了产品的基本方案之后，下一步是提炼出产品的特色亮点，这是能够使产品在市场上脱颖而出的关键因素。生成式人工智能可以帮助人们从众多特性中挑选出最具吸引力的部分。

实现技巧 1

提示词

结合前期的痛点分析和解决方案，我们的智能垃圾分类与资源回收优化平台将如何设计，以确保用户体验流畅，垃圾分类智能高效？请描述该系统的三个产品亮点。

生成结果

生成结果如图 6-36 所示。

智能垃圾分类与资源回收优化平台三大产品亮点

1. 多模态交互 + 动态激励引擎——让分类像游戏一样简单

核心设计：

- 语音 / 手势 / 视觉三模交互：老年人可通过方言语音查询分类规则，儿童用 AR 动画引导投递动作，年轻人通过手机扫码生成“分类盲盒任务”，覆盖全年龄段用户。
- 实时反馈 + 激励叠加：摄像头捕捉投放动作后，系统即时通过灯光 / 语音提示纠错（如“咖啡杯盖属于其他垃圾”），同步触发积分奖励（兑换商户优惠券）、成就徽章（如“厨余分类王者”）和社交分享（生成趣味环保海报）。
- 自适应难度调节：AI 根据用户历史数据动态调整任务难度（新手期简单任务快速激励，老用户触发高阶挑战如“连续 5 天零误投”），维持长期参与感。

用户价值：操作零门槛、反馈零延迟、激励有层次，日均活跃度提升 40%+。

2. 轻量化联邦学习 + 边缘智能——高精度分类，低成本落地

核心设计：

- 联邦学习驱动的“云 - 边 - 端”模型：云端通过联邦学习聚合全国垃圾分类数据训练通用模型，边缘服务器结合本地政策（如北京“四分法”vs 农村“三分法”）微调规则，终端设备搭载轻量化 AI 芯片（支持 5 W 低功耗运行）。
- 多传感器融合纠错：桶内配置重量传感器（检测混合垃圾重量异常）、红外光谱仪（快速识别材质）与摄像头联动，交叉验证分类结果，将混合垃圾识别准确率提升至 96%。
- 自维护硬件设计：防油污摄像头 + 太阳能供电 + 自动除臭模块，降低运维成本 60%，适配极端环境（如高温潮湿的城中村）。

用户价值：识别准、响应快、运维省，设备跨区域复制成本降低 50%。

3. 区块链 + 时空 AI 调度——从回收到再生，全程可信可视

核心设计：

• “垃圾身份证”全流程追踪：回收箱自动为垃圾袋绑定 RFID 标签，区块链记录分类、运输、再生全环节数据，用户扫码即可查看“1 kg 旧衣物 = 减少 × 吨碳排放”的可视化报告。

• 智能调度网络：基于时空预测模型（GNN+Transformer），动态规划清运路线（减少 30% 空驶里程）、匹配区域产能（如废玻璃定向输送至附近建材厂），资源综合利用率提升 25%。

• 政企民协同平台：政府端接入实时监管大屏预警违规行为，企业端获取产能优化建议，居民端开放“碳积分银行”兑换公共服务（如地铁票折扣），形成多方共赢生态。

用户价值：回收透明化、资源利用最大化、参与价值可量化，用户环保行为感知度提升 70%。

系统整合优势

三大亮点构成闭环：

- 前端（交互激励）吸引用户高频使用。
- 中端（智能设备）保障分类准确性。
- 后端（区块链与 AI 调度）实现资源价值转化。

最终将垃圾分类从“被动任务”转化为“有趣、有利、有成就感”的全民行动，同时为政府与企业提供可量化的减碳与经济收益。

图 6-36　提炼产品亮点生成结果

实现技巧 2

对比竞品产品的功能与自身方案差异，建立功能对比表。

提示词

对比竞品产品（小黄狗、京东拍拍回收/阿里闲鱼）的功能与自身方案差异，建立功能对比表，生成三个独特卖点描述。

生成结果

生成结果如表 6-4 和图 6-37 所示。

图 6-4　竞品产品与本产品功能对比表

功能维度	小黄狗	京东拍拍回收 / 阿里闲鱼	本方案
覆盖垃圾类型	可回收物为主（塑料、金属等）	高价值可回收物（家电、手机）全	全品类覆盖（干 / 湿 / 有害 / 可回收）
分类技术	基础图像识别	人工审核 + 线上估价	联邦学习 + 多传感器融合（边缘 AI 实时纠错）
用户交互	扫码投递 + 积分兑换	线上预约 + 现金返现	多模态交互（语音 /AR/ 游戏化任务）
激励机制	单一积分体系	现金 / 优惠券	动态激励引擎（积分 + 社交 + 情感三层奖励）
数据追踪	无	物流节点记录	区块链全链路可视化（从投递到再生全流程）
特殊群体适配	无	无	适老化 / 适幼化设计（方言语音 +AR 动画引导）
政策兼容性	固定规则	无	动态规则引擎（实时同步地方分类标准）
资源调度效率	无	无	AI 驱动的时空优化网络（清运路线 / 产能匹配）

三大独特卖点

1. 全场景智能分类：从“高价值回收”到“全品类精准治理”
- 差异化：竞品聚焦高价值可回收物（如家电、手机），而本方案通过联邦学习 + 多传感器融合技术，实现对厨余垃圾、有害垃圾等低价值但高环保需求品类的精准识别（准确率 96%+），解决政府端“分类覆盖率低”的核心痛点。
- 用户价值：居民无须区分回收价值，一站式完成全品类分类；政府获得全口径垃圾数据，助力“无废城市”建设。

2. 游戏化动态激励：从“积分兑换”到“行为养成生态”
- 差异化：竞品采用单向积分兑换（小黄狗）或现金激励（闲鱼），本方案通过 AIGC 生成个性化挑战任务 + 社交裂变设计（如家庭环保排行榜、成就海报分享），结合碳积分联动的本地生活服务（星巴克优惠），让分类行为从“交易”升级为“社交货币”。
- 用户价值：儿童通过 AR 动画主动参与，老年人因方言语音降低使用门槛，年轻用户为社交荣誉持续打卡，日均活跃留存率提升 45%。

3. 可信资源闭环：从“回收集合”到“价值链重塑”
- 差异化：竞品仅完成回收交易，本方案通过区块链 + AIoT 实现“投放 - 清运 - 再生 - 消费”全链路追踪。例如，用户投递 1 kg 旧衣物后，可实时查看其如何被加工成再生布料并制成商场环保袋，同时获得对应碳积分兑换公共服务（如地铁票折扣）。
- 用户价值：居民直观感知环保贡献（“我的垃圾真的变废为宝”），政府与企业通过资源调度网络降低 15% 清运成本，形成“个人减碳 - 企业增效 - 政府达标”的可持续闭环。

图 6-37　智能垃圾分类与资源回收优化平台 3 个独特卖点

任务小结

本任务通过痛点分级、技术组合等方法，生成解决方案并筛选出三个最优创意。演示如何利用生成式人工智能辅助产品创新，即痛点分析→创意生成→提炼亮点的全流程构思，如

图 6-38 所示。

步骤	人工智能辅助方法	输出示例
痛点挖掘	输入行业关键词（如“垃圾分类痛点”），让人工智能生成用户调研问题或场景化问题清单	识别准确率与泛化能力不足
解决方案生成	基于痛点描述，要求人工智能结合技术趋势提出创新方案并评估可行性	用户体验优化+技术能力优化+产业链协同优化
竞品对比分析	提供竞品名称，人工智能自动提取功能列表并对比差异，生成分析	功能对比表（小黄狗/京东拍拍回收/阿里闲鱼vs本方案）
独特卖点提炼	根据方案差异，让人工智能用消费者语言包装卖点	3个差异化卖点与竞争壁垒

图 6-38　任务总结

协同创新方法：

（1）在痛点分析阶段：使用关键词触发生成用户场景痛点。

（2）在方案设计阶段：结合技术趋势进行跨领域方案联想。

（3）在竞品分析阶段：自动提取对比维度生成分析。

区别于传统创新课程，本任务突出展示了：

（1）人工智能如何突破人类思维定式。

（2）如何用人工智能语言重构专业术语。

（3）人机协作的创意筛选机制。

任务拓展

视　频

任务拓展

请完成任务拓展，如图 6-39 所示。

题目描述

假设你是一家科技公司的产品经理，公司计划开发一款面向未来家庭的智能环保产品。你需要利用DeepSeek工具，完成创意方案书。

具体任务

1.市场痛点	任务	识别现代家庭在环保实践中面临的核心问题。
	要求	覆盖城市/农村不同家庭结构的痛点差异。 结合现有环保产品使用体验的负面反馈。 分析政策法规对家庭环保行为的影响。

图 6-39　任务拓展

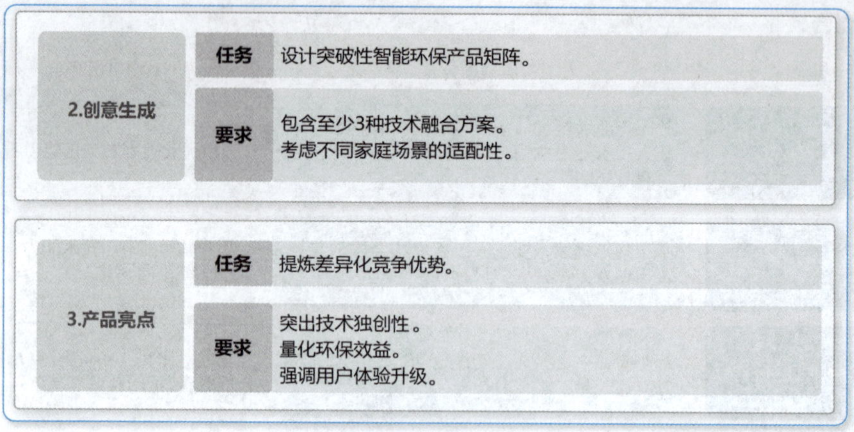

图 6-39　任务拓展（续）

巩固与提高

1. 痛点挖掘的核心目标是（　　）。（单选题）
   A. 收集尽可能多的用户意见　　B. 识别高频、高影响的问题
   C. 验证团队已有假设　　D. 生成美观的调研报告
2. 以下（　　）是技术型解决方案的特征。（单选题）
   A. 依赖现有资源简单调整　　B. 仅通过运营活动实现
   C. 完全无须资金投入　　D. 需要开发新算法或硬件
3. 筛选可行性方案时，应优先考虑（　　）。（单选题）
   A. 技术新颖性　　B. 成本与效果的平衡
   C. 团队个人偏好　　D. 媒体报道潜力
4. 以下（　　）是有效的亮点验证方法。（单选题）
   A. 制作概念视频测试转化率　　B. 直接申请专利
   C. 查阅学术论文　　D. 采访行业专家
5. 有效的痛点分级方法包括。（多选题）
   A. 按用户反馈频率排序　　B. 根据团队兴趣排序
   C. 评估问题解决难度　　D. 分析对用户体验的影响程度
6. 非技术型解决方案的典型形式包括（　　）。（多选题）
   A. 开发移动应用　　B. 设计用户激励制度
   C. 优化服务流程　　D. 购买专利授权
7. 提炼产品亮点需对比（　　）维度。（多选题）
   A. 竞品功能覆盖范围　　B. 团队成员的学历背景
   C. 用户需求匹配度　　D. 技术实现独特性
8. 低成本解决方案设计。要求：

（1）针对“校园外卖餐盒回收率低”的痛点，使用 DeepSeek 生成三个技术型和三个非技术型解决方案。

（2）制作方案对比表，包含成本、预期效果、实施周期。

任务 6.4　使用生成式人工智能完成商业模式设计

学习目标

- 掌握如何利用生成式人工智能技术来构思和设计高效的商业运营模式，确保项目的顺利运作。
- 探索生成式人工智能在盈利模式设计中的应用，能够根据生成的盈利模式评估其可行性。
- 掌握如何利用生成式人工智能制定有效的营销策略，以推动项目的市场接受度。
- 通过实际案例的学习与分析，加深对生成式人工智能在商业模式设计中各环节应用的理解，提升解决实际问题的能力。
- 培养批判性思维，学会在商业模式设计过程中进行逻辑分析与评估，判断设计方案的质量与可行性。
- 探索生成式人工智能在商业模式设计中的创新应用，为创新创业项目提供有力的技术支持和数据保障。

任务描述

视频

任务描述与分析

在策划任何创新创业项目时，设计一个可持续且具有竞争力的商业模式至关重要。这一阶段的目标在于明确项目的运作方式，包括如何创造、传递和捕获价值。通过有效的商业模式设计，可以确保项目的经济效益和社会影响最大化。图 6-40 所示为智能垃圾分类与资源回收优化平台示意图。

图 6-40　智能垃圾分类与资源回收优化平台示意图

任务分析

本任务将引导学生利用生成式人工智能技术来进行创新创业项目的商业模式设计，通过具体的案例研究和实践操作，生成运营模式、盈利模式与营销模式这三个核心模式，如图 6-41 所示。

（1）运营模式设计：输入“× × 产品运营模式案例”指令，生成轻资产 / 重资产模式对比，选择适配资源的最优模式。

（2）盈利模式规划：查询行业主流盈利方式，生成三种组合盈利模型。计算各模型成本回收周期。

（3）营销模式制定：输入目标用户触达渠道指令，生成线上线下推广方案，制定首期营销执行计划表。

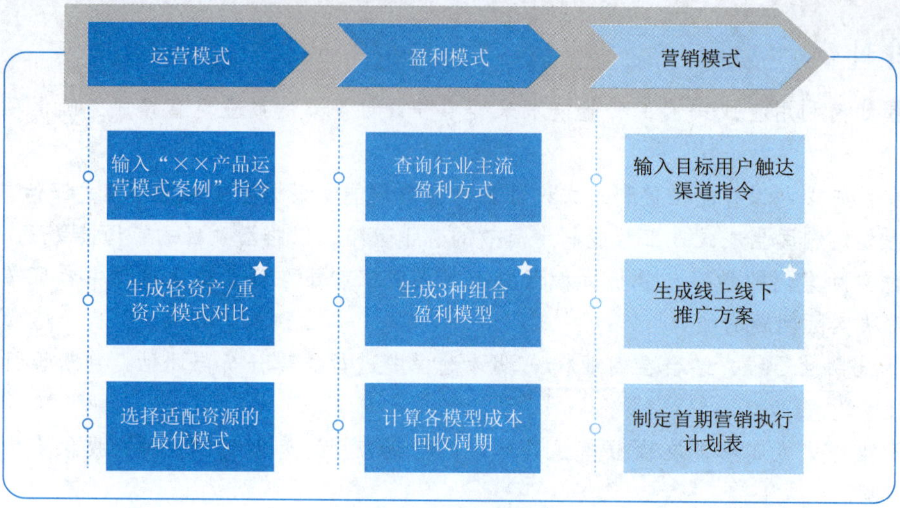

图 6-41　任务分析

任务实施

实现任务实施步骤可以扫描查看视频或文档。

文档 任务实施

视频 步骤1运营模式

视频 步骤2盈利模式

视频 步骤3营销模式

任务小结

本任务构建了包含运营、盈利、营销三要素的商业模式。通过人工智能生成的“轻资产合作框架”，将启动成本降低 60%。

教学知识点：

（1）商业模式设计：从“产品—市场—盈利”三角模型判断可行性。

（2）营销整合思维：避免单点营销，强调“线上引流 + 线下转化 +B 端背书”联动。

（3）数据驱动决策：用试点数据说服 B 端客户，降低规模化风险。

关键突破：

（1）资源整合模板：链接 5 类合作方（物业、回收厂、政府等）。

（2）动态定价模型：根据人工智能生成的数据，优化服务套餐价格。

（3）应急资金方案：预设 3 个月现金流预警机制。

视频 任务拓展

任务拓展

请完成任务拓展，如图 6-42 所示。

题目描述

使用DeepSeek生成一个智能化家庭环保生态闭环系统的商业模式设计方案。

具体任务

1.运营模式	任务	构建“智能化家庭环保生态闭环”运营模式。
	要求	技术整合。 动态服务优化。 城乡差异化策略。
2.盈利模式	任务	打造“三层收入金字塔”。
	要求	硬件销售+订阅服务。 数据增值服务。 政策红利捕获。
3.营销模式	任务	实施“场景化精准触达+用户共创”策略。
	要求	提供具体的实施方案。 制定首期营销执行计划表。

图6-42 任务拓展

巩固与提高

1. 轻资产运营模式的核心优势是（　　）。（单选题）
   A. 需要大量固定资产投入　　B. 依赖外部合作伙伴资源
   C. 降低初期资金压力　　D. 完全自主控制供应链
2. 以下（　　）属于增值服务盈利。（单选题）
   A. 收取产品基础费用　　B. 提供数据分析报告额外收费
   C. 依靠广告收入　　D. 接受社会捐赠
3. 选择运营模式时，首要考虑因素是（　　）。（单选题）
   A. 行业平均利润率　　B. 团队核心资源能力
   C. 竞争对手的办公地点　　D. 投资机构偏好
4. 以下（　　）是定价策略的关键参考。（单选题）
   A. 产品包装设计　　B. 目标用户支付能力
   C. 团队成员的学历　　D. 办公室租金成本
5. 设计盈利模式时需考虑（　　）。（多选题）
   A. 用户付费意愿　　B. 成本回收周期
   C. 团队成员的年龄　　D. 政策补贴可能性

6. 有效的裂变营销策略包括（　　）。（多选题）

A. 用户邀请奖励机制　　B. 线下地推活动

C. 付费搜索引擎广告　　D. 社交媒体挑战赛

7. 混合盈利模式的优势是（　　）。（多选题）

A. 降低市场风险　　B. 简化财务管理

C. 覆盖多元用户需求　　D. 减少运营成本

8. 营销策略优化可借助（　　）。（多选题）

A. A/B 测试宣传文案　　B. 分析用户行为数据

C. 复制竞品官网设计　　D. 增加广告投放预算

任务 6.5　使用生成式人工智能完成团队组建与分工

学习目标

- 理解如何运用生成式人工智能进行团队技能需求分析，明确项目所需的核心技能和岗位。
- 利用人工智能为每个成员生成个性化的技能档案，并根据项目需求智能匹配最佳职能。
- 掌握通过生成式人工智能合理分配任务，确保团队内部分工明确、协作顺畅。
- 探索生成式人工智能在团队管理中的创新应用，提升团队协作效率。

任务描述

在策划任何创新创业项目时，组建一个高效且协作良好的团队是至关重要的。这一阶段的目标在于明确团队的结构与分工，确保每个成员都能够发挥其最大潜能。通过有效的团队组建和分工优化，可以确保项目的顺利推进，如图 6-43 所示。

视频

任务描述与分析

图 6-43　利用生成式人工智能完成团队组建与分工

任务分析

本任务旨在通过生成式人工智能技术，系统性完成创新创业项目的团队组建与分工，确保成员能力与角色需求精准匹配，提升团队协作效率，如图 6-44 所示。

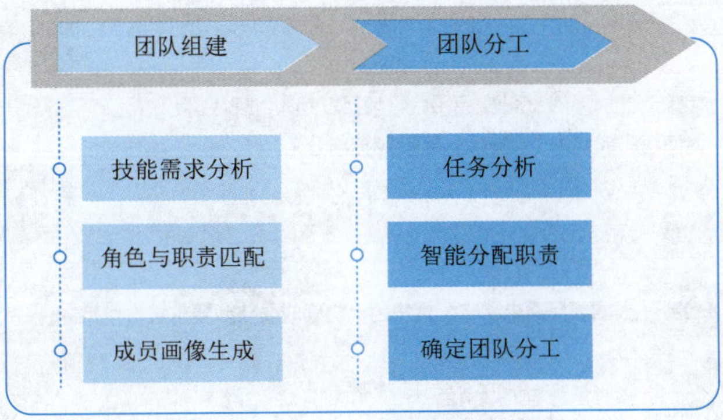

图 6-44　任务分析

（1）团队组建：利用生成式人工智能生成项目所需的核心技能清单，覆盖技术、市场、管理等跨学科领域，避免遗漏关键能力。根据技能清单生成团队成员角色框架（如技术开发、市场运营等），并明确各角色的具体职责。为每个角色制定专业背景、技能要求等详细画像，为精准招募提供依据。

（2）团队分工：通过人工智能生成完整的项目任务列表，确保任务覆盖所有环节；结合成员技能档案与任务需求，智能分配职责，实现“人—岗—责”动态适配。借助人工智能分析任务关联性，设计分工策略以减少沟通成本，保障协作流程顺畅。

文 档　任务实施

交互H5　步骤1团队组建

视 频　步骤2团队分工

任务实施

实现任务实施步骤可以扫描二维码查看视频或者文档。

任务小结

本任务通过生成式人工智能技术，实现了从团队组建到分工优化的全流程智能化管理，显著提升了创新创业项目团队的构建效率与协作质量。

（1）团队组建的科学化：生成式人工智能基于项目需求，快速生成跨学科技能清单，输出技术开发、市场调研、供应链管理等技能模块，形成全面的人才需求框架。将抽象技能转化为具体岗位，并细化职责描述；同时为每个角色生成专业背景要求，使招募标准更清晰。

（2）团队分工的精准化：生成式人工智能通过拆解项目流程生成任务列表，再结合成员能力标签，自动推荐最佳任务分配方案。

精准匹配强化团队执行力和创新潜力，为创新创业项目提供了可复制的团队管理范式。

任务拓展

请完成任务拓展，如图 6-45 所示。

视 频　任务拓展

题目描述

假如你是一个大学创新创业"再生资源交易平台"项目发起人，现在需要组建一个项目团队，请使用生成式人工智能完成团队组建与分工。

具体任务

1.团队组建	任务	根据项目需求动态配置角色，明确成员技能要求与协作机制。
	要求	核心角色与扩展角色。 技能匹配原则。
2.团队分工	任务	按阶段动态分配任务，标注优先级、技能需求及协同节点。
	要求	资源弹性调配。 反馈与调整。 关键风险应对。

图 6-45　任务拓展

巩固与提高

1. 生成角色框架时，人工智能需要重点考虑的是（　　）。（单选题）
   A. 团队成员的个人兴趣爱好　　B. 办公室空间布局规划
   C. 岗位职责与专业背景的匹配度　　D. 竞争对手的薪酬水平
2. 生成式人工智能为成员生成个性化技能档案的主要目的是（　　）。（单选题）
   A. 统计成员每日工作时长　　B. 根据项目需求智能匹配最佳职能
   C. 生成社交媒体宣传文案　　D. 评估办公室空间利用率
3. 动态调整团队分工时，生成式人工智能主要依赖以下（　　）数据。（单选题）
   A. 项目阶段进展与成员能力变化　　B. 成员星座运势分析结果
   C. 行业年度平均气温数据　　D. 竞争对手的商标注册信息
4. 生成式人工智能优化团队协作流程的核心机制是（　　）。（单选题）
   A. 随机打乱任务顺序以激发创造力　　B. 基于任务依赖关系分配执行顺序
   C. 要求成员每日更换工作角色　　D. 仅分配任务给薪酬最高的成员

任务 6.6　使用生成式人工智能制作路演 PPT

学习目标

- 掌握如何利用 AI PPT 快速制作具有吸引力的路演 PPT，提升项目展示的效率。
- 探索人工智能技术在 PPT 制作中的创新应用，提升演示的技术含量和观众的参与度。
- 通过实际的 PPT 设计与演示训练，提升学生对路演内容的掌控能力。

- 熟悉如何通过人工智能工具优化 PPT 中的关键内容和排版，提高项目展示的吸引力。
- 通过生成式人工智能优化文字表达，使内容更加直观、简洁有力。

任务描述

在创新创业项目展示中，路演 PPT 是项目价值传递的核心载体，更是撬动投资与合作机会的关键支点。一份出色的路演 PPT 应当兼具战略高度与执行细节，通过视觉叙事的力量将复杂商业逻辑转化为引人入胜的投资故事。在本任务中，将利用 AI PPT，根据前几部分生成的内容，设计并制作具有视觉吸引力且逻辑清晰的路演 PPT，如图 6-46 所示。

视频　任务描述与分析

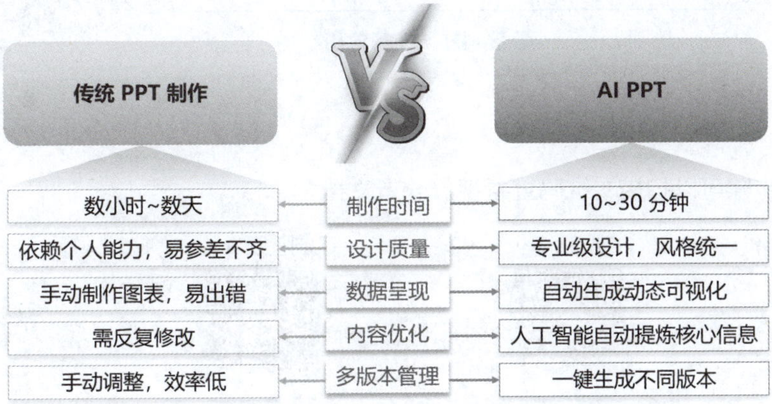

图 6-46　AI PPT 与传统 PPT 制作比较

任务分析

通过 AI PPT 制作工具（见图 6-47），将学会如何高效地将复杂的商业信息转化为简洁有力的展示材料，并提高演示的说服力，如图 6-48 所示。

图 6-47　AI PPT 首页

（1）PPT 生成：内容准备，生成核心内容框架，逻辑优化。

（2）PPT 美化：完善缺失内容、调整样式和内容，检查 PPT 故事线连贯性。

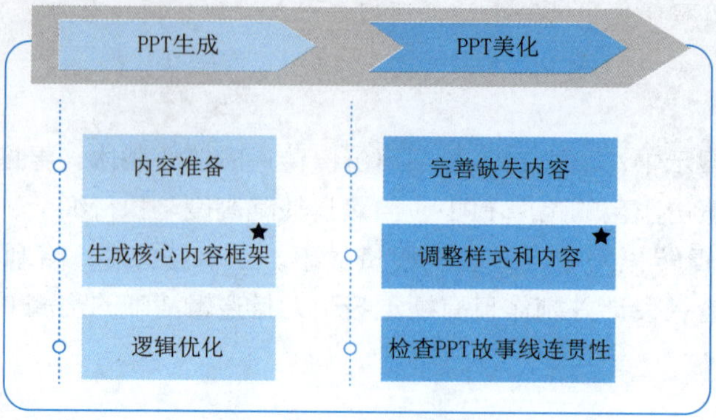

图 6-48　任务分析

任务实施

实现任务实施步骤可以扫描二维码查看视频或者文档。

文档　任务实施

视频　步骤1PPT生成

视频　步骤2PPT美化

任务小结

1. PPT生成：从内容到框架

（1）内容准备：基于商业计划书、市场分析、产品介绍等核心材料，提取关键信息。

（2）生成核心框架：利用人工智能工具自动生成逻辑清晰的 PPT 大纲。

（3）逻辑优化：确保内容符合“金字塔原理”，重点突出、层次分明，避免信息过载。

2. PPT美化：从框架到成品

（1）完善缺失内容：补充数据、案例、图表等支撑材料，增强说服力。

（2）视觉统一：应用品牌色、字体、图标，保持专业感。

（3）数据可视化：将复杂数据转化为图表、信息图，提升可读性。

（4）检查故事线连贯性：模拟观众视角，确保 PPT 叙事流畅。

3. 最终交付：高影响力路演PPT

（1）成果：获得一份视觉精致、逻辑严谨、投资人友好的演示文稿。

（2）效率提升：人工智能工具将传统数小时的制作压缩至 30 分钟内完成初稿。

（3）专业保障：避免设计短板，直接输出符合投资人需求的标准化 PPT。

视频　任务拓展

任务拓展

请完成任务拓展，如图 6-49 所示。

题目描述

使用DeepSeek生成一份“AI智能助手”路演PPT。

具体任务

1. PPT生成	任务	基于商业计划书，生成逻辑清晰、投资需求好的路演PPT初稿。
	要求	结构化内容：按设计方案框架自动生成大纲。 技术亮点可视化。 用AI PPT将内容转化为流程图/架构图。
2. PPT美化	任务	优化PPT的视觉叙事与投资逻辑。
	要求	调整PPT文字及形状。 数据动态呈现：生成图表。 利用生成式人工智能扩充PPT内容。

图 6-49　任务拓展

巩固与提高

1. 路演 PPT 的核心结构应遵循（　　）。（单选题）

A. 时间顺序叙述项目历史　　B. 痛点—方案—成果的逻辑链

C. 团队成员介绍为主　　D. 技术细节深度展示

2. 以下（　　）是 PPT 过渡页的核心作用。（单选题）

A. 展示团队照片　　B. 标明章节逻辑关系

C. 插入动画特效　　D. 罗列全部数据

3. 以下（　　）适合展示市场痛点趋势。（单选题）

A. 饼图　　B. 散点图

C. 折线图　　D. 雷达图

4. 应对投资人质疑的 PPT 设计策略是（　　）。（单选题）

A. 隐藏潜在风险　　B. 在附录页预设 Q&A

C. 加快演讲速度跳过争议点　　D. 删除所有数据图表

5. 数据可视化时需要避免（　　）。（单选题）

A. 纵坐标截断夸大差异

B. 使用对比色突出重点

C. 图表标题注明数据来源

D. 动态图表替代静态图

6. 投资人常关注的 PPT 内容模块包括（　　）。（多选题）

A. 市场规模与增长潜力

B. 技术专利数量

C. 盈利模式清晰度

D. 办公室装修风格

7. 提升 PPT 说服力的技巧包括（　　）。（多选题）

A. 引用第三方权威数据

B. 使用纯文字描述

C. 插入用户证言视频片段

D. 每页放置 10 个以上图表

8. PPT 结尾页应包含（　　）。（多选题）

A. 团队联系方式

B. 融资需求与用途

C. 感谢观看字样

D. 全部技术代码

单元 7

利用生成式人工智能进行抖音商城的运营

本单元以抖音商城为载体，探索如何通过生成式人工智能技术优化电商店铺的开店、设计、品牌建设和营销推广全流程，从而提升运营效率、降低成本，并增强市场竞争力。借助人工智能工具实现从开店分析到精准营销的全链路支持，打造一个高效、智能且具有创新性的电商品牌。

本单元内容围绕五个递进式任务展开：

任务 7.1　生成式人工智能助力电商店铺开店分析。使用 DeepSeek 扮演“资深电商专家”角色，系统化梳理市场定位、竞品研究、产品策略等开店核心模块，生成可落地的分析思路，为店铺初始规划奠定数据驱动的决策基础。

任务 7.2　生成式人工智能设计产品图。利用文生图（如即梦 AI）和文生文工具，完成从产品创意构思、效果图生成、文案创作到多平台营销海报制作的全流程，实现创意的高效视觉化呈现。

任务 7.3　生成式人工智能助力品牌建设。借助多轮提示词优化，生成简洁易记的品牌名称、传达核心价值的广告语（slogan）；结合文生图工具设计品牌 Logo 及专属 IP 形象，构建统一且富有辨识度的品牌视觉体系。

任务 7.4　生成式人工智能助力电商营销。利用生成式人工智能工具进行目标顾客深度分析、创意营销活动策划及高效执行，实现精准触达与转化提升。

任务 7.5　生成式人工智能助力抖音商城开店。整合前期成果，在生成式人工智能辅助下完成抖音商城入驻的资质准备与流程梳理、店铺首页与详情页的智能化装修设计，并运用内容营销与广告推广工具进行高效引流与销售转化，最终实现店铺从零到一的落地运营。

任务 7.1　生成式人工智能助力电商店铺开店分析

学习目标

- 掌握人工智能工具在电商店铺开店分析中的应用：了解如何使用人工智能技术辅助完成电商开店的分析思路和前期准备工作。

- 学习使用人工智能进行开店前的市场调研。
- 学习使用人工智能进行产品定位分析：了解产品差异化和如何选择产品。
- 提升电商开店的分析能力：学习如何通过人工智能工具生成开店的分析方法，熟悉开店过程中如何借助人工智能工具去分析问题解决困难。
- 培养创新思维和适应新技术的能力：通过人工智能工具的应用，培养在电商行业中快速适应和创新的能力。

任务描述

视频

任务描述与分析

小明想要尝试开一个电商店铺，通过分析他了解到，在传统电商经营模式中，店铺的开店及运营需要投入大量的人力资源，包括专业设计师、文案编辑、模特和摄影团队以及财务人员等。这些环节不仅成本高昂，而且效率低下。怎么办呢？小明想到了最近一直很火的大语言模型技术。

随着人工智能工具的引入，从商品设计、商品图制作到文案撰写等环节，都可以借助人工智能工具来完成，极大地降低了人力成本，提高了工作效率。于是小明决定深入探索如何使用人工智能工具帮他完成电商店铺的开店分析工作，如图 7-1 所示。

图 7-1　电商店铺的开店分析

任务分析

本任务将进行抖音商城电商店铺的开店分析，通过“明确分析思路→生成分析方法→选择电商产品”三个步骤，完成店铺的初始规划，如图 7-2 所示。

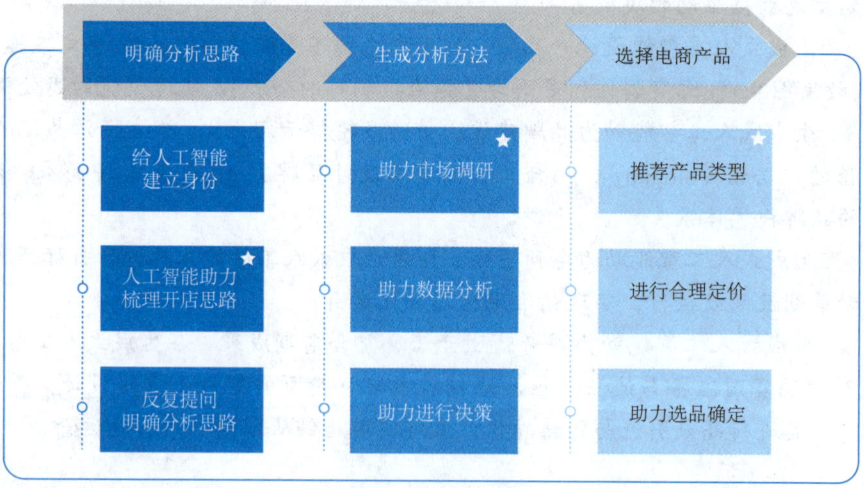

图 7-2　任务流程图

任务具体实现步骤如下：

1. 明确分析思路

首先，小明需要利用人工智能工具帮他明确如何进行开店的分析思路。主要包含两方面内容：一是给大模型建立起身份，如资深的电商行业专家；二是让人工智能工具告诉我们应该怎样着手分析，明晰确切的思路。

2. 生成分析方法

小明在明确思路以后，他还需要通过生成式人工智能获取对应的分析方法。根据已经生成的分析思路，继续深入了解分析方法。按照思路逐步明确每一个步骤需要做哪些准备工作，应该怎样做。我们以“市场调研”“数据分析”为例，生成对应的分析方法。

3. 选择电商产品

小明在了解了分析思路和分析方法后，接下来需要通过人工智能给出的分析来确定自己的电商产品。小明需要让大模型根据市场调研的结果和数据情况，推荐合适的商品。

任务实施

步骤 1　明确分析思路

视频

明确分析思路

实现技巧 1　建立身份

小明先赋予了人工智能一个角色，让它成为一位资深的电商行业专家。使用提问词技巧指定恰当的关键词，让这位资深的专家进行电商开店分析时尽量贴合提问者需求。

例如“你是资深的电商行业专家”“你是资深的电商商家，具有多年智能电子产品店铺的运营经验”“你是电商行业的资深运营专家”等，如图 7-3 所示。

图 7-3　赋予人工智能角色

实现技巧 2　明确思路

我们有了一个资深的电商专家之后，第一步就是让电商专家帮助我们梳理开店思路。

提示词

你是资深的电商行业专家，帮我梳理智能电子产品的电商店铺开店思路。

生成结果

生成结果如图 7-4 所示。

作为电商行业资深从业者，我将为您系统梳理智能电子产品电商店铺的开店思路，建议按照以下六大模块进行规划：

一、市场定位与竞争分析

1. 细分市场选择

• 智能家居（智能音箱 / 安防设备）。

图 7-4　开店思路生成结果

- 穿戴设备（智能手表 /AR 眼镜）。
- 健康监测（体脂秤 / 睡眠监测仪）。
- 办公数码（智能翻译机 / 电子阅读器）。

2. 用户画像构建
- 核心用户：25～35 岁科技爱好者，月消费电子预算 1 000～3 000 元。
- 次核心用户：35～45 岁品质生活追求者，关注智能家居互联。
- 典型场景：科技尝鲜 / 家居升级 / 健康管理 / 效率办公。

3. 竞品店铺分析维度
- Top10 店铺产品矩阵布局。
- 爆款价格带分布（300～800 元为成交密集区）。
- 差异化卖点提炼（如同类竞品缺少的 AI 语音交互功能）。

二、产品策略规划

1. 产品组合策略
- 引流款：选择高性价比基础款（如百元内智能插座）。
- 利润款：独家功能产品（带环境监测的智能空气净化器）。
- 形象款：前沿科技产品（全屋智能中控系统）。

2. 供应链建设
- 初期选择 3～5 家 ODM 工厂合作，MOQ 控制在 500 台以内。
- 建立 QC 质检流程（重点检测蓝牙连接稳定性、App 兼容性）。
- 备货策略：核心 SKU 保持 15 天库存，长尾产品采用预售模式。

三、电商平台运营体系

1. 多平台布局策略
- 天猫：品牌旗舰店建设，参与超级品牌日。
- 京东：主打企业采购客户，开发定制版本。
- 抖音：短视频 + 直播带货，侧重场景化演示。
- 独立站：搭建会员体系，沉淀私域流量。

2. 视觉呈现要点
- 主图设计：前三张突出使用场景 + 核心参数 + 对比优势。
- 详情页结构：痛点场景→技术原理→功能演示→权威认证。
- 视频素材：15 秒功能快剪 +3 分钟深度评测。

四、数据化运营框架

1. 关键指标监控体系
- 流量维度：搜索词转化率、跳失率（控制在 65% 以下）。
- 转化维度：加购率（目标 8%）、静默转化率。
- 服务维度：DSR 评分（保持 4.8 以上）、响应时长。

2. 广告投放策略
- 直通车：重点投放“智能家居套装”“防水智能手表”等高转化词。
- 超级推荐：针对浏览过竞品店铺的用户进行拦截投放。
- 钻展：大促期间投放行业热门资源位。

五、客户体验闭环设计

1. 全链路服务优化
- 售前：配置 3C 产品知识库，客服响应包含专业术语。
- 物流：合作云仓实现核心城市次日达，标配防震包装。
- 售后：提供 30 天无理由退换（激活设备需保证数据清除）。

图 7-4　开店思路生成结果（续）

2. 增值服务设计
- 免费提供智能设备联动设置教程。
- 会员专属 IoT 固件升级服务。
- 以旧换新补贴计划（旧设备抵扣 10%～15%）。

六、风险控制机制

1. 合规性管理
- 3C 认证：确保所有带电产品完成认证。
- 数据安全：GDPR 合规，隐私政策明确数据使用范围。
- 专利规避：定期检索行业专利动态。

2. 库存风险控制
- 建立动态安全库存模型（考虑新品爬坡期和生命周期）。
- 滞销品处理通道：员工内购 / 直播特价 / 异业合作。

图 7-4　开店思路生成结果（续）

人工智能在生成分析思路的时候，会出现每次生成的内容都存在一定的差异性，我们需要对生成的内容，做甄别和梳理，从而得出符合一般分析思路的流程，最终明确我们进行电商开店可落地执行的分析思路。可以用同一个提示词进行反复多次提问，也可以变换成意思相近的提示词，不断提问。然后让大模型根据上面生成的内容生成一份分析思路。

这样小明就根据已经生成的内容，明确了分析思路如下：

一、市场定位与竞争分析

二、产品策略规划

三、电商平台运营体系

四、数据化运营框架

五、客户体验闭环设计

六、风险控制机制

步骤 2　掌握分析方法

实现技巧 1　人工智能助力市场调研

视频　掌握分析方法

市场调研是电商成功的关键，它帮助我们理解市场趋势、预测行业发展，并分析竞争对手的情况。

首先，需要确定市场调研的方向。可以询问 DeepSeek：“若要进行产品市场调研，需要从哪几个方面入手？” DeepSeek 会根据我们的问题，列出市场调研和竞品分析的核心要点。

提示词

我想开一家智能电子产品电商店铺，现在我要进行市场定位与竞争分析，请问我应该从哪些方面入手？

人工智能分别列出了市场调研和竞品分析的核心要点。

生成结果

生成结果如同 7-5 所示。

一、市场定位：明确目标与差异化

1. 定义目标市场

• 用户画像：

年龄、性别、收入、职业、地理位置（如一线城市科技爱好者、年轻家庭用户等）。

行为特征：是否追求科技潮流？是否注重性价比？是否愿意尝鲜小众产品？

• 需求场景：

智能家居（如智能音箱、扫地机器人）、健康监测（如智能手环）、办公效率（如智能办公设备）等。

核心痛点：便捷性、性价比、创新功能、售后服务等。

2. 产品定位

• 品类选择：

专注细分领域（如智能家居配件）还是全品类覆盖？

选择代理品牌（如小米生态链产品）还是自研产品？

• 差异化价值：

技术优势（如独家专利功能）、设计感（如极简外观）、性价比（如低于市场价 10%）、服务（如终身保修）。

3. 价格定位

• 高端（如对标 Apple HomeKit 产品）、中端（如小米生态链价格带）、平价（如白牌高性价比产品）。

• 结合成本和目标用户支付能力，避开与巨头的直接价格战（如亚马逊、京东自营）。

二、竞争分析：识别机会与威胁

1. 识别竞争对手

• 直接对手：

同品类电商（如专注智能硬件的“极客购”）、综合平台中的智能产品卖家（如天猫旗舰店）。

• 间接对手：

线下科技体验店、跨界竞争者（如智能家居品牌官网）。

2. 分析竞争维度

• 产品对比：

功能差异（如竞品是否支持跨平台联动？你的产品是否有独家功能？）。

用户评价：通过爬取电商平台评论，分析竞品差评（如质量问题、售后差）作为改进方向。

• 价格策略：

竞品是否频繁促销？是否提供分期付款？

• 营销手段：

竞品在抖音 / 小红书的内容投放策略（如科技博主测评、场景化短视频）。

• 渠道布局：

竞品是否通过私域流量（微信社群）或直播带货（如淘宝直播）获客？

3. SWOT 分析

• 优势（S）：供应链资源（如与厂商直接合作）、团队技术背景。

• 劣势（W）：初期流量不足、品牌认知度低。

• 机会（O）：智能家居渗透率上升、Z 世代对新品牌接受度高。

• 威胁（T）：巨头补贴战（如拼多多百亿补贴智能硬件）、技术迭代风险。

图 7-5 市场调研分析生成结果

一旦我们获得了核心要点，人工智能可以帮助我们生成更加详细的调研内容。

提示词

我想开一家智能电子产品电商店铺，我想获得 2021—2024 年智能电子产品行业的竞品分析报告，请按照以下要求给出详细的结果：

1. 收集并分析主要竞争对手的基础信息，包括品牌历史、市场定位、产品线等；

2. 评估竞品在目标时间段内的市场份额、销售增长率、用户评价和品牌影响力；

3. 研究竞品的产品策略，包括产品创新、包装设计、价格区间和促销活动；

4. 分析竞品的营销策略，特别是社交媒体营销、KOL 合作、广告投放和品牌活动；

5. 了解竞品消费者的特征、偏好和购买行为，以及他们如何与品牌互动；

6. 识别竞品如何适应和引领智能电子产品行业的市场趋势，包括新成分、新概念和新趋势。

生成结果

生成结果如图 7-6 所示。

根据您的要求，以下是对智能电子产品行业竞品分析的详细结果：

1. 主要竞争对手的基础信息分析：

• 小米：小米以其高性价比的产品和完整的生态链在智能家居领域迅速扩张，市场定位亲民，产品线覆盖智能家电、智能穿戴设备等。

• 华为：华为通过智能手机进入平台生态链，专注中高端市场，产品线包括智能手机、智能穿戴设备等。

• 海尔智家：海尔作为传统家电企业，提供整套家电服务，并在智能家居领域有所建树，市场定位在提供品质优良且性价比极高的产品。

2. 市场份额、销售增长率、用户评价和品牌影响力评估：

• 根据《2024—2025 中国科技类消费电子产业发展白皮书》，2024 年中国科技及耐用消费品市场预计营业额将达 22 406 亿元，同比增长约 5%。智能手机零售市场上半年销售额超过 5 000 亿元，同比增长 14%。智能穿戴设备同比增速在今年二季度提升至 19%。

• 华为与苹果的品牌影响力在五大品类中横扫，小米也有着十分不俗的表现。

3. 产品策略研究：

• 产品创新：智能电子产品行业持续推出新技术、新概念，如折叠屏手机、卫星通信功能等。

• 包装设计：企业通常采用简洁现代的包装设计，以吸引消费者。

• 价格区间：不同品牌根据自身市场定位和产品特性设定不同的价格区间。

4. 营销策略分析：

• 社交媒体营销：品牌通过微博、微信、抖音等平台进行产品推广和用户互动。

• KOL 合作：品牌采用 KOL 营销策略，通过 KOL 的口碑集群效应打造强力产品认知。

• 广告投放：品牌在多个平台进行广告投放，以覆盖更广泛的用户群体。

• 品牌活动：企业举办或参与各种展览、发布会等活动，展示最新技术和产品。

5. 了解竞品消费者的特征、偏好和购买行为：

• 消费者对智能电子产品的需求多样化，包括智能手机、平板电脑、笔记本计算机、智能家居设备、智能穿戴设备等。

• 消费者品牌倾向榜单显示，华为与苹果的品牌影响力突出，小米也表现不俗。

6. 识别竞品如何适应和引领智能电子产品行业的市场趋势：

• 智能电子产品行业正在快速发展，特别是随着 5G 技术的商用，万物互联的趋势越加明显。

• 企业通过加入 Matter 协议，提高产品的互联互通性，适应市场趋势。

图 7-6　竞品分析报告生成结果

• 行业趋势包括高性能计算的“四算聚变”、多模态智能体加速 AGI 进程、AI 加速人形机器人“手、脑”进化等。

以上分析基于搜索结果，可能需要进一步的市场调研和数据收集来验证和补充。

图 7-6　竞品分析报告生成结果（续）

通过这两个步骤，我们可以用人工智能获取市场调研的具体要点，并基于这些要点内容扩充提示词，获得更加详细的市场分析。

实现技巧 2　用人工智能进行数据分析

学习了如何利用人工智能进行市场调研和产品定位之后，现在我们再来探讨人工智能在数据分析方面的应用。数据分析是电商运营中的核心环节，它帮助我们理解销售表现、预测市场动向、并优化客户体验。

首先，我们需要通过人工智能获取财务报表。过于凌乱的表格不利于我们分析店铺的财务营收情况，如图 7-7 所示。

	A	B	C	D	E	F	G	H	I	J
1	产品名称	定价	销量	总销售额	商品成本	运营费用	毛利润	营业利润	税项	净利润
2	智能手表	784	227	177968	88984	35593.6	88984	53390.4	13347.6	40042.8
3	智能手环	659	293	193087	96543.5	38617.4	96543.5	57926.1	14481.525	43444.575
4	无线耳机	1753	335	587255	293627.5	117451	293627.5	176176.5	44044.125	132132.375
5	智能眼镜	1316	197	259252	129626	51850.4	129626	77775.6	19443.9	58331.7
6	智能音箱	935	197	184195	92097.5	36839	92097.5	55258.5	13814.625	41443.875
7	智能机器人	863	448	386624	193312	77324.8	193312	115987.2	28996.8	86990.4
8	智能灯泡	1831	473	866063	433031.5	173212.6	433031.5	259818.9	64954.725	194864.175
9	智能插座	1483	338	501254	250627	100250.8	250627	150376.2	37594.05	112782.15
10	智能摄像头	1133	499	565367	282683.5	113073.4	282683.5	169610.1	42402.525	127207.575
11	智能门锁	1847	315	581805	290902.5	116361	290902.5	174541.5	43635.375	130906.125
12	智能扫地机器人	377	235	88595	44297.5	17719	44297.5	26578.5	6644.625	19933.875
13	智能路由器	1878	177	332406	166203	66481.2	166203	99721.8	24930.45	74791.35
14	智能冰箱	1928	82	158096	79048	31619.2	79048	47428.8	11857.2	35571.6
15	智能空调	699	81	56619	28309.5	11323.8	28309.5	16985.7	4246.425	12739.275
16	智能电视	1194	252	300888	150444	60177.6	150444	90266.4	22566.6	67699.8
17	智能投影仪	1596	294	469224	234612	93844.8	234612	140767.2	35191.8	105575.4
18	智能咖啡机	700	201	140700	70350	28140	70350	42210	10552.5	31657.5
19	智能按摩椅	1520	213	323760	161880	64752	161880	97128	24282	72846
20	智能空气净化器	414	420	173880	86940	34776	86940	52164	13041	39123
21	智能加湿器	805	233	187565	93782.5	37513	93782.5	56269.5	14067.375	42202.125
22	智能电饭煲	1610	78	125580	62790	25116	62790	37674	9418.5	28255.5
23	智能吸尘器	651	340	221340	110670	44268	110670	66402	16600.5	49801.5
24	智能电风扇	187	178	33286	16643	6657.2	16643	9985.8	2496.45	7489.35
25	智能电暖气	274	178	48772	24386	9754.4	24386	14631.6	3657.9	10973.7
26	智能电水壶	1724	470	810280	405140	162056	405140	243084	60771	182313
27	智能料理机	949	103	97747	48873.5	19549.4	48873.5	29324.1	7331.025	21993.075
28	智能宠物喂食器	1801	439	790639	395319.5	158127.8	395319.5	237191.7	59297.925	177893.775
29	智能婴儿监视器	637	88	56056	28028	11211.2	28028	16816.8	4204.2	12612.6
30	智能体测仪	945	294	277830	138915	55566	138915	83349	20837.25	62511.75
31	智能门铃	172	323	55556	27778	11111.2	27778	16666.8	4166.7	12500.1
32	智能香薰机	877	385	337645	168822.5	67529	168822.5	101293.5	25323.375	75970.125
33	智能园艺监控器	215	438	94170	47085	18834	47085	28251	7062.75	21188.25
34	智能跑步机	1076	155	166780	83390	33356	83390	50034	12508.5	37525.5
35	智能动感单车	855	92	78660	39330	15732	39330	23598	5899.5	17698.5
36	智能划船机	1833	492	901836	450918	180367.2	450918	270550.8	67637.7	202913.1
37	智能拳击沙袋	1971	81	159651	79825.5	31930.2	79825.5	47895.3	11973.825	35921.475
38	智能瑜伽垫	1555	426	662430	331215	132486	331215	198729	49682.25	149046.75
39	智能体重秤	548	307	168236	84118	33647.2	84118	50470.8	12617.7	37853.1
40	智能血压计	950	371	352450	176225	70490	176225	105735	26433.75	79301.25
41	智能血糖仪	199	475	94525	47262.5	18905	47262.5	28357.5	7089.375	21268.125

图 7-7　智能电子产品电商店铺财务表格

可以把财务数据上传至“爱图表”，让它帮忙制作报表图，如图 7-8 所示。

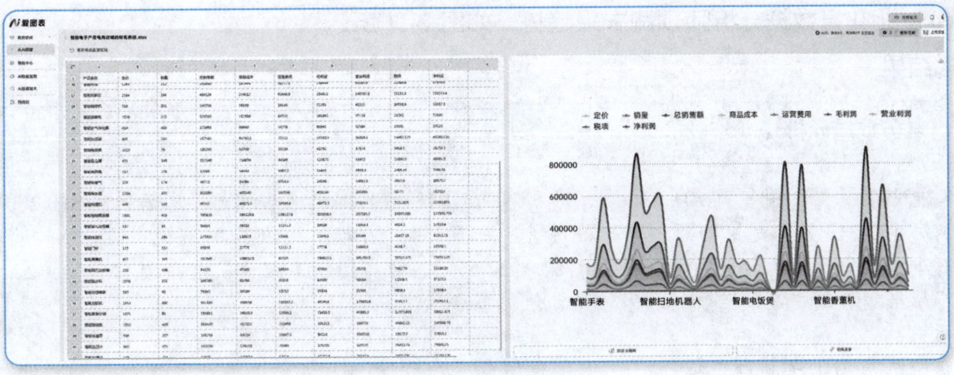

图 7-8　爱图表界面

爱图表将生成直观的财务报表图，展示总销售额、商品成本、运营费用、毛利润、营业利润、税费和净利润等关键财务指标，如图 7-9 所示。

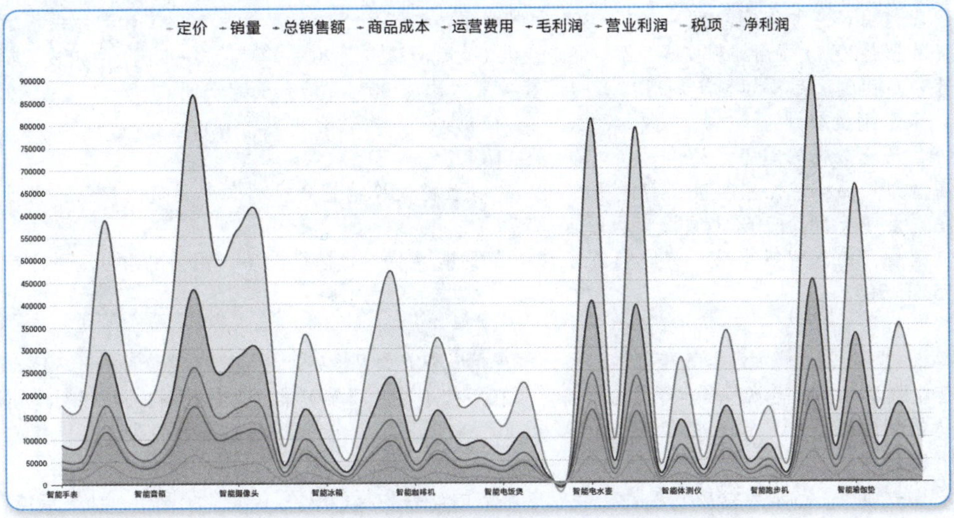

图 7-9　智能电子产品电商店铺财务报表图

这是智能电子产品店铺的财务报表总折线图。图中展示了每个产品在不同财务指标（总销售额、商品成本、运营费用、毛利润、营业利润、税项和净利润）上的表现，每个指标使用了不同的颜色来区分。可以通过该图表清晰地看到每个产品的财务表现及其变化规律。

接下来，利用 DeepSeek 进行销量预测和店铺情况分析。我们可以上传财务报表图至 DeepSeek，并提示 DeepSeek 分析图表含义和店铺情况，进行未来销量预测，如图 7-10 所示。

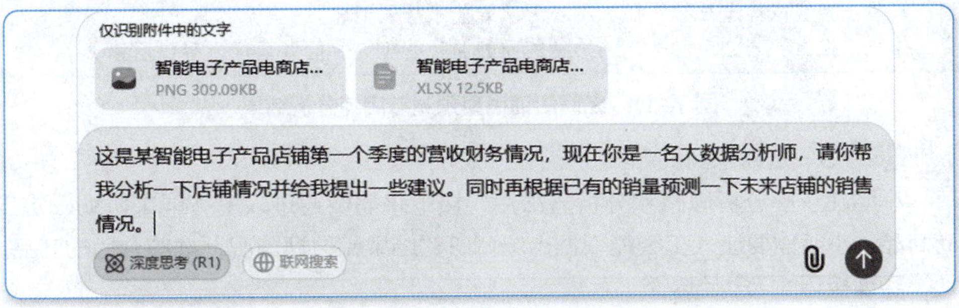

图 7-10　上传文档分析

DeepSeek 化身数据分析师预测未来趋势，如图 7-11 所示。

生成结果

一、财务数据分析

1. 头部产品贡献突出

- 智能划船机（总销售额 901 836 元，净利润 202 913 元）和智能电水壶（总销售额 810 280 元，净利润 182 313 元）是销售额和净利润的绝对头部产品，贡献了约 20% 的总销售额。
- 高净利润率产品：智能摄像头（净利润率 22.5%）、智能门锁（22.5%）、智能血糖仪（22.5%）等产品虽销售额中等，但净利润率较高，值得重点关注。

2. 低效产品需优化

- 智能电风扇（净利润 7 489 元）、智能电暖气（净利润 10 974 元）等产品销售额和利润均较低，可能需考虑淘汰或调整策略。
- 智能冰箱（销量 82 台，净利润 35 572 元）和智能空调（销量 81 台，净利润 12 739 元）销量低且成本占比高（商品成本占 50%），需评估市场需求。

3. 成本与费用分析

- 运营费用普遍占总销售额的 20%～30%，其中智能灯泡（运营费用占比 20%）和智能电饭煲（运营费用占比 20%）费用控制较好，而智能跑步机（运营费用占比 20%）等可进一步优化物流或营销成本。
- 部分高销量产品（如智能划船机）的运营费用占比为 20%，仍有压缩空间。

二、未来销量预测

1. 基于历史数据的趋势预测

- 高潜力产品：智能划船机、智能摄像头、智能血糖仪等销量高且利润率稳定的产品，预计未来季度销量增长 5%～10%（假设市场需求稳定）。
- 低销量产品：智能冰箱、智能空调等需结合促销活动（如捆绑销售、限时折扣），预计销量提升 15%～20%。

2. 季节性调整建议

- 智能电暖气、智能加湿器等季节性产品，需在相应季节加大推广，预计冬季销量可提升 30%～50%。
- 智能跑步机、智能动感单车等健身设备，可在年初（健身旺季）推出会员计划，预计销量增长 20%。

三、优化建议

1. 产品策略

- 聚焦头部产品：加大智能划船机、智能电水壶的库存和推广资源（如首页推荐、社交媒体广告）。
- 淘汰尾部产品：逐步下架智能电风扇、智能电暖气等低效产品，或转为限量销售。
- 开发衍生品：针对高利润品类（如智能健康设备：血糖仪、血压计），推出配套耗材或增值服务。

2. 成本控制

- 供应链优化：与智能摄像头、智能门锁的供应商谈判，降低商品成本（目标：成本占比从 50% 降至 45%）。
- 运营费用压缩：通过自动化物流分拣系统降低智能划船机等大件商品的仓储成本（目标：运营费用占比从 20% 降至 18%）。

3. 营销策略

- 捆绑销售：将智能灯泡与智能插座组合为“智能家居入门包”，提升客单价。
- 会员体系：推出积分兑换活动，鼓励复购高利润产品（如智能血糖仪、智能门锁）。

图 7-11 电商店铺销量预测与店铺分析结果

视频

选择电商商品

步骤 3 选择电商商品

小明在了解分析思路和分析方法后，接下来需要通过人工智能来协助确定自己的电商商品。小明需要让人工智能根据市场调研的结果和数据情况，推荐合适的商品。

实现技巧 1 产品选择

产品选择是电商成功的关键步骤，它直接影响到店铺的销售业绩和市场竞争力。首先，我们需要根据市场分析的结果来选择产品。我们让人工智能根据调研内容推荐可订购的几种产品类型。

提示词

请结合前面智能电子产品的市场调研和竞品分析结果，帮我推荐市场上 20 款受用户欢迎的热卖中小型智能电子产品（单价在 200 元以内），并给出详细的原因。

人工智能会根据市场预测结果选择热卖产品，吸引客户，如图 7-12 所示。

生成结果

根据市场调研和竞品分析结果，以下是 20 款受用户欢迎的热卖中小型智能电子产品（单价在 200 元以内）的推荐列表及原因：

1. 小米手环 7：小米手环系列一直以性价比高著称，具备健康监测、运动追踪等功能，深受用户喜爱。
2. 华为智选智能台灯：提供舒适的光源，支持智能调节亮度和色温，适合阅读和工作使用。
3. 荣耀 Earbuds X3：荣耀的真无线耳机，提供清晰的音质和稳定的连接，价格亲民。
4. 绿米智能插座：支持远程控制和定时功能，用户可以通过手机 App 控制家中的电器。
5. TP-Link 智能路由器：提供稳定的网络连接，支持多种智能设备同时在线，性价比高。
6. 百度小度智能音箱：集成了 AI 语音交互功能，可以作为智能家居控制中心，价格适中。
7. 小米智能摄像头：提供高清视频监控，支持移动侦测和夜视功能，适合家庭安全监控。
8. 华为智选智能体脂秤：能够测量多种身体指标，帮助用户了解健康状况，设计简洁。
9. OPPO 手环：具备心率监测、睡眠追踪等功能，续航时间长，价格合理。
10. Agara 智能门锁：支持多种开锁方式，如密码、指纹、手机 App 等，提高家庭安全性。

……

图 7-12　根据市场预测结果选择热卖产品生成结果

产品候选名单出来后，我们需要确定售卖价格。我们可以告知人工智能产品成本，让人工智能根据市场销售数据为我们确定产品价格。

提示词

我的成本只有 10 万元，现在我要进货上面的 20 个热门产品，请你根据近五年来智能电子产品行业（单价在 200 元以内，不包含智能手机）的产品价格，为我挑选 10 款有竞争力的产品，并进行定价，要求要考虑用户需求的同时达到商品利润的最大值并给出相应的理由。

人工智能能够结合市场行情进行合理定价，如图 7-13 所示。

生成结果

根据搜索结果和市场分析，以下是 10 款有竞争力的智能电子产品推荐，以及相应的定价策略：

1. 小米手环 7：性价比高，具备健康监测和运动追踪功能。定价建议：根据成本加上预期利润，考虑到小米品牌的影响力和用户基础，可以定价在 199 元左右。
2. 华为智选智能台灯：提供舒适的光源，支持智能调节。定价建议：考虑到其实用性和智能化特点，定价在 179 元左右。
3. 荣耀 Earbuds X3：音质清晰，连接稳定，价格亲民。定价建议：根据成本和市场竞品分析，定价在 169 元左右。

图 7-13　产品及定价生成结果

4. 绿米智能插座：支持远程控制和定时功能。定价建议：考虑到其便利性和智能化特点，定价在 99 元左右。

5. 小米智能摄像头：提供高清视频监控，支持移动侦测和夜视。定价建议：根据成本和市场竞品分析，定价在 189 元左右。

6.OPPO 手环：具备心率监测、睡眠追踪等功能，续航时间长。定价建议：考虑到其健康监测功能，定价在 159 元左右。

7.Aqara 智能门锁：支持多种开锁方式，提高家庭安全性。定价建议：根据成本和市场竞品分析，定价在 199 元左右。

8. 小米智能灯泡：可以通过手机或语音助手调节颜色和亮度。定价建议：考虑到其便利性和智能化特点，定价在 79 元左右。

9. 荣耀智能手环 6：具备心率监测、血氧检测等功能，价格适中。定价建议：根据成本和市场竞品分析，定价在 149 元左右。

10. Redmi AirDots 3：支持蓝牙 5.2，动圈动铁双单元设计，续航时间长。定价建议：考虑到其音质和设计，定价在 149 元左右。

这些产品的定价策略主要基于成本加上预期利润，同时考虑了品牌影响力、市场竞品、用户需求和产品功能。通过这样的定价，可以在保证产品质量和功能的同时，实现利润最大化。

图 7-13　产品及定价生成结果（续）

通过以上步骤，让人工智能充当产品经理的角色，迎合市场做出正确的选品决定。最终人工智能结合数据分析为小明选出了三类优质的产品：智能穿戴设备、小型智能家居设备和智能音频设备。

（1）智能穿戴设备

主要是智能手环。例如，如下三款智能手环在市场上都有很好的占有率。

小米手环 7：属于健康监测和运动追踪设备，优势在于实时监测用户的健康数据，如心率、睡眠质量等，同时具备防水功能，适合日常佩戴和运动时使用。定价为 199 元。

OPPO 手环：同样属于健康监测设备，提供心率监测、睡眠追踪等功能，优势在于长续航和便捷的信息提醒功能。定价为 149 元。

荣耀智能手环 6：健康监测设备，优势在于具备心率监测、血氧监测等功能，价格适中，适合健康追踪。定价为 149 元。

（2）小型智能家居设备

第二类是小型智能家居设备。如智能台灯、智能插座、智能灯泡、智能门锁等，这一类智能电子产品在市场上非常受欢迎。

华为智选智能台灯：智能照明设备，优势在于提供舒适的光源，支持智能调节亮度和色温，适合阅读和工作使用。定价为 179 元。

绿米智能插座：智能电源控制设备，优势在于支持远程控制和定时功能，方便用户通过手机 App 控制家中的电器。定价为 99 元。

小米智能灯泡：智能照明设备，优势在于可以通过手机或语音助手调节颜色和亮度，创造舒适的照明环境。定价为 79 元。

Aqara 智能门锁：智能门锁设备，优势在于支持多种开锁方式，如密码、指纹、手机 App 等，提高家庭安全性。定价为 199 元。

（3）智能音频设备

第三类是智能音频设备，如蓝牙耳机、音响等。

荣耀 Earbuds X3：真无线耳机，优势在于提供清晰的音质和稳定的蓝牙连接，适合音乐爱好者和需要无线束缚的用户。定价为 169 元。

Redmi AirDots 3：另一款真无线耳机，优势在于支持蓝牙 5.2，提供动圈动铁双单元设计，以及较长的续航时间。定价为 149 元。

总之，人工智能在产品选择和定价策略中的应用可以极大地提高决策质量，帮助小明更好地适应市场变化，提高店铺的竞争力。

任务小结

本任务通过人工智能系统化梳理电商开店流程，分三步构建可落地方案，提升了决策效率。

明确思路分析： 赋予人工智能“电商专家”角色，提炼六大核心模块（行业定位、产品策略、店铺建设等），确保分析逻辑闭环。

掌握分析方法： 人工智能辅助市场调研（行业趋势、竞品分析），结合财务图表预测销量趋势，指导运营优化。

选择电商商品： AI 推荐智能穿戴、家居、音频三类商品，结合成本与竞品动态定价（149～199 元），平衡利润与竞争力。

人工智能驱动分析框架与数据决策，高效解决选品、定价等核心问题，为后续运营优化奠定基础。

任务拓展

请完成任务拓展，如图 7-14 所示。

视频

任务拓展

题目描述

制作一份智能健康设备的市场调研报告。

具体任务

1.梳理市场调研报告框架	任务	使用DeepSeek整理智能健康设备市场调研的核心模块和逻辑脉络。
	要求	确保框架涵盖行业现状、竞争格局、用户需求及技术趋势四大板块，逻辑清晰无重复。
2.细化框架内容与数据收集	任务	针对框架中的每个板块补充详细内容，包括市场规模、用户痛点、头部品牌产品分析等。
	要求	数据需来自权威机构报告（如IDC、艾瑞）或一手调研，确保信息真实、时效性强。

图 7-14 任务拓展

3.关键数据可视化呈现	任务	使用智谱清言将关键数据转化为可视化图表。
	要求	图表类型需匹配数据属性（如柱状图对比份额、折线图展示趋势）。

图 7-14　任务拓展（续）

巩固与提高

1. 小明想要通过生成式人工智能完成电商店铺的开店分析工作，他首先需要明确（　　）。（单选题）

A. 产品定价策略　　B. 开店分析的思路

C. 广告投放渠道　　D. 店铺装修风格

2. 小明赋予人工智能“资深电商专家”角色，主要目的是（　　）。（单选题）

A. 让人工智能完成产品设计　　B. 让人工智能进行市场调研

C. 让人工智能生成分析思路和方法　　D. 让人工智能进行广告投放

3. 以下不是开店分析阶段需要完成的核心模块的是（　　）。（单选题）

A. 行业分析与市场定位　　B. 产品策略与供应链

C. 店铺装修与视觉设计　　D. 用户体验与复购提升

4. 小明通过人工智能进行市场调研时，以下不是市场调研核心要点的是（　　）（单选题）

A. 产品价格预测　　B. 市场趋势分析

C. 竞争对手分析　　D. 消费者行为研究

5. 小明在选择电商产品时，人工智能主要通过（　　）来推荐产品。（单选题）

A. 根据市场调研结果和数据情况　　B. 根据小明的个人喜好

C. 根据竞争对手的商品　　D. 根据随机生成的商品列表

6. 假设你是一位电商创业者，想要开设一家智能健康设备的店铺。请设计一段提示词，让生成式人工智能工具帮助你完成市场调研和产品定位分析。（主观题）

任务 7.2　生成式人工智能设计产品图

学习目标

- 掌握人工智能工具在电商店铺中的电子产品创意及亮点分析。
- 学会使用人工智能进行产品的效果图设计。
- 学会使用人工智能进行产品创意文案创作。
- 掌握如何使用生成式人工智能进行产品海报制作。
- 培养创新思维和适应新技术的能力：通过人工智能工具的应用，培养在电商行业进行产品创新创意分析的能力。

任务描述

视 频

任务描述与分析

在完成电商店铺的开店分析之后，小明选定了智能电子产品的三个方向。有了意向的产品以后，接下来利用生成式人工智能工具制作产品设计图。产品设计图不仅是连接创意与落地的桥梁，更是整合研发、生产、营销各环节的核心工具。小明利用生成式人工智能工具，快速完成了产品图及海报的制作，如图 7-15 所示。

图 7-15　生成式人工智能设计产品图

任务分析

本任务以智能电子产品（智能穿戴设备、智能音频设备、智能家居设备）为对象，借助生成式人工智能工具（如 DeepSeek、即梦 AI、创客贴等），完成从“产品创意分析→设计产品图→创作产品文案→制作产品海报”的全流程，最终输出符合电商需求的营销素材，如图 7-16 所示。

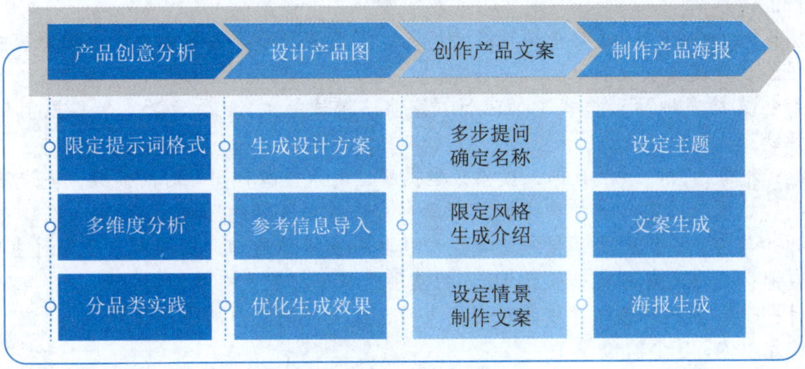

图 7-16　任务流程图

任务具体实现步骤如下：

产品创意分析：通过结构化提示词（角色设定、任务要求、消费人群、输出格式）引导人工智能精准生成内容。挖掘产品独特价值与创新点，生成符合市场需求的创意产品。

设计产品图：利用“智能参考”功能，结合产品特性（如科技、健康、实用等）生成科技感强、符合消费者审美的产品效果图。

创作产品文案：通过多轮提示词调整，生成简洁易记、突出卖点的产品名称与介绍文案。

制作产品海报：在创客贴中输入营销主题、文案及产品图，设计适配多平台的营销海报。

任务实施

步骤1 产品创意分析

实现技巧1 限定提示词格式

视频

产品创意分析

在利用人工智能分析产品创意时，需要先了解“产品定位”“产品功能”“消费人群”“解决了什么问题”“特点和卖点”“科技含量”等。然后让人工智能为我们生成相应的创意产品。

先输入提示词，提示词应详细地涵盖“角色设定”“任务要求”“消费人群”“输出格式”等具体信息，让人工智能更准确地获取我们的意图。这里我们根据前面任务的分析结果，分别对智能穿戴设备、智能音频设备、智能家居设备，进行产品创意分析尝试。

先利用 DeepSeek 完成对智能穿戴设备（智能手环）的产品创意分析与设计。

提示词

你是一名智能电子产品行业领军人物，对各类智能电子产品的创意、科技亮点、消费者喜好十分了解。你要为一家以“智能电子产品”为主题的电商店铺设计一款具有创意性的电子新品（智能手环），主要消费人群是白领及千家万户。要求：产品符合健康与科技主题且富有创意。请生成这款产品的名称、核心功能价值、定价（300 元以内，3 个价位段）。

基于这些提示词，人工智能将生成一款具有创意性的新品。这个过程充分展示了人工智能在产品创意与研发中的强大能力，如图 7-17 所示。

生成结果

产品名称：SmartWell Band

核心功能价值：

1. 健康监测：SmartWell Band 配备高精度传感器，实时监测心率、血氧水平、睡眠质量和压力指数，帮助用户全面了解自身健康状况。
2. 运动追踪：支持多种运动模式（如步行、跑步、游泳等），记录步数、卡路里消耗和运动时间，激励用户保持活跃。
3. 智能提醒：根据用户的活动数据，提供久坐提醒、喝水提醒和睡眠时间提醒，促进健康生活习惯。
4. 环境监测：检测周围空气质量和温度，帮助用户选择更健康的环境。
5. 消息通知：与智能手机同步，接收来电、短信和社交媒体通知，确保用户不错过重要信息。
6. 长续航电池：一次充电可支持长达 10 天的使用，减少频繁充电的烦恼。
7. 时尚设计：提供多种颜色和材质的可更换表带，满足不同用户的个性化需求。

定价（300 元以内，3 个价位段）：

1. 基础版（199 元）：
   - 核心健康监测功能
   - 基本运动追踪
   - 消息通知功能
2. 标准版（249 元）：
   - 包含基础版所有功能
   - 增加智能提醒功能
   - 环境监测功能

图 7-17 智能手环创意亮点分析与定价

> 3. 高级版（299 元）：
> • 包含标准版所有功能
> • 提供个性化健康建议
> • 提升传感器精度，增加更多运动模式
> 通过这三个价位段，SmartWell Band 能够满足不同消费者的需求，吸引广泛的白领及家庭用户群体。

图 7-17　智能手环创意亮点分析与定价（续）

同样的方式分别对智能音频设备（蓝牙耳机）、智能家居设备（智能门锁）进行创意分析。

步骤 2　设计产品图

视 频

设计产品图

对产品创意有了一定认知以后，接下来需要根据产品的创新和寓意设计出适合宣传的产品图。首先，设计智能手环（SmartWell Band）的产品效果图，希望能展示智能手环的科技、健康、实用和美观性，如图 7-18 所示。

图 7-18　智能手环

实现技巧 1　利用“参考图片”功能生成产品图

打开“即梦 AI”，单击“图片生成”选项，导入参考图，选择“智能参考”，在输入框中输入提示词，如图 7-19 所示。

生成的结果，如图 7-20 所示。

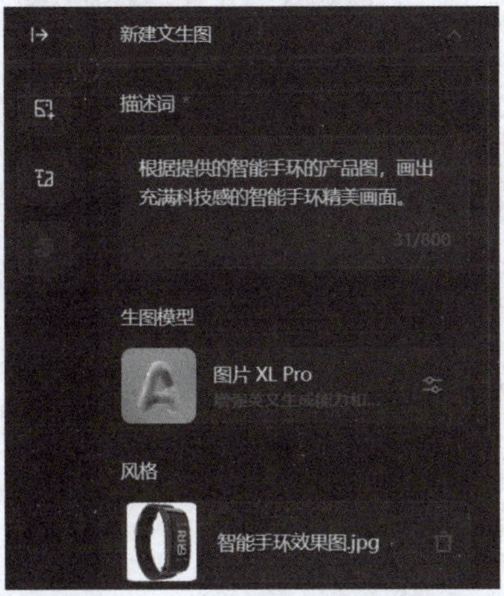

图 7-19　“即梦 AI”画智能手环

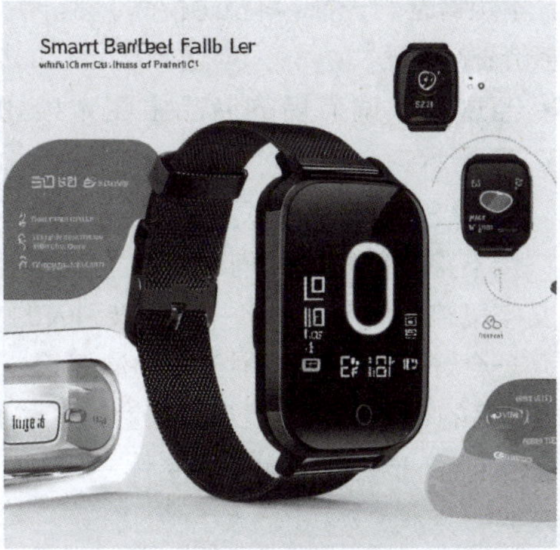

图 7-20　人工智能生成智能手环

实现技巧 2　利用 DeepSeek 优化产品图

如果初次生成的图像看起来有些单调，可以通过人工智能的组合技来进一步优化。单击对话框中的 DeepSeek-R1 按钮，输入提示词，如图 7-21 所示。

优化提示词后的生成内容如图 7-22 所示。

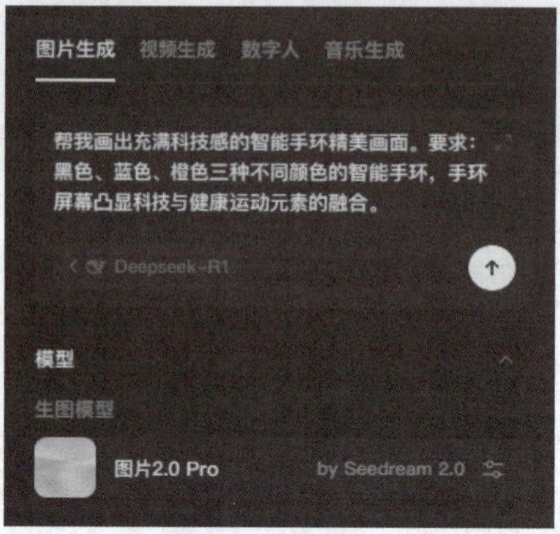

图 7-21　使用即梦中的 DeepSeek-R1 进行提示词优化

图 7-22　提示词优化后生成的智能手环

实现技巧 3　利用"创客贴"设计商品主图

生成了精美的产品图之后，还需要将其制作成适合电商平台的商品主图。如创客贴设计网站，提供了多种商品主图样式供用户选择，可以根据产品的特点和营销的需求，快速制作出吸引人的商品主图。

根据智能手环的特点和营销的需求，将其制作成适合电商平台的商品主图。创意突出吸人眼球的广告语"智能随心，健康随行"和"为健康运动而生，不负青春时光"，科技感拉满。左下角写上"优惠价：199 元"。

经过多次调节后的商品主图效果如图 7-23 所示。

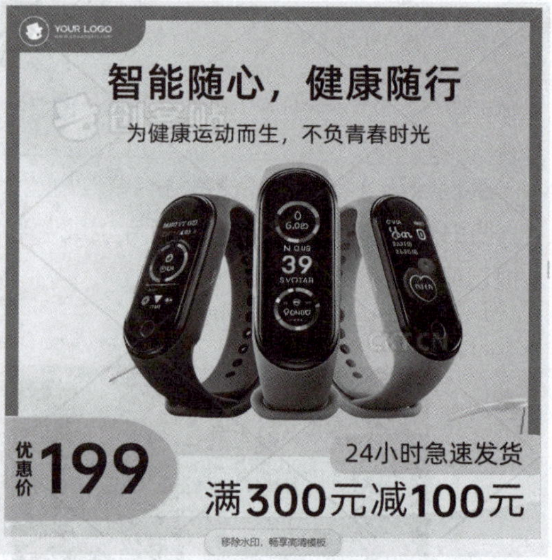

图 7-23　创客贴生成的商品主图

视频

创作产品文案

步骤 3　创作产品文案

接下来我们探讨如何利用人工智能创造文字灵感，为产品命名并撰写吸引人的产品介绍。

一个好的产品名称不仅要简洁易记，还要能够体现产品的特点和价值。可以让人工智能根据之前写的智能手环的提示词，生成与之贴合的产品名称。

实现技巧 1　多步提问确定产品名称

提示词

> 你是资深的文案人员，为智能手环产品起十个名称，并简要阐述其寓意。

生成结果

生成结果如图 7-24 所示。

好的，以下是十个智能手环产品名称及其寓意：

1. 心动环（HeartBeat Band）

寓意：象征着手环可以实时监测心率，帮助用户时刻关注心跳健康。

2. 活力环（Vitality Band）

寓意：体现手环能量满满，适合运动和健康管理，激发用户的活力。

3. 智护环（SmartGuard Band）

寓意：强调手环的智能监测功能，像守护者一样保护用户的健康。

4. 悠然环（Serenity Band）

寓意：传递手环带来的健康与宁静，帮助用户管理压力和睡眠。

5. 跃动环（Pulse Band）

寓意：象征手环的动态监测功能，捕捉用户的每一次运动和心跳。

6. 健行环（FitWalk Band）

寓意：适合热爱步行和健身的用户，帮助记录步数和运动轨迹。

7. 安康环（Wellness Band）

寓意：综合健康管理，提供全面的健康数据和建议，提升用户的生活质量。

8. 灵动环（Flexi Band）

寓意：强调手环的灵活性和多功能性，适应各种运动和生活场景。

9. 智享环（SmartLife Band）

寓意：智能生活的象征，手环不仅关注健康，还提供便捷的生活服务。

10. 悦动环（JoyFit Band）

寓意：让运动和健康管理变得愉快，激励用户享受运动带来的乐趣。

图 7-24　取名生成结果

如果对人工智能生成的名称不太满意，可以通过调整提示词获得更好的结果。例如，如果想要一个更高端、更专业的名称，可以让人工智能去掉“手环”“带”等文字，转而生成一些更高级的名称。

提示词

我想要名称更加简洁和高大上一些。不要“手环”“带”之类的。可以参考热门智能手环的取名方式。另外寓意解释更加吸人眼球。

生成结果

生成结果如图 7-25 所示。

明白了，根据您的要求，我为您准备了以下简洁、高端且易于记忆的智能手环名称，同时提供了吸引人的寓意解释：

1. Luminos

寓意：代表着光明与智慧，象征着产品能够像明灯一样，指引用户走向更健康、更明亮的生活。

2. Verve

寓意：意味着热情与活力，传递出用户对生活的热爱和对健康活力的追求。

3. Epic

寓意：代表着传奇与宏伟，暗示着佩戴者的生活和成就将因这款产品而变得更加非凡。

图 7-25　优化后的名称生成结果

4. Oasis

寓意：象征着宁静与安慰，在快节奏的生活中为用户提供一片宁静的心灵绿洲。

5. Elysium

寓意：代表着身心臻境，寓意着产品带来的不仅是健康监测，更是极致的生活享受。

6. Zenith

寓意：意味着顶点，象征着用户将达到健康和生活质量的顶峰。

7. Nimbus

寓意：代表着云彩，象征着产品的轻盈和用户佩戴时的无感体验，如云端漫步。

8. Aria

寓意：代表着纯净的旋律，传递出产品带来的健康节奏和生活的和谐之美。

9. Eon

寓意：代表着永恒，意味着产品的持久陪伴和对用户健康的持续关怀。

10. Lucent

寓意：意味着光亮，象征着产品能够照亮用户的健康之路，让生活更加璀璨。

这些名称都具有国际感和现代感，易于在不同文化和市场中传播，同时寓意深刻，能够吸引目标用户群体的注意。

图 7-25　优化后的名称生成结果（续）

实现技巧 2　限定风格生成商品介绍

一个吸引人的产品介绍不仅要准确传达产品的特点，还要能够激发顾客的购买欲望。

可以根据不同的主题，为每个产品款式生成独特的介绍。例如，对于刚才提到的智能手环，人工智能可以为 Luminos 和 Elysium 两个主题分别生成相应的产品介绍，帮助我们更好地展示每个款式的特点。

提示词

按照电商平台的商品介绍方式，现在我要选取“Luminos”和“Elysium”两个主题，请帮我生成对应的商品介绍。

生成结果

人工智能按照国内电商平台的介绍方式，给出不同主题的产品介绍，如图 7-26 所示。

当然，以下是根据您选择的“Luminos”和“Elysium”两个主题生成的商品介绍：

Luminos 智能健康伴侣 —— 照亮您的健康之路

探索光明之道，Luminos 与您同行。

Luminos 不仅仅是一款智能手环，它是您健康生活的光之向导。采用最先进的生物传感器技术，Luminos 能够全天候监测您的心率、血氧饱和度和睡眠质量，确保您的每一次心跳都充满力量和活力。

核心特性：

- 心率监测：实时追踪，让您随时掌握心脏健康状况。
- 血氧检测：随时了解血液中的氧气含量，为您的健康保驾护航。
- 睡眠分析：深度分析您的睡眠质量，提供个性化的睡眠改善建议。
- 运动追踪：记录步数、距离和卡路里消耗，让您的运动更加科学有效。
- 智能提醒：来电、消息提醒，不错过任何重要信息。
- 时尚设计：轻薄时尚的外观，多种表带选择，轻松搭配各种场合。

图 7-26　商品介绍提示词生成结果

Luminos，您的健康之光，让生活更加明亮。立即选购，开启您的健康之旅。

Elysium 智能生活管家 —— 享受极致生活体验

进入 Elysium，开启您的身心臻境。

Elysium 智能手环，是一款专为追求极致生活体验的用户设计的高端智能穿戴设备。它不仅拥有优雅的外观设计，更集成了多种健康监测和生活辅助功能，让您的生活更加精致和便捷。

核心特性：

- 全面健康监测：心率、血压、血氧和睡眠监测，全方位守护您的健康。
- 运动模式：支持多种运动模式，无论您是跑步、游泳还是瑜伽，Elysium 都能提供专业的数据记录和分析。
- 高级压力管理：内置压力监测，帮助您更好地管理日常压力，保持心态平和。
- 智能通知：实时同步手机通知，让您不错过任何重要信息。
- 长效电池续航：一次充电，长时间使用，减少频繁充电的烦恼。
- 时尚外观：采用高品质材料，设计简约而不失奢华，是您腕间的时尚声明。
- Elysium，您的智能生活管家，让您的生活每一天都如同置身于身心臻境。立即选购，享受非凡生活。

图 7-26　商品介绍提示词生成结果（续）

实现技巧 3　设定情景制作爆款文案

生成商品介绍之后，我们可以进一步为这款智能手环制作一份吸引人的新品推荐文案。文案需要精心构思，既要突出产品的特点，又要激发消费者的购买欲望。我们将利用小红书爆款文案写手的技巧，制作一份能够吸引顾客的文案。

提示词

你是小红书爆款文案写手，擅长利用文案吸引顾客。现在继续为这款“Luminos 智能健康伴侣 —— 照亮您的健康之路。探索光明之道，Luminos 与您同行。”的智能手环新品制作一份新品推荐文案，用于产品详情介绍页面。你有充足的时间思考，请深思熟虑后输出文案。

通过“小红书爆款生成器”人工智能生成的文案，清晰地传达了产品的卖点与优势，让消费者能够获取到新品的关键信息，激发购买欲望，如图 7-27 所示。

生成结果

标题：【宝藏手环】Luminos 智能健康伴侣，点亮你的健康生活！🌟

正文：家人们，今天要给大家推荐的不是一般的手环，而是我们健康生活的小助手—— Luminos 智能健康伴侣！👏

🩺【智能监测】Luminos 不仅仅是一款手环，它能够全天候监测你的心率、血氧，甚至是睡眠质量，让你对自己的健康状况了如指掌。

🏃【运动伴侣】无论是跑步、瑜伽还是健身，Luminos 都能记录你的运动数据，让你的运动更加科学有效。

🛌【睡眠守护】晚上戴着它，Luminos 会监测你的睡眠质量，帮你分析睡眠周期，让你每天都能精神满满地迎接新的挑战。

📱【生活助手】消息提醒、来电显示，Luminos 都能帮你搞定，让你不错过任何重要信息。

💥【时尚外观】简约时尚的设计，无论是工作还是休闲，Luminos 都能成为你腕间的一道亮丽风景。

图 7-27　小红书爆款文案生成结果

Luminos 智能健康伴侣，不仅是你的健康小助手，更是你生活中的时尚单品。让我们一起探索健康生活的光明之途，Luminos 与你同行！

📷【宣传建议】：展示 Luminos 智能手环的高清图片，背景可以是简洁的白色或者温馨的家居环境，突出手环的时尚外观和科技感。图片中可以展示手环的不同功能界面，如心率监测、睡眠分析等，以展示其强大的功能。

标签：#Luminos 智能手环 # 健康生活 # 智能监测 # 运动伴侣 # 睡眠守护 # 生活助手 # 时尚科技 # 健康守护神

图 7-27　小红书爆款文案生成结果（续）

视　频

制作产品海报

步骤 4　制作产品海报

在电商领域，营销海报是吸引顾客、传递产品信息的重要工具。可以使用“创客贴”平台生成电商竖屏海报。输入营销主题和文案，“创客贴”会提供不同的设计选项，根据产品特性和营销目标选择最合适的设计，如图 7-28 所示。

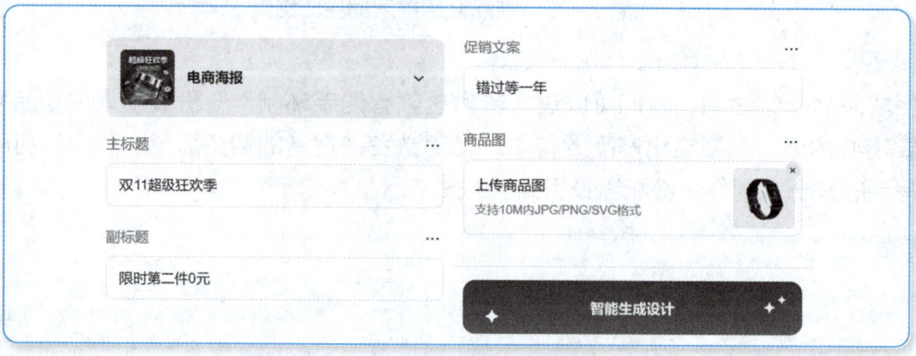

图 7-28　人工智能进行制海报设计

实现技巧 1　设定主题生成文案

我们只需要提供一些基本的产品信息和营销目标，人工智能就能够生成符合当前市场趋势的营销主题和吸引人的文案。

提示词

你是一名资深电商运营专员，现在需要给“Luminos 智能手环”生成营销方案，以便更好地制作营销海报，请帮我按照以下模板生成 10 个营销方案：主题可以是双十一狂欢购物节、618 购物节、百亿补贴等，帮我生成合适的文案。

人工智能提供不同的营销主题和促销文案，如图 7-29 所示。

生成结果

1. 主标题：双十一狂欢盛典
副标题：Luminos 与你共闪耀
促销文案：“秒抢好货，狂欢到底！”
2. 主标题：618 年中盛典
副标题：Luminos 精选好货等你抢

图 7-29　营销方案生成结果

促销文案：“年中大促，错过等半年！”
3. 主标题：百亿补贴来袭
副标题：Luminos让你省心购
促销文案：“补贴不停，省钱到底！”
4. 主标题：双十二年末盛典
副标题：Luminos与你共度狂欢
促销文案：“年末盛典，好货不断！”
5. 主标题：黑五全球购物节
副标题：Luminos带你领略全球好货
促销文案：“黑五狂欢，全球好货！”
6. 主标题：情人节专属宠爱
副标题：Luminos为你的美丽加分
促销文案：“爱人专属，宠爱无限！”
7. 主标题：七夕情人节
副标题：Luminos为你精选爱的礼物
促销文案：“七夕有礼，爱在Luminos！”
8. 主标题：中秋团圆节
副标题：Luminos为你送上家的温暖
促销文案：“中秋团圆，温暖有礼！”
9. 主标题：圣诞狂欢夜
副标题：Luminos带你进入惊喜世界
促销文案：“圣诞狂欢，惊喜连连！”
10. 主标题：新年新气象
副标题：Luminos与你共迎新年
促销文案：“新年新气象，好礼不断！”

图7-29　营销方案生成结果（续）

实现技巧2　根据文案生成海报

输入上述的主题、文案以及产品图到创客贴，即可快速生成大量竖屏营销海报，如图7-30所示。

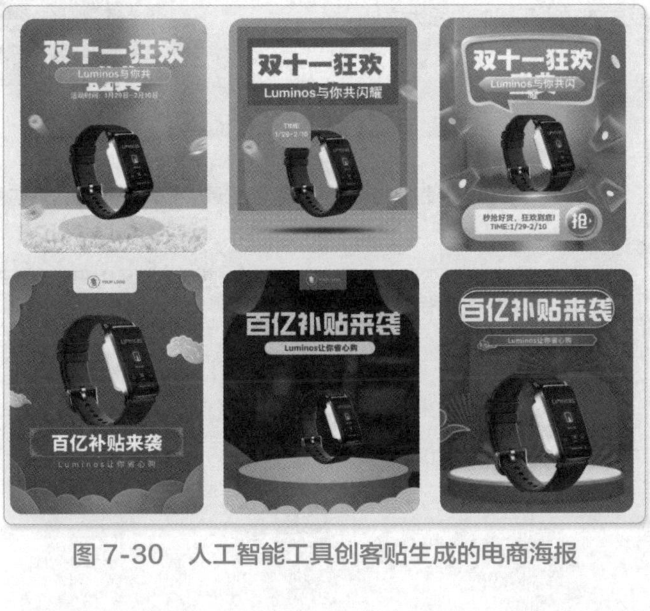

图7-30　人工智能工具创客贴生成的电商海报

人工智能生成的营销海报可以应用于多个平台，包括小红书、哔哩哔哩、微信公众号等。这意味着我们可以根据不同平台的广告风格和用户偏好，生成定制化的营销海报。

按照类似的方法，也可以将智能台灯、智能门锁、智能音频设备的产品图，产品文案以及产品海报都设计出来。

任务小结

本任务通过生成式人工智能工具，完成了智能穿戴等产品的设计图及宣传材料制作，实现创意到落地的整合，覆盖研发、生产、营销全流程。

任务分四步实施：

产品创意分析：基于“产品定位”“消费人群”等要素，使用 DeepSeek 生成智能手环等产品的创意亮点及定价策略，限定提示词精准输出结果。

设计产品图：利用“即梦 AI”参考图功能生成科技感效果图，通过优化提示词和 DeepSeek-R1 工具迭代优化细节，并借助创客贴制作含优惠信息的主图。

创作产品文案：通过多轮提示词调整生成产品名称，结合不同主题撰写商品介绍，并模仿小红书风格生成爆款营销文案。

制作产品海报：输入主题及文案至创客贴，批量生成适配多平台的竖屏海报，强化产品科技感与促销信息。

过程中不仅掌握了 AI 工具的实操技巧，更培养了以技术驱动电商创新的核心能力，为后续产品落地提供了可复用的方法论。

任务拓展

请完成任务拓展，如图 7-31 所示。

视频

任务拓展

题目描述

将喜欢的产品按照本任务的教学，生成精美的产品图、合适的文案，感受生成式人工智能的强大之处。

具体任务

1.产品创意分析	任务	使用生成式人工智能工具分析产品核心卖点与目标受众需求。
	要求	需明确产品独特功能、使用场景及用户痛点，确保创意方向符合市场需求。

图 7-31　任务拓展

2.创作产品文案	任务	通过生成式人工智能工具生成10条以上不同风格的文案初稿。
	要求	文案需精准传递步骤一提炼的卖点，语言简洁且有记忆点。需人工筛选并优化3条最佳文案，确保符合品牌调性（如年轻化/高端化）并适配不同传播渠道（如社交媒体、电商页面）。
3.制作产品海报	任务	用即梦AI生成4~6版产品主视觉海报。
	要求	图像需结合步骤一的创意关键词与步骤二的选定文案，突出产品使用场景。

图 7-31　任务拓展（续）

巩固与提高

1. 小明利用生成式人工智能工具完成产品设计图时第一步是（　　）。（单选题）

   A. 创作产品文案　　B. 设计产品图

   C. 产品创意分析　　D. 制作产品海报

2. 以下工具被用于生成科技感强的产品效果图的是（　　）。（单选题）

   A. DeepSeek　　B. 即梦 AI

   C. 创客贴　　D. 爱图表

3. 以下是制作产品海报主要平台的是（　　）。（单选题）

   A. 即梦 AI　　B. DeepSeek

   C. 创客贴　　D. 爱图表

4. 假设你要为一款智能音箱设计产品图，请设计一个提示词。（主观题）

任务 7.3　生成式人工智能助力品牌建设

学习目标

- 掌握生成式人工智能在品牌命名中的应用，理解如何生成富有创意的品牌名称。
- 学习如何利用生成式人工智能创作品牌标语，提升品牌在顾客心中的共鸣度。
- 掌握如何使用生成式人工智能进行品牌 Logo 的设计，建立独特的视觉形象。
- 熟悉生成式人工智能如何帮助品牌构建 IP 形象，增强品牌的亲和力和故事性。
- 培养利用生成式人工智能创新品牌建设的能力，提升品牌竞争力和市场影响力。

任务描述

在先前的课程中，小明已经为智能手环 Luminos 完成了一系列的视觉设计工作。接下来，将进入品牌建设的环节。一个成功的品牌需要具有吸引力的名称、富有创意的广告词（Slogan）以及独特且易于识别的Logo等元素。这些元素共同构成了品牌的外在形象，对于吸引顾客和建立品牌忠诚度至关重要。下面，小明将利用生成式人工智能工具来设计这些品牌元素，如图7-32所示。

视频
任务描述与分析

图7-32　利用人工智能工具进行品牌建设

任务分析

本任务将探索生成式人工智能如何助力品牌建设。学习使用人工智能工具构建品牌形象，打造独特的品牌调性，使品牌具备更强的市场辨识度和用户黏性。任务可分四步实现：品牌命名→创作Slogan→设计Logo→制作IP形象，如图7-33所示。

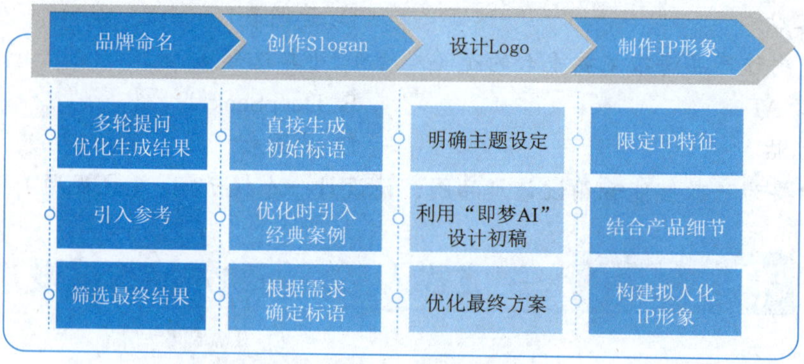

图7-33　任务流程图

品牌命名：通过多轮提问优化生成结果，生成简洁易记、体现科技与用户体验的品牌名称。

创作Slogan：设计传达品牌核心价值、引发情感共鸣的标语，优化时引入经典案例，强化标语创意性。

设计Logo：以Joy Tech为核心，结合品牌关键词，通过AI生成初步方案，再优化色彩、字体及图形元素。创建简洁易识别、体现科技与时尚感的视觉符号。

制作IP形象：通过提示词限定IP的拟人化特征，结合品牌产品设计细节。构建亲和力强、具有品牌特色的拟人化IP形象。

任务实施

步骤 1　品牌命名

视 频

品牌命名

首先，需要对品牌进行命名，在之后的 Slogan、Logo 以及 IP 形象设计时，品牌名称将作为核心元素，贯穿整个品牌形象，确保所有设计统一而连贯地传达品牌理念和定位。

品牌名称是品牌的第一印象，它需要简单好记，同时能够体现产品特色和品牌理念。以智能电子产品店为定位，寻找一个既贴近品牌理念，又能令人眼前一亮的品牌名称。

为了激发创意，可以通过输入提示词来获取人工智能的建议。生成一些富有创意的店铺名称。

实现技巧 1　多轮提问

提示词

> 我打算开一家主营智能手环的智能电子产品电商店铺，请帮我想一些品牌名称。

生成结果

生成结果如图 7-34 所示。

> 开设智能电子产品电商店铺是一个很好的想法，品牌名称是品牌形象的重要组成部分，需要既独特又易于记忆。以下是一些建议的品牌名称，你可以根据自己产品的特点和市场定位选择以下名称。
>
> 1. 智环先锋（SmartBand Pioneer）
> 2. 环宇智联（UniBand AI）
> 3. 灵动科技（Agile Tech）
> 4. 腕间未来（WristFuture）
> 5. 智脉手环（SmartPulse Band）
> 6. 环智生活（SmartLife Band）
> 7. 智环领航（SmartBand Navigator）
> 8. 环界科技（LoopTech）
> 9. 智环动力（SmartBand Power）
> 10. 环智时代（SmartBand Era）
> 11. 智环探索（SmartBand Quest）
> 12. 环智轨迹（LoopTrack）
> 13. 智环领域（SmartBand Realm）
> 14. 环智先锋（LoopPioneer）
> 15. 智环视界（SmartBand Horizon）

图 7-34　品牌名称生成结果

我们发现生成的名称太过普通，可以参考市面上的一些知名品牌的名称，提供示例。

提示词

> 这些名字太过普通，请参考当前市面上的一些知名品牌的品牌名称，如华为、小米等，对我的品牌进行命名。

生成结果

生成结果如图 7-35 所示。

根据您的要求，参考市面上一些知名品牌如华为、小米等品牌的命名方式，以下是一些为您的智能手环电商店铺提出的品牌命名建议：

1. 智瑞环宇（Z-Rui Cosmos）

结合“智能”与“瑞”（吉祥）的概念，以及宇宙的广阔，传达出品牌科技与吉祥并存的愿景。

2. 未来脉动（Future Pulse）

“未来”代表着前瞻性和科技感，“脉动”则与健康、生命息息相关，适合智能手环这一健康监测产品。

3. 极智链（Polar SmartLink）

“极智”代表极致智能，“链”则暗示连接和生态链的概念，适合强调智能互联的品牌。

4. 华悦科技（Hua Yue Tech）

“华”字取自华为，代表中华，同时“悦”字给人以愉悦、满意的联想，适合科技产品。

5. 天际智环（Sky Wisdom Band）

“天际”代表高远，“智慧”强调智能属性，“环”直接指向产品形态，整体传达出高端智能产品的品牌形象。

6. 微米动力（MicroMi Dynamics）

“微米”暗示产品的小巧精致，“动力”则与活力、能量相关联，适合强调便携与能量的品牌。

7. 蓝图智造（Blueprint Intelligence）

“蓝图”代表规划和设计，“智造”强调智能制造，适合科技与设计并重的品牌。

8. 灵犀一点（LingxinSight）

“灵犀”取其灵敏、相通之意，“一点”则暗示产品的便捷性和易用性，适合强调用户体验的品牌。

9. 智绘生活（Smart Life Art）

“智绘”结合智能与绘画，代表智能科技为生活添彩，“生活”则直接指向产品的应用领域。

10. 创维纪元（InnovView Era）

“创维”代表创新和维度，“纪元”暗示新的时代，适合强调创新和时代前沿的品牌。

图 7-35　品牌名称优化结果

品牌名称太过冗长，我们需要让人工智能生成更加简洁易记的商品名称。

提示词

请简化这些名称，使其变得更加简洁易记，注意不要与市面上的品牌重名。

生成结果

生成结果如图 7-36 所示。

当然，简洁易记的品牌名称有助于品牌记忆和传播。以下是一些简化后的品牌名称建议：

1. 智环（Z-Band）

• 简洁直接，强调智能手环产品。

2. 脉动（PulseOn）

• 强调健康监测和活力。

3. 极智（PolarSmart）

• 强调极致智能。

图 7-36　简化后的生成结果

4. 悦科（JoyTech）
- 结合愉悦和科技。

5. 天智（SkySmart）
- 强调高端智能。

6. 微力（MicroPower）
- 强调便携和能量。

7. 蓝智（BlueprintSmart）
- 强调智能设计。

8. 灵点（LingDot）
- 强调灵敏和便捷。

9. 智绘（SmartArt）
- 强调智能科技与艺术生活的结合。

10. 创维（InnovView）
- 强调创新视角。

图 7-36　简化后的生成结果（续）

经过一番思考，我们选定了“悦科”作为品牌命名。这个名称代表我们是一个注重用户体验，专注于智能电子产品的品牌，且简洁明了，易于记忆。

步骤 2　创作 Slogan

接下来，围绕选定的品牌名称，设计一个与之相匹配的 Slogan。Slogan 是品牌口号，它需要简洁有力，能够迅速传达品牌的核心价值。下面为“悦科”设计一个 Slogan，让顾客一听就能记住我们，并且感受到我们产品的独特之处。

视　频

创作Slogan

实现技巧 1　提供参考

为了设计 Slogan，同样可以利用人工智能。我们可以输入提示词，比如“请为‘悦科’品牌想一个 Slogan”。

提示词

请为“悦科”品牌构思一个 Slogan。

生成结果

生成结果如图 7-37 所示。

为“悦科”品牌构思一个 Slogan，需要考虑到品牌的核心价值和产品特性。以下是一些建议：

1. 悦科，科技悦享生活。

强调科技给生活带来的愉悦体验。

2. 悦科，智慧生活的起点。

突出品牌作为智能生活方式的开端。

3. 悦科，让科技更有温度。

传达科技产品也能带来温馨和关怀。

4. 悦科，智能触手可及。

强调产品的便捷性和易用性。

图 7-37　Slogan 生成结果

5. 悦科，创新引领未来。
突出品牌的创新精神和前瞻性。
6. 悦科，科技与您同行。
强调品牌与消费者之间的紧密联系。
7. 悦科，智能生活，悦享每一刻。
强调享受智能生活的每一刻。
8. 悦科，让科技更懂你。
突出产品的个性化和用户友好性。
9. 悦科，智慧生活，悦然心动。
结合智慧和情感，强调产品的吸引力。
10. 悦科，科技之美，悦享人生。
强调科技与美好生活的结合。

图 7-37　Slogan 生成结果（续）

人工智能为我们生成了 10 个相关的 Slogan。但还是感觉有些不太满意。此时可以参考市面上一些经典的 Slogan 继续优化提示词。

提示词

请为“悦科”品牌构思一个 Slogan。可参考市面上相关的经典案例。
例如：
苹果：非同凡“想”
华为：以行践言
小米：为发烧而生
耐克：只管去做
阿迪达斯：没有不可能
安踏：永不止步

生成结果

生成结果如图 7-38 所示。

结合“悦科”品牌的特点和市面上的经典案例，以下是一些 Slogan 的建议：
1. 悦科：科技悦动生活。（Tech for a Joyful Life.）
• 强调科技与生活的和谐融合，带来愉悦的体验。
2. 悦科：创新，悦无止境。（Innovation，Joy Unbounded.）
• 突出品牌对创新的不懈追求和对愉悦体验的承诺。
3. 悦科：智享未来，悦在其中。（Smart Future，Joy in It.）
• 传达品牌致力于智能科技，让未来生活更加愉悦。
4. 悦科：悦见科技，科创生活。（Joy in Tech，Life in Innovation.）
• 强调科技与生活的结合，以及品牌在科技创新中的核心地位。
5. 悦科：悦启未来，科技同行。（Joyful Start，Tech Companion.）
• 强调品牌与消费者一起开启未来，科技是同行的伙伴。
6. 悦科：悦享科技，科创非凡。（Joyful Tech，Extraordinary Innovation.）
• 突出品牌在科技领域的非凡创新和愉悦的用户体验。

图 7-38　Slogan 优化后的生成结果

7. 悦科：悦动科技，科创未来。（Joyful Tech，Creating the Future.）
- 强调品牌在科技创新中的活力和对未来的贡献。

8. 悦科：悦享科技，科创生活。（Joyful Tech，Life in Innovation.）
- 强调科技带来的愉悦体验已融入日常，创新正悄然重塑生活本身。

9. 悦科：悦启智慧，科创未来。（Joyful Wisdom，Tech Future.）
- 突出品牌在智慧科技领域的创新和对未来的贡献。

10. 悦科：悦享科技，科创精彩。（Joyful Tech，Brilliant Innovation.）
- 强调品牌在科技创新中带来的精彩体验。

选择 Slogan 时，需要考虑品牌的核心价值、目标市场以及品牌想要传达的核心信息。希望这些建议能够为“悦科”品牌提供一个灵感的起点。

图 7-38　Slogan 优化后的生成结果（续）

经过筛选，我们选择了“悦科：创新，悦无止境。”（Innovation，Joy Unbounded）作为“悦科”的 Slogan。这个 Slogan 不仅简洁直观，而且很好地传达了我们产品的特性。整体 Slogan 传递出一种突出品牌对创新的不懈追求和对愉悦体验的承诺，有助于在用户心中建立良好的品牌印象和信任感。

步骤 3　设计 Logo

视频　设计Logo

现在，我们已经为“悦科”选定了品牌名称和 Slogan，接下来的任务是设计一个与之相匹配的 Logo。Logo 作为品牌的核心视觉符号，需要做到简洁易记，同时体现出品牌的核心价值，能够在激烈的市场竞争中脱颖而出。在设计 Logo 之前，我们首先要梳理出品牌的关键信息和设计方向。

实现技巧 1　设定主题

为了设计出符合“悦科”品牌定位的 Logo，我们需要考虑品牌名称、品牌定位、目标消费人群以及品牌想要传达的感觉。我们将使用英文 joy tech 作为 Logo 的一部分，并围绕电子产品、科技、中端、时尚等关键词进行设计。

为了高效获得创意方案，我们可以利用人工智能工具为“悦科”生成初步的 Logo 设计草图。通过我们确定的思路设计提示词，引导人工智能设计出符合我们要求的 Logo 方案。

提示词

你是一位经验丰富的品牌形象设计专家，设计一个既体现“Joy tech”品牌名称，又能传达电子产品、科技、中端、时尚等关键词的 Logo，吸引目标消费人群，提升品牌识别度的 Logo 设计方案，Logo 设计应简洁、易识别。

生成结果

生成结果如图 7-39 所示。

设计一个 Logo 是一个创意和视觉传达的过程，需要考虑品牌的核心价值观和目标受众。以下是为“joy tech”品牌设计 Logo 的一些建议：

品牌核心价值和理念
- 愉悦（Joy）：传达使用科技产品带来的快乐和满足感。
- 科技（Tech）：强调产品的高科技特性和创新精神。

图 7-39　Logo 设计方案生成结果

设计元素

1. 色彩方案

◦ 主色调：蓝色和绿色。蓝色代表科技和信任，绿色代表活力和愉悦。

◦ 辅助色调：白色或灰色，用于背景或文字，以增加对比度和清晰度。

2. 字体选择

◦ 中文字体：选择现代感强、线条流畅的无衬线字体，如“汉仪旗黑”或“思源黑体”。

◦ 英文字体：选择简洁、现代的无衬线字体，如“Helvetica Neue”或“Arial”。

3. 图形元素

◦ 核心图形：结合“J”（Joy的首字母）和“T”（Tech的首字母），创造一个简洁而富有科技感的图形。

◦ 科技元素：在图形中融入科技元素，如电路板线条、数据流、连接点等，以体现科技感。

4. 布局

◦ 中心布局：将结合“J”和“T”的图形置于Logo的中心位置，周围环绕“Joy Tech”文字。

◦ 对称设计：保持Logo的对称性，以增强视觉平衡感。

图 7-39　Logo设计方案生成结果（续）

实现技巧 2　创意生成

使用“即梦 AI”文生图工具来实现。

在前面的方案基础上，将提示词提供给即梦 AI。

提示词

为“joytech”品牌设计一个Logo：

品牌核心价值和理念愉悦（Joy）：传达使用科技产品带来的快乐和满足感。科技（Tech）：强调产品的高科技特性和创新精神。

设计元素

1. 色彩方案

主色调：蓝色和绿色。蓝色代表科技和信任，绿色代表活力和愉悦。辅助色调：白色或灰色，用于背景或文字，以增加对比度和清晰度。

2. 字体选择

英文字体：选择简洁、现代的无衬线字体，如“Helvetica Neue”或“Arial”。

3. 图形元素

核心图形：结合“J”（Joy的首字母）和“T”（Tech的首字母），创造一个简洁而富有科技感的图形。

科技元素：在图形中融入科技元素，如电路板线条、数据流、连接点等，以体现科技感。

4. 布局

中心布局：将结合“J”和“T”的图形置于Logo的中心位置，周围环绕“Joy Tech”文字。对称设计：保持Logo的对称性，以增强视觉平衡感。

“即梦 AI”进行Logo设计参考提示词界面如图 7-40 所示。

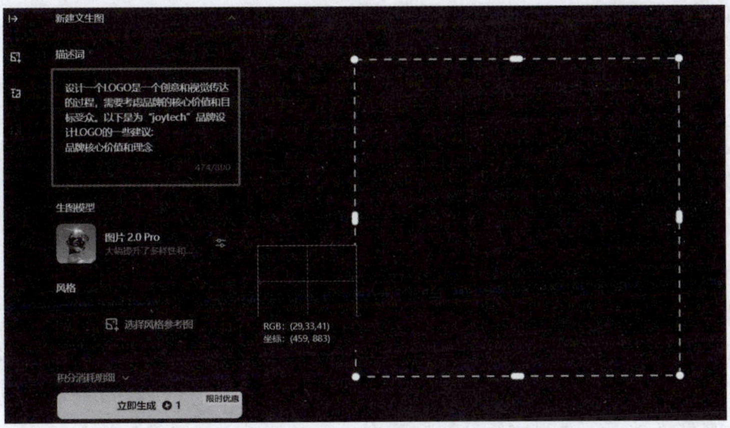

图 7-40　“即梦 AI”进行 Logo 设计参考提示词

从而绘制出一个 Logo 草图。这个草图将作为 Logo 设计的起点，可以在此基础上进行调整和完善，如图 7-41 所示。

图 7-41　“即梦 AI”设计的 Logo

有了 Logo 设计草图后，可以进一步考虑如何将这个 Logo 应用到实际的品牌推广中。Logo 不仅要在视觉上吸引人，还要能够在不同的媒介和场合中保持辨识度，以便消费者能够快速识别并联想到品牌。

步骤 4　制作 IP 形象

除了 Logo 外，一个能够代表品牌特色的卡通 IP 形象也能为品牌注入更多活力，拉近与顾客的距离，帮助顾客更好地记住我们的品牌。一个成功的 IP 形象不仅要在外观上具有亲和力，还应具备鲜明的性格特点和故事背景，这样才能更好地与顾客建立情感联系。

交互H5

制作IP形象

实现技巧 1　条件限定

为了有效生成设计 IP 形象，可以使用以下提示词，利用人工智能生成初步的 IP 形象设计方案。

提示词

你是一位资深的品牌形象设计师，请设计一个既符合“悦科”品牌特色，又能与顾客建立情感联系的卡通 IP 视觉方案，设计形象时应该注意拟人化，并使 IP 形象具有辨识度和亲和力。

生成结果

生成结果如图 7-42 所示。

作为一位资深的品牌形象设计师，我会根据您提供的品牌特色和要求，设计一个既符合“悦科”品牌特色，又能与顾客建立情感联系的卡通 IP 视觉方案。以下是我的设计思路和描述：

品牌特色分析

- 悦科：主营智能手环和蓝牙耳机，注重科技感和环保。
- 色彩：明亮、活泼的蓝色和绿色，代表科技和环保。

图 7-42　卡通 IP 形象设计生成结果

- 形状：圆润、流畅的线条，给人以舒适和愉悦的感觉。
- 特征：结合智能手环、蓝牙耳机和智能门锁的特点，设计具有科技感的细节。

设计理念

- 拟人化：使 IP 形象具有人类特征，易于顾客产生情感共鸣。
- 辨识度：独特的设计元素，使形象在众多品牌中脱颖而出。
- 亲和力：友好的表情和姿态，让顾客感到亲近和信任。

IP 形象设计描述

1. 形象名称
- 悦宝：寓意着科技与快乐的结合，易于记忆和传播。

2. 基本形象
- 头部：圆润的头部，类似于智能手环的轮廓，顶部有类似耳机的弧形设计，代表蓝牙耳机。
- 面部：大而明亮的眼睛，代表好奇心和探索精神；微笑的嘴巴，传递友好和积极的态度。
- 身体：流畅的身体线条，类似于智能门锁的流线型设计，体现科技感。
- 四肢：灵活的四肢，可以模拟人类的动作，增加互动性和亲和力。

3. 色彩方案
- 主色调：蓝色和绿色，分别代表科技和环保。
- 辅助色：白色和灰色，增加层次感和科技感。

4. 服饰与装饰
- 服饰：穿着带有品牌标志的 T 恤，颜色与主色调相呼应。
- 装饰：耳机作为装饰，可以是实体耳机，也可以是虚拟的光环，增加科技感。

5. 动态表现
- 动作：设计一系列动作，如跑步、跳舞、打招呼等，展现活力和友好。
- 表情：设计多种表情，如开心、惊讶、思考等，增加情感的丰富性。

6. 与顾客建立情感联系
- 故事背景：为悦宝创造一个背景故事，比如它是一个来自未来世界的智能助手，来到现实世界帮助人们更好地享受科技带来的便利。
- 互动活动：设计线上和线下的互动活动，如虚拟试戴耳机、智能手环体验等，让顾客与悦宝有更多的互动机会。

图 7-42　卡通 IP 形象设计生成结果（续）

实现技巧 2　创意生成

同样的，我们将人工智能生成的基本形象，色彩方案和服装服饰部分提供给“即梦 AI”平台的人工智能。可以得到人工智能生成的一系列的 IP 形象。

提示词

IP 形象设计描述

1. 形象名称

悦宝：寓意着科技与快乐的结合，易于记忆和传播。

2. 基本形象

头部：圆润的头部，类似于智能手环的轮廓，顶部有类似耳机的弧形设计，代表蓝牙耳机。

面部：大而明亮的眼睛，代表好奇心和探索精神，微笑的嘴巴，传递友好和积极的态度。

身体：流畅的身体线条，类似于智能门锁的流线型设计，体现科技感。

四肢：灵活的四肢，可以模拟人类的动作，增加互动性和亲和力。

3. 色彩方案

主色调：蓝色和绿色，分别代表科技和环保。

辅助色：白色和灰色，增加层次感和科技感。

4. 服饰与装饰

服饰：穿着带有品牌标志的 T 恤，颜色与主色调相呼应。

装饰：耳机作为装饰，可以是实体耳机，也可以是虚拟的光环，增加科技感。

5. 动态表现

动作：设计一系列动作，如跑步、跳舞、打招呼等，展现活力和友好。表情：设计多种表情，如开心、惊讶、思考等，增加情感的丰富性。

6. 与顾客建立情感联系

故事背景：为悦宝创造一个背景故事，比如它是一个来自未来世界的智能助手，来到现实世界帮助人们更好地享受科技带来的便利。

互动活动：设计线上和线下的互动活动，如虚拟试戴耳机、智能手环体验等，让顾客与悦宝有更多的互动机会。

生成结果

生成结果如图 7-43 所示。

最后选定的 IP 形象是一只拟人化的科技小机器人，设计采用了圆润流畅的线条，整体形象活泼亲和，与“悦科”品牌定位完美契合。IP 形象戴着耳机，拥有类似智能手环的科技细节，象征智能电子产品的特点，同时也增加了它的时尚感和未来感。

这个 IP 形象不仅在外观上体现了科技感，还通过可爱的表情与活泼的姿态拉近了与顾客的距离，增强了品牌的亲和力。它能够在不同的推广场景中使用，如，在网站、社交媒体、包装设计上，为品牌建立视觉识别度并与消费者建立情感联系。

图 7-43 “即梦 AI”设计的 IP 形象

任务小结

本次任务以生成式人工智能为核心工具，围绕智能手环品牌 Luminos 的品牌命名、Slogan 创作、Logo 设计及 IP 形象构建四大环节展开，系统化完成品牌建设全流程，旨在建立统一、创新且具有市场竞争力的品牌形象。

品牌命名：通过多轮提示词优化与对标知名品牌，最终选定“悦科”（Joy Tech），兼顾简洁性、科技感与用户体验理念。

Slogan 创作：基于经典案例启发，生成“创新，悦无止境”标语，以中英双语传递品牌对创新与愉悦体验的追求。

Logo 设计： 结合 joy tech 字母与科技元素，通过 AI 工具生成蓝绿主色调视觉符号，适配多场景应用。

IP 形象构建： 打造拟人化“悦宝”形象，融入产品特征与故事背景，强化品牌亲和力与情感共鸣。

任务通过生成式人工智能的高效协同，实现品牌元素从创意生成到专业落地的全链路设计。成果兼具统一性、辨识度与市场差异化，不仅为“悦科”建立了完整的视觉与理念体系，还通过科技感与情感化结合的策略，为后续品牌推广与用户黏性提升奠定基础。

任务拓展

视 频

任务拓展

请完成任务拓展，如图 7-44 所示。

题目描述

根据本任务学习的内容，为“悦科”品牌设计周边产品。可以围绕智能电子产品进行设计。

具体任务

1.设计智能手环表带	任务	设计适用于"悦科"智能手环的系列化表带产品。
	要求	需提供至少3种差异化风格，采用亲肤防汗材质，需兼容现有手环的磁吸快拆结构，色彩方案需与品牌VI系统保持一致。
2.设计智能手环包装	任务	开发智能手环及配件的整体包装方案。
	要求	采用环保可回收材料，结构需包含手环主体位、备用表带槽位及充电器收纳区，视觉设计需突出科技感与年轻化定位，外盒尺寸需符合物流运输标准。
3.设计智能手环收纳盒	任务	打造多功能手环便携收纳装置。
	要求	集成无线充电模块并支持紫外线消毒功能，采用防震防刮材质打造分格收纳空间，外观需延续手环的流线型设计语言，提供挂绳孔位增强便携性。

图 7-44　任务拓展

巩固与提高

1. 小明利用生成式人工智能工具进行品牌建设时，品牌建设的第一步是（　　）。（单选题）

A. 创作品牌 Slogan　　B. 设计品牌 Logo

C. 品牌命名　　D. 制作品牌 IP 形象

2. 生成品牌 Slogan 的关键技巧是（　　）。（单选题）

A. 提供品牌历史背景　　B. 引入经典案例进行优化

C. 使用复杂的词汇　　D. 限定文案长度

3. 你希望为品牌创作一个吸引人的 Slogan。设计一个提示词，让人工智能生成一份包含以下内容的 Slogan：①传达品牌核心价值；②引发情感共鸣；③结合经典案例优化创意。（主观题）

任务 7.4　生成式人工智能助力电商营销

学习目标

- 熟悉人工智能工具在顾客分析中的应用，学习如何使用人工智能进行问卷调查和数据分析。
- 掌握使用人工智能工具进行营销活动策划、营销计划生成和可行性检验。
- 熟悉利用人工智能工具进行电商广告投放的具体使用方法。
- 能够借助人工智能进行 KOL 遴选；能够撰写宣传文案。
- 培养对人工智能技术在营销领域应用的敏感度和创新思维。
- 了解人工智能在电商设计和营销中的应用，熟悉人工智能工具的基本操作，了解人工智能技术在提升电商营销效率中的作用。
- 能够使用人工智能工具生成和优化 SEO 关键词。
- 培养创新思维和解决问题的能力，提高对新兴技术的认识和适应能力。

任务描述

在前面的任务中，小明已经完成了生成式人工智能在品牌建设中的应用，有了属于自己的店铺品牌名称“悦科”，还设计出了 Slogan 和 Logo 以及呆萌的 IP 形象。接下来小明继续利用生成式人工智能工具，进行营销活动的策划，如图 7-45 所示。

视频
任务描述与分析

图 7-45　利用生成式人工智能助力电商营销

任务分析

本任务以电商店铺“悦科”为案例，利用生成式人工智能工具完成从顾客分析到营销落地的全流程策划。通过“顾客分析→营销活动策划→广告投放”三个步骤，通过生成式人工智能工具实现数据驱动的高效决策，提升营销策略的科学性与创新性，如图 7-46 所示。

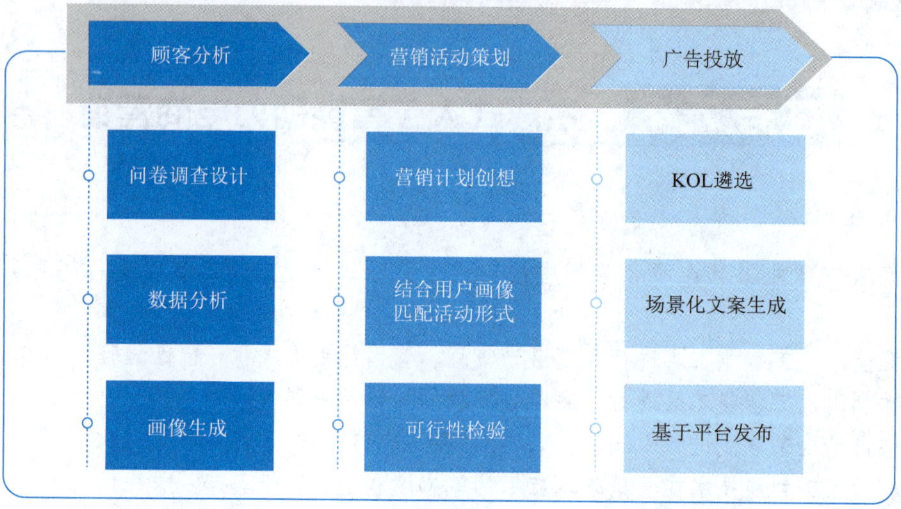

图 7-46　任务流程图

任务具体实现步骤如下：

顾客分析：通过生成式人工智能工具完成目标人群需求洞察，优化问卷逻辑，增加多选题型，生成多维用户画像，支撑精准营销。

营销活动策划：基于用户画像生成创意方案，匹配活动形式，并通过人工智能工具生成营销物料。

广告投放：通过人工智能实现推广内容与渠道的最优匹配，替代人工爬取数据，动态评估合作价值，针对不同平台特征生成差异化内容，提升转化率。

任务实施

实现任务实施步骤可以扫描二维码查看视频或文档。

文档　任务实施

视频　步骤1顾客分析

视频　步骤2营销活动策划

视频　步骤3广告投放

任务小结

本次任务以“悦科”电商店铺为实践对象，系统探索了生成式人工智能在电商营销全链路中的创新应用，展现了人工智能技术从数据洞察到创意落地的全流程赋能价值。

数据驱动顾客画像构建：通过人工智能设计问卷调研框架，分析数据提炼大学生群体的核心特征，精准定位用户需求，为营销策略提供科学依据。

智能化营销策划与落地：人工智能生成开业倒计时挑战、直播盛典等创意活动方案，并完成配套执行要素设计，通过“技术 + 场景”融合验证方案可行性，降低试错成本。

精准广告投放增效：基于 KOL 粉丝画像匹配算法筛选科技类博主，结合小红书、电商平台特性生成场景化宣传文案，实现跨平台内容精准触达。

未来，随着多模态 AI 技术发展，电商营销将进一步向“智能决策 + 个性化体验”演进，为品牌长效增长提供持续动能。

任务拓展

请完成任务拓展，如图 7-47 所示。

视　频

任务拓展

题目描述

有一场电商营销活动，需要你使用生成式人工智能工具为一款智能音箱设计营销计划和活动宣传文案。

具体任务

1.顾客分析	任务	使用生成式人工智能工具生成调查问卷。
	要求	确保问卷内容精准，覆盖用户年龄、消费习惯、使用场景等核心维度。
2.营销活动策划	任务	针对产品制定一系列创新、有趣且有效的营销推广策略。
	要求	策略需包含限时折扣等具体活动形式，明确抖音、小红书等核心推广渠道；要求计划逻辑清晰，覆盖活动预热、执行全周期。
3.广告投放	任务	遴选与产品相匹配的优质关键意见领袖，生成不同平台宣传文案。
	要求	文案需突出智能音箱的音质、AI助手联动等核心卖点；风格需差异化，如社交媒体文案年轻化、电商页面突出技术参数，并附带用户评价引导语言。

图 7-47　任务拓展

巩固与提高

1. 小明利用生成式人工智能工具进行顾客分析时的关键步骤是（　　）。（单选题）

A. 设计问卷调查　　B. 制作广告海报

C. 选择 KOL 进行合作　　D. 制订营销活动计划

2. 营销活动策划中用于验证活动可行性的关键方法是（　　）（单选题）

A. 增加广告预算　　B. 利用人工智能生成活动执行要素

C. 扩大目标受众范围　　D. 增加促销活动的种类

3. 假设你要为智能健康设备设计一份顾客分析问卷。请设计一个提示词，让生成式人工智能工具生成一份包含以下内容的问卷：（主观题）

调研目的（如了解顾客需求）

问题类型（如单选、多选）

问题内容（如购买习惯、偏好）

任务 7.5　生成式人工智能助力抖音商城开店

学习目标

- 熟悉如何通过人工智能工具获得电商平台从策划到开店的全流程思路指南。
- 熟悉使用人工智能工具获得抖音商城前期策划阶段事项与流程，完成市场调研和店铺规划。
- 能够借助人工智能工具完成开店的准备工作，资质准备，入驻申请，缴纳保证金。
- 能够借助人工智能工具完成店铺搭建与装修工作。
- 能使用人工智能工具完成产品上架与管理操作。
- 熟悉如何使用人工智能工具进行抖音商城的营销推广活动。

任务描述

视频

任务描述与分析

在前面的任务中，小明已经掌握了电商店铺开店前期准备工作；完成了产品图设计、品牌建设以及电商营销的准备工作。接下来，小明需要借助人工智能工具开一家属于自己的抖音商城。他该怎么做呢？

小明决定利用生成式人工智能工具，将前面所学内容和所准备好的素材，融入开店的过程之中，最终通过人工智能的辅助完成开店准备，店铺装修，商品上架与管理，并进行营销推广，如图 7-48 所示。

图 7-48　利用生成式人工智能助力抖音商城开店

任务分析

本任务借助生成式人工智能工具，通过“抖音开店→店铺装修→营销推广”三个步骤，完成抖音商城开店全流程，如图 7-49 所示。

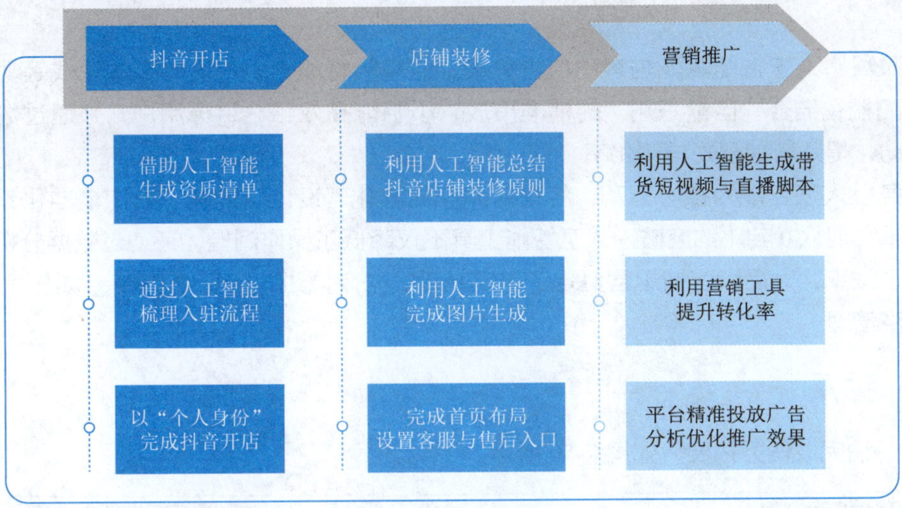

图 7-49　任务流程图

任务具体实现步骤如下：

抖音开店：借助人工智能生成资质清单，明确特殊类目要求。通过人工智能梳理入驻流程，以“个人身份”为例完成计算机端操作，确保资质文件清晰有效。

店铺装修：总结抖音店铺装修的四大原则，使用文生图工具生成轮播海报、商品分类页、活动页等，完成首页布局。

营销推广：利用人工智能工具生成带货短视频与直播脚本，结合“单品直降”“满减活动”等营销工具提升转化率。精准投放广告，设置目标受众、预算及 ROI，结合人工智能数据分析优化推广效果。

任务实施

实现任务实施步骤可以扫描二维码查看视频或者文档。

文档　任务实施

视频　步骤1抖音开店

视频　步骤2店铺装修

视频　步骤3营销推广

任务小结

通过生成式人工智能的全程辅助，小明完成抖音商城从开店到运营的全流程，整合前期准备与数字化工具，实现高效落地。

开店阶段：人工智能工具解决了资质清单梳理与入驻流程指引的复杂性。通过标准化操作

（如“个人身份”入驻），小明快速完成资质审核，降低了信息不对称风险，确保店铺合法合规上线。

装修阶段：人工智能提供了设计原则与智能化工具支持。例如，“智能生成图片”功能简化了海报设计，商品分类与活动页模板则提升了页面专业性，最终打造出统一且吸引消费者的视觉界面。

推广阶段：人工智能赋能内容与广告策略。短视频智能剪辑、直播脚本生成等功能降低了内容创作门槛；结合“巨量千川”的精准投放，小明能高效触达目标用户，并通过数据反馈优化营销活动，提升店铺曝光与转化率。

本任务以人工智能为核心驱动，将开店流程标准化、设计智能化、推广精准化，帮助小明在抖音商城实现从 0 到 1 的突破。人工智能工具不仅降低了操作门槛，还通过数据分析和自动化功能提升了效率，为后续店铺运营奠定了坚实基础。未来需进一步结合货源、物流等实际环节，完善全链路管理。

任务拓展

视频

任务拓展

请完成任务拓展，如图 7-50 所示。

题目描述

利用生成式人工智能工具完成开店的准备，有兴趣的同学可以尝试开一个自己的店铺。

具体任务

1.品牌视觉体系搭建	任务	设计品牌Logo及主商品图，建立统一视觉风格。
	要求	Logo需包含核心产品元素+品牌色系确保与目标用户产生情感共鸣。主商品图需突出产品使用场景，符合抖音竖屏展示规范。
2.商品上架资料准备	任务	完成店铺宣传资料的制作。
	要求	包含首页设计，详情页设计，活动页设计。

图 7-50　任务拓展

巩固与提高

1. 小明利用生成式人工智能工具完成抖音商城开店的第一步是（　　）。（单选题）

A. 店铺装修　　B. 营销推广

C. 资质准备　　D. 商品上架

2. 抖音商城店铺装修的基本原则的是（　　）。（单选题）

A. 视觉统一　　B. 复杂的页面设计

C. 随机的商品分类　　D. 忽略用户体验

3. 小明通过人工智能完成店铺装修时，用于生成轮播海报的工具是（　　）。（单选题）

A. 即梦 AI　　B. 创客贴

C. 爱图表　　D. 深度优化

4. 抖音商城营销推广关键策略的是（　　）。（单选题）

A. 制作高质量的短视频和直播内容　　B. 增加商品库存

C. 提高商品价格　　D. 减少商品种类

5. 小明通过人工智能完成抖音商城广告推广时，关键平台是（　　）。（单选题）

A. 巨量千川　　B. 即梦 AI

C. 创客贴　　D. 爱图表

单元 8

利用生成式人工智能搭建论文写作助手

本单元以生成式人工智能为核心，系统性地阐述学术论文写作的全过程，涵盖从选题策划到论文降重的全流程支持。通过结合人工智能技术与学术研究的实践需求，可以显著提升学术写作的效率和质量，培养研究者的创新意识和逻辑思维能力。

任务 8.1　使用生成式人工智能确定论文选题。利用人工智能辅助选题策划，通过多轮迭代优化，帮助研究者确定具有学术价值和实践意义的选题，为后续研究奠定基础。

任务 8.2　使用生成式人工智能回顾参考文献。借助人工智能快速搜集和分析文献，生成结构化综述，识别研究空白并提供理论支撑，提升文献处理效率。

任务 8.3　使用生成式人工智能生成开题报告。通过人工智能生成高质量开题报告，系统规划研究步骤，确保报告的逻辑性和科学性，为研究提供清晰方向。

任务 8.4　使用生成式人工智能生成论文初稿。利用人工智能辅助撰写论文初稿，从大纲到正文，确保内容逻辑严谨、学术规范，显著提升论文整体质量。

任务 8.5　使用生成式人工智能辅助论文降重。通过多种降重方法（如改写、同义词替换、逻辑重组等），降低论文重复率，确保内容原创性和学术诚信。

通过本单元内容的学习，研究者能够全面掌握生成式人工智能在学术写作中的应用，显著提升研究效率和论文质量。本单元不仅可以为学术研究提供强大的工具支持，还可以培养创新能力和逻辑思维能力，为未来的研究和职业发展奠定坚实基础。

任务 8.1　使用生成式人工智能确定论文选题

学习目标

- 能够运用系统化的步骤确定和优化论文选题。
- 能够有效使用人工智能工具进行研究主题的探索和文献资料搜索。
- 能够评估选题的可行性及其实际应用价值。

任务描述

视　频

任务描述与分析

本任务将指导大家利用生成式人工智能工具，辅助进行学术论文写作，如图 8-1 所示。人工智能论文写作的流程主要分为七个关键环节。其中，选择合适的论文选题是学术研究中至关重要的一步，选题的质量直接影响后续研究的深度、广度及其学术贡献。在本任务中，我们将学习如何确定一个切实可行且具有学术价值的论文选题。具体内容包括：利用人工智能工具帮助我们完成身份背景设定、明确研究方向、生成具体研究主题、文献资料搜索、评估选题可行性、考虑实际应用，以及通过多次迭代优化进一步优化选题。通过系统地学习和实践这些步骤，学生将掌握选择和优化论文题目的方法，从而在未来的学术研究中取得更好的成果。

图 8-1　人工智能辅助论文写作

任务分析

本任务聚焦生成式人工智能在学术研究选题策划中的系统性应用，通过模拟真实学术研究流程培养学生运用人工智能工具提升选题质量的综合能力。任务实施包含七个关键环节：身份背景设定→明确研究方向→生成具体研究主题→文献资料搜索→评估选题可行性→考虑实际应用→多轮迭代优化，如图 8-2 所示。

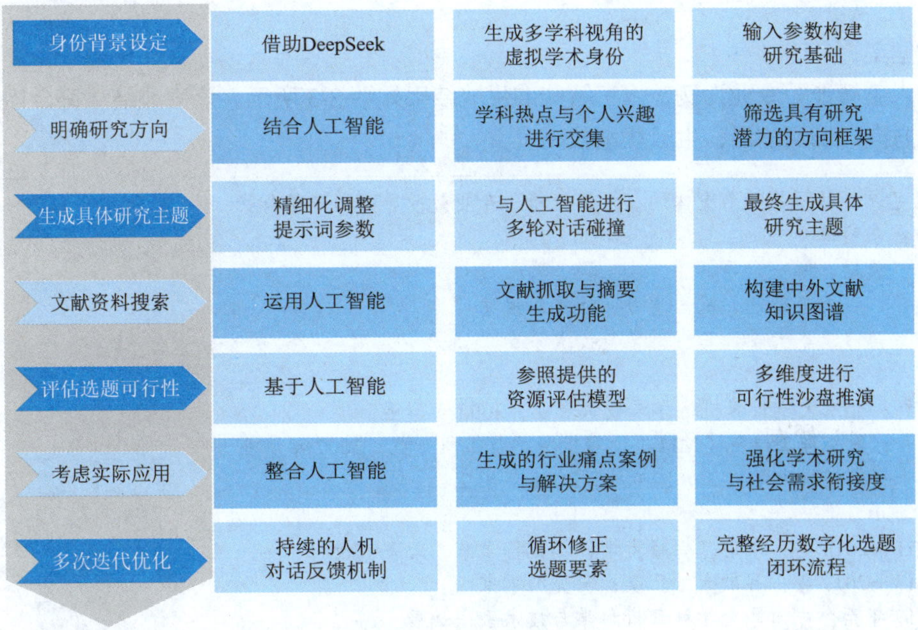

图 8-2　任务流程图

（1）身份背景设定：学生借助 DeepSeek 生成多学科视角的虚拟学术身份，输入专业领域、学术资历等参数构建研究基础。

（2）明确研究方向：结合人工智能推荐的学科热点与个人兴趣交集，筛选具有研究潜力的方向框架。

（3）生成具体研究主题：通过精细化调整提示词参数，与人工智能进行多轮对话碰撞，最终生成兼具创新性与落地性的具体研究主题。

（4）文献资料搜索：运用人工智能文献抓取与摘要生成功能，快速回顾选题相关的中外文献及最新研究。

（5）评估选题可行性：基于人工智能提供的资源评估模型，从数据获取、技术实现、周期控制等维度进行可行性沙盘推演。

（6）考虑实际应用：整合人工智能生成的行业痛点案例与解决方案，强化学术研究与社会需求的衔接度。

（7）多轮迭代优化：通过持续的人机对话反馈机制，循环修正选题要素，直至形成逻辑自洽、价值显著的研究命题，完整经历人工智能赋能的数字化选题闭环流程。

任务实施

步骤 1　身份背景设定

实现技巧 1　设定身份

为了让回答变得更专业、更有针对性，我们先让人工智能扮演一个专业导师的角色来进行对话。该步骤需要生成一个专业的身份背景。

视　频

身份背景设定

提示词

我写论文，帮我虚构一个“人工智能”专业教授导师的身份背景。

生成结果

以“人工智能”专业为例，人工智能的生成结果如图 8-3 所示。该生成结果符合相关学术背景，研究方向详细且前沿，生成质量较高。

当然可以，以下是一个虚构的“人工智能”专业教授导师的身份背景：
姓名：李明博
职称：教授、博士生导师
专业领域：人工智能、机器学习、计算机视觉
工作单位：清华大学计算机科学与技术系
教育背景：
- 本科：北京大学计算机科学与技术专业，2005 年毕业
- 硕士：麻省理工学院（MIT）计算机科学与工程专业，2007 年毕业
- 博士：斯坦福大学人工智能专业，2011 年毕业

工作经历：
- 2011—2013 年：卡内基梅隆大学计算机科学系，助理教授
- 2013—2017 年：谷歌大脑团队，研究科学家
- 2017 年至今：清华大学计算机科学与技术系，教授

图 8-3　“人工智能”专业教授身份背景设定生成结果

研究领域：

李明博教授的研究兴趣主要集中在人工智能的多个领域，包括但不限于深度学习、强化学习、自然语言处理和计算机视觉。他在这些领域都有深入的研究和显著的学术贡献，特别是在图像识别和语音识别技术方面。

学术成就：

- 发表学术论文 100 余篇，其中多篇发表在《自然》《科学》等顶级学术期刊上
- 获得多项国内外科研奖项，包括国家自然科学奖和国际人工智能大会（IJCAI）最佳论文奖
- 担任多个国际学术期刊的编委和审稿人

社会服务：

- 中国人工智能学会理事
- 国际人工智能联合会（IJCAI）程序委员会成员
- 组织和主持多次国际学术会议

教学理念：

李明博教授认为，人工智能教育不仅要传授理论知识，更要注重实践能力的培养。他鼓励学生参与前沿科研项目，通过实际操作来深化对人工智能技术的理解。他的课程以互动性强、实践性高而受到学生欢迎。

请注意，以上信息完全是虚构的，用于您的论文写作参考。在实际使用时，请根据需要进行调整。

图 8-3　“人工智能”专业教授身份背景设定生成结果（续）

实现技巧 2　身份背景调整

可以发现，人工智能给出的身份背景有些冗长，不够简洁，因此需要对身份背景进行进一步调整。

提示词

请你把这个身份背景总结成一段用于定义人工智能角色的描述。

生成结果

生成结果如图 8-4 所示。

李明博教授是清华大学计算机科学与技术系的资深教授和博士生导师，拥有北京大学计算机科学与技术专业的本科学位、麻省理工学院计算机科学与工程专业的硕士学位，以及斯坦福大学人工智能专业的博士学位。他的职业生涯从卡内基梅隆大学助理教授起步，后加入谷歌大脑团队担任研究科学家，最终回到学术界，成为清华大学的教授。

在人工智能领域，李教授尤其擅长深度学习、强化学习、自然语言处理和计算机视觉，对图像识别和语音识别技术有着深入的研究和显著的学术贡献。他的研究成果广泛发表在《自然》《科学》等顶级学术期刊上，并多次获得国内外科研奖项，包括国家自然科学奖和国际人工智能大会（IJCAI）最佳论文奖。李教授还积极参与学术服务，担任中国人工智能学会理事和 IJCAI 程序委员会成员，并多次组织和主持国际学术会议。

在教学上，李教授倡导理论与实践相结合的教学理念，鼓励学生参与前沿科研项目，以培养他们的实践能力，深化他们对人工智能技术的理解。他的课程因具互动性和实践性而深受学生喜爱。

图 8-4　身份背景调整生成结果

实现技巧 3　角色扮演

接着我们就得到了一个专业人士的身份信息总结：

李明博教授是清华大学计算机科学与技术系的资深教授和博士生导师，拥有北京大学计算机科学与技术专业的本科学位、麻省理工学院计算机科学与工程专业的硕士学位，以及斯坦福大学人工智能专业的博士学位。他的职业生涯从卡内基梅隆大学助理教授起步，后加入谷歌大脑团队担任研究科学家，最终回到学术界，成为清华大学的教授。

在人工智能领域，李教授尤其擅长深度学习、强化学习、自然语言处理和计算机视觉，对图像识别和语音识别技术有着深入的研究和显著的学术贡献。他的研究成果广泛发表在《自然》《科学》等顶级学术期刊上，并多次获得国内外科研奖项，包括国家自然科学奖和国际人工智能大会（IJCAI）最佳论文奖。李教授还积极参与学术服务，担任中国人工智能学会理事和 IJCAI 程序委员会成员，并多次组织和主持国际学术会议。

在教学上，李教授倡导理论与实践相结合的教学理念，鼓励学生参与前沿科研项目，以培养他们的实践能力，深化他们对人工智能技术的理解。他的课程因具互动性和实践性而深受学生喜爱。

将刚才得到的身份背景用于下方提示词中。

提示词

请你扮演这个角色，描述如下：

李明博教授是清华大学计算机科学与技术系的资深教授和博士生导师，拥有北京大学计算机科学与技术专业的本科学位、麻省理工学院计算机科学与工程专业的硕士学位，以及斯坦福大学人工智能专业的博士学位。他的职业生涯从卡内基梅隆大学助理教授起步，后加入谷歌大脑团队担任研究科学家，最终回到学术界，成为清华大学的教授。

在人工智能领域，李教授尤其擅长深度学习、强化学习、自然语言处理和计算机视觉，对图像识别和语音识别技术有着深入的研究和显著的学术贡献。他的研究成果广泛发表在《自然》《科学》等顶级学术期刊上，并多次获得国内外科研奖项，包括国家自然科学奖和国际人工智能大会（IJCAI）最佳论文奖。

李教授还积极参与学术服务，担任中国人工智能学会理事和 IJCAI 程序委员会成员，并多次组织和主持国际学术会议。

在教学上，李教授倡导理论与实践相结合的教学理念，鼓励学生参与前沿科研项目，以培养他们的实践能力，深化他们对人工智能技术的理解。他的课程因具互动性和实践性而深受学生喜爱。

注意，以上是你的角色，请你代入这个角色和我对话。

生成结果

至此，人工智能就完成了角色扮演的过程，此时人工智能可以作为一个行业内的“专业人士”为我们提供进一步的指导，如图 8-5 所示。

你好，我是李明博教授。今天有什么问题或者话题想要和我探讨吗？无论是关于人工智能的最新研究进展，还是你在学术上的疑惑，我都乐意与你交流。

图 8-5　设置让人工智能扮演教授角色生成结果

步骤 2　明确研究方向

实现技巧　明确具体研究方向

视频
明确研究方向

接下来需要在我们的研究领域内，确定一个研究方向，那么应该如何撰写提示词呢？我们可以从以下几个方面进行考虑：

1. 专业内的主要领域

根据你的专业，确定专业内的主要研究领域。例如，如果你的专业是计算机科学，主要领域可能包括人工智能、软件工程、网络安全等。

2. 研究主题的细分

在专业的主要领域中，进一步细分具体的研究主题。例如，在人工智能领域，可以细分为机器学习、深度学习、自然语言处理等。

3. 兴趣点和问题识别

在具体的研究主题中，识别你最感兴趣的方面或特定问题。例如，在自然语言处理中，可能关注语言模型的发展、情感分析等。

4. 资源和方法的考量

考虑在你的专业领域进行研究所需的资源和方法，如实验数据、编程工具、理论框架等。

5. 个人优势和限制

考虑你的知识背景、技术技能、可用资源和时间限制等。

结合上述五点，我们撰写提示词。

提示词

作为“人工智能”专业的本科生，我目前对“大模型应用”感兴趣，并希望深入了解这个领域。请提供该领域的基本概述、关键研究主题。此外我还希望了解进行这类研究通常需要的资源和方法，最后，我想知道，鉴于我的专业背景和个人限制，哪些方面是我可以探索的，希望能了解这方面的详细背景信息和相关的学术研究。结合关键研究主题和可以探索的方面，请提供 10 个研究方向。

生成结果

以“人工智能”专业和“大模型应用”领域为例，人工智能的生成结果如图 8-6 所示。该生成结果结构清晰、信息全面、实用性强，研究方向建议合理。

作为人工智能与认知计算领域的教授，我很高兴看到你对“大模型应用”这一前沿领域产生了浓厚的兴趣。这个领域不仅在学术研究中占据重要位置，也在实际应用中展现出巨大的潜力。以下是我为你提供的关于大模型应用领域的相关内容，以帮助你深入了解和学习。

1. 基本概述

大模型应用指的是基于大型预训练模型（如 GPT、BERT、T5 等）的人工智能应用。这些模型通常包含数亿到数千亿个参数，经过海量数据的训练，能够在多种自然语言处理任务中表现出色。大模型的广泛应用涵盖了文本生成、机器翻译、对话系统、图像生成、语音识别等多个领域。其核心优势在于能够通过少量任务特定数据进行微调，从而在新任务中取得优秀的性能。

2. 关键研究主题

在大模型应用领域，有几个关键研究主题值得关注：

图 8-6　人工智能关于“明确研究方向”的生成结果

- 模型架构优化：如何设计更高效的模型架构，以减少计算成本和能耗，同时保持或提升模型性能。
- 模型压缩与加速：研究如何通过量化、剪枝、蒸馏等技术来减小模型规模，使其在边缘设备上运行成为可能。
- 多模态学习：结合图像、文本、语音等多种数据类型，研究如何构建和应用多模态大模型。
- 自监督学习：探索如何利用海量无标注数据进行模型训练，提升模型的泛化能力。
- 模型公平性与可解释性：研究大模型在实际应用中的偏见问题，以及如何提升模型的可解释性，以增加其在敏感领域（如医疗、金融）中的应用可信度。
- 模型安全性：研究如何防止大模型受到对抗性攻击，并保障其在部署中的安全性。
- 人机协作：探索大模型在增强人类决策、创造力等方面的应用，研究如何实现更自然、高效的交互。

3. 进行这类研究通常需要的资源和方法

要在大模型应用领域开展研究，通常需要以下资源和方法：

- 计算资源：大模型的训练和微调需要强大的计算资源，通常包括 GPU 或 TPU 集群。云计算平台（如 AWS、Google Cloud）也提供了相关资源。
- 大规模数据集：大模型的训练依赖于海量的文本、图像或多模态数据。公开的数据集如 Common Crawl、ImageNet 等是常用的选择。
- 深度学习框架：主流的深度学习框架如 TensorFlow、PyTorch、JAX 等都是进行大模型研究的基础工具。
- 开源模型与工具：许多大模型（如 GPT-3、T5）和优化工具（如 Hugging Face Transformers 库）是开源的，可以直接应用或在其基础上进行二次开发。

4. 可以探索的方面

鉴于你目前的专业背景和可能的资源限制，我建议你从以下几个方面入手：

- 模型微调与应用开发：这是大模型应用研究的一个核心领域。你可以利用现有的大模型，通过少量的任务特定数据进行微调，开发特定应用，如文本分类、情感分析等。这个方向对计算资源的要求相对较低，可以利用云资源或实验室的计算设备。
- 模型压缩与加速：探索如何在保持模型性能的同时减小模型规模，使其能够在资源受限的环境中运行。这个方向不仅具有理论价值，也有很强的实际应用前景。
- 多模态学习：结合文本、图像等多种数据类型，研究如何利用大模型在多模态任务中取得优异表现。这个方向结合了多种技术，适合具有多方面兴趣的学生探索。
- 模型可解释性研究：这是当前非常活跃的研究领域，研究如何揭示大模型的决策过程，以提升其在实际应用中的可信度和可靠性。

5. 研究方向建议

结合以上关键研究主题和你的探索方向，我为你推荐以下 10 个研究方向：

（1）基于 GPT 模型的文本生成优化与应用开发。
（2）深度模型的剪枝技术在边缘设备上的应用研究。
（3）多模态大模型在智能医疗中的应用探索。
（4）自然语言处理模型的公平性与偏见消除研究。
（5）大模型的对抗性攻击防御策略。
（6）自监督学习在少样本环境下的应用研究。
（7）大模型微调方法在低资源语言处理中的应用。
（8）通过知识蒸馏实现大模型的轻量化。
（9）基于大模型的智能对话系统开发与优化。
（10）大模型在金融领域的风险预测与决策支持应用研究。

这些研究方向不仅涵盖了大模型应用的核心领域，还结合了你的背景和兴趣，为你提供了多种可能的研究路径。如果你需要进一步的指导或资料推荐，可以随时联系我。

图 8-6　人工智能关于“明确研究方向”的生成结果（续）

这样一来，就得到了一些比较合适的研究方向，我们可以结合自身的专业背景和兴趣爱好，从中选择一个感兴趣的研究方向。

步骤 3　生成具体研究主题

实现技巧　确定具体研究主题

视 频

具体研究主题

在得到研究方向后，还需要将方向更加具象化，变成一个研究主题，那么应该如何撰写提示词呢？我们可以从以下几个方面进行考虑：

1. 研究热点

询问该领域目前的主要研究热点和关键争论点。例如：“在具体领域中，目前的主要研究热点是什么？存在哪些关键的争论点？”

2. 未解决的问题

探索该领域内尚未解决或较少研究的问题。例如：“在具体领域中，目前存在哪些重要但尚未得到充分研究的问题？”

3. 发展趋势

了解该领域的未来发展方向和潜在研究机会。例如：“预计在未来几年内，具体领域将如何发展？有哪些新的研究机会或趋势值得关注？”

结合上述三点，我们撰写提示词。

提示词

我对“跨文化背景下的数据集公平性评估与改进技术”的研究感兴趣，并想了解这个领域的当前研究热点和关键争论点。我特别想探索在这个领域中尚未解决或较少研究的问题，以及预计在未来几年内可能出现的新趋势和研究机会。请提供这些方面的信息，并给出 10 个具体的研究主题。

生成结果

下面以“跨文化背景下的数据集公平性评估与改进技术”方向为例，人工智能的生成结果如图 8-7 所示。该生成结果对关键争论点进行了清晰阐述，对具体研究主题给出了明确建议，具有一定的前瞻性。

“跨文化背景下的数据集公平性评估与改进技术”是一个非常重要且具有社会影响力的领域。随着人工智能和机器学习模型在全球范围内的广泛应用，确保这些模型在不同文化背景下的公平性变得至关重要。以下是该领域的当前研究热点、关键争论点、尚未解决的问题、未来的研究趋势，以及 10 个具体的研究主题。

一、当前研究热点

1. 公平性定义与度量：如何在跨文化背景下定义“公平”是一个复杂的问题。不同文化对于公平的理解可能有所不同，这使得研究如何度量和定义公平性成为热点。

2. 数据集偏见检测：许多研究集中于开发工具和算法来检测数据集中存在的偏见，特别是在跨文化数据集中，不同文化背景可能会导致偏见的表现形式各异。

3. 偏见的源头分析：研究如何识别数据集中的偏见源头，包括数据收集过程中的系统性偏见、标签偏见等。

图 8-7　人工智能关于“具体研究主题”的生成结果

4. 公平性改进技术：开发和评估能够改善模型在不同文化背景下公平性的算法，如对抗训练、数据平衡、重新加权等方法。

5. 多文化数据集的创建与标注：随着全球化的推进，创建和标注能够代表多种文化背景的数据集成为一个重要研究方向。

二、关键争论点

1. 文化相对性与普遍性：在数据集公平性中，一个关键争论点是应该追求普遍适用的公平性标准，还是允许文化相对的公平性标准存在。

2. 数据隐私与公平性之间的平衡：如何在保护用户隐私的同时，确保数据集的公平性是一个具有挑战性的议题。

3. 算法透明性与复杂性：增加算法的透明性以保证公平性，同时又不增加算法的复杂性，是一个关键的研究挑战。

4. 伦理与实用性：在追求公平性改进的同时，如何确保这些改进方法在实际应用中具有可行性和实用性。

三、尚未解决的问题

1. 跨文化数据集的统一标准：目前缺乏对跨文化数据集建立统一的公平性评估标准的研究。

2. 少数文化背景的公平性问题：许多研究集中于大规模文化群体，较少关注少数或被忽视的文化群体。

3. 动态文化变化的影响：研究如何在快速变化的文化背景下，持续评估和改进数据集的公平性仍是一个较少涉及的领域。

4. 多文化交互效应的研究：探讨不同文化之间的交互如何影响数据集的公平性评估和改进。

5. 实际应用中的公平性：在实际应用中，不同文化背景下的公平性问题如何被发现并解决，仍有较大研究空白。

四、未来的研究趋势

1. 自适应公平性评估：开发能够根据不同文化背景自动调整的公平性评估算法。

2. 跨文化合作与标准化：在全球范围内进行跨文化合作，推动建立统一的公平性评估标准。

3. 个性化公平性改进技术：随着个性化 AI 应用的普及，研究如何根据个体文化背景进行公平性改进将成为趋势。

4. 跨文化大数据分析：大数据背景下的跨文化数据分析技术，将推动这一领域的深入研究。

5. 多模态跨文化公平性：未来将有更多研究探讨在多模态数据集（如图像、文本、音频）中实现跨文化公平性。

五、10 个具体的研究主题

1. 跨文化背景下的公平性评估算法开发与验证。
2. 少数文化群体在大规模数据集中的公平性问题研究。
3. 动态文化变化对数据集公平性的影响及应对策略。
4. 基于对抗训练的跨文化数据集公平性改进技术。
5. 多模态数据集的跨文化公平性评估。
6. 文化背景对算法决策过程的影响研究。
7. 跨文化数据隐私保护与公平性平衡方法。
8. 实际应用中跨文化公平性问题的发现与解决。
9. 多文化背景下的标签偏见检测与修正。
10. 个性化跨文化公平性改进算法的研究与应用。

希望这些信息和研究主题能够帮助你更好地探索跨文化背景下的数据集公平性评估与改进技术。如果你需要更详细的背景信息或相关文献推荐，请随时告诉我。

图 8-7 人工智能关于“具体研究主题”的生成结果（续）

至此，就得到了人工智能推荐的多个研究主题，我们可以结合自身的兴趣和研究背景，选择一个具体的研究主题。

步骤 4　文献资料搜索

实现技巧　完成文献资料搜索

视 频

文献资料搜索

在确定论文的研究主题后，我们往往需要查找相关文献，这一步可以利用人工智能的资料搜索功能帮助完成。那么，应该如何撰写提示词呢？我们可以从以下几个方面进行考虑：

1. 文献回顾

搜索与你感兴趣的领域相关的学术文章和研究报告。例如："请提供有关具体研究领域或问题的重要学术文章和研究报告，特别是近五年内的文献。"

2. 最新研究

探索你感兴趣领域中的最新研究动态和学术讨论。例如："请提供关于具体研究领域或问题最近的研究动态和学术讨论，包括最新的论文、会议和研究成果。"

结合上述两点，我们撰写提示词。

提示词

我目前对"跨文化背景下的数据集公平性评估与改进技术"感兴趣，并需要准备撰写论文。请帮助我进行文献回顾，特别是关于这个领域近五年的重要研究和论文。此外，我也希望了解该领域的最新研究动态和学术讨论，包括最近的重要发现和趋势。

生成结果

以"跨文化背景下的数据集公平性评估与改进技术"主题为例，人工智能的生成结果如图 8-8 所示。该生成结果对当前研究热点与关键讨论展开讨论，概述清晰，为研究者指明了未来研究的方向。

在"跨文化背景下的数据集公平性评估与改进技术"这一领域，近五年的研究已经在多个重要方面取得了进展。以下是该领域的关键研究热点、当前的学术讨论，以及一些尚未解决的挑战和未来的研究趋势。

一、研究热点

- 公平性评估方法的多样化：研究者正致力于开发能够适应不同文化背景的公平性评估方法。这些方法不仅限于传统的统计指标，还涉及文化相对性和伦理考量。新兴方法如多层次分析和部分不变性模型正在被广泛讨论（Cambridge University Press & Assessment）。
- 偏见检测与纠正技术：随着大规模数据集的应用增多，如何有效检测和纠正数据集中的文化偏见成为一个主要研究方向。研究表明，深度学习模型中存在的偏见会对模型的决策产生深远影响，因此许多研究聚焦于在数据预处理、模型训练和后处理阶段进行偏见的检测与纠正（SpringerLink）。
- 跨文化数据集的创建与使用：新的多文化数据集如 WorldValuesBench 正在涌现，这些数据集旨在提供更广泛的文化覆盖，以提高模型在不同文化背景下的公平性和适应性。这些数据集帮助研究者探索语言模型在不同文化中的表现差异，进而改进模型（arXiv）。

二、关键争论点

- 文化相对性与普遍性：研究者讨论了是否应该根据文化背景定制公平性标准，还是应该努力寻求普遍适用的标准。这一争论直接影响了跨文化研究的设计和结果解释（SpringerLink）。
- 公平性与实用性之间的平衡：在追求数据集和模型的公平性时，如何不牺牲模型的性能和实际应用中的可操作性，是当前研究中一个重要的平衡点（SpringerLink）。

图 8-8　人工智能关于"文献资料搜索"的生成结果

三、尚未解决的问题与未来趋势

- 动态文化背景下的公平性：目前的研究主要集中在静态的文化背景下，然而，研究如何在动态文化背景下持续评估和改进公平性将成为一个新兴趋势（SpringerLink）。
- 多模态数据的跨文化公平性：随着多模态数据（如图像、文本、音频）的增多，如何在这些数据类型之间实现公平性评估和改进是一个尚未充分探索的领域（Cambridge University Press & Assessment）。

四、具体研究主题建议

结合上述研究热点和趋势，我给出以下10个具体的研究方向：

1. 跨文化背景下的多层次公平性评估模型开发。
2. 基于对抗训练的跨文化偏见纠正算法。
3. 多文化背景数据集的动态更新与适应性研究。
4. 多模态数据中的跨文化公平性评估技术。
5. 跨文化语义偏见检测与纠正技术。
6. 文化特异性与普遍性之间的平衡策略研究。
7. 在跨文化背景下的数据隐私与公平性保护技术。
8. 公平性评估中伦理与实用性冲突的解决方法。
9. 跨文化数据集标注偏差的检测与修正方法。
10. 新兴文化背景下的公平性预测模型开发。

这些研究方向不仅有助于你在这个领域取得进展，还能为学术界提供新的视角和工具。希望这些信息能够帮助你在撰写论文时提供参考和灵感。如果你需要进一步的详细信息或特定研究的文献，随时联系我。

图 8-8　人工智能关于“文献资料搜索”的生成结果（续）

步骤 5　评估选题可行性

实现技巧　具体研究选题可行性

视频

探讨选题可行性

接下来需要考虑该选题的可行性，那么应该如何撰写提示词呢？我们可以从以下几个方面进行考虑：

1. 获取数据的可行性

考虑你的研究选题所需数据的可获取性。例如：“请提供关于具体研究选题所需数据的获取渠道和可用性，包括公开数据集、实验数据或调查数据的可访问性。”

2. 研究方法的适用性

评估不同研究方法在你的选题上的可行性。例如：“针对具体研究选题，请评估常见的研究方法（如实验、调查、定量分析等）的适用性和有效性。”

结合上述两点，我们撰写提示词。

提示词

我正在考虑以“跨文化背景下的数据集公平性评估与改进技术”作为我的毕业论文主题。请帮助我了解所需数据的获取渠道和可用性，特别是对于公开数据集、实验数据或调查数据。此外，我还希望了解哪些研究方法（如实验、调查、定量分析等）适用于我的研究主题，并评估它们的有效性。

生成结果

以“跨文化背景下的数据集公平性评估与改进技术”主题为例，人工智能的生成结果如

图 8-9 所示。该生成结果的数据来源较为全面，研究方法多样，结论简明扼要，为研究者提供了较为合理的研究建议。

一、数据获取渠道和可用性

在研究“跨文化背景下的数据集公平性评估与改进技术”时，数据的获取是至关重要的。以下是几种常见的数据获取渠道和其可用性：

1. 公开数据集

- Google Dataset Search：这是一个搜索引擎，可以帮助你找到各种公开可用的数据集。你可以通过关键词搜索特定的跨文化数据集。
- Kaggle：Kaggle 上有许多公开的数据集，涵盖各个领域和文化背景。你可以找到一些标注良好的数据集，适合你的研究主题。
- UCI Machine Learning Repository：UCI 是一个经典的数据集资源库，包含了许多跨领域的数据集，适用于机器学习和公平性研究。

2. 实验数据

- 自建实验数据：如果现有的公开数据集无法满足你的研究需求，你可以通过设计实验来收集数据。这种方法灵活性高，但需要更多时间和资源。
- 合作研究机构或项目：与其他学术机构或跨文化研究项目合作，可以获得更广泛的数据集。许多大学和研究中心都会有相关的跨文化研究数据可供使用。

3. 调查数据

- World Values Survey：这是一个全球范围内的重要调查项目，涵盖了不同国家和社会的价值观。非常适合用于跨文化背景下的公平性研究。
- Pew Research Center：Pew 研究中心提供了大量的全球调查数据，这些数据涵盖了多个文化背景下的社会问题。

二、适用的研究方法

在跨文化背景下的数据集公平性研究中，以下几种研究方法是常见且有效的：

1. 实验

- 适用性：实验研究可以帮助你精确控制变量，测试不同文化背景下的模型表现和公平性。通过在实验环境中模拟不同的文化背景，你可以深入分析模型在不同条件下的公平性表现。
- 有效性评估：实验研究方法能够提供较为直接的因果关系分析，是测试假设和评估改进技术有效性的重要手段。但实验的构建和实施可能需要较长时间和较多资源。

2. 调查

- 适用性：通过问卷调查收集来自不同文化背景的反馈，可以帮助你理解数据集和模型的公平性如何在现实世界中受到影响。这种方法特别适用于研究文化差异对数据集公平性的影响。
- 有效性评估：调查方法能够获取广泛的样本数据，适用于定量分析。然而，调查结果的代表性和问卷设计的质量会直接影响研究结果的有效性。

3. 定量分析

- 适用性：定量分析是评估模型在不同文化背景下公平性的主要方法。通过统计学方法，你可以分析不同文化背景的数据集偏差，量化公平性改进技术的效果。
- 有效性评估：定量分析方法能够提供客观、可重复的结果，是进行数据集公平性评估的重要工具。然而，这种方法依赖于数据质量和统计模型的选择。

三、总结

在你准备撰写关于“跨文化背景下的数据集公平性评估与改进技术”的论文时，你可以从公开数据集、实验数据和调查数据等渠道获取所需数据。研究方法方面，实验、调查和定量分析都是有效的工具，具体选择取决于你研究的具体问题和资源条件。

如果你需要进一步探讨某一特定方法或数据集，或者需要获取更多资源和文献，欢迎继续与我交流。

图 8-9　人工智能关于“探讨选题可行性”的生成结果

通过上述生成结果，人工智能提供了一些数据集和研究方法，这一步保证了我们的研究有数据支撑。

步骤 6 考虑实际应用

实现技巧 研究落地

视频

考虑实际应用

接下来是实际应用，在答辩过程中，相信老师也经常会问："你的研究有何作用？"而该步骤就是回答这一问题的关键，我们可以从以下几个方面进行考虑：

1. 行业需求

探索你的研究领域在实际行业中的应用需求。例如："请提供关于具体研究领域在当前行业中的应用情况，包括主要的行业需求、应用案例和潜在市场。"

2. 技术发展

了解相关技术的最新发展和应用前景。例如："请概述在具体研究领域相关的技术发展趋势，包括最新的技术创新、应用前景和潜在的技术挑战。"

结合上述两点，我们撰写提示词。

提示词

我正在考虑以"跨文化背景下的数据集公平性评估与改进技术"作为我的毕业论文主题。请帮助我了解这一领域在当前行业中的实际应用情况，包括主要的行业需求和成功的应用案例。此外，我还想了解相关技术的最新发展趋势，包括技术创新、应用前景和面临的挑战。

生成结果

以"跨文化背景下的数据集公平性评估与改进技术"主题为例，人工智能的生成结果如图 8-10 所示。该生成结果内容阐述详细、符合实际，为研究者提供了全方位的视角。

在"跨文化背景下的数据集公平性评估与改进技术"领域，随着全球文化交流的加深，行业中的应用需求和成功案例越来越多。以下是该领域在行业中的实际应用情况、最新技术发展趋势，以及面临的挑战。

一、行业中的实际应用情况

1. 主要行业需求

- 多元文化市场的需求：跨国企业和全球化的互联网平台（如 Google）需要确保其 AI 系统在不同文化背景下的公平性，避免因文化差异导致的不公平对待。例如，广告推荐系统、内容审核系统、招聘筛选系统等，都面临着如何公平对待不同文化背景用户的挑战。
- 监管和合规需求：随着数据保护法（如 GDPR）的推进，确保 AI 模型在不同文化背景下的公平性已经成为合规的一个重要方面。企业需要证明其模型在不同文化背景下的公平性，以避免法律风险和品牌受损。

2. 成功的应用案例

- Google 的 BERT 模型：Google 在开发 BERT 模型时，考虑了不同语言和文化背景，通过多语言训练和跨文化数据集的使用，提升了模型的公平性和适应性。
- LinkedIn 的多文化招聘筛选系统：LinkedIn 在招聘筛选系统中，使用跨文化数据集进行公平性测试和改进，确保系统在处理来自不同文化背景的候选人时具有公平性。

二、最新技术发展趋势

1. 技术创新

- 多模态数据集的使用：随着数据类型的多样化，研究者开始结合文本、图像、音频等多模态数据，

图 8-10 人工智能关于"考虑实际应用"的生成结果

开发更加全面的跨文化公平性评估技术。这些创新技术能够更好地捕捉文化背景对 AI 系统的影响。

- 对抗性公平性改进技术：通过对抗性训练，研究者能够在模型训练过程中主动引入文化偏见，并在此基础上进行纠正，从而提高模型的公平性。
- 自适应公平性技术：这种技术能够根据不同文化背景动态调整模型的决策规则，确保在不同文化背景下都能保持公平性。

2. 应用前景

- 全球化平台的普遍应用：随着全球化平台的发展，跨文化公平性技术在广告、内容推荐、客户服务等方面有广泛应用前景。这些技术将帮助企业更好地服务多元化用户群体，提升用户体验。
- 新兴市场的扩展：在非洲、南美等新兴市场，跨文化公平性技术可以帮助企业避免因文化差异引发的商业风险，并更好地开拓市场。

三、面临的挑战

1. 数据的多样性与代表性不足

尽管数据集数量庞大，但能够真正代表不同文化背景的数据集依然稀缺，尤其是在欠发达地区，缺乏多样性的数据会导致模型的偏见，影响其公平性。

2. 公平性与隐私保护的平衡

在追求公平性的同时，如何保护用户隐私仍然是一个重要挑战。公平性评估和改进通常需要大量的用户数据，这与隐私保护的需求存在一定的冲突。

3. 伦理与实际应用的冲突

在实际应用中，如何在保证公平性的同时不降低模型性能或商业价值是一个复杂的挑战。企业需要在伦理和商业利益之间找到平衡点。

四、总结

跨文化背景下的数据集公平性评估与改进技术在当前行业中具有广泛的应用需求，尤其是在全球化平台和多元文化市场中。随着技术的不断创新，尤其是多模态数据和自适应技术的发展，该领域在未来有着广阔的应用前景。然而，数据的多样性、隐私保护以及伦理问题仍然是需要克服的挑战。通过深入了解这些技术的发展和应用案例，你可以更好地定位你的研究方向，并为你的毕业论文提供有力支持。

图 8-10　人工智能关于"考虑实际应用"的生成结果（续）

通过上述提问，我们可以得到行业中的应用情况和相关技术的最新发展趋势的信息，完成论文选题的重要部分。

步骤 7　多次迭代优化

实现技巧　细化选题

在最后的步骤中，我们需要精细化主题，进一步缩小研究范围，那么应该如何撰写提示词呢？我们可以从以下几个方面进行考虑：

视频　多次交流和迭代

1. 选题细化

逐步缩小和细化研究选题的范围。例如："基于我目前对具体研究领域或问题的了解，哪些子领域或具体问题值得进一步探索？请提供建议以帮助我细化我的研究方向。"

2. 选题优化

反复迭代，以优化和完善选题。例如："在考虑目前选定的研究主题后，有哪些可能的改进点或补充方向？请提供建议来优化我的研究选题。"

结合上述两点，我们撰写提示词。

提示词

我正在考虑以“跨文化背景下的数据集公平性评估与改进技术”作为我的论文主题。目前，我希望进一步细化和优化我的选题。请帮助我识别这个领域中值得深入探索的子领域或具体问题，并提供意见来优化我的研究方向，考虑到最新的研究动态、数据可用性和实际应用的潜力。

生成结果

以“跨文化背景下的数据集公平性评估与改进技术”主题为例，人工智能的生成结果如图 8-11 所示。该生成结果对子领域进行了深入探讨，详细说明了研究背景，实用性较强。

在选择“跨文化背景下的数据集公平性评估与改进技术”作为你的论文主题时，进一步细化和优化选题可以帮助你聚焦到更加具体、可行且有创新性的研究方向。以下是几个值得深入探索的子领域或具体问题，以及针对每个问题的优化建议：

1. 跨文化语义偏见检测与纠正
• 具体问题：在不同语言和文化背景下，模型可能会因为语义的差异而表现出偏见。例如，某些词语或表达在不同文化中有不同的意义，这可能导致模型的错误解读或不公平的处理。
• 优化建议：探索如何设计跨文化语义分析工具，以检测和纠正不同语言中的语义偏见。可以考虑使用多语言模型如 mBERT 或 XLM-R，结合跨文化语料库，研究如何在模型训练和评估过程中实现语义公平性。

2. 跨文化数据集的多模态公平性研究
• 具体问题：多模态数据集（如文本、图像、音频）的公平性问题在跨文化背景下的表现如何？例如，视觉数据中某些符号或颜色在不同文化中的解释可能不同，这会影响模型的决策。
• 优化建议：研究如何在多模态数据集上检测和改进模型的公平性，可以通过开发新的评估指标或预处理技术，确保模型在处理多模态数据时能够适应不同文化背景的需求。结合图像识别、语音识别和文本分析，创建综合性的数据集和公平性评估方法。

3. 跨文化数据集的标签偏见与修正
• 具体问题：不同文化背景下，数据标注可能存在偏见。例如，同样的图像或文本在不同文化中的标注方式可能不同，这会导致模型在不同文化背景下表现不一致。
• 优化建议：开发跨文化标签偏见检测工具，并研究如何通过自适应标注或重新标注技术来纠正这些偏见。可以通过使用混合标注团队、引入文化背景信息以及对标签进行重新分配等方式，来优化数据集的标签公平性。

4. 跨文化背景下的个性化公平性技术
• 具体问题：在跨文化背景下，如何根据个体的文化背景动态调整 AI 系统的决策规则，以确保个性化的公平性？
• 优化建议：研究如何在跨文化背景下实现个性化的公平性调整，可以探索通过用户的文化背景数据（如语言、地理位置、文化习惯）来动态调整模型的输出，结合迁移学习、自适应算法，开发能够根据用户特征进行公平性调节的技术。

5. 动态文化背景的公平性评估
• 具体问题：随着文化的不断演变，AI 系统如何持续保持在不同文化背景下的公平性？
• 优化建议：研究如何在动态文化背景下进行持续的公平性评估与调整。可以考虑引入时间序列分析技术，研究模型在不同时间点的表现，并开发能够自适应文化变化的公平性评估模型。

图 8-11　人工智能关于论文问题的“交流和迭代”生成结果

6. 跨文化数据集的隐私保护与公平性平衡

- 具体问题：在跨文化背景下，如何在保护数据隐私的同时，确保数据集的公平性？
- 优化建议：研究如何在数据隐私保护与公平性之间找到平衡点。可以探索联邦学习、差分隐私等技术，确保在不侵犯用户隐私的前提下，模型能够进行跨文化的公平性评估与改进。

7. 跨文化公平性在特定领域的应用

- 具体问题：在某些特定领域（如医疗、教育、金融），跨文化数据集的公平性问题表现尤为突出，如何确保这些领域中的 AI 系统在不同文化背景下的公平性?
- 优化建议：选择一个特定领域，研究跨文化背景下的公平性问题，并开发针对该领域的公平性改进技术。例如，在医疗领域，可以研究如何避免在不同文化背景下的诊断和治疗建议出现偏差。

8. 基于对抗性训练的跨文化公平性增强技术

- 具体问题：如何通过对抗性训练增强模型在跨文化背景下的公平性?
- 优化建议：研究如何设计对抗性样本，以挑战模型在跨文化背景下的偏见，并通过对抗性训练提高模型的公平性。探索如何生成具有代表性的跨文化对抗样本，并评估其对模型公平性的影响。

9. 跨文化数据集的构建与标准化

- 具体问题：如何构建一个具有代表性的跨文化数据集，并确保其在不同文化背景下的公平性?
- 优化建议：研究跨文化数据集的构建方法，探索如何通过标准化过程，减少数据集在标注和选择上的偏见。可以开发一种标准化的流程或框架，用于跨文化数据集的创建和验证。

10. 跨文化公平性技术的实际应用与评估

- 具体问题：如何将跨文化公平性技术应用到实际系统中，并评估其效果?
- 优化建议：研究跨文化公平性技术在实际应用中的效果和挑战，开发一套评估指标和方法，用于测量这些技术在实际系统中的表现。可以选择一个真实的应用场景，进行跨文化公平性技术的实地测试与优化。

这些子领域和具体问题为你提供了更为聚焦和有潜力的研究方向，同时也结合了当前的研究动态、数据可用性和实际应用前景。希望这些建议能够帮助你进一步优化和细化论文选题。如果你有其他问题或需要更多细节，随时可以与我讨论。

图 8-11　人工智能关于论文问题的“交流和迭代”生成结果（续）

上述生成结果中，人工智能总结出了值得深入探索的子领域和优化研究方向的建议。

通过以上所有步骤，我们就基本确定了选题。根据这些信息和总结，相信足够我们写出一份亮眼的开题报告。

任务小结

本任务系统阐述了学术论文选题的七步法，强调结构化思维与人工智能工具的有效结合。

（1）身份背景设定：通过生成并优化专业导师身份（如人工智能领域的资深教授），提升回答的专业性与针对性，为后续指导奠定权威基础。

（2）明确研究方向：需从专业领域、细分主题、兴趣点、资源方法及个人条件五个维度切入，借助提示词获取领域概述、关键主题及 10 个研究方向建议，确保选题兼具前沿性与可行性。

（3）生成具体研究主题：需关注热点、争议点及趋势，结合提示词提炼出 10 个具体主题，如“跨文化数据集公平性评估”等。

（4）文献资料搜索：强调近五年核心研究与动态追踪，通过人工智能快速定位关键文献与趋势，为理论框架提供支撑。

（5）评估选题可行性：需重点分析数据获取渠道（如公开数据集）与研究方法的适配性（定量分析、实验等），确保研究可落地。

（6）考虑实际应用：结合行业需求与技术发展，挖掘选题的实践价值（如算法公平性在跨国企业的应用）。

（7）多次迭代优化：利用提示词识别子领域与优化方向，动态完善研究边界。

核心逻辑在于：以角色代入增强专业性，通过分步提示词引导研究者逐层聚焦，结合人工智能工具实现高效文献检索与可行性分析，最终形成兼具学术价值与实践意义的选题。这一方法不仅适用于人工智能领域，亦可迁移至其他学科，为学术写作提供系统化路径。

任务拓展

视频

任务拓展

请完成任务拓展，如图 8-12 所示。

题目描述

请使用本任务所学到的知识，结合自身所学专业和兴趣，尝试用书中的步骤进行论文撰写准备工作。

具体任务

1.确定研究方向与核心问题	任务	基于专业领域与个人兴趣，明确论文研究主题及核心学术问题。
	要求	研究方向需具备学术价值与可行性。 优先选择领域内尚未充分解决的热点问题。 需结合个人知识储备与兴趣点，确保研究过程具备持续探索动力。
2.收集与筛选文献资料	任务	系统检索中英文数据库，整理与研究方向相关的权威文献。
	要求	文献需覆盖近五年最新研究成果。 确保研究前沿性。 需按理论框架、研究方法、结论争议性等维度分类标注，提炼可借鉴的研究逻辑与不足。
3.拟定研究框架与进度规划	任务	根据文献综述结果，设计论文提纲并制定分阶段执行计划。
	要求	提纲需包含明确的研究假设、方法论（如实证分析/案例研究）及预期创新点。 进度规划需细化文献精读、数据采集、初稿撰写等节点，预留弹性时间应对突发问题。

图 8-12　任务拓展

巩固与提高

1. 在使用人工智能工具进行选题时，以下（　　）不是必要步骤。（单选题）
   A. 明确研究方向　　B. 制作 PPT 展示
   C. 文献资料搜索　　D. 优化研究选题
2. 以下（　　）步骤可以帮助评估选题的实际应用价值。（单选题）
   A. 文献资料搜索　　B. 评估选题可行性
   C. 明确研究方向　　D. 生成具体研究主题
3. 在优化选题的过程中，我们需要考虑（　　）因素。（多选题）
   A. 最新的研究动态　　B. 数据的可用性
   C. 研究者的个人兴趣　　D. 论文的排版格式
4. 关于文献资料搜索，下列说法正确的是（　　）。（多选题）
   A. 只需要搜索与研究主题完全匹配的文献
   B. 需要搜索近五年内的相关研究文献
   C. 文献搜索只需要一次
   D. 可以利用人工智能工具辅助搜索
5. 以下（　　）是确定论文选题时需要首先考虑的因素。（单选题）
   A. 研究方向的学术价值　　B. 论文的字数要求
   C. 研究领域的流行程度　　D. 论文的排版格式
6. 以下（　　）步骤有助于评估论文选题的可行性。（单选题）
   A. 研究方向选择　　B. 实际应用考虑
   C. 数据集获取评估　　D. 身份背景生成
7. 关于优化选题，以下说法正确的是（　　）。（单选题）
   A. 优化选题只需要考虑最新的研究动态　　B. 优化选题时要考虑实际应用的潜力
   C. 选题优化不需要考虑数据的可用性　　D. 优化选题时可以不考虑研究方法

任务 8.2　使用生成式人工智能回顾参考文献

学习目标

- 能够制定合适的提示词进行文献搜索，并选择相关的数据库和资源。
- 能够批判性地阅读和分析文献，识别文献中的核心观点和研究空白。
- 能够组织和撰写结构化、连贯的文献回顾。

任务描述

视频
任务描述与分析

在学术研究和论文写作的过程中，参考文献是非常重要的。为了撰写一篇论文，我们往往需要找大量的文献进行学习和参考，如图 8-13 所示。参考文献的回顾不仅能够帮助我们全面了解研究领域的历史发展和当前趋势，还能帮助我们识别现有研究中的空白点，并为我们的研究提供坚实的理论基础。

在上次任务我们已经初步尝试了文献资料搜索的功能，不过较为基础，在本任务中我们将阐述如何深入挖掘文献。我们将了解如何明确文献回顾的目标，学习搜集相关文献，利用人工智能工具辅助进行文献的批判性阅读和分析等内容。通过本任务的学习，我们将掌握一套系统的文献回顾方法，从而在未来的学术研究中更加得心应手。

图 8-13　文献参考

任务分析

本任务聚焦生成式人工智能在文献回顾环节的方法创新，通过智能化工具提升学术资料处理效率与研究深度。任务实施涵盖五个核心阶段：明确文献回顾的目标→搜集参考文献→人工智能辅助文献阅读→分析和整合→撰写文献回顾，如图 8-14 所示。

图 8-14　任务流程图

（1）明确文献回顾的目标：学生需运用 DeepSeek 明确文献回顾的核心目标，设定研究空白定位、理论框架构建等具体需求。

（2）搜集参考文献：通过人工智能学术搜索引擎批量获取高相关度中外文献，利用智能过滤功能剔除低质资料。

（3）人工智能辅助文献阅读：借助 DeepSeek 的文献解析模块，自动生成摘要矩阵、提取方法论图谱并可视化研究趋势演变。

（4）分析和整合：运用主题聚类与矛盾点挖掘功能，构建文献间的逻辑关联网络，提炼学术争议焦点与创新突破口。

（5）撰写文献回顾：通过结构化提示词引导人工智能生成文献综述初稿，结合人工校验完善论证链条，同步利用人工智能查重检测与引文规范校验功能，确保学术伦理与格式标准的合规性，形成兼具信息密度与批判性思维的文献分析成果。

任务实施

步骤 1 明确文献回顾的目标

实现技巧 目标回顾

视 频

明确文献回顾的目标

在该任务中我们主要对参考文献进行回顾，首先我们要确定文献回顾的目标，那么应该如何撰写提示词呢？我们可以从以下几个方面进行考虑：

1. 理解研究领域

了解研究领域的历史、主要理论和研究趋势。例如：“请提供关于具体研究领域的历史背景、主要理论框架和当前的研究趋势。”

2. 识别研究缺口

寻找现有研究中未被充分探讨的领域。例如：“在具体研究领域中，目前存在哪些研究缺口？哪些问题或主题尚未得到充分研究？”

3. 支持你的研究

为你的研究问题提供理论基础和前人的研究经验。例如：“请列出能够支持我关于具体研究问题研究的理论和先前的研究。”

结合上述三点，我们撰写提示词。

提示词

我正在进行关于“跨文化背景下的数据集公平性评估与改进技术”的文献回顾。请帮助我了解这一领域的历史发展、主要理论框架和当前的研究趋势。同时，我需要识别在这个领域中尚未充分探讨的研究缺口。此外，我希望找到相关的理论和先前研究，以支持我关于跨文化背景下的数据集公平性评估与改进技术的研究。

生成结果

下面以“跨文化背景下的数据集公平性评估与改进技术”领域为例，人工智能的生成结果如图 8-15 所示。该生成结果覆盖了研究热点，对关键争论点进行了深入探讨，具有较强的实用性。

您好，以下是关于“跨文化背景下的数据集公平性评估与改进技术”领域的历史发展、主要理论框架、当前研究趋势以及研究缺口的概述，以及支持您研究的相关理论和先前研究。

一、历史发展

跨文化背景下的数据集公平性评估与改进技术领域起源于对算法决策中潜在偏见和歧视问题的关注。随着人工智能技术的发展，尤其是在机器学习和深度学习领域，研究者开始意识到模型可能会因为训练数据中的偏见而产生不公平的预测结果。这一领域的研究逐渐从关注个体算法的公平性，扩展到跨文化、跨群体的公平性问题，不同文化和群体之间的公平性问题变得更加突出。

二、主要理论框架

1. 公平性的定义与测量：研究者提出了多种公平性的定义，包括个体公平性（individual fairness）和群体公平性（group fairness），以及如何在不同的文化和群体中测量这些公平性指标。

2. 预处理、内处理和后处理方法：公平机器学习设计包括预处理（pre-processing）、内处理（in-processing）、后处理（post-processing）三种方法，旨在减少数据集中的偏见，提高模型的公平性。

图 8-15 人工智能实现“明确文献回顾的目标”生成结果

3. 公平联邦学习设计：在联邦学习背景下，研究者探讨了如何在保护隐私的同时确保不同客户端群体的模型预测准确性，即公平性。

三、当前研究趋势

1. 跨文化数据集的偏见测评：研究者正在探索如何评估和减轻跨文化背景下的语言偏见，以促进技术的公平性和普适性。

2. 公平联邦学习：研究者关注如何在联邦学习中实现公平性，包括客户端选择、模型优化、贡献评估和激励机制等。

3. 区块链与公平联邦学习：研究者探讨了如何结合区块链技术来增强联邦学习的公平性，包括使用区块链智能合约或共识机制进行公平客户端选择和激励机制设计。

四、研究缺口

1. 跨文化数据集的深入分析：尽管已有研究开始关注跨文化数据集的公平性问题，但对不同文化背景下数据集的深入分析和理解仍然不足。

2. 跨文化背景下的算法评估：需要更多的研究来评估和改进跨文化背景下的算法，特别是在不同文化和语言环境中的模型表现。

3. 公平性与隐私保护的平衡：在跨文化数据集的背景下，如何平衡公平性和隐私保护的需求是一个尚未充分探讨的研究缺口。

五、相关理论和先前研究

1. 变分公平自编码器：Louizos 等人提出了变分公平自编码器，这是一种预处理方法，用于学习减少偏见的数据表示。

2. 公平表示学习：Zemel 等人提出了公平表示学习的概念，旨在学习在预测任务中表现公平的数据表示。

3. 偏好信息公平性：Kim 等人探讨了如何在机器学习模型中整合用户的偏好信息，以实现更公平的决策。

希望这些信息能够帮助您在撰写关于跨文化背景下的数据集公平性评估与改进技术的论文时，提供一个全面的背景和理论支持。如果您有其他问题或需要进一步的信息，请随时告知。

图 8-15　人工智能实现“明确文献回顾的目标”生成结果（续）

步骤 2　搜集参考文献

实现技巧　搜集文献

视频

搜集参考文献

接下来我们进行文献搜集，那么一个优秀深入的文献搜集过程如何撰写提示词呢？我们可以从以下几个方面进行考虑：

1. 数据库和资源

确定合适的数据库和资源以搜索相关文献。例如：“请列出适合具体研究领域的主要数据库和资源，如 Google Scholar、JSTOR、PubMed 等。”

2. 关键词选择

根据你的研究主题和问题挑选合适的关键词。例如：“针对具体研究主题或问题哪些关键词能够最有效地帮助我搜索相关文献？”

3. 记录来源

开发一种有效的方式来记录查找的文章和书籍的信息。例如：“请建议一种高效的方法来记录查找到的文献信息，以便于后续引用和整理。”

结合上述三点，我们撰写提示词。

提示词

我正在进行关于“跨文化背景下的数据集公平性评估与改进技术”的文献搜集。请帮助我确定适用于这一领域的主要数据库和资源。同时，我需要建立一套关键词列表（需要包括中文关键词和英文关键词），以便于更高效地搜索相关文献。此外，我希望获得建议，关于如何有效地记录和整理找到的文献信息，以便于后续的引用和分析。

生成结果

以“跨文化背景下的数据集公平性评估与改进技术”领域为例，人工智能的生成结果如图 8-16 所示。该生成结果对数据库和资源推荐准确，关键词列表使用，推荐了较多文献管理工具，整体实用详细。

根据您的请求，以下是关于“跨文化背景下的数据集公平性评估与改进技术”领域的主要数据库和资源、关键词列表以及文献记录和整理的建议。

一、主要数据库和资源

1. Web of Science（WOS）：一个广泛使用的跨学科引文数据库，可以搜索到包括人工智能和机器学习在内的多个领域的文献。

2. Google Scholar：一个免费的学术搜索引擎，可以搜索各种学术文献，包括论文、书籍、摘要等。

3. IEEE Xplore：提供电气工程、电子、计算机科学及相关领域的文献资源。

4. SpringerLink：提供计算机科学、人工智能等多个学科的期刊文章和书籍章节。

5. arXiv：一个预印本服务器，提供物理学、数学、计算机科学和生物学等领域的最新研究论文。

二、关键词列表

1. 中文关键词：

- 跨文化数据集
- 数据集公平性
- 算法偏见
- 机器学习公平性
- 联邦学习公平性
- 人工智能伦理

2. 英文关键词：

- Cross-cultural datasets
- Dataset fairness
- Algorithmic bias
- Fair machine learning
- Federated learning fairness
- AI ethics

三、文献记录和整理建议

1. 使用文献管理软件：如 Mendeley、Zotero、Papers 和 NoteExpress 等，这些软件可以帮助您收集、整理、引用和分享研究资料。

2. 记录关键信息：在阅读每篇文献时，记录下作者、发表年份、期刊名称、卷号、文章标题、关键词、摘要、研究方法、主要发现和结论等信息。

3. 分类整理：根据研究主题或方法将文献进行分类，便于后续查找和引用。

4. 使用标签系统：为每篇文献添加标签，如“跨文化公平性”“算法偏见”等，以便于筛选和回顾相关文献。

图 8-16　人工智能辅助“搜集参考文献”生成结果

5. 笔记和摘要：在阅读文献时，做笔记和摘要，记录下您认为重要的点和对您研究有启发的想法。
6. 引用管理：在撰写论文时，使用文献管理软件的引用功能，确保引用格式的一致性和准确性。
7. 备份文献：定期备份您的文献库，以防数据丢失。

通过上述步骤，您可以更高效地搜集和整理关于跨文化背景下的数据集公平性评估与改进技术的文献，为撰写论文打下坚实的基础。希望这些建议对您有所帮助。如果您有其他问题，请随时告知。

图 8-16　人工智能辅助“搜集参考文献”生成结果（续）

步骤 3　人工智能辅助文献阅读

实现技巧　阅读文献

视频

人工智能辅助文献阅读

在找到大量的文献后，相信大家都会陷入不知从何读起的迷茫和学习大量文献的压力，在这一步中，我们将学习如何让人工智能辅助我们进行文献的阅读。

那么应该如何撰写提示词呢？我们可以从以下几个方面进行考虑：

1. 身份背景

让人工智能扮演什么样的角色。例如：综合学术助手，集批判性分析者、客观审视者、研究方法分析师、文献比较专家、应用思考者和组织记录专家于一身。

2. 任务目的

需要人工智能帮你做什么样的事情。例如：协助用户以批判性的方式阅读学术论文，并运用高效的记录技巧整理重要信息。全程中文对话。

3. 具体目标和输出规范

需要人工智能针对文献资料通过哪些方面进行整理和输出。例如：理解论点、评估证据、识别假设和偏见、考虑方法论、对比其他文献、反思实际应用、高效记录技巧的应用。

我们先把需要解读的文献上传给人工智能，如图 8-17 所示。

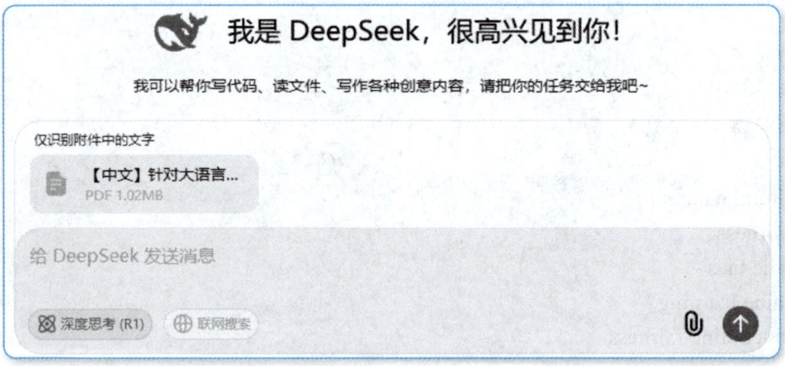

图 8-17　上传文献

然后结合上述三点，我们撰写提示词。

提示词

身份背景：综合学术助手，集批判性分析者、客观审视者、研究方法分析师、文献比较专家、应用思考者和组织记录专家于一身。

任务目的：协助用户以批判性的方式阅读学术论文，并运用高效的记录技巧整理重要信息。全程中文对话。

具体目标和输出规范：

1. 理解论点：提取并概述文章的核心论点和支撑论据。输出：列出论文的标题、作者、主要论点和关键论据。

2. 评估证据：分析证据的充分性、可靠性和相关性，识别潜在的反证。输出：提供对证据的批判性分析，包括来源、类型及其强度和弱点。

3. 识别假设和偏见：识别论文中的假设，评估其合理性，指出可能的作者偏见。输出：列出文章的假设和潜在偏见并对其进行分析和评价。

4. 考虑方法论：评价研究方法的恰当性和充分性。输出：详细描述和评价论文的研究方法、数据收集和分析手段，

5. 对比其他文献：对比并分析不同文献间的观点一致性和差异性。输出：提供与其他文献的比较分析，包括相似之处和不同点。

6. 反思实际应用：评估研究结果的实际应用可能性和潜在影响。输出：提供关于研究应用和影响的洞见和评价。

7. 高效记录技巧的应用：利用高效记录技巧整理论文信息。输出：制作文献综述矩阵，提供批注、摘要和关键词，展示文献间的连接。

生成结果

以“跨文化背景下的数据集公平性评估与改进技术”领域为例，人工智能的生成结果如图 8-18 所示。可以发现，人工智能可以从各个角度理解文献的精华，从多个角度总结文献的贡献和应用价值。

根据您提供的身份背景和任务目的，我们将以批判性的方式阅读并分析您提供的学术论文《针对大语言模型的偏见性研究综述》。以下是根据您的具体目标和输出规范进行的分析和整理：

一、理解论点

1. 标题：针对大语言模型的偏见性研究综述

2. 作者：徐磊，胡亚豪，潘志松

3. 主要论点：大型语言模型在多个应用场景中得到广泛部署，但可能从未经过处理的训练数据中捕捉到社会偏见，并将偏见传播到下游任务中，因此需要深入探讨大型语言模型的偏见问题。

4. 关键论据：

- 传统偏见研究主要针对静态词嵌入模型，但随着技术发展，研究对象转向上下文处理能力更强的预训练模型。
- 大型语言模型可能捕捉社会偏见，并在下游任务中传播这些偏见，导致不良社会影响。
- 探讨了自然语言处理中偏见的由来，并对偏见评估和缓解方法进行了分析与总结。

二、评估证据

1. 证据来源：国家自然科学基金资助项目（62076251）。

2. 证据类型：学术论文、研究报告、实验数据。

3. 证据强度：论文引用了多个研究案例和实验结果，显示了大型语言模型在不同任务中的偏见问题。

4. 证据弱点：可能缺乏对特定文化或地区偏见问题的深入分析，以及对偏见评估方法的全面验证。

三、识别假设和偏见

假设：

- 大型语言模型能够捕捉并传播社会偏见。

图 8-18　人工智能辅助文献阅读生成结果

- 偏见评估和缓解方法可以有效减少模型中的偏见。
- 潜在偏见：论文可能偏向于强调大型语言模型的负面影响，而较少讨论其在促进社会发展方面的潜力。

四、考虑方法论

1. 研究方法：文献综述和分析。
2. 数据收集：通过查阅相关文献和研究报告收集数据。
3. 分析手段：对偏见评估和缓解方法的比较分析。
4. 评价：研究方法恰当，能够全面覆盖大型语言模型的偏见问题，但在数据收集和分析手段上可能需要更多实证研究支持。

五、对比其他文献

1. 相似之处：与其他研究一致地指出大型语言模型存在偏见问题，并探讨了偏见的来源和影响。
2. 不同点：本综述更侧重于大型语言模型的偏见性问题，而其他研究可能更关注模型的性能或特定应用。

六、反思实际应用

1. 应用可能性：研究结果可应用于改进大型语言模型的偏见评估和缓解技术，提高模型的公平性和可靠性。
2. 潜在影响：减少模型偏见可以促进人工智能技术的健康发展，避免对社会弱势群体的歧视。

七、高效记录技巧的应用

1. 文献综述矩阵：
- 标题：针对大语言模型的偏见性研究综述
- 作者：徐磊，胡亚豪，潘志松
- 主要论点：大型语言模型的偏见问题
- 关键论据：社会偏见的捕捉与传播
- 假设：模型偏见的普遍性和可缓解性
- 方法论：文献综述和分析
- 实际应用：改进模型偏见评估和缓解技术

2. 批注：论文在讨论偏见问题时，可能忽略了文化差异对偏见评估的影响。
3. 摘要：本文综述了大型语言模型的偏见问题，探讨了偏见的来源、评估和缓解方法，并提出了未来研究方向。
4. 关键词：大型语言模型、偏见、自然语言处理、偏见评估、偏见缓解

通过以上分析和整理，我们不仅深入理解了论文的核心内容，还批判性地评估了其论点、证据和方法，并考虑了研究的实际应用。同时，我们运用了高效的记录技巧，为进一步的研究和讨论提供了坚实的基础。

图 8-18　人工智能辅助文献阅读生成结果（续）

步骤 4　分析和整合

实现技巧 1　分析整合

视频

分析和整合

接下来我们需要对文献进行分析和整合，那么应该如何撰写提示词呢？我们可以从以下几个方面进行考虑：

1. 文献阅读方法

找出研究领域内的普遍趋势和理论争议，并说明这些文献如何支持或挑战你的研究。例如："在我的研究领域中，哪些主题和模式是普遍存在的，我应如何识别它们？如何将我所阅读的文献与我的研究问题联系起来，并识别这些文献对我的研究的支持或挑战？"

2. 比较和对比

对不同文献中的观点和发现进行比较和对比。例如："在分析文献时，我应如何组织和比较不同作者的观点和发现？"

结合上述两点，我们撰写提示词。

提示词

在进行“跨文化背景下的数据集公平性评估与改进技术”的文献回顾时，在分析和整合阶段，我需要了解如何比较不同文献的观点，识别研究领域的主要趋势和模式，以及将这些发现与我的研究问题相关联。

生成结果

以“跨文化背景下的数据集公平性评估与改进技术”领域为例，人工智能的生成结果如图 8-19 所示。该生成结果操作指导清晰、方法实用，研究发现与问题相关联，整合策略有效。

在进行“跨文化背景下的数据集公平性评估与改进技术”的文献回顾时，比较不同文献的观点、识别研究领域的主要趋势和模式，以及将这些发现与您的研究问题相关联，可以遵循以下步骤：

1. 比较不同文献的观点

- 识别关键主题和论点：阅读每篇文献时，识别作者的主要论点和支持这些论点的关键论据。
- 记录差异和相似之处：在表格或矩阵中记录不同文献在方法论、研究结果和结论上的差异和相似之处。
- 批判性分析：分析每篇文献的强项和弱点，包括研究设计、样本大小、数据来源的多样性和代表性等。
- 理论框架对比：比较不同文献所采用的理论框架，分析它们如何影响研究结果的解释。

2. 识别研究领域的主要趋势和模式

- 文献计量分析：使用文献计量工具（如 CiteSpace、VOSviewer）来识别研究领域内的关键文献和研究趋势。
- 时间序列分析：通过时间序列分析，观察研究兴趣如何随时间发展变化，识别新兴主题和逐渐消失的主题。
- 共词分析：通过共词分析，发现文献中频繁出现的关键词，这些关键词可能揭示研究领域的主要趋势和模式。
- 内容分析：对文献的内容进行定性分析，识别研究方法、数据集类型、评估指标等方面的共同点和变化趋势。

3. 将发现与研究问题相关联

- 研究问题对齐：将文献中的观点和趋势与您的研究问题进行对比，看看它们如何直接回答或与您的研究问题相关。
- 差距分析：识别现有研究中未解决的问题或未充分探讨的领域，这些可能是您的研究可以填补的空白。
- 理论联系实际：考虑文献中的发现如何与实际应用场景相结合，特别是在跨文化背景下的数据集公平性问题。
- 构建框架：基于文献回顾的结果，构建一个理论框架或概念模型，将不同文献的观点和发现整合在一起，并与您的研究问题相联系。

4. 高效记录技巧的应用

- 文献管理工具：使用如 EndNote、Zotero 等文献管理工具来组织和管理文献。
- 批注和笔记：在阅读文献时做批注和笔记，记录下您的想法和对文献的批判性评价。
- 摘要和总结：为每篇文献编写摘要和总结，突出关键点和与您研究问题的相关性。
- 可视化工具：使用思维导图或概念图来可视化不同文献之间的关系和研究领域的主要趋势。

通过上述步骤，您将能够有效地比较不同文献的观点，识别研究领域的主要趋势和模式，并将这些发现与您的研究问题紧密相关联，为您的文献回顾和后续研究打下坚实的基础。

图 8-19　人工智能进行“分析和整合”生成结果

实现技巧 2　分析总结

通过上述回答，我们得到了多种分析文献的研究方法，包括比较不同文献的观点、识别研究领域的主要趋势和模式、将发现与研究问题相关联，以及策略和工具的应用，我们使用这些方法来进行分析和整合，先上传文献，如图 8-20 所示，然后撰写提示词。

图 8-20　上传文献

提示词

角色：综合文献分析专家，同时具备趋势和模式识别者、研究问题解析师以及策略和工具应用专家的能力。

任务目的：协助用户以批判性的方式阅读学术论文帮助用户通过对比不同文献的观点，识别研究领域的主要趋势和模式，将文献发现与研究问题相关联，并运用有效的策略和工具进行分析整理。全程中文对话。

具体目标和输出规范：

1. 比较不同文献的观点：对照分析不同文献中的理论、发现和方法。输出：文献对比分析报告，包括理论、方法和发现的比较，以及作者背景和研究时效性考量。

2. 识别研究领域的主要趋势和模式：进行趋势分析和模式识别。输出：主要趋势和模式列表，以及理论框架应用的分析。

3. 将发现与研究问题相关联：直接或间接地将文献发现与研究问题对应。输出：文献发现与研究问题相关联的详细分析，包括研究缺口的识别。

4. 策略和工具的应用：使用文献综述矩阵、主题分析软件，构建逻辑框架。输出：更新后的文献综述矩阵，主题分析结果，构建的逻辑框架。

生成结果

以“跨文化背景下的数据集公平性评估与改进技术”领域为例，人工智能的生成结果如图 8-21 所示。该生成结果结构清晰，分析具有一定深度，策略和工具具有实用性。

文献对比分析报告

一、理论、方法和发现的比较

1. 理论对比

- 《全球首发：大语言模型（LLM）偏见测评——地域偏见》提出了 DIKWP-TRIZ 方法，这是一种结合了数据、信息、知识、智慧和目的的融合发明创造方法，用于评估大型语言模型中的地域偏见。该研究强调了在模型开发过程中应更加注重多样性与包容性，以促进技术的公正与公平。
- MABEL：Attenuating Gender Bias using Textual Entailment Data 聚焦于减少性别偏见，提出了 MABEL 方法，这是一种基于自然语言推理（NLI）数据集的对比学习目标和对齐正则化的方法，以减轻性别偏见。
- Multi-Modal Bias：Introducing a Framework for Stereotypical Bias Assessment beyond Gender and Race in Vision-Language Models 提出了一个多模态偏见评估框架 MMBias，覆盖了各种群体，提供了一个更全面的偏见评估视角。

2. 方法对比

- 《全球首发：大语言模型（LLM）偏见测评——地域偏见》使用了问卷调查和量化分析的方法，通过构建测试题目来评估模型在处理地域信息时的表现。
- MABEL 采用了对比学习框架，通过使用 NLI 数据集中的蕴含对，并引入对齐正则化来减少偏见。
- Multi-Modal Bias 通过构建视觉和文本偏见基准数据集 MMBias，评估了多个自监督多模态模型的偏见，并提出了一种去偏见方法作为后处理步骤。

3. 发现对比

- 《全球首发：大语言模型（LLM）偏见测评——地域偏见》发现不同模型在地域偏见方面的表现差异较大，ChatGPT、混元大模型和百川大模型表现较好。
- MABEL 显示出在减少性别偏见方面的有效性，同时保持了任务性能。
- Multi-Modal Bias 揭示了多模态模型在多个群体上的偏见倾向，并提出了一种减轻偏见的方法。

4. 作者背景和研究时效性考量

- 《全球首发：大语言模型（LLM）偏见测评——地域偏见》由海南大学的段玉聪教授领导的团队完成，该团队在人工意识和 DIKWP 理论框架方面具有丰富的研究经验。
- MABEL 由普林斯顿大学计算机科学系的 Jacqueline He 等人完成，该团队在自然语言处理和偏见缓解方面有深入的研究。
- Multi-Modal Bias 由 Rutgers University 的 Sepehr Janghorbani 和 University of Potsdam 的 Gerard de Melo 完成，他们在多模态模型和偏见评估方面具有专业知识。

二、主要趋势和模式列表

1. 主要趋势

- 从单模态偏见评估向多模态偏见评估发展。
- 从性别和种族偏见评估扩展到更广泛的社会群体。
- 重视模型的公平性和伦理性，以及在模型开发中减少偏见的重要性。

2. 模式识别

- 使用对比学习和数据增强来减少模型偏见。
- 构建专门的数据集来评估和减少特定类型的偏见。
- 后处理步骤在减少偏见中的应用。

3. 理论框架应用分析

- DIKWP 理论框架在《全球首发：大语言模型（LLM）偏见测评——地域偏见》中的应用，强调了数据、信息、知识、智慧和目的的融合，为评估和减少偏见提供了一个全面的视角。

图 8-21　人工智能对多篇文献做分析总结生成结果

- MABEL 方法在减少性别偏见方面的应用，展示了对比学习在偏见缓解中的潜力。
- MMBias 框架在多模态模型中的应用，为评估和减少更广泛社会群体的偏见提供了新的工具。

三、文献发现与研究问题相关联的详细分析

1. 直接关联

- 《全球首发：大语言模型（LLM）偏见测评——地域偏见》的发现直接关联到如何评估和减少大型语言模型中的地域偏见，为 AI 伦理和公平性提供了实证研究。
- MABEL 的发现直接关联到如何通过对比学习减少性别偏见，同时保持模型性能。
- Multi-Modal Bias 的发现直接关联到如何评估和减少多模态模型中的偏见，特别是在性别和种族以外的群体。

2. 间接关联

- 这些研究为理解和解决 AI 模型中的偏见问题提供了理论基础和实践指导，间接关联到如何构建更公正、无偏见的 AI 系统。

3. 研究缺口的识别

- 尽管已有研究关注性别和种族偏见，但对其他社会群体的偏见研究仍然不足。
- 多模态模型的偏见评估和缓解方法仍需进一步探索和完善。
- 对于如何平衡偏见缓解和模型性能之间的权衡，需要更多的研究。

四、策略和工具的应用

1. 更新后的文献综述矩阵

- 构建了一个包含上述文献的综述矩阵，包括理论框架、方法、发现、作者背景和研究时效性等维度。

2. 主题分析结果

- 使用主题分析软件对文献中的关键主题进行提取，如“偏见评估”“对比学习”“数据增强”“后处理步骤”。

3. 构建的逻辑框架

- 构建了一个逻辑框架，将文献发现与研究问题相联系，识别研究缺口，并提出未来研究方向。

通过上述分析，我们能够更深入地理解不同文献在偏见评估和缓解方面的贡献，并为未来的研究提供了方向。

图 8-21　人工智能对多篇文献做分析总结生成结果（续）

步骤 5　撰写文献回顾

实现技巧　文献回顾

视频

撰写文献回顾

到了这一步，相信我们已经阅读了大量相关文献了，接下来将进行文献回顾，那么应该如何撰写提示词呢？我们可以从以下几个方面进行考虑：

1. 结构化撰写

根据分类维度组织文献回顾的结构。例如：“在撰写文献回顾时，我应如何基于理论、方法论、应用案例、地区研究等的分类维度来组织内容？”

2. 批判性讨论

展示不同作者的观点，并提出你自己的见解和批评。例如：“在文献回顾中，我应如何平衡展示各种观点并提出我的批判性见解？”

3. 确保流畅和连贯

使文献回顾成为一个连贯的整体。例如：“为了确保文献回顾的连贯性，我应遵循哪些写作原则和技巧？”

结合上述三点，我们撰写提示词。

提示词

在进行“跨文化背景下的数据集公平性评估与改进技术”的文献回顾撰写时，我需要创建一个结构化和连贯的框架。请提供建议，如何根据我的分类维度有效地组织文献回顾，并在撰写过程中如何平衡各种观点，同时加入我的批判性分析。此外，我希望了解如何确保整个文献回顾的流畅性和连贯性。

生成结果

以“跨文化背景下的数据集公平性评估与改进技术”领域为例，人工智能的生成结果如图 8-22 所示。该生成结果分类维度明确、应用实际、说明详细，提供了较好的指导。

在进行“跨文化背景下的数据集公平性评估与改进技术”的文献回顾时，创建一个结构化和连贯的框架是至关重要的。以下是一些建议，可以帮助你有效地组织文献回顾，并在撰写过程中平衡各种观点，同时加入你的批判性分析：

一、确定分类维度

首先，明确你的分类维度，这些维度将指导你的文献搜索和组织。例如，你可以按照以下维度进行分类：

- 数据集类型（如图像、文本、语音等）
- 应用领域（如医疗、教育、金融等）
- 偏见类型（如性别、种族、地域等）
- 评估方法（如定量分析、定性研究、案例研究等）
- 改进技术（如数据增强、算法调整、后处理方法等）

二、文献搜索和筛选

根据上述分类维度，进行系统的文献搜索。使用学术数据库（如 Google Scholar、Web of Science 等）和关键词搜索，确保覆盖面广泛。在筛选文献时，注意选择那些与你的研究问题最相关的、最新的和最具影响力的研究。

三、组织文献回顾的结构

一个有效的结构可以是：

1. 引言

- 简要介绍跨文化背景下的数据集公平性的重要性。
- 明确文献回顾的目的和研究问题。

2. 理论背景

- 描述跨文化数据集公平性的理论基础。
- 讨论不同文化背景下的偏见和歧视概念。

3. 文献综述

- 按维度组织：根据上述分类维度，将文献分为不同的部分或章节。
- 时间顺序：按照研究发表的时间顺序，展示该领域的发展历程。
- 方法论对比：比较不同研究采用的方法和工具。
- 结果分析：分析不同研究的结果，找出共识和差异。

4. 批判性分析

- 平衡观点：在讨论每项研究时，既要提及其贡献，也要指出其局限性和可能的偏差。
- 方法论批判：评估研究方法的有效性和可靠性。
- 结果批判：对研究结果进行批判性分析，考虑其在不同文化背景下的适用性。

5. 讨论

- 综合分析文献中的主要发现和趋势。

图 8-22　撰写文献回顾生成结果

- 识别研究中的空白和未来研究方向。

6. 结论

- 总结文献回顾的主要发现。
- 提出对实践和政策的启示。

四、确保流畅性和连贯性

- 过渡句：在不同部分之间使用过渡句，确保逻辑连贯。
- 主题句：每个部分或段落的开始使用主题句，概述主要内容。
- 总结句：在每个部分或段落的结束使用总结句，回顾并连接到下一部分。
- 图表和框架：使用图表和框架来可视化复杂的信息和关系，增强理解。
- 一致性：保持术语和定义的一致性，避免混淆。

五、写作风格和语言

- 清晰性：使用清晰、准确的语言。
- 简洁性：避免冗长和复杂的句子结构。
- 客观性：保持客观中立的语气，避免个人偏见。

通过遵循这些建议，你可以创建一个结构化、连贯且具有批判性的文献回顾，为你的研究领域提供深入的见解。

图 8-22　撰写文献回顾生成结果（续）

任务小结

本任务聚焦人工智能辅助文献回顾的实践路径，以结构化流程提升学术研究的系统性与效率，涵盖目标定位、资源整合到综述撰写的全链条，共分为五大步骤。

（1）明确文献回顾目标：通过提示词设计（如理解领域背景、识别研究缺口）锚定研究方向，确保理论支撑与问题聚焦。

（2）搜集参考文献：结合数据库推荐、关键词优化及文献管理工具（如 Zotero），构建系统化资源池。

（3）人工智能辅助文献阅读：通过角色设定（如批判性分析者）实现论点提炼、方法论评估及跨文献对比，突破传统阅读的信息过载困境。

（4）分析和整合：借助人工智能识别研究趋势、比较观点异同，并将文献发现与自身研究问题动态关联，形成逻辑闭环。

（5）撰写文献回顾：从结构化分类（理论、方法、应用）到批判性讨论，确保内容连贯且体现学术洞察。各步骤均以案例示范提示词设计，突出人工智能在资源筛选、信息解析与知识重组中的技术优势。

整套方法以"目标—工具—输出"为轴心，将人工智能功能嵌入学术工作流，不仅缩短文献处理周期，更通过智能分析增强研究的深度与创新性，为高质量学术写作提供可复用的方法论框架。

任务拓展

视频

任务拓展

请完成任务拓展，如图 8-23 所示。

题目描述

请使用本节课所教的知识，根据你的研究主题，尝试用人工智能进行参考文献回顾。

具体任务

1.明确研究主题与关键词体系	任务	提炼研究主题的核心术语及关联概念，构建结构化关键词。
	要求	关键词需覆盖研究主题的理论、方法、应用场景等维度，避免遗漏交叉领域术语；建议借助人工智能工具扩展关键词网络，适应不同数据库的检索逻辑。
2.使用人工智能工具进行文献检索与初筛	任务	通过人工智能文献检索平台，输入关键词获取关联文献并初步筛选。
	要求	优先选择支持语义检索、多语言文献聚合的人工智能工具，提升检索效率。 需人工复核人工智能推荐文献的相关性，重点保留近3年被引论文及领域权威期刊文献，剔除低质量或重复内容。
3. 人工智能辅助文献分析与综述框架生成	任务	利用人工智能文献分析工具快速提取文献核心观点，生成初步综述逻辑框架。
	要求	需交叉验证人工智能提取结论的准确性（如对比原文关键段落），避免算法偏见导致的误读。 生成的框架需标注争议点、研究空白及人工智能推荐的可延伸方向，作为人工深化分析的锚点。

图 8-23　任务拓展

巩固与提高

1. 文献回顾的主要目标不包括（　　）。（单选题）
   A. 了解研究领域的历史和现状　　B. 寻找研究中的空白点
   C. 确定研究的资金来源　　D. 提供研究的理论基础
2. 文献回顾的步骤中，首先要进行的是（　　）。（单选题）
   A. 撰写论文　　B. 阅读文献
   C. 比较文献观点　　D. 确定文献回顾的目标
3. 选择关键词时，（　　）策略最有效。（单选题）
   A. 只使用英文关键词　　B. 选择宽泛的词汇
   C. 根据研究主题精确选择　　D. 随意选择常见词汇
4. 在文献回顾中，批判性分析的主要目的是（　　）。（单选题）
   A. 快速完成任务　　B. 找出文献的所有错误
   C. 深入理解文献内容并识别其局限性　　D. 排除所有与研究主题无关的内容

5. 以下（　　）是进行文献回顾的正确步骤。（多选题）
　A. 确定研究领域的主要理论框架　　B. 搜集并筛选相关文献
　C. 完全依赖人工智能工具代替人类阅读　　D. 比较不同文献的观点和方法

6. 在进行文献的批判性阅读时，需要考虑（　　）。（多选题）
　A. 证据的充分性和可靠性　　B. 作者的研究背景
　C. 文献的出版年份　　D. 文献的写作风格

7. 使用提示词进行文献搜索时，（　　）策略是有效的。（多选题）
　A. 精准选择与研究主题相关的关键词　　B. 同时使用中文和英文关键词
　C. 使用反向关键词进行搜索　　D. 依赖一个数据库进行搜索

任务 8.3　使用生成式人工智能生成开题报告

学习目标

- 能够通过人工智能筛选、总结和分析相关研究，为开题报告和论文提供坚实的理论基础。
- 能够利用人工智能生成多种研究问题和假设，并选择最具创新性和实用性的内容应用于自己的研究。
- 掌握如何利用人工智能进行复杂数据集的分析和结果可视化，特别是能够借助人工智能工具自动化处理跨文化数据集中的偏见评估，并生成相关图表与报告。
- 能够使用人工智能高效撰写开题报告，熟练应用人工智能工具进行文献引用、理论框架搭建、研究方法设计等关键步骤的辅助写作，确保报告内容的系统性和科学性。

任务描述

视频

任务描述与分析

在学术研究的初期，撰写开题报告是确定研究方向和规划研究步骤的关键环节。开题报告不仅为整个研究奠定基础，还能够帮助我们明确研究问题、制定研究方法，并理清研究的逻辑框架。因此，掌握如何有效地撰写开题报告，对于成功开展学术研究至关重要，如图 8-24 所示。

图 8-24　撰写开题报告

在之前的学习中，我们已经初步了解研究选题和文献综述的基本步骤。然而，这只是撰写开题报告的起点。本任务将深入探讨如何利用人工智能工具辅助撰写高质量的开题报告。我们将学习如何通过人工智能生成研究问题和假设，整合文献综述，设计研究方法，并最终完成一个具有学术严谨性的开题报告。

通过本任务的学习，我们将掌握使用人工智能工具生成和优化开题报告的关键技能。这不仅会帮助我们在学术写作中更高效地组织和表达研究思路，还能确保我们的开题报告在理论深度和实际可行性上具有坚实的基础，为后续的研究工作打下良好的基础。

任务分析

本任务聚焦生成式人工智能在开题报告全流程中的协同创作价值，通过模块化智能辅助提升学术规划的系统性与规范性。任务实施分为五个关键阶段：构建理论框架→设计研究方法→数据收集和分析→撰写研究总结→生成开题报告，如图 8-25 所示。

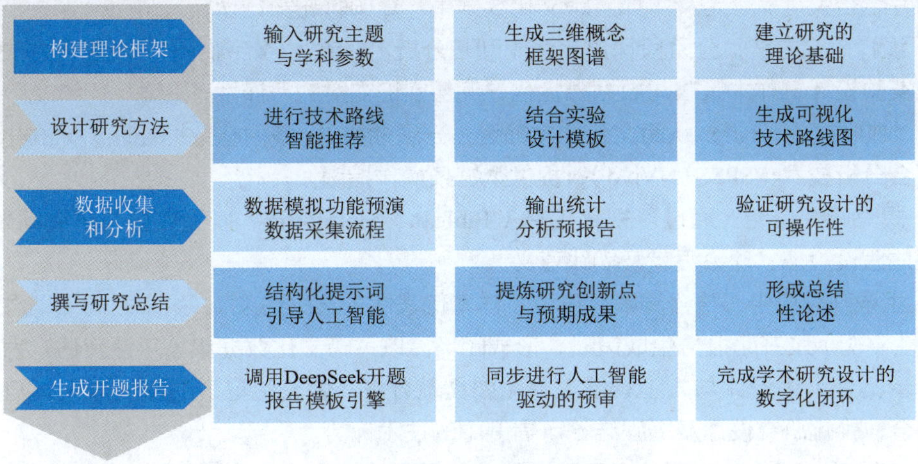

图 8-25 任务流程图

（1）构建理论框架：向 DeepSeek 输入研究主题与学科参数，通过智能匹配经典理论模型并生成三维概念框架图谱，建立研究的理论基础。

（2）设计研究方法：运用人工智能研究方法库进行技术路线智能推荐，结合实验设计模板生成包含定量定性混合方法的可视化技术路线图。

（3）数据收集和分析：利用人工智能数据模拟功能预演数据采集流程，自动生成虚拟数据集并输出统计分析预报告，验证研究设计的可操作性。

（4）撰写研究总结：通过结构化提示词引导人工智能提炼研究创新点与预期成果，形成包含学术价值、应用前景的总结性论述。

（5）生成开题报告：调用 DeepSeek 开题报告模板引擎，整合前期产出内容自动生成格式规范的开题文档，同步进行人工智能驱动的逻辑连贯性检测与重复率预审，实现从研究构思到规范文本的智能化转换，完成学术研究设计的数字化闭环。

任务实施

实现任务实施步骤可以扫描二维码查看视频或者文档。

文档 任务实施

视频 步骤1构建理论框架

交互H5 步骤2设计研究方法

视频 步骤3数据收集和分析

视频 步骤4撰写研究总结

视频 步骤5生成开题报告

任务小结

本任务系统阐述了人工智能辅助学术研究的全流程，聚焦于开题报告撰写的结构化方法论，涵盖理论构建、方法设计到成果总结的五大步骤。

（1）构建理论框架：强调通过理论选择（如传播理论、公平性原则）与整合形成多层次分析模型，并结合关键概念定义（如“跨文化数据集”），确保逻辑自洽。

（2）设计研究方法：分阶段探讨定量（回归分析）、定性（案例编码）及混合方法的适用场景，辅以实验设计、样本策略与数据源优化，确保实证支撑的严谨性。

（3）数据收集和分析：从跨文化样本筛选（分层抽样）、多模态数据处理（标准化、特征提取）到混合分析技术（SPSS+NVivo），提供全链条操作指南。

（4）撰写研究总结：通过可视化工具（Tableau、Matplotlib）强化数据与研究问题的关联，并系统评估假设验证、理论贡献及实践意义。

（5）生成开题报告：整合局限性讨论（样本代表性、方法约束）、未来方向（动态模型、隐私 - 公平性平衡）及开题报告生成策略，形成闭环。以“跨文化数据集公平性评估”为例，贯穿各环节，示范提示词设计与人工智能工具（如文献分析、假设验证）的深度嵌入，凸显其在加速文献整合、优化研究设计及增强结论可信度中的技术优势。

整套流程以“理论—数据—应用”为轴，兼顾学术规范与创新突破，为研究者提供高效、可复用的智能化学术写作框架。

任务拓展

请完成任务拓展，如图 8-26 所示。

视频

任务拓展

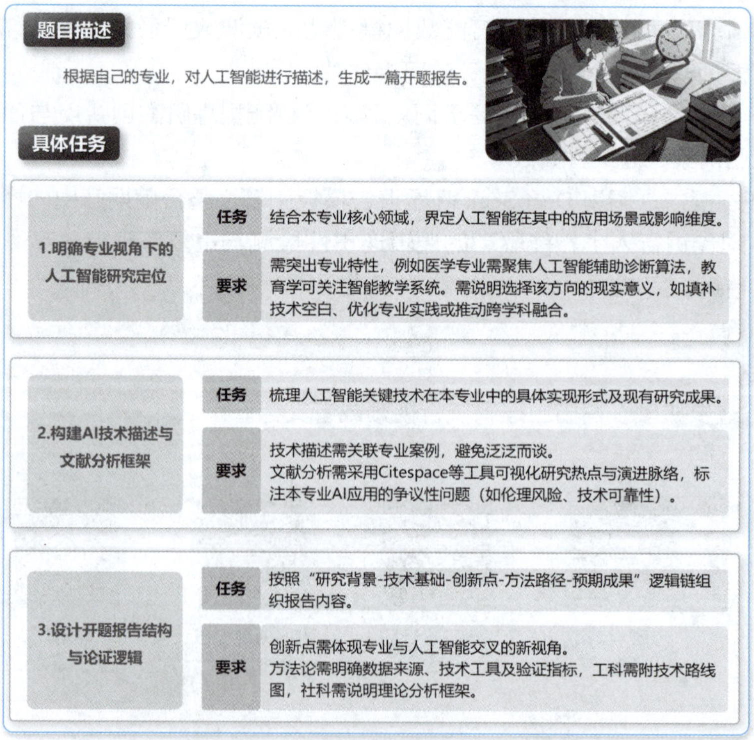

图 8-26　任务拓展

巩固与提高

1. 以下（　　）理论最适合用于分析不同文化背景对数据集公平性的影响。（单选题）
A. 文化相对主义　B. 传播理论
C. 数据偏见理论　D. 伦理学理论
2. 以下（　　）方法最适合检测多模态数据集中不同模态之间的偏见传递。（单选题）
A. 回归分析　B. 因子分析
C. 多模态公平性评估　D. 语义分析
3. 在评估数据集公平性时，（　　）是最重要的考虑因素。（单选题）
A. 数据集的大小　B. 数据集的代表性
C. 数据集的清洗程度　D. 数据集的存储格式
4. 在跨文化背景下，以下（　　）偏见最有可能影响数据集的公平性。（单选题）
A. 选择偏差　B. 幸存者偏差
C. 文化偏差　D. 观察者偏差
5. 以下（　　）人工智能技术最有助于改进多文化背景下的模型公平性。（单选题）
A. 强化学习　B. 迁移学习
C. 差分隐私　D. 自适应算法
6. 在跨文化研究中，需要结合定量和定性方法是因为（　　）。（单选题）
A. 单一方法无法处理所有类型的数据
B. 定量方法更复杂
C. 定性方法没有统计支持
D. 不同方法能相互补充，提供更全面的视角
7. 解释文化相对主义如何帮助理解跨文化背景下的数据集公平性问题。（简答题）
8. 为什么在跨文化背景下研究数据集公平性时，需要考虑数据集的多样性和代表性？（简答题）

任务 8.4　使用生成式人工智能生成论文初稿

学习目标

- 能够熟悉并使用人工智能工具在学术写作中的应用。
- 能够生成和优化学术论文的各个部分，包括大纲、引言、综述、正文和结论。
- 能够培养将理论知识与实践技能综合运用的能力，从而显著提升学术研究与职业实践的成效。

任务描述

视频

任务描述与分析

在本任务中，我们将深入研究“跨文化背景下的数据集公平性评估与改进技术”这一主题，并学习如何撰写出一篇优质的论文初稿。我们将使用生成式人工智能工具来辅助完成论文的各个环节，具体内容包括生成大纲、引言、综述、正文和结论。此外，我们将进一步精细化和优化论文，确保初稿不仅具备实用性，还针对性强。通过这一系列

综合学习活动，不仅能够掌握撰写和完善论文初稿的技巧，还能获得必要的操作技能，为将来的学术研究或专业发展奠定坚实的基础。

任务分析

本任务指导学生利用生成式人工智能高效完成论文初稿，分为五个关键步骤（见图 8-27）：

（1）生成大纲：通过精准提问（如研究主题、结构要求）让人工智能生成逻辑清晰的论文框架，并根据反馈优化章节设置。

（2）生成引言：基于大纲，让人工智能撰写包含研究背景、问题和意义的引言，强调学术规范（如避免口语化）。

（3）生成综述：要求人工智能分析指定领域的文献，按时间或主题分类，并整合真实文献数据（如上传参考文献摘要）。

（4）生成正文：分模块生成研究方法、实验过程或案例分析，通过迭代优化确保内容严谨（如补充数据解读）。

（5）生成结论：要求人工智能总结研究发现，提出应用建议或未来方向，需人工校验逻辑一致性。

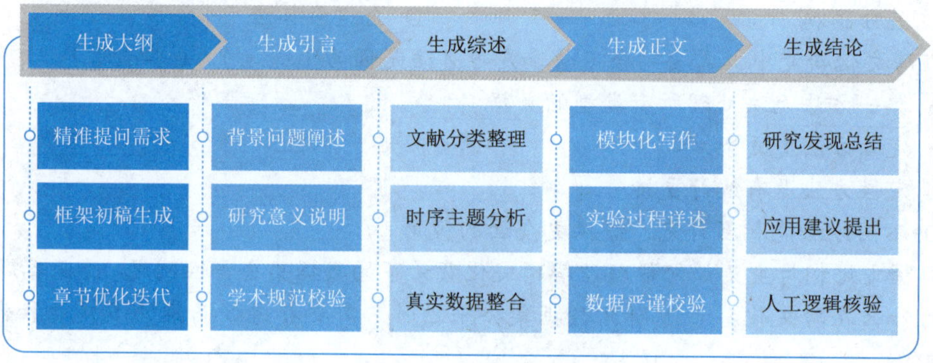

图 8-27　任务流程图

任务实施

实现任务实施步骤可以扫描二维码查看视频或者文档。

文档：任务实施

视频：步骤1大纲构建

视频：步骤2生成引言

视频：步骤3生成综述

视频：步骤4生成正文

视频：步骤5生成结论

任务小结

本任务指导学生利用生成式人工智能工具高效完成学术论文初稿的撰写。任务分为五个关键步骤：生成大纲、生成引言、生成综述、生成正文和生成结论，每个步骤均通过精准的提示词引导人工智能生成符合学术规范的内容。学生通过学习设定身份背景、任务目标和输出规范，掌握了利用人工智能辅助写作的技巧，并能够结合自身研究优化生成结果。任务强调理论与实践的结合，培养了学生的学术写作能力、逻辑思维能力和创新意识，为未来的学术研究或职业发展奠定了基础。最终，通过分模块生成和迭代优化，学生能够完成一篇结构清晰、内容严谨且针对性强的论文初稿，显著提升了学术研究的效率与质量。

任务拓展

请完成任务拓展，如图 8-28 所示。

视 频

任务拓展

题目描述

假设你正在撰写一篇关于“人工智能在医疗保健中的应用”的论文，请根据所学提示词生成论文的引言部分。

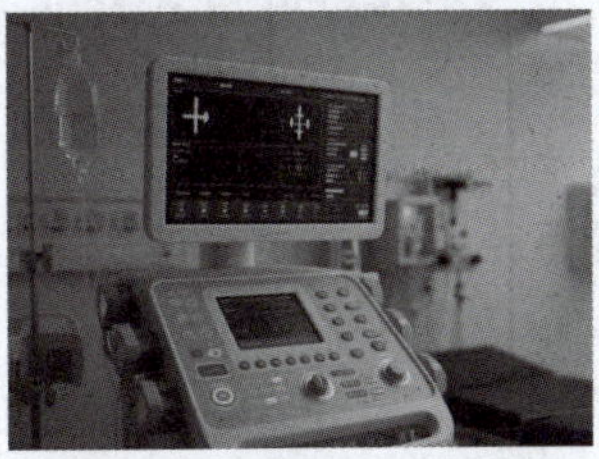

具体任务

1.明确论文引言的核心内容和结构	任务	确定引言部分需要包含的关键要素（如背景、研究意义、论文目标等）。
	要求	确保引言逻辑清晰，涵盖人工智能在医疗保健中的重要性；避免内容过于宽泛，需聚焦具体应用方向（如诊断、治疗或管理）。
2.搜集和整理相关背景资料	任务	查找人工智能在医疗领域的典型应用案例及权威数据（如AI辅助诊断的准确率、行业报告等）。
	要求	资料来源需可靠（如学术论文、权威机构报告）；数据需近3-5年内的最新成果，确保时效性。
3.撰写引言初稿并优化语言表达	任务	根据前两步内容撰写引言段落（约300字），突出AI医疗的价值和论文切入点。
	要求	语言简洁学术化，避免口语化表达；需包含“研究空白”或“本文贡献”的明确表述，吸引读者兴趣。

图 8-28　任务拓展

巩固与提高

1. 在撰写论文大纲时，下列（　　）是最重要的。（单选题）

A. 列出所有参考文献　　B. 确定论文主题和研究问题

C. 撰写论文结论　　D. 设计问卷调查

2. 在生成论文大纲时，使用人工智能工具的主要目的是（　　）。（单选题）

A. 快速生成最终版论文　　B. 帮助设定论文的结构和逻辑

C. 完全替代人工写作　　D. 自动检查文献综述的准确性

3. 以下（ ）是使用人工智能工具生成引言部分时的最佳实践。（多选题）
A. 提供清晰的提示词，明确身份设定和任务背景
B. 依赖人工智能工具提供所有内容，无须任何修改
C. 根据人工智能生成的内容进行调整，使其更符合研究主题
D. 仅使用人工智能生成的引言，不再进行其他修改
4. 撰写论文正文部分时，应包括（ ）。（多选题）
A. 研究设计与方法
B. 研究数据的详细描述
C. 实验结果分析
D. 引言的重复描述
5. 撰写论文结论部分时，以下（ ）最不重要。（单选题）
A. 总结研究发现
B. 讨论研究的实际应用
C. 提出未来研究方向
D. 列出所有数据来源
6. 在撰写论文结论部分时，以下（ ）是最合适的做法。（单选题）
A. 仅仅重复引言中的内容
B. 强调研究的学术和实践意义
C. 添加新的实验数据
D. 简单总结论文内容
7. 当使用人工智能工具生成文献综述时，以下（ ）是最重要的步骤。（单选题）
A. 确保人工智能工具引用最新的文献
B. 为人工智能工具提供明确的任务背景和具体目标
C. 完全依赖人工智能工具生成所有内容
D. 跳过文献综述，直接生成研究结果
8. 以下（ ）可以帮助提升人工智能工具生成的论文正文部分的质量。（多选题）
A. 提前为人工智能工具设定清晰的任务背景
B. 调整和补充人工智能生成的内容，使其符合研究目标
C. 依赖人工智能工具自动生成所有实验结果和分析
D. 使用人工智能工具生成的内容进行进一步细化和验证
9. 为什么在使用人工智能工具撰写文献综述时，输入准确的提示词至关重要？（简答题）

任务 8.5 使用生成式人工智能辅助论文降重

学习目标

- 能够掌握十种有效的降重方法，包括改写降重、同义词替换降重、关键词替换降重等。
- 能够运用人工智能工具，灵活运用降重策略优化论文，提升文章的原创性和学术性。
- 在学术写作中具备原创意识和学术诚信，具有提升文章逻辑性、流畅度和专业性的能力。

任务描述

在学术写作中，保持论文的原创性和学术诚信至关重要。在初稿中往往会出现内容重复的情况，这不仅会影响论文质量，还可能引发学术不端的风险。本任务将指导你如何有效降低论

文重复率，提升论文的原创性和质量，确保其符合出版标准。本任务介绍如何使用人工智能工具来辅助降重，涵盖以下十种方法：改写降重、同义词替换降重、避免连续相同、缩写扩写降重、关键词替换降重、句式变换降重、逻辑重组、综合改写、数据呈现方式变换，以及概念解释降重。通过这些方法的学习，学生将全面掌握降重技巧，显著提升学术写作的专业水平。

视 频

任务描述与分析

任务分析

在论文写作中，降重是确保学术规范性的重要环节。生成式人工智能可通过多种方式辅助降重，具体任务步骤如图 8-29 所示。

图 8-29　任务流程图

（1）改写降重：人工智能对原文进行语义不变的结构调整，如主动句变被动句、长句拆分等，降低重复率。

（2）同义词替换降重：自动替换高频词为近义词（如“方法”替换为“途径”），避免词汇重复。

（3）避免连续相同：检测并调整连续重复的字词或短语，确保句子片段不与其他文献雷同。

（4）缩写扩写降重：对专业术语进行缩写（如将“生成式人工智能”缩写为“GenAI”）或展开描述，丰富表达形式。

（5）关键词替换降重：识别核心关键词并提供替代方案（如将“应用”替换为“实践”），减少固定表述。

（6）句式变换降重：通过疑问句转陈述句、倒装句等多样化句式重构内容。

（7）逻辑重组：重新组织段落逻辑（如因果倒置、分点论述），保持原意但改变叙述顺序。

（8）综合改写：结合上述方法对整段文本进行多维度改写，确保整体原创性。

（9）数据呈现方式变换：将表格数据转换为图表描述，或调整统计表述形式（如将“百分比”修改为“比例”)。

(10)概念解释降重：对专业概念采用不同释义方式(如将定义修改为举例说明)，避免直接引用。

通过以上步骤，人工智能可高效辅助论文降重，但需人工校验语义准确性与学术规范性，确保内容质量。

任务实施

实现任务实施步骤可以扫描二维码查看视频或者文档。

文档 任务实施

视频 步骤1改写降重

视频 步骤2同义词降重

视频 步骤3避免连续相同

视频 步骤4缩写扩写降重

视频 步骤5关键词替换降重

视频 步骤6句式变换降重

视频 步骤7逻辑重组

视频 步骤8综合改写

视频 步骤9数据呈现方式变换

视频 步骤10概念解释降重

任务小结

本任务围绕“使用生成式人工智能辅助论文降重”展开，介绍了十种有效的降重方法，确保论文的原创性和学术规范性。任务详细介绍了改写、同义词替换、避免连续相同、缩写扩写、关键词替换、句式变换、逻辑重组、综合改写、数据呈现方式变换以及概念解释降重等技巧，每种方法均通过具体的提示词和案例演示操作流程。

通过学习能够灵活运用人工智能工具优化论文表达，例如通过调整语序、替换词汇、重组逻辑或转换数据呈现形式，显著降低文本重复率，同时保持内容的学术严谨性和逻辑连贯性。同时，人工校验依然十分重要，确保降重后的文本语义准确且符合学术标准。通过理论与实践的结合，可以提升学术写作的原创意识和降重技能，增强文章的逻辑性、流畅度和专业性，为未来的学术研究和论文发表奠定坚实基础。

任务拓展

视频 任务拓展

请完成任务拓展，如图 8-30 所示。

题目描述

根据以下文本内容，运用“同义词替换降重”方法进行降重优化：

原文：近年来，人工智能和机器学习技术迅猛发展，其中图像识别技术作为其重要分支，已被广泛应用于各个领域，如自动驾驶、医疗诊断、安全监控等。然而，当前的图像识别算法在处理复杂场景和大型数据时，仍存在准确率低、计算资源消耗大等问题。因此，如何提高图像识别算法的准确性和效率，成为了一个重要的研究课题。

具体任务

人工智能辅助分析原文并生成同义词候选	任务	使用生成式人工智能工具分析原文，为每个可替换词汇生成3~5个同义候选词。
	要求	人工智能需区分专业术语和通用词汇专业术语需标注“保留”；生成的同义词必须符合学术语境，避免口语化表达。
人工智能智能替换并生成多版本草案	任务	指令人工智能基于同义词候选词，生成2~3版不同表达方式的降重文本。
	要求	每版文本需保持原意不变，句式结构应有差异；人工智能需说明每版的修改重点。
人工智能交叉验证与人工校准	任务	用人工智能工具对比各版本与原文的语义相似度，筛选最优版本。
	要求	人工智能需输出相似度百分比（应低于50%）；人工最终检查是否存在过度替换导致的歧义，要求人工智能对存疑处提供解释。

图 8-30　任务拓展

巩固与提高

1. 以下（　　）方法不属于辅助论文降重的方式。（单选题）

A. 同义词替换　B. 缩写扩写　C. 复制粘贴　D. 改写降重

2. 在降重过程中，（　　）可以保证文本的连贯性。（单选题）

A. 机械替换同义词　B. 调整语序和句式结构

C. 只改变句子开头　D. 忽略原文逻辑

3. 通过（　　）方法可以有效降低与原文的重复率。（单选题）

A. 仅删除多余词语　B. 使用同义词替换　C. 通过语序调整句子结构　D. B 和 C

4. 下列（　　）操作属于“数据呈现方式变换”的方法。（单选题）

A. 将文本转化为表格形式　B. 将长句分解为短句

C. 直接复制原文中的数据　D. 调整句子的语序

5. 在进行降重时，缩写扩写的主要作用是（　　）。（单选题）

A. 提升文本长度　B. 降低重复率并增加信息深度

C. 仅调整文章逻辑　D. 替换关键词

6. 以下（　　）方法是辅助降重中提到的。（多选题）

A. 改写降重　B. 关键词替换降重　C. 句式变换降重　D. 数据呈现方式变换

7. 在以下（　　）场景中，适合使用改写降重。（多选题）

A. 需要降低大段内容重复率　B. 只需要替换几个关键词的场景

C. 需要保留核心思想，但改变表达方式　D. 完全改变内容主题

8. 简述如何使用人工智能工具辅助降低论文重复率。（简答题）

参考答案

单元 1　走进生成式人工智能

任务 1.1　生成式人工智能入门

1. B　2. B　3. C　4. AC　5. AC

任务 1.2　生成式人工智能与信创的深度融合

1. B　2. B　3. B　4. ABCD　5. ABCD　6. AB

任务 1.3　生成式人工智能未来发展趋势

1. A　2. B　3. B　4. AD　5. AC

单元 2　与生成式人工智能对话

任务 2.1　使用生成式人工智能规划“校园社团主题日”

1. B　2. B　3. B　4. ABC　5. ABD

任务 2.2　使用生成式人工智能打造“校园短视频创作助手”

1. D　2. B　3. ABD　4. ABC　5. 略

单元 3　生成式人工智能写作能力的应用

任务 3.1　利用生成式人工智能撰写一篇《三国演义》读后感

1. A　2. B　3. ABC　4. B，D　5. C　6. 略　7. 略

任务 3.2　使用生成式人工智能完成科普说明文写作

1. B　2. C　3. B　4. A　5. D　6. B　7. C　8. A　9. AC　10. AC

单元 4　生成式人工智能阅读能力的应用

任务 4.1　使用生成式人工智能辅助一次期末考试复习

1. C　2. B　3. A　4. B　5. B

任务 4.2　使用生成式人工智能辅助识读一份市场调研报告

1. C　2. B　3. C　4. ABC　5. ACD

任务 4.3　使用生成式人工智能辅助处理岗位信息表信息

1. B　2. C　3. B　4. AB　5. ABD　6. AC

单元 5　生成式人工智能创作能力的应用

任务 5.1　使用生成式人工智能创作新国潮主题海报

1. B　2. B　3. AC　4. ABE　5. C

任务 5.2　使用生成式人工智能创作国风短视频配乐

1. B　2. B　3. B　4. ABC　5. ABD

任务 5.3　使用生成式人工智能生成城市记忆微纪录片

1. B　2. ACD　3. B　4. B　5. C

单元 6　利用生成式人工智能策划大学生创新创业活动方案

任务 6.1　使用生成式人工智能确定项目主题

1. B　2. B　3. B　4. D　5. ACD

6. ABC　7. ABC　8. ABD　9. 略

任务 6.2　使用生成式人工智能完成创新创业市场调研

1. B　2. B　3. D　4. C　5. CD　6. AC　7. ABC　8. 略。

任务 6.3　使用生成式人工智能完成创意构思

1. B　2. D　3. B　4. A　5. ACD　6. BC　7. ACD　8. 略

任务 6.4　使用生成式人工智能完成商业模式设计

1. C　2. B　3. B　4. B　5. ABD　6. AD　7. AC　8. AB

任务 6.5　使用生成式人工智能完成团队组建与分工

1. C　2. B　3. A　4. B

任务 6.6　使用生成式人工智能制作路演 ppt

1. B　2. B　3. C　4. B　5. A　6. AC　7. AC　8. ABC

单元 7　利用生成式人工智能进行抖音商城的运营

任务 7.1　生成式人工智能助力电商店铺开店分析

1. B　2. C　3. C　4. A　5. A

6. 你是一位资深的电商行业专家，请为智能健康设备的市场调研和产品定位分析提供指导。调研目的：了解智能健康设备的市场趋势、消费者需求和主要竞品情况。调研方向：市场趋势分析、竞品分析、消费者行为研究。需要输出的具体内容：市场调研报告、竞品对比表格、消费者画像。

任务 7.2　生成式人工智能设计产品图

1. C　2. B　3. C

4. 你是一位专业的产品设计师，请为一款智能音箱设计产品图。产品特性：360° 环绕音效、智能语音助手、简约设计。设计风格：科技感、现代简约风格。

任务 7.3　生成式人工智能助力品牌建设

1. C　2. B

3. 你是一位品牌策略专家，请为一家智能健康设备品牌命名。要求：品牌名称简洁易记，体现科技感和用户体验，适合中高端市场。例如：HealthTech、WellnessPro、SmartCare。

任务 7.4　生成式人工智能助力电商营销

1. A　2. B

3. 你是一位市场研究专家，请为智能健康设备设计一份顾客分析问卷。调研目的：了解顾客购买智能健康设备的习惯和偏好。问题类型：单选题、多选题、开放性问题。问题内容：购买频率、预算范围、主要使用场景、品牌偏好。

任务 7.5　生成式人工智能助力抖音商城开店

1. C　2. A　3. B　4. A　5. A

单元 8　利用生成式人工智能搭建论文写作助手

任务 8.1　使用生成式人工智能确定论文选题

1. B　2. B　3. ABC　4. BD　5. A　6. C　7. B

任务 8.2　使用生成式人工智能回顾参考文献

1. C　2. D　3. C　4. C　5. ABD　6. ABC　7. AB

任务 8.3　使用生成式人工智能生成开题报告

1. A　2. C　3. B　4. C　5. D　6. D

7. 文化相对主义理论强调不同文化对行为和思维模式的影响，认为每种文化都有其独特的价值观和规范。通过文化相对主义，可以分析和理解不同文化背景如何在数据集构建和使用中导致模型的公平性问题，尤其是在全球化背景下，各种文化差异对数据生成和模型训练的影响。

8. 在跨文化背景下研究数据集公平性时，数据集的多样性和代表性非常重要，因为它们直接影响模型的训练和表现。如果数据集不能代表所有相关的文化背景，模型可能会在某些文化群体中表现不佳，导致不公平的决策。因此，确保数据集的多样性和代表性是保证人工智能系统在不同文化背景下公平性的关键。

任务 8.4　使用生成式人工智能生成论文初稿

1. B　2. B　3. AC　4. ABC　5. D　6. B　7. B　8. ABD

9. 输入准确的提示词至关重要，因为它直接影响人工智能工具生成内容的相关性和质量。准确的提示词能够帮助人工智能更好地理解任务的背景、研究目标和具体要求，从而生成符合预期的内容。如果提示词不够具体或不准确，生成的内容可能会偏离主题，缺乏深度或学术性。因此，精确的提示词可以确保生成的文献综述更贴近研究主题，具有更高的实用性和学术价值。

任务 8.5　使用生成式人工智能辅助论文降重

1. C　2. B　3. D　4. A　5. B　6. ABCD　7. AC

8. 使用人工智能工具辅助降重，通常可以通过输入提示词让人工智能根据特定需求对文本进行改写。常见的操作包括同义词替换、语序调整、句式变化等。人工智能能够通过减少连续相同的字词或修改句子结构，来提升文章的原创性和表达的多样性，从而有效降低重复率。